国际制造业先进技术译丛

可再生能源的电气技术

[美] 加里·古德斯塔尔（Gary Goodstal） 著
郑青阳 赵铭姝 译

机 械 工 业 出 版 社

本书介绍了电路理论的基本概念和原理，讨论了电池、逆变器、控制器等广泛应用于可再生能源发电系统的设备，重点对光伏太阳能发电、风力发电和燃料电池技术进行了讲解。本书具有综合性和实用性，能够帮助读者建立较为完整的知识结构，同时通过大量实例讲解可使读者提高相关知识的运用能力。每章后面附有习题，有利于读者对所学内容进行复习和小结。

本书可供大中专学校和职业技术培训机构的教师、学生以及其他对可替代能源技术感兴趣的人士阅读。

译丛序

一、制造技术长盛永恒

先进制造技术是在20世纪80年代提出的，它由机械制造技术发展而来，通常认为是机械、电子、信息、材料、能源和管理等方面的技术的交叉、融合和集成。先进制造技术综合应用于产品全生命周期的整个制造过程，包括市场需求、产品设计、工艺设计、加工装配、检测、销售、使用、维修、报废处理、回收利用等，可实现优质、敏捷、高效、低耗、清洁生产，快速响应市场的需求。因此，当前的先进制造技术是以产品为中心，以光机电一体化的机械制造技术为主体，以广义制造为手段，具有先进性和时代感。

制造技术是一个永恒的主题，与社会发展密切相关，是设想、概念、科学技术物化的基础和手段，是所有工业的支柱，是国家经济与国防实力的体现，是国家工业化的关键。现代制造技术是当前世界各国研究和发展的主题，特别是在市场经济高度发展的今天，它更占有十分重要的地位。

信息技术的发展并引入到制造技术，使制造技术产生了革命性的变化，出现了制造系统和制造科学。制造系统由物质流、能量流和信息流组成，物质流是本质，能量流是动力，信息流是控制；制造技术与系统论、方法论、信息论、控制论和协同论相结合就形成了新的制造学科。

制造技术的覆盖面极广，涉及机械、电子、计算机、冶金、建筑、水利、电子、运载、农业以及化学、物理学、材料学、管理科学等领域。各个行业都需要制造业的支持，制造技术既有普遍性、基础性的一面，又有特殊性、专业性的一面，制造技术既有共性，又有个性。

目前世界先进制造技术沿着全球化、绿色化、高技术化、信息化、个性化和服务化、集群化六个方向发展，在加工技术方面主要有超精密加工技术、纳米加工技术、数控加工技术、极限加工技术、绿色加工技术等，在制造模式方面主要有自动化、集成化、柔性化、敏捷化、虚拟化、网络化、智能化、协作化和绿色化等。

二、图书交流源远流长

近年来，国际间的交流与合作对制造业领域的发展、技术进步及重大关键技术的突破起到了积极的促进作用，制造业科技人员需要及时了解国外相关技术领域的最新发展状况、成果取得情况及先进技术的应用情况等。

国家、地区间的学术、技术交流已有很长的历史，可以追溯到唐朝甚至更远一些，唐玄奘去印度取经可以说是一次典型的图书交流佳话。图书资料是一种传统、永恒、有效的学术、技术交流方式，早在20世纪初期，我国清代学者严复就翻译了英国学者赫胥黎所著的《天演论》，其后学者周建人翻译了英国学者达尔文所著的《物种起源》，对我国自然科学的发展起到了很大的推动作用。

图书是一种信息载体，虽然现在已有网络通信、计算机等信息传输和储存手段，但图书仍将因其具有严谨性、系统性、广泛性、适应性、持久性和经济性而长期存在。纸质图书有更好的阅读优势，可满足不同层次读者的阅读习惯，同时它具有长期的参考价值和收藏价值。当然，技术图书的交流具有时间上的滞后性，不够及时，翻译的质量也是个关键问题，需要及时、快速、高质量的出版工作支持。

机械工业出版社希望能够在先进制造技术的引进、消化、吸收、创新方面为广大读者做出贡献，为我国的制造业科技人员引进、吸纳国外先进制造技术的出版资源，翻译出版国际上优秀的先进制造技术著作，从而提升我国制造业的自主创新能力，引导和推进科研与实践水平的不断进步。

三、选译严谨、质高面广

(1) 精品重点高质　本套丛书作为我社的精品重点书，在内容、编辑、装帧设计等方面追求高质量，力求为读者奉献一套高品质的丛书。

(2) 专家选译把关　本套丛书的选书、翻译工作均由国内相关专业的专家、教授、工程技术人员承担，充分保证了内容的先进性、适用性和翻译质量。

(3) 引纳地区广泛　主要从制造业比较发达的国家引进一系列先进制造技术图书，组成一套“国际制造业先进技术译丛”。当然其他国家的优秀制造科技图书也在选择之内。

(4) 内容先进丰富　在内容上应具有先进性、经典性、广泛性，应能代表相关专业的技术前沿，对生产实践有较强的指导、借鉴作用。本套丛书尽量涵盖制造业各行业，如机械、材料、能源等，既包括对传统技术的改进，又包括新的设计方法、制造工艺等技术。

(5) 读者层次面广　面对的读者对象主要是制造企业、科研院所的专家、研究人员和工程技术人员，高等院校的教师和学生，可以按照不同层次和水平要求各取所需。

四、鸣谢

首先要感谢许多热心支持“国际制造业先进技术译丛”出版工作的专家学者，他们积极推荐国外相关优秀图书，仔细评审外文原版书，推荐评审和翻译的知名专家，特别要感谢承担翻译工作的译者，对各位专家学者所付出的辛勤劳动表示深切的敬意，同时要感谢国外各家出版社版权工作人员的热心支持。

希望本套丛书能对广大读者的学习与工作提供切实的帮助，希望广大读者不吝赐教，提出宝贵意见和建议。

机械工业出版社

译者序

本书是一本可再生能源发电领域的读物，可作为该领域职业培训的教材使用。作者从原子结构和电流的产生这些最基本的知识讲起，详细地介绍了电阻器、电容器、电感器等电子元器件，以及电路的基本测量和计算方法，旨在为那些“零基础”的读者奠定一定的电气理论基础。随后本书介绍了在各类可再生能源电气系统中广泛应用的电池、逆变器、控制器等通用设备。本书的最后四章对光伏太阳能发电、风力发电和燃料电池技术进行了较为系统的讲解，并于中间穿插了对半导体、电磁感应和电机原理的介绍。与众多可再生能源发电方面的书籍相比，本书具有两个鲜明的特色。本书的第一个特色是融合性好。事实上这本书将基础电气理论和可再生能源发电的专业知识进行了有机的结合，正如作者所述，可以大致将本书分为上下两部分来使用。这样，在面向仅具有初级基础的人员开展教学时，本书可作为一本综合性教材，能为教师和学生省去不少麻烦。对于已经具备一定电气理论知识的读者，可以将前6章作为复习或参考，而把主要精力放在后7章的专业内容上。本书的第二个特色是实用性强。对于各种电气理论和概念，本书主要进行结论性的介绍，紧接着就会举出应用实例进行讲解，这使得读者能够提高对知识的运用能力，从而在较短的时间内掌握实用的技能。通过每章后面的习题，读者可以方便地对所学内容进行复习和小结。书中的“探索”题目促使读者进行更深一步的思考和开展相关问题的研究，从而在一定程度上弥补了本书深度不足的问题，使得结构体系更加完整。在翻译过程中，译者对原书中的个别问题进行了适当修正。在此向所有对本书翻译出版提供帮助的人们表示感谢，同时欢迎广大读者批评指正。

译　者

于西安

致　谢

本书的作者和出版商对在本书编印过程中提供有益反馈和建议的以下审阅者表示感谢：

Sam Abboud，圣马特奥学院/莱尼学院，圣马特奥，加利福尼亚州。

Ernest Arko，新墨西哥中部社区学院，阿尔伯克基，新墨西哥州。

Wes Golomb，湖区社区学院，拉科尼亚，新罕布什尔州。

Jeff Stevens，阿尔佛雷德州立学院，威尔斯维尔，纽约州。

作者还要感谢那些为本书免费提供产品图片和技术参数的公司与个人。特别感谢 Solar Alchemy 公司，他们第一个为作者提供图片并给予了作者鼓励。BOCES培训学校 Ulster 分校的同事们也在本书撰写之时提供了帮助，并为作者联系了出版商。同时，还要特别感谢本书的编辑们，他们学识渊博，在书稿撰写和出版时给予了作者重要的指导。

前　言

几年前，有人建议我开设一门电气理论的入门课程，受众对象是那些对光伏技术感兴趣以及准备从事可再生能源领域工作的人。

我的目标是开设一门短期课程，在使学生奠定坚实电气理论基础的同时，突出太阳电池技术，从而使学习该课程的学生能够参与到综合性的光伏项目中。

我曾经考虑选取一本书来构建这门课程，该书可作为课程的教学用书。然而我找不到一本合适的书能与我的目标吻合。有一些书用800多页来详细讲授直流和交流电气理论，有的书聚焦于半导体技术，有些书旨在使读者深入学习光伏电池或燃料电池技术却只对电气理论进行了非常概要的讲述（他们假定读者懂得电气理论和实际应用方面的知识）。因此，我不得不撰写了许多“注解”用于这门课程。

本书就是源于这些注解和我在课堂上的讲授。然而，尽管我的这些注解和讲座主要采用了光伏技术的电气实例，本书仍然可以为光伏、风电和燃料电池系统提供坚实的电气理论基础。同时，前7章所讲授的内容是所有相关从业者为理解任何可再生能源发电系统时所应当知悉的。

在许多情况下，可再生能源系统的安装者、现场技师、系统设计者和产品工程师之间均存在知识的差距。这些人常常无法进行技术交流，只因为缺乏基本的电气理解或基础技术语言。

在可再生能源发电系统的建设中，技师、设计人员、安装者和工程师必须组成团队、协同工作。本书在可再生能源从业者的实践和理论之间搭建了一座桥梁，并介绍了常用的技术语言和知识基础。

本书的第一部分涵盖了直流电（DC）和交流电（AC）的电路及原理。还介绍了测量仪表、欧姆定律、无功功率、功率因数、单相和三相电、变压器和蓄电池等内容。

本书第二部分涵盖了光伏和风电系统均在使用的控制器和逆变器。讲述了相关光伏器件的工作原理，包括辐照强度、温度与 $I-V$ 曲线的关系等。同时介绍了电池材料和制造方法，阐述了如何利用最大功率点跟踪器来提高系统的效率，并讨论了其在不同系统的应用。

对风力机的学习则从风功率密度是如何受到风速和风轮扫掠面积的影响开始的。本书讨论了风力机输出功率的计算方法，以及影响输出功率效率的因素。设计者可以从相关图表中得到所需系统应用的数据。本书还讨论了包括异步感应电机在内的风力发电机，并阐述了其在不同系统中的应用。

燃料电池是通过燃料的电化学反应而不是直接燃烧来发电的。燃料电池的输出是电能、水和某些应用场合产生的少量二氧化碳。燃料电池因可以利用可再生能源而被归入本书。本书的最后一章介绍了氢－氧燃料电池的工作原理，解释了在阴极和阳极发生的化学反应，并阐述了电池电解质的关键功能。最后一章还介绍了工作温度、压力和各种电解质对于燃料电池系统应用的影响。

本书具有的许多特点可以帮助读者更好地理解这些理论和应用，例如：

1）本书没有用专门的章节讨论电气测量仪表的设计，而是结合具体应用介绍了用仪表进行电路测量的方法以及仪表特点对测量结果的影响。

2）本书并未单独介绍变压器，而是结合电力传输和配电对其进行了讲解。在讨论磁感应和互感原理时，对变压器的工作过程也有所述及。

3）光伏电池由半导体材料制成，因此在讨论光伏电池的设计制造时首先对半导体理论进行了介绍。二极管的工作原理也是在讲授光伏电池设计时进行了介绍。

4）感应式电动机和发电机也是在介绍风力发电机时进行了讲解，而并未独立讲授。

5）每章都附有“探索”题目，旨在促使读者进一步学习相关内容，但是并未展开介绍。

6）大部分电气理论书籍采用电池组或常见的交流市电作为电源，但是本书中的许多例子则使用光伏系统和风力机作为发电源。

“水涨众船高”愿那些与我们一同开始这段学习旅程的人们好运！

Gary Goodstal

目 录

绪　论

电力能源是21世纪现代工业、商业和文化的基石，目前主要来自于化石燃料。据估算，直接产生每1000kW·h能量的太阳能、风能和水能大约相当于1.70桶石油所含的能量。

许多用于发电的碳基燃料储量有限，而且会带来诸如“温室”气体排放等环境问题。至于原子能，核废料的储存是个大问题，且反应堆故障可能会造成灾难性的后果。基于经济和环境因素的考虑，我们是否应该继续严重依赖这些不可再生的化石燃料？还是应该加速发展和利用可再生的天然资源如风能、太阳能、水能和地热能？

为了成功地将可再生能源转化为电力能源，我们必须有一批受过良好培训的安装人员、现场技师和熟练的制造工人。坚实的电气理论基础和相关应用能力是在可再生能源领域获得职场成功的关键因素。社区学院、职业学校和实习计划因此成了培养和训练人才的关键环节。

如果需要，本书可被分为两部分使用。第一部分解释和阐述了基本的电气理论和概念。首先从原子、电子及其在电流源中的角色谈起，对电流的形成进行了解释，并阐述了电压源排斥和吸引电子的原理。同时讨论了导体、绝缘体和半导体的电学性质。

接着对欧姆定律进行了阐述，讨论了电流、电压和电阻之间的关系，并举例进行了讲解。将电功率与电能量进行了对比介绍，重点解释了发电和用电过程的区别。同时解释了为何高电压和低电流输电具有较高的电能传输效率。

最后对串联和并联直流（DC）与交流（AC）电路进行了分析讲解，阐述了并连接线相对于串联接线的一些优点。对有功功率和视在功率进行了对比讨论，解释了交流电路的功率因数对用户和电力公司的电力成本产生的影响。解释了电磁感应和变压器的工作原理，以及升压和变压的线路配置。对三相电相比于单相电的效率优势进行了讨论，并通过图形进行了阐释。

本书的第二部分可以从蓄电池开始。解释了电池的原理，讨论了一次电池与二次电池的区别。解释了放电和充电循环以及额定安时的概念。阐述了电池在电路中进行串联和并联时的额定参数，同时指出因为光伏电池是直流装置，可以采用与化学电池相同极性的连接方式来增加电压或电流。在电池之后的章节对光伏技术、风力机系统和燃料电池的理论进行了阐述，并介绍了它们目前的应用状况。

本书对逆变器、最大功率点跟踪器（MPP跟踪器）、充电控制器和DC-DC变换器的设计与应用进行了讲解。以上器件在光伏系统中都得到了应用，有些还应用于风力发电和燃料电池系统。

本书还较为详细地介绍了光伏电池的工作原理，包括PN结的形成及光子能量向电能的转换。通过图表和电池的电流-电压曲线（$I-V$曲线）讨论了电池对太阳辐射和温度的反应。对沿着$I-V$曲线和在最大功率点（MPP）的性能表现进行了讲解，并建立了其与电气负载的函数关系。逆变器是非常复杂的设备，用于将直流电转换为交流电、进行MPP跟踪以从光伏电池中获取最大的功率，并将交流波形与电网进行同步处理，本书对这些功能都进行了介绍。此外，逆变器还具有电气规范和标准所要求的一些安全功能。本书还介绍了并网、混合和独立系统的应用。

风能技术并不是一项新的技术，很久以前，人们就发明了风车、风力机和风力马达等机械装置来利用风能。但是直到最近20年，这项技术才获得了突破性的进展，其效率、结构材料和可靠性均得到了大幅提高。有三个重要因素决定了风力发电机的发电量：风速、风轮叶片的扫掠面积和风轮距地面的高度。本书解释了风速和扫掠面积对输出功率的影响，并讲解了如何利用这些参数来估算年度发电量。同时，风轮距地面的高度也十分重要，因为它会影响到风速。

本书讲解了风功率密度的计算方法，并利用其来计算风电场的可用能量密度。风速随高度的增加量可通过相关表格来确定，而从原有高度到新高度带来的功率增加率也可以通过相关表格来确定。

本书讨论了交、直流发电机的输出功率。并讨论了感应式发电机的工作原理。

本书还介绍了当把一台风力机与电网相连时，如果电网出现故障或断电，则风力机必须与其断开连接。书中对这项设计要求进行了讨论。较为详细地讨论了线路同步、功率因数校正和安全事项等内容。

通过大量化石燃料的直接燃烧来为建筑采暖、发电和驱动汽车的做法已经影响了全球气候，也影响了空气和水的质量。与使用化石燃料直接燃烧的传统发动机和发电机相比，燃料电池具有显著减轻空气污染和减少温室气体排放的潜力。

燃料电池通过电化学过程可将一系列的燃料转化为电能，这些燃料包括氢气、天然气、丙烷、生物质、煤气和燃料油等。这些燃料可以被高效、清洁地转化为电能，副产品为水、热量和少量的二氧化碳。如果使用氢气作为燃料，则不会产生二氧化碳。

本书讲述了燃料电池的工作原理，讨论了燃料电池如何将不同的能源直接或间接转化为燃料，再将燃料转化为电能的过程。

本书后面附有术语表，在每一章的后面都有复习题，以帮助读者更快地掌握所学的知识。

千里之行，始于足下。

第1章 原　　子

目标

学习完本章后，读者应达到下列目标：

1）能够解释原子的结构。

2）理解带正电荷材料与带负电荷材料之间的相互作用。

3）能够解释电流的形成原理。

4）理解为什么有些材料是电的良导体而另一些是绝缘体。

5）能够解释硅晶体的基本原子结构。

6）理解光的基本特性。

引言

在电气元件中，材料的原子结构决定了电流是否容易从中流过。“electricity”（电）和“electron”（电子）这两个词源于希腊语“elektron”，原意为“像琥珀一样的东西”。在2500多年前，希腊的学者们发现，当把琥珀与某些材料摩擦后就会吸引另一些材料。在17世纪，英国科学家威廉·吉尔伯特（William Gilbert）发现琥珀并非唯一能够“带电”并吸引其他材料的东西，他把可带电的物质命名为“electriks”，而把不能带电的物质命名为“non－electriks”。

在1733年，查尔斯·迪菲（Charles DuFay）在对带电材料进行试验时发现，某些带电物体会彼此吸引，而另一些则会彼此排斥。本杰明·富兰克林（Benjamin Franklin）在对这些试验进行研究之后，建议将电荷分为正电荷（+）和负电荷（－）两类。他还观察到，相同的电荷会彼此排斥，而不同的电荷则会互相吸引（见图1-1）。

这些早期的实验为电气理论的发展奠定了基础。在19世纪早期，查尔斯·德·库伦（Charles de Coulomb）对电荷在材料中的运动进行了研究，推进了关于电子间相互作用力关系理论的发展。1827年，格奥尔格·西蒙·欧姆（George Simon Ohm）发表了用于描述电流、电压和电阻相互关系的公式，这是电学中非常重要的一种关系，被称为欧姆定律。

在同一时期，安德烈·安培（Andre Ampere）对电子流经导线的作用进行了研究，将1安培（A）电流定义为1库伦（C）的电子在1s之内流经导线的某一点。1库伦（C）等于6.25×10^{18}个电子的电量。

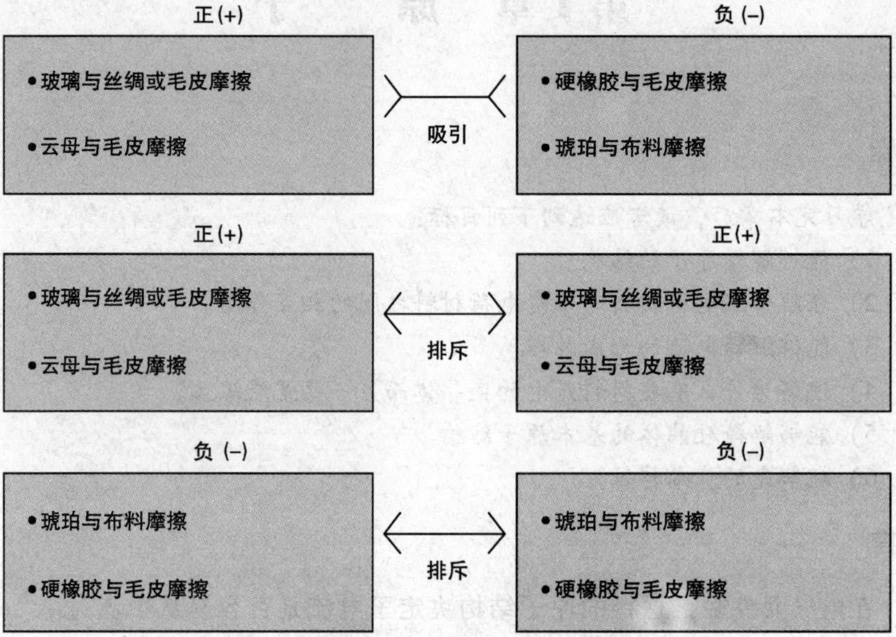

图1-1 带正电荷与带负电荷材料的相互作用

1.1 原子的结构

原子是构成一切物质的基本单元，主要由三种粒子构成，分别为：**电子、质子**和**中子**。**原子核**由质子和中子构成，**电子**在环绕原子核的轨道上运行。图1-2所示为氦原子核模型。一个电子带一个负电荷，一个质子带一个正电荷，而中子不带电荷（呈现电中性）。在一个原子中，原子核要比电子的质量大得多。一个质子和一个中子的质量大致相等，约是一个电子质量的1840倍。

原子是一种**元素**最小的且具有该元素性质的组成单位。每一种元素都具有独特的原子结构，图1-3所示的元素表展现了这些结构。图中的第一栏列出了每种元素的原子序数，由该元素的一个原子含有的质子数（或电子数）决定。例如，一个氢原子的原子核含有一个质子，于是其原子序数就是1；一个铜原子的原子核含有29个质子，于是它的原子序数就是29。每个原子的质子数和电子数是相等的，因此一个氢原子含有一个质子和一个电子，而一个铜原子含有29个质子和29个电子。

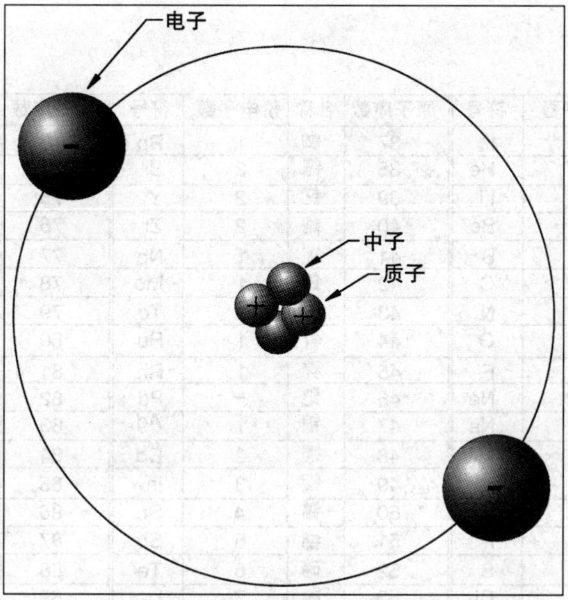

图 1-2 氦原子核模型

元素表中的各元素依照其原子序数进行排列，从氢（1）直到铹（103）。在一个氢原子中，一个电子沿着轨道环绕着原子核运行，这个原子核仅含有一个质子；而在一个铹原子中，有 103 个电子沿着轨道环绕着原子核运行，这个原子核含有 103 个质子。

如图 1-2 所示，原子中的电子沿着轨道环绕原子核运行。轨道又称为**电子层**。距离原子核最远的轨道被称为**价电子层**，位于该层中的电子被称为**价电子**。价电子在电学中非常重要，因为它们是电流的来源。如果某种材料的一个原子含有 1 ~ 3 个价电子，那么该材料通常是电的良导体。图1-3中的第三列列出了每种元素的价电子数。

铜（见图 1-4）是一种在电气设备中被广泛使用的元素，因为它可以让电流顺利通过。一个铜原子含有 29 个电子，而且在距其原子核最远的轨道上仅有一个价电子，这一点表明它可能是电的良导体。

原子序数	名称	价电子数	符号	原子序数	名称	价电子数	符号	原子序数	名称	价电子数	符号
1	氢	1	H	37	铷	1	Rb	73	钽	2	Ta
2	氦	2	He	38	锶	2	Sr	74	钨	2	W
3	锂	1	Li	39	钇	2	Y	75	铼	2	Re
4	铍	2	Be	40	锆	2	Zr	76	锇	2	Os
5	硼	3	B	41	铌	1	Nb	77	铱	2	Ir
6	碳	4	C	42	钼	1	Mo	78	铂	1	Pt
7	氮	5	N	43	锝	2	Tc	79	金	1	Au
8	氧	6	O	44	钌	1	Ru	80	汞	2	Hg
9	氟	7	F	45	铑	1	Rh	81	铊	3	Ti
10	氖	8	Ne	46	钯	–	Pd	82	铅	4	Pb
11	钠	1	Na	47	银	1	Ag	83	铋	5	Bi
12	镁	2	Ma	48	镉	2	Cd	84	钋	6	Po
13	铝	3	Al	49	铟	3	In	85	砹	7	At
14	硅	4	Si	50	锡	4	Sn	86	氡	8	Rd
15	磷	5	P	51	锑	5	Sb	87	钫	1	Fr
16	硫	6	S	52	碲	6	Te	88	镭	2	Ra
17	氯	7	Cl	53	碘	7	I	89	锕	2	Ac
18	氩	8	Ar	54	氙	8	Xe	90	钍	2	Th
19	钾	1	K	55	铯	1	Cs	91	镤	2	Pa
20	钙	2	Ca	56	钡	2	Ba	92	铀	2	U
21	钪	2	Sc	57	镧	2	La	人造元素			
22	钛	2	Ti	58	铈	2	Ce	93	镎	2	Np
23	钒	2	V	59	镨	2	Pr	94	钚	2	Pu
24	铬	1	Cr	60	钕	2	Nd	95	镅	2	Am
25	锰	2	Mn	61	钷	2	Pm	96	锔	2	Cm
26	铁	2	Fe	62	钐	2	Sm	97	锫	2	Bk
27	钴	2	Co	63	铕	2	Eu	98	锎	2	Cf
28	镍	2	Ni	64	钆	2	Gd	99	锿	2	Es
29	铜	1	Cu	65	铽	2	Tb	100	镄	2	Fm
30	锌	2	Zn	66	镝	2	Dy	101	钔	2	Mv
31	镓	3	Ga	67	钬	2	Ho	102	锘	2	No
32	锗	4	Ge	68	铒	2	Er	103	铑	2	Lw
33	砷	5	As	69	铥	2	Tm				
34	硒	6	Se	70	镱	2	Yb				
35	溴	7	Br	71	镥	2	Lu				
36	氪	8	Kr	72	铪	2	Hf				

图 1-3 元素表

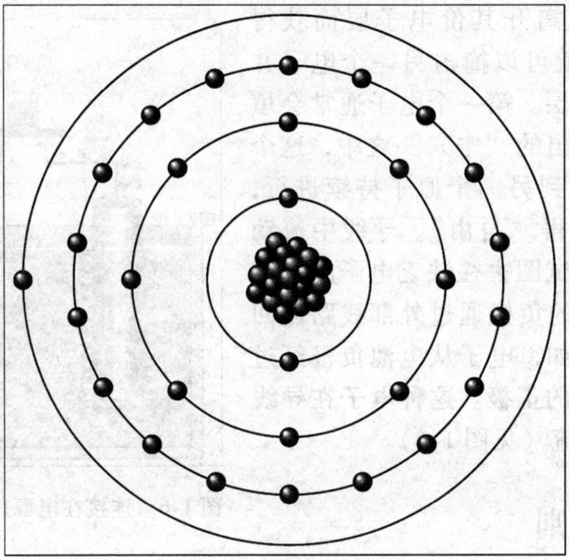

图 1-4　铜原子

1.2　电流

电流源自材料中自由电子的流动。在原子中，位于价电子层的电子受到原子核的吸引力较小。当这些电子获得了足够的能量后，很容易摆脱轨道的束缚，成为**自由电子**。在图 1-5 中，来自某个原子的电子将另一个原子中的电子撞击出轨道，这个被撞出轨道的电子就变成了自由电子。

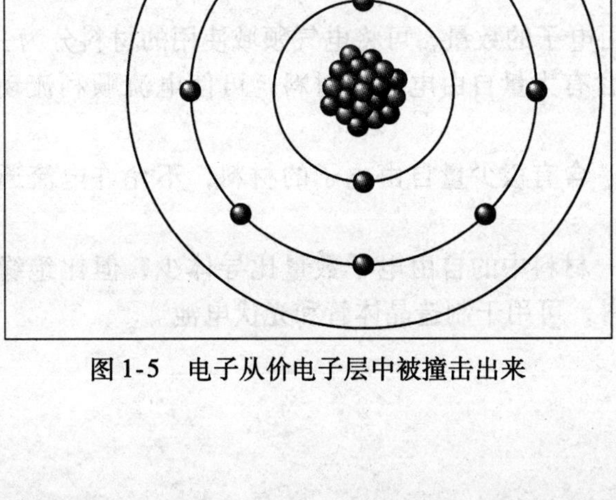

图 1-5　电子从价电子层中被撞击出来

当一个电子离开其价电子层而获得“自由”之后，就可以撞击另一个电子并将其撞出价电子层。第一个电子通常会填入第二个电子留出的“空穴”之中，这个过程从一个原子到另一个原子持续进行，使不同的电子获得“自由”。导线中流动的自由电子总是试图去往缺乏电子的电源端——即从电源的负极通过外部线路流回电源的正极。例如，电子从电池负极经过线路流回到电池的正极。这种电子在导线中的运动就是电流（见图1-6）。

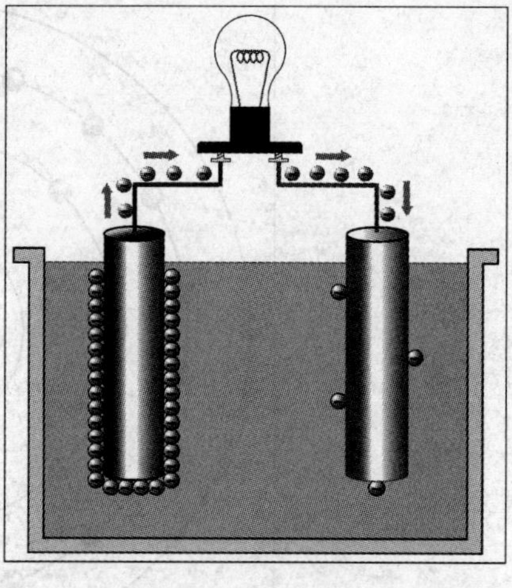

图1-6　连接在电源正负极之间的电灯

1.3　电荷法则

从图1-1中可知，带有电荷的物体会相互吸引或排斥。这种效应源于**电荷法则**，即电荷异性相吸，同性相斥。电子带有负电荷，当一块材料有多余的电子时，就出现了净负电荷；当一块材料缺乏电子时，就出现了净正电荷。带有净负电荷的材料比带有净正电荷的材料要呈现“负性”。

现在看一看图1-6中的电源。诸如电池一类的电源具有正、负两个端子，负端有多余的电子，而正端则缺乏电子。因此，当把一个电灯泡连接到电池的端子上时，导线中的电子被负极（-）推出（排斥），而被正极（+）牵拉（吸引），从而使电子流过灯泡并将其点亮。注意，正负极都有电子，但是左边端子的电子要比右端多，因此左端比右端“负”。右边端子的电子较少，因此比左端“正”。

1.4　电气材料

根据所含自由电子的数量，可将电气领域使用的材料分为三类：

（1）**导体**　含有大量自由电子的材料，可使电流顺利流动。铜和铝是常见的导体。

（2）**绝缘体**　含有极少量自由电子的材料，不允许电流通过。塑料和橡胶是常见的绝缘体。

（3）**半导体**　材料中的自由电子数量比导体少，但比绝缘体多。硅和锗是常见的半导体材料，可用于制造晶体管和光伏电池。

晶体材料

图 1-3 所示的元素表列出了独立原子的特性，但是原子可以彼此结合，通过共享电子形成不同的结构。例如，原子可以结合成固态的纯净材料。以硅为例，每个独立的硅原子有 14 个电子，其中 4 个位于价电子层。在某种条件下，硅原子间也会彼此结合，从而使每个原子的价电子层都拥有 8 个电子。这种结构被称为**晶体**。图 1-7 清晰地展示了这种结构。

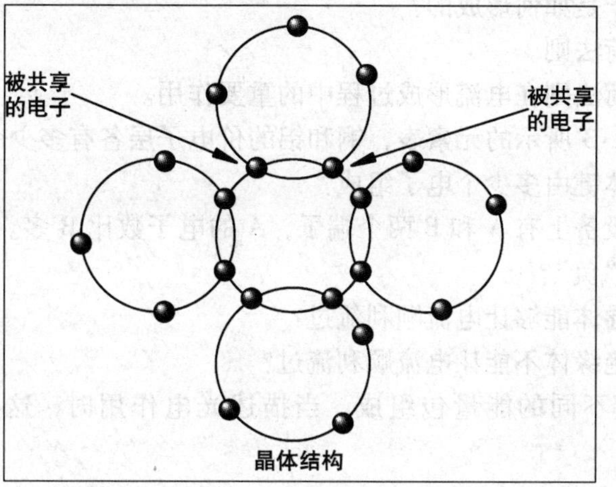

图 1-7 硅原子通过共享电子形成晶体

在结合之后，位于中心的原子在其外层拥有 8 个电子，其中 4 个电子属于该中心原子，其余 4 个电子则与其他原子通过共享而得。同理，周围的原子也可以通过类似的方式与其他原子共享电子从而成为中心原子。最终，硅原子通过与其他原子共享电子，形成了纯净的固态硅晶体。制造这种晶体是生产晶体管和光伏电池的第一个步骤。

1.5 光的特性

光伏电池是将光能直接转换为电能的装置。在 17 世纪，伊萨克·牛顿（Isaac Newton）爵士提出了一项理论，指出光线是由微小的粒子组成。根据该理论，一束光线是由一股粒子形成的。大约在同一时期，荷兰科学家克里斯蒂安·惠更斯（Christian Huygens）通过实验证实了光是一种能量波，其形式类似于把石子扔到池塘中激起的水波纹。在 20 世纪早期，德国科学家马克斯·普朗克（Max Planck）的研究表明光的粒子说是正确的，他对这个理论进行了改进，并认为不同颜色的光线具有不同的能量包。这些能量包被称为**量子**或**光子**，是光能的基本单位，光子是描述光伏电池工作原理时常用的一个基本单位。如今，人们已经知道光能既可以来自电磁波，也可以来自粒子流。事实上，光具有波粒二象性。

电能、光能和风能在许多方面都与一个根源紧密相连，那就是原子。

复习题

1. 哪一种亚原子微粒形成了电流?
2. 自由电子是如何形成的?
3. 描述电荷法则。
4. 说明电荷法则在电流形成过程中的重要作用。
5. 根据图 1-3 所示的元素表，铜和铝的价电子层各有多少个电子?
6. 硅的晶体键由多少个电子组成?
7. 在一台设备上有 A 和 B 两个端子，A 的电子数比 B 多。A 相对于 B 是呈现“正”还是“负”?
8. 为什么导体能够让电流顺利流过?
9. 为什么绝缘体不能让电流顺利流过?
10. 光线由不同的能量包组成。当描述光电作用时，这些能量包被称为什么?

第2章 电气测量与欧姆定律

目标

学习完本章后，读者应达到下列目标：

1）理解电流、电压和电阻的计量单位。

2）理解电流表在电路中的连接方法。

3）理解串联式电流表和钳式电流表的特性。

4）了解模拟仪表和数字仪表的区别。

5）理解电压表在电路中的连接方法。

6）掌握电压表负载效应的计算方法。

7）了解为获得电阻精确读数而将被测元件进行隔离的原因。

8）掌握测量仪表的选择方法。

9）掌握欧姆表读数的方法。

10）了解为什么正确接地是一项非常重要的安全要求。

11）理解欧姆定律。

12）能够运用欧姆定律进行电路计算。

13）理解电功率的计量单位瓦特（W）和电能量的计量单位千瓦小时（kW·h）。

引言

本章将会介绍电流、电压、电阻和功率的基本概念，这些量值都可以用相关电气仪表进行测量。本章将对这些通用仪表进行介绍，所有电气行业的从业者必须熟知这些仪表的特性、应用方法和安全规程。本章对电路的闭路、开路和短路进行了描述和讲解。电功率的基本单位是W，功率反映了电能量消耗或产生的速率，而W·h数则反映了一段时间内电能量产生或消耗的数量。所有的电器都具有功率，而电力公司则根据用户消耗电力的kW·h数来收取电费。本章将介绍电功率的计算方法。

欧姆定律反映了电流、电压和电阻之间的关系，对该定律的理解是学习电学的基础。本章将结合实例讲解欧姆定律。

2.1 电流

在第一章中，电流被定义为电子流。**库伦**是电子流的计量单位。现在假设观察者能够对电子流进行短暂的观测。如果观察者启动了秒表，在 1s 内数到有 6.25×10^{18}个电子流过某一点，该电子数量即被称作 1 库伦（C），而 1 库伦每秒的电子流被称作 1 安培（A）。

2.2 安培

安培（A）是电流的计量单位，简称“安”，以 19 世纪早期的法国科学家安德烈·安培（Andre Ampere）的名字来命名。1 安培定义为 1 库仑的电荷在 1 秒内通过导体的横截面，即：1 安培 =1 库仑/秒。（译者注：此并非国际单位制的定义）。在书面公式中，字母 I（强度）代表电流，其计量单位是安培（A）。例如，某一电流可被记作 $I=10\text{A}$，或称流过某电路的电流为 10 安培，或 10 安。

图 2-1 将一个水力系统和一个电路进行了比较。请注意，为了测量水流和电流，我们将仪表接入“流体”的路径中。在水中的流速表测量水流，而在电路中的电流表可以测量电流。水流的测量单位是加仑每秒或加仑每分钟，而电流的

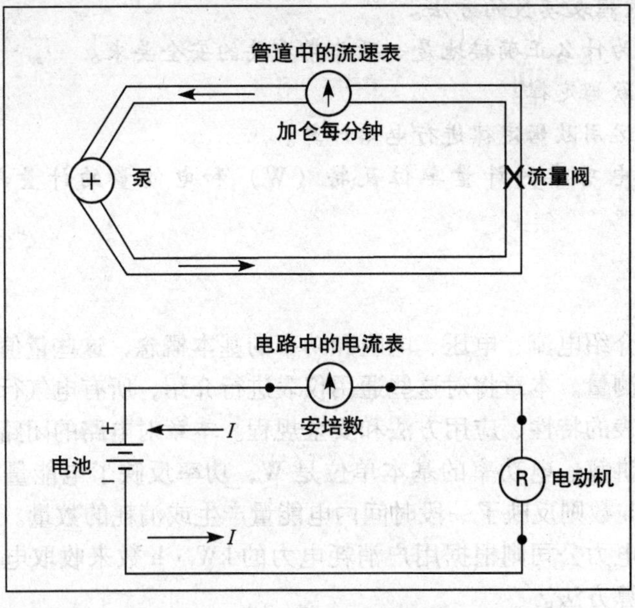

图 2-1 水流和电流的比较

测量单位是库伦每秒，1库伦每秒即等于1安培。在图2-1中，水流受到阀门的限制，而电流受到电动机线路电阻的限制。可以通过一个简单的计算来确定电流的大小：安培数等于伏特数除以电阻值，即安培数=伏特数/电阻值。

电流表

电流表也被称为安培计，用来测量电路的电流。有两种类型的电流表，分别为：串联式电流表和钳式电流表（电流钳）。**串联式电流表**（见图2-2）在使用时被直接接入电流路径，成为电路的一部分，如图2-1所示。为此必须先将电路断开，将电流表接好后再将电路接通。为了减少对电流的影响，串联式电流表的内部电阻很低，通常小于0.1欧姆。如果电流表自身的电阻较大，则电路中的电流就会减小，甚至无法正常工作。串联式电流表可以是带有刻度和指针的模拟仪表（见图2-3a），也可以是带数字显示屏的数字仪表（见图2-3b）。图2-3所示的仪表被称为**万用表**，因为它能够测量电流（安培）、电压（伏特）和电阻（欧姆）等多种电参数。

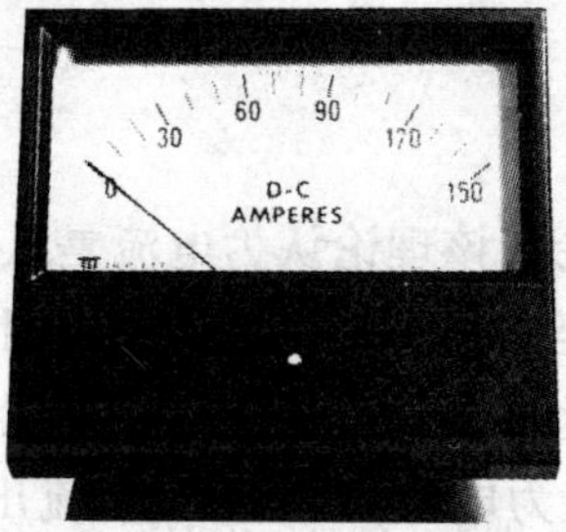

图2-2　模拟串联式电流表

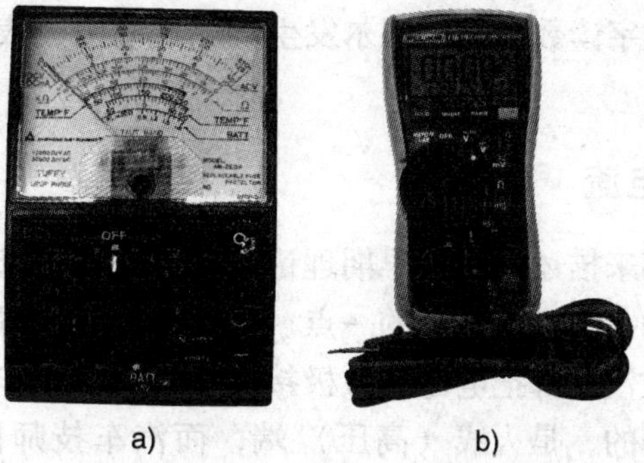

图2-3　模拟仪表和数字串联式仪表

a）模拟仪表　b）数字串联式仪表

钳式电流表（见图2-4）在使用时不必接入电流路径之中。这种电流表可以检测电线周围的磁场，它有一个可张开的钳口，用来夹住一根有电流通过的导线。如果钳口夹住了多根带电流的导线，那么导线周围的磁场就会被削弱甚至消失，电流表的读数就会失准甚至为零。对于某些型号的钳式电流表，导线电流产生的磁场会将电压感应到夹钳中的线圈上，其原理与变压器类似，然后被转化为电流读数。这种仪表只能测量交流电（AC）。

在另一些设计中，采用一种叫作霍尔发生器的半导体器件检测磁场。在霍尔电路中，一个恒定电流发生器为一个半导体模块提供电流，而这个模块的端子连接到电流表的测量机构（表头）。如果穿过半导体模块的磁场为零，则霍尔装置

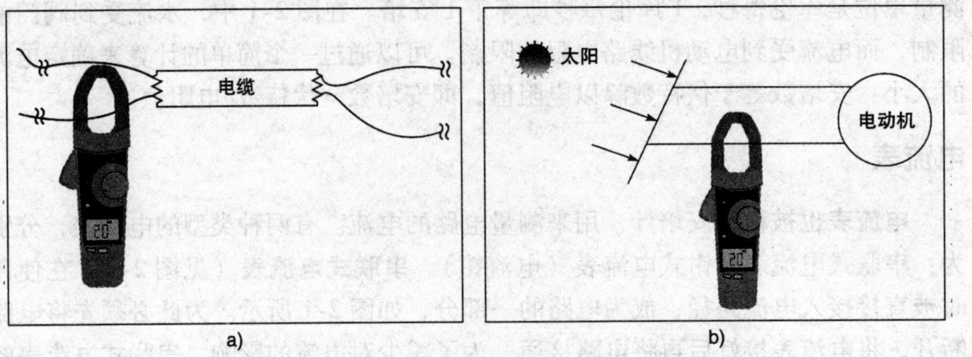

图 2-4 钳式电流表及其应用

a）钳式电流表 b）用钳式电流表测量太阳能阵列的电流

输出端的电压为零，电流表的读数为零。当模块感应到近处的磁场时，就会产生一个跨越模块的电压，该电压的值与被测电路的电流大小成比例。表头经过校正，可以将电压转化为电流测量值并显示出来。图 2-4a 和图 2-4b 中的电流表都具有数字读数，采用霍尔发生器原理的电流表可以测量**交流电**（AC）和**直流电**（DC）。

常规电流

用来描述电流的早期理论被称为**常规电流理论**。该理论认为电流是从电路中最正的一点流向最负的一点。这种常规电流理论至今仍在一些场合被使用，例如大多数汽车都把电池的负极接地。当把负极作为地端时，正极的电压被认为是高于大地的，是火线（高压）端，而汽车技师们认为电流是从火线端流出来的。许多工程院校在讲授半导体课程时也采用常规电流理论。电路原理图和一些元器件符号用箭头来标明电流的方向，而这些箭头的方向正是常规电流的方向。像二极管和三极管之类的元件都使用了这种箭头符号。（在采用电子流理论时，如在下一节所讨论的，原理图中的电流与箭头符号的方向相反。）（译者注：常规电流理论将电流方向定义为“正电荷”的流动方向，因此与电子的运动方向相反。）

光伏（PV）电池采用半导体材料制成，光伏电池中的电流与半导体二极管中的电流相似。一些将光伏电池作为电源的原理图显示了常规电流方向，因此当你看到电流是从正极向负极流动时请不要感到困惑。

电子电流

新的电流理论则认为，电流的方向应是电子的运动方向，是从负电势端到正电势端。带有负电荷的电子受到电压源正极的吸引，从外电路中最“负”的点流向该电路中最“正”的点。于是，电流从电池的负极经过导体流向电池的正极。这种**电子流理论**已被广泛认可。

图 2-5 所示为二极管的符号与电流方向。二极管是一种只允许电流单向流动的元件。箭头端被称为**阳极**，直线端被称为**阴极**。图中，电子电流的方向与箭头方向相反，而常规电流的方向则与箭头方向一致。但是在两种电路图中，阳极都与电路的正极（+）相连，而阴极都与负极（-）相连。如果将阴极连接到电路的正极，就像是开关被断开，电流不会通过电路。请注意，电子实际上是从负极向正极流动的。

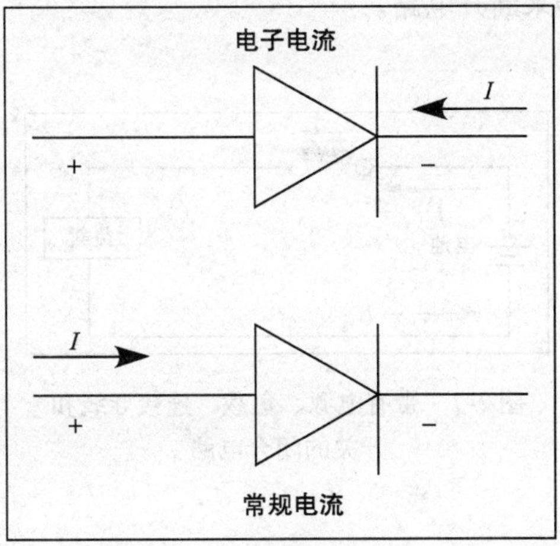

图 2-5　二极管符号与电流方向

导向电子流

导体（如铜导线）中的电子因为热量和其他因素的影响，总是处于活动状态。然而随机的电子运动并不会形成电流。若要使电子形成电流，则必须对电子的运动进行引导。在电路中接入电池或发电机之类的装置就能够产生**导向电子流**。例如，电池有负极和正极，负极将电子排斥到导线或负载中，而正极则吸引这些电子。因此电池引导电子流过电路。在第一章中，这个原理被称为电荷法则。图 2-6 所示展示了导向电子流，电子带负电荷，因此被电池的负极所排斥，而被正极吸引。

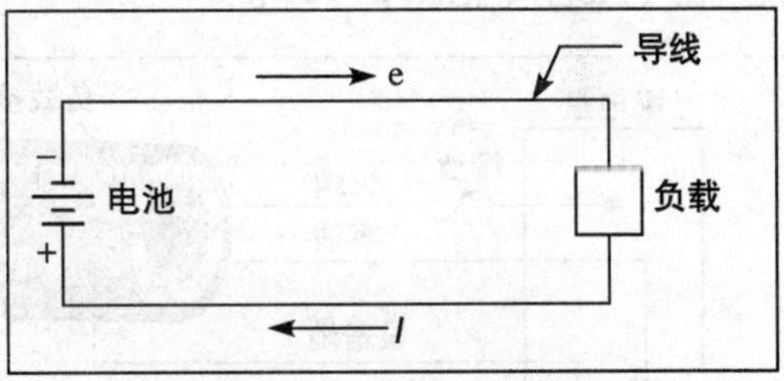

图 2-6　导向电子流

2.3　电路

为了使电力发挥作用，必须要有一个完整闭合的线路，使电流从电源流出，经过负载再回到电源。这条连续的线路（包括电源、负载和导线）被称为**电路**。通常电路应该有一个控制装置，例如开关。图 2-7 所示为带有电源、负载、连接导线和开关的闭合电路。标有“负载”的方框可以是一台电动机，一盏电灯或其他电器。请注意，电流从电池的负极流出，经过负载后回到电池的正极。

在电路中，如果负载被一根导线绕过，该负载就被短路了（见图 2-8）。如果负载被短路，那么电路中的电流可能会非常大，因为导线的电阻不足以限制住电流，于是电流会急剧上升到危险的水平。当短路发生时，可以采用熔体或断路器来断开电路。

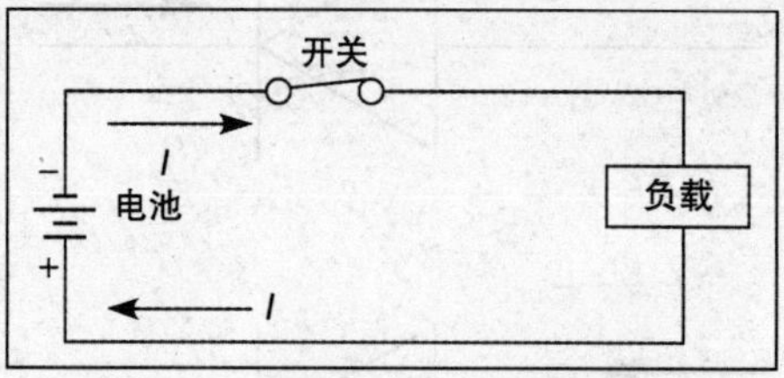

图 2-7 带有电源、负载、连接导线和开关的闭合电路

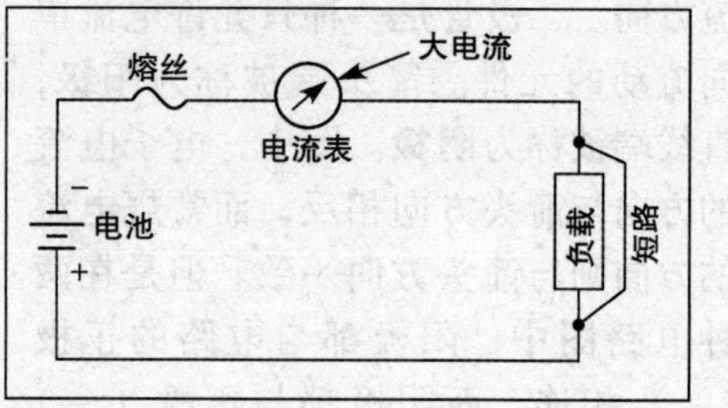

图 2-8 短路

接地

正确接地是设计和建造电气系统的重要安全要求。在电气系统中，**地**是电路中的公共参考点，通常可将**地球大地**作为地。在电路中，地相对其他各点为零伏特电位，接地提供了接入大地的低电阻路径。通常将接地导体与电气设备的金属框架（壳体）相连，因此当一个未接地的导体接触到该框架时，电流就会经此路径流入大地（见图 2-9a）。

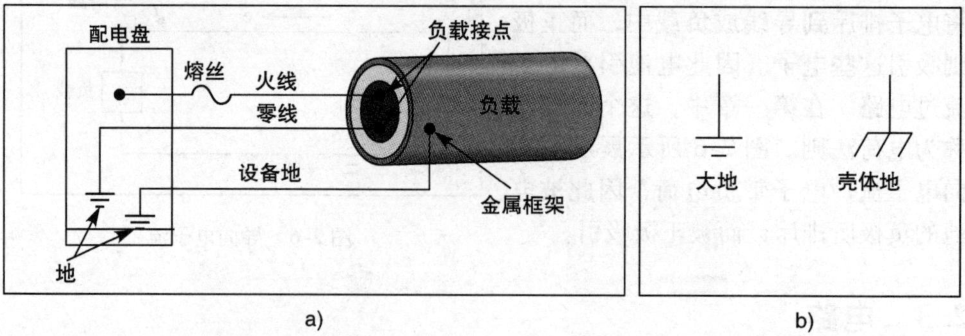

图 2-9 接地及其符号

a）零线和设备的接地端 b）接地符号

电气安全装置

诸如熔体和断路器（见图 2-10）类型的安全装置能够在发生短路故障或电

路过载时切断电流通路。**接地故障电路断路器**（GFCI）（见图 2-10）（译者注：

图 2-10　熔体，断路器和剩余电流断路器

即剩余电流断路器或漏电保护器）可以在电器的金属壳体或工具触碰到裸露的带电导线时保护人员使其免遭电击。当有小电流（通常为毫安级别，如0.003～0.005A）通过时，漏电保护开关就可以断开。漏电保护开关对零线（接地回线）上的电流和火线（未接地）上的电流进行比较，如果电流不相等并超出了设定值，就会在瞬间断开电路。尽管某些断路器已经内置了漏电保护功能，但漏电保护开关并不能取代熔体和断路器。断路器和熔体的功能是当电流因设备发生短路或过载故障而超过了规定值时保护线路。当电源线（火线）和零线上的电流相等时，剩余电流断路器无法检测到因设备短路或过载造成的大电流，而熔体和断路器是与被保护的电路元件一起串联在线路中的。

有两种接地线常用于住宅和其他电气系统中。零线（通常包覆白色的绝缘皮）被接地，设备接地线（通常为裸线或包覆绿色绝缘皮）也是接地的。这两种导线有不同的用途。**零线**也被称为**回线**，通常是有电流通过的，而**设备接地线**仅当设备出现故障导致壳体带电时才有电流。设备接地线与设备的金属壳体或框架相连，此时框架处于地电位。如果电路与金属壳体或框架发生短路，就会形成电流通道。当带电导体接触到框架的金属部分时，就可能出现这种情形。通常地与120V插头或插座的第三个触点（通常在中间位置）相连。如果故障电流超过了熔体或断路器的额定值，熔体或断路器就会断开电路。在某些情况下，电流会“漏”到设备地端，其大小虽不至于触发断路器或熔体，但可以对人身造成伤害。在这种情况下，一只安装合理的漏电保护开关就会断开电路。

探索

解释为什么必须将设备接地线始终与电气装置正确连接？为什么当电气设备未能正确接地时，操作人员会有触电的危险？

2.4 电压

电压产生了推动电流流过导体的动力，其计量单位是**伏特**（V）。图2-11展示了一个120V电压源，其“压力”能够推动电流通过一个灯泡。电压就像是水力系统中的水泵压力（见图2-12），在水力系统中，水泵产生的压力驱动着水流，而在电气系统中，电压驱动着电子。在水管中，尽管水不一定流动，但

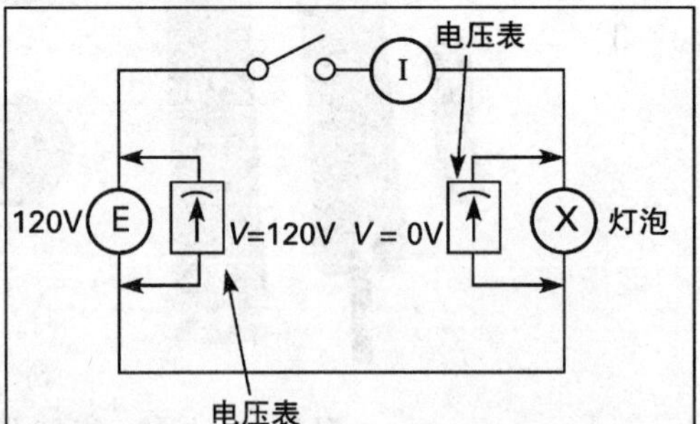

图2-11 在断开的电路中测量电压

水压依然存在；在电路中，尽管不一定有电流，但电源的两端依然存在电压，**电流不等于电压**。请注意，图 2-11 中的开关是断开的，电流为零，因此在负载两端测不到电压，但是在电源两端依然可以测得 120V 电压。

电压又被称为**电动势**（EMF 或 E）。常用大写字母 *V* 或 *E* 表示电路或电源的电压（译者注：我国常用 *U* 或 *E* 表示电压），用大写字母 *I* 表示电流。

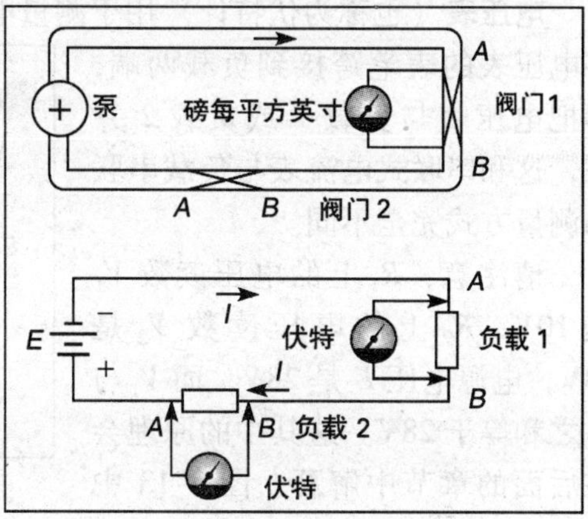

图 2-12　水力系统和电路的比较

在图 2-12 所示的水力系统中，水泵的压力推动水流通过管道，驱使水流通过 *A*、*B* 点之间的节流段。类似的，在图 2-12 所示的电路中，电压驱使电流通过线路。在此例中，通过负载 1 和负载 2 的电流在 *A*、*B* 点之间造成了一个电势差（电压差），这个电压差被称为压降。压降是推动电流通过电阻所需的电压值。计算压降的方法是将电流（*I*）乘以电阻（*R*），即 $V=I\times R$，与欧姆定律的公式一致。图 2-12 中的电路有两个负载，电压（*E*）必须足够高才能驱使电流通过全部负载。一条重要的电路定律是，负载 1 和负载 2（本例中的所有负载）两端的电压之和等于电源电压 *E*。本书后面将会详细解释这条定律。

电源

常用电源有许多种，此处列举 5 种：

（1）电池　是一种将化学能转换为电能的直流（DC）电源。

（2）旋转式发电机　是一种将机械能转换为电能的直流（DC）或交流（AC）电源。

（3）光伏电池　是一种将太阳能转换为电能的直流（DC）电源。

（4）电子电源装置　是将一种形式的电能转换为另一种形式的电能的电源装置，例如 AC120V/DC12V 电源适配器。

（5）燃料电池　是一种将燃料（如氢气）和氧化剂（如氧气）的能量转换为电能的直流（DC）电源。

电源可以同时提供电流和电压。可以用电流表测量电流，用电压表测量电压。

2.5 电压表

电压表（也称为伏特计）用于测量电压。如图 2-13 所示，测量电压时需要将电压表的表笔跨接到负载两端，即把电压表与负载 1 或负载 2 并联，这和串联式电流表与负载串联的测量方式完全不同。

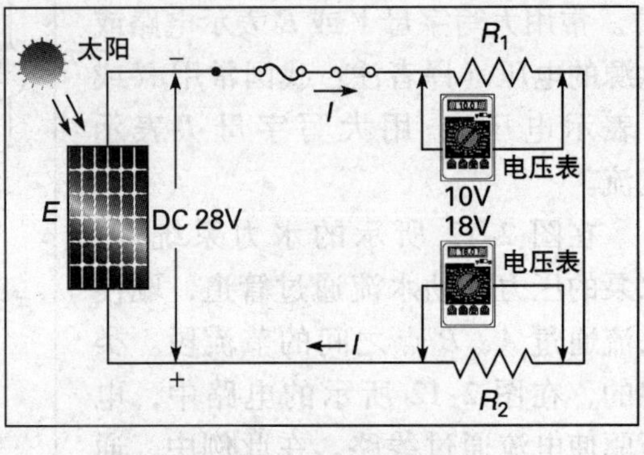

图 2-13　两个负载串联，电压表分别跨接在每个负载上

请注意，R_1 上的电压读数 V_1 是 10V，R_2 上的电压读数 V_2 是 18V，电源电压 E 是 28V，而 V_1 与 V_2 之和等于 28V。这其中的原理会在后面的章节中解释。图 2-13 中的电源为光伏（PV）阵列，属于直流电源。

当把电压表跨接在负载两端时，就会产生**负载效应**，即本应通过被测负载的电流会有一小部分经过电压表分流，此时电压表变成了与原负载并联的另一个负载。分流到电压表的少量电流并不会影响电路的正常工作，但是选择具有较大内阻（每伏欧姆值，Ω/V）规格的电压表仍然非常重要。每伏欧姆值越高，电压表从电路中“抽走”的电流就越小，测量就会越精确（每伏欧姆值通常会在电压表上注明）。

如果某个电压表的规格是 20000Ω/V，量程为 30V，则该表的内阻为 600000Ω（20000Ω×30）。电压表可以是带有刻度和指针的模拟式仪表，也可以是进行数值显示的数字式仪表。典型的直流模拟式电压表约为 20000Ω/V，交流模拟式电压表约为 10000Ω/V。数字电压表中使用的元件使得表笔之间具有极高的输入电阻（达到兆欧数量级），极大地增加了每伏欧姆值。数字电压表的每伏欧姆值要高于模拟电压表。

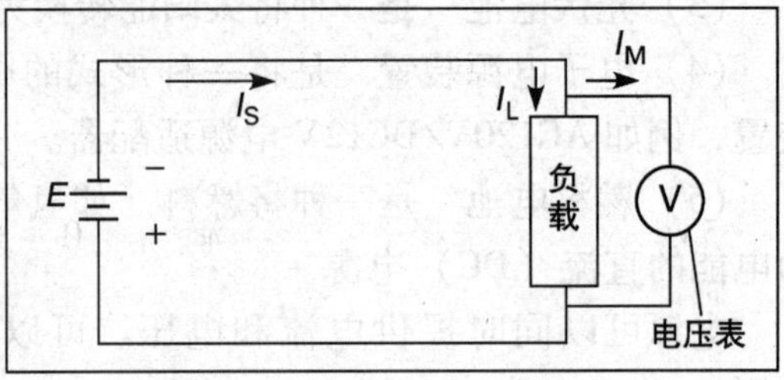

图 2-14　电压表的负载效应

在图 2-14 中，电压表从本应流过负载的电源电流（I_S）中分流了少量电流（I_M），其结果就是负载电流（I_L）因这些分流的电流而减少了。如果电压表的每伏欧姆值较大，则 I_M 就会减小，影响负载工作的负载效应也会减小。在图

2-14中，如果 $I_S=1.000A$，$I_M=0.005A$，则负载电流就会减少至0.995A（$I_L=1.000-0.005=0.995A$）。图2-15所示为带有数字显示屏的数字万用表，图2-16所示为模拟式万用表。

a)　　b)

图2-15　带有数字显示屏的数字万用表

在图2-17中，位于中间位置的横向刻度线（AC－DC）的右侧标有300、60和12。在这条刻度线上的电压读数应乘以10的倍数或除以10的倍数。这台万用表有一个选择开关用来选择量程。假定正在进行测量，被测电压处于0～3V之间，如果把选择开关置于满刻度3V的量程，则应该把300V的刻度除以100V（300V÷3＝100V）。如图2-17所示，读数250V应除以100，即测量值为2.5V。如果把选择开关置于满刻度0～30V量程，则读数250V应除以10，即测量值为25V。如果把选择开关置于满刻度60V量程，则测量值为50V。如果被测电压范围未知，应先选择最高量程，然后逐渐缩小量程，直到读数大致位于刻

图2-16　模拟式万用表

度中间范围。采用这种方法可以降低表头损坏的风险，并获得最佳的测量精度。

图 2-17 模拟式万用表的刻度

2.6 欧姆

在电路中，电流受到的阻力就是**电阻**（R）。电阻的计量单位是**欧姆**，用希腊字母 Ω 表示。例如，某电路的电阻值可以被表示为 $R=1000\Omega$。1Ω 的电阻就是在施加 1V 电压时产生 1A 电流的阻值。所有的材料都具有阻碍电流的电阻。电压不变的前提下电阻越大，电流就越小；电阻越小，电流就越大。当电阻增加时，若要保持电流不变，就必须升高电压。如果电路中的电压保持不变而电阻减小，电流就会增加。从欧姆定律中可以看出这种关系（欧姆定律将在本章后部进行介绍）。

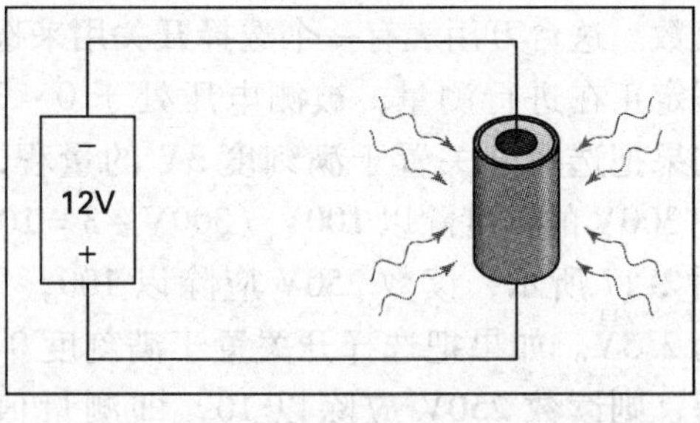

图 2-18 当电流通过导线时会产生热量

当电流通过电阻时，就会产生热量（见图 2-18）。所有的导体都具有电阻，因此当电流通过时就会发热。热量是电子在导体中碰撞的结果，必须对电流进行控制以避免导体过热。所有的导线都具有电阻，如果导线的直径变粗，那么一段长度的导线的电阻就会变小，而如果导线的直径变细，那一段长度的导线电阻就会增加（见图 2-19）。通过选择合适型号的导线，就可以控制发热量。国家电气规范（NEC）中有线缆表，规定了多大的电流可以安全通过多粗直径的电线（导体），以及导线的材料和工作温度。图 2-20 所示的符号代表了一个电阻器，也可以代表电路的电阻。

图 2-19　电阻与导线直径的关系

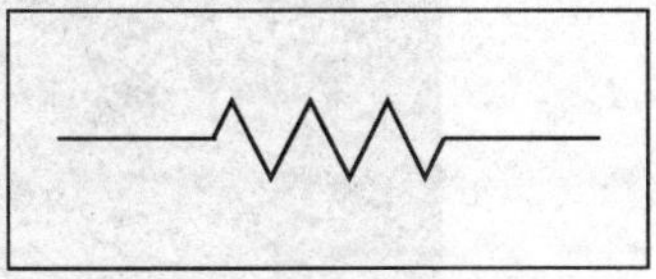

图 2-20　电阻或电阻器的符号

2.7　欧姆表

前面讲过，电阻会阻碍电流。电阻的单位是 Ω，用欧姆表（也称电阻表）来测量。欧姆表自带电源，通常为一块电池。当使用欧姆表时，必须将被测电路的电源断开，因为欧姆表的电池会给被测元件施加电压。欧姆表可以是模拟的也可以是数字的，每种仪表都会经过校准，可以测量从零（短路）到无穷大（开路）的电阻值。图 2-21所示为用数字万用表测量电阻，而图 2-22 所示则是一个模拟万用表的欧姆刻度。

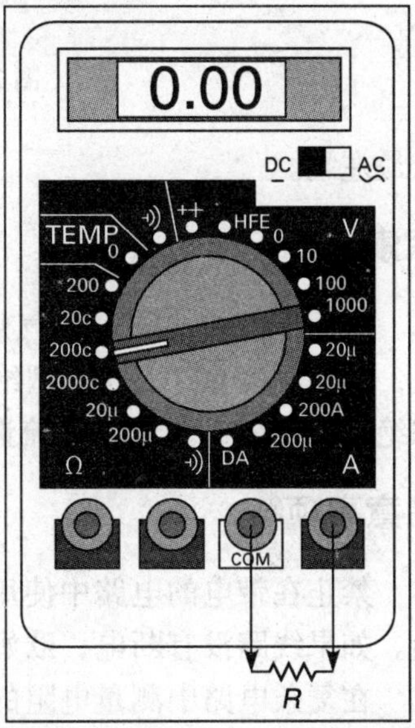

图 2-21　用数字万用表测量电阻

图 2-22 展示了模拟式欧姆表的刻度。该欧姆刻度可以扩展为 $R\times1$、$R\times100$ 和 $R\times10000$。如果将欧姆表的量程选择开关置于 $R\times1$ 档，则图中的读数为 $150\Omega\times1$，即 150Ω。如果将量程开关置于 $R\times100$ 档，则图中的读数为 $150\Omega\times100$，即 15000Ω。万用表的刻度通常会有多种用途，例如用于测量电压或电流的刻度就可能会让人有些分不清楚。因此当使用不熟悉的仪表时，最好先看看说明书。

在使用欧姆表之前，应当先对其进行校准。将两根测试表笔的金属部分接触到一起，表头读数应为零 Ω（短路）。而将表笔分开后，其读数应为无穷大（开路）。模拟仪表可以进行零位调整，而数字仪表则不能进行调整。当改变模拟欧姆表的量程后应该及时调整零位。如果校准读数不正确或仪表无法调整，可能是因为电池电压过低，应更换电池并再次进行校准。

此处讨论的仪表是常见的万用表，该仪表可以测量电流、电压和电阻，既有模拟式的也有数字式的，在使用时应注意选择合适的功能和量程。仪表的所有特性都会在操作手册中进行介绍。注意 0Ω 位于欧姆刻度线的最右端，而无穷大位

图 2-22　模拟万用表的欧姆刻度

于最左端。

探索

利用下面的“国家电气规范”（NEC）表格，确定 AWG#12 铜导线的载流量，线缆温度 60℃，TW 型绝缘层，外露电缆。确定 AWG#8 导线（同样的温度和绝缘层）的载流量。**载流量**是什么意思？**AWG** 的含义是什么？

注意事项

禁止在带电的电路中使用欧姆表，欧姆表仅可以在断电的线路中进行电阻测量。如果线路没有断电，欧姆表可能被损坏，因为欧姆表自带电源。

在复杂电路中测量电阻的步骤（见图 2-23）：

1）断开开关（切断了电阻器上的电源）。

2）断开 R_A 和 R_B 之间的连接。

3）测量读取 R_A、R_B 和 R_C 的电阻值。

测量前必须将电路断电。为获得正确的读数，需要将电阻器和负载进行隔离。将电阻器 R_A 与 R_B 断开连接，可以防止它们形成并联关系而影响测量（在后面的章节中会介绍电阻器的并联）。如图 2-23 所示，将表笔连接到每个电阻器的两端进行测量。断开的开关将电源与仪表隔离开来，电阻 R_A 与 R_B 断开连接后，当表笔接触被测电阻时，来自欧姆表的电流仅仅流过一个电阻，从而保证了测量的准确性。

表 310.15（B）16 导体的许可载流量［带绝缘层，2000V（含）以下，60~90℃（140~194℉），线槽中的带电流导体不超过三根，电缆架空或地埋，环境温度 30℃（86℉）］①

规格	导体的额定温度［见表 310.104（A）］						规格
	60℃（140℉）	75℃（167℉）	90℃（194℉）	60℃（140℉）	75℃（167℉）	90℃（194℉）	
	类型	类型	类型	类型	类型	类型	
AWG 或 kcmil	TW、UF	RHW、THHW、THW、THWN、XHHW、USE、ZW	TBS、SA、SIS、FEP、FEPB、MI、RHH、RHW-2、THHN、THHW、THW-2、THWN-2、USE-2、XHH、XHHW、XHHW-2、ZW-2	TW、UF	RHW、THHW、THW、THWN、XHHW、USE、ZW	TBS、SA、SIS、FEP、FEPB、MI、RHH、RHW-2、THHN、THHW、THW-2、THWN-2、USE-2、XHH、XHHW、XHHW-2、ZW-2	AWG 或 kcmil
		铜		铝或敷铜铝			
18	—	—	14	—	—	—	—
16	—	—	18	—	—	—	—
14②	15	20	25	—	—	—	—
12②	20	25	30	15	20	25	12②
10②	30	35	40	25	30	35	10②
8	40	50	55	35	40	45	8
6	55	65	75	40	50	60	6
4	70	85	95	55	65	75	4
3	85	100	115	65	75	85	3
2	95	115	130	75	90	100	2
1	110	130	145	85	100	115	1
1/0	125	158	170	100	120	135	1/0
2/0	145	175	195	115	135	150	2/0
3/0	165	200	225	130	155	175	3/0
4/0	195	230	260	150	180	205	4/0
250	215	255	290	170	205	230	250

（续）

规格	导体的额定温度［见表310.104（A）］						规格
	60℃（140℉）	75℃（167℉）	90℃（194℉）	60℃（140℉）	75℃（167℉）	90℃（194℉）	
	类型	类型	类型	类型	类型	类型	
AWG 或 kcmil	TW、UF	RHW、THHW、THW、THWN、XHHW、USE、ZW	TBS、SA、SIS、FEP、FEPB、MI、RHH、RHW－2、THHN、THHW、THW－2、THWN－2、USE－2、XHH、XHHW、XHHW－2、ZW－2	TW、UF	RHW、THHW、THW、THWN、XHHW、USE、ZW	TBS、SA、SIS、FEP、FEPB、MI、RHH、RHW－2、THHN、THHW、THW－2、THWN－2、USE－2、XHH、XHHW、XHHW－2、ZW－2	AWG 或 kcmil
		铜		铝或敷铜铝			
300	240	285	320	190	230	260	300
350	260	310	350	210	250	280	350
400	280	335	380	225	270	305	400
500	320	380	430	260	310	350	500
600	350	420	475	285	340	385	600
700	385	460	520	310	375	425	700
750	400	475	535	320	385	435	750
800	410	490	555	330	395	445	800
900	435	520	585	355	425	480	900
1000	455	545	615	375	445	500	1000
1250	495	590	665	405	485	545	1250
1500	525	625	705	435	520	585	1500
1750	545	650	735	455	545	615	1750
2000	555	665	750	470	560	630	2000

注：根据 NFPA70 ®－2011，National Electrical Code ®，Copyright ©，National Fire Protection Association，Quincy，MA 许可重印。此重印材料并不具有NFPA 相关条目的完整性和正式地位，正式信息请参考该规范的相关标准。

① 当环境温度不等于30℃（86℉）时，载流量的修正系数参见310.15（B）（2）

② 导体过流保护限制参见240.4（D）

表 310.15（B）17 导体的许可载流量［带绝缘层，2000V（含）以下，外露电缆，环境温度 30℃（86℉）］①

规格	导体的额定温度［见表 310.104（A）］						规格
	60℃（140℉）	75℃（167℉）	90℃（194℉）	60℃（140℉）	75℃（167℉）	90℃（194℉）	
	类型	类型	类型	类型	类型	类型	
AWG 或 kcmil	TW、UF	RHW、THHW、THW、THWN、XHHW、USE、ZW	TBS、SA、SIS、FEP、FEPB、MI、RHH、RHW-2、THHN、THHW、THW-2、THWN-2、USE-2、XHH、XHHW、XHHW-2、ZW-2	TW、UF	RHW、THHW、THW、THWN、XHHW、USE、ZW	TBS、SA、SIS、FEP、FEPB、MI、RHH、RHW-2、THHN、THHW、THW-2、THWN-2、USE-2、XHH、XHHW、XHHW-2、ZW-2	AWG 或 kcmil
		铜		铝或敷铜铝			
18	—	—	18	—	—	—	—
16	—	—	24	—	—	—	—
14②	25	30	40	—	—	—	—
12②	30	35	40	25	30	35	12②
10②	40	50	55	35	40	45	10②
8	60	70	80	45	55	60	8
6	80	95	105	60	75	85	6
4	105	125	140	80	100	115	4
3	120	145	165	95	115	130	3
2	140	170	190	110	135	150	2
1	165	195	220	130	155	175	1
1/0	195	230	260	150	180	205	1/0
2/0	225	265	300	175	210	235	2/0
3/0	260	310	350	200	240	270	3/0
4/0	300	360	405	235	280	315	4/0
250	340	405	455	265	315	355	250
300	240	445	500	290	350	395	300

（续）

规格	导体的额定温度[见表 310.104(A)]						规格
	60℃(140℉)	75℃(167℉)	90℃(194℉)	60℃(140℉)	75℃(167℉)	90℃(194℉)	
	类型	类型	类型	类型	类型	类型	
AWG 或 kcmil	TW、UF	RHW、THHW、THW、THWN、XHHW、USE、ZW	TBS、SA、SIS、FEP、FEPB、MI、RHH、RHW－2、THHN、THHW、THW－2、THWN－2、USE－2、XHH、XHHW、XHHW－2、ZW－2	TW、UF	RHW、THHW、THW、THWN、XHHW、USE、ZW	TBS、SA、SIS、FEP、FEPB、MI、RHH、RHW－2、THHN、THHW、THW－2、THWN－2、USE－2、XHH、XHHW、XHHW－2、ZW－2	AWG 或 kcmil
		铜		铝或敷铜铝			
350	260	505	570	330	395	445	350
400	280	545	615	355	425	480	400
500	320	620	700	405	485	545	500
600	575	690	780	445	540	615	600
700	630	755	850	500	595	670	700
750	655	785	885	515	620	700	750
800	680	815	920	535	645	725	800
900	730	870	980	580	700	790	900
100	780	935	1055	625	750	845	1000
1250	890	1065	1200	710	885	965	1250
1500	980	1175	1325	795	950	1070	1500
1750	1070	1280	1445	960	1050	1185	1750
2000	1155	1385	1560	470	1150	1295	2000

注：根据 NFPA70 ® －2011，National Eectrical Code ®，Copyright ©，National Fire Protection Association，Quincy，MA 许可重印。此重印材料并不具有 NFPA 相关条目的完整性和正式地位，正式信息请参考该规范的相关标准。

① 当环境温度不等于 30℃（86℉）时，载流量的修正系数参见 310.15（B）（2）

② 导体过流保护限制参见 240.4（D）

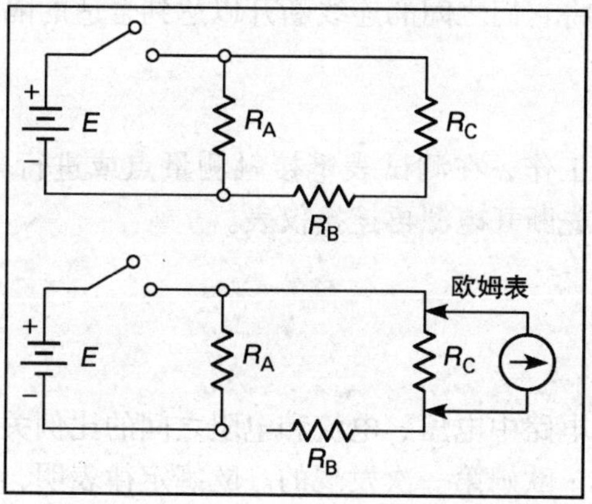

图 2-23　在复杂电路中测量电阻的步骤

2.8　选择仪表的量程

当使用模拟式电压表或模拟式电流表时，最精确的读数应该位于刻度的中间位置附近。例如，如果被测电压在 30V 左右，那么就应该选择满刻度为 60V 而不是 300V 的档位。模拟式欧姆表通常只有一个电阻值刻度，如图 2-22 所示。

许多数字仪表有自动挡，这意味着仪表可以自动选择量程。数字仪表的另一个优点是不需要使用者对位于刻度线之间的读数进行估读。

应该根据测量需要来选择仪表，考虑到量程和精度的要求。模拟式电压表可能包括下列直流量程：DC0 ~ 10V，DC0 ~ 50V，DC0 ~ 250V 和 DC0 ~ 1000V，交流电压的量程与之类似。如果不确定被测电压值，应选择从最高电压档开始测量，这样可以保护仪表免遭损坏。

模拟式电流表也有多个量程，如 0 ~ 50 微安（μA）、0 ~ 1 毫安（mA）、0 ~ 100mA、0 ~ 500mA 以及 0 ~ 10A 等。当测量电流时，应把电流表串联在被测电路中。大部分万用表可以测量交流和直流的电压与电流，但也有一些模拟式仪表不能测量交流电流。

有些数字式万用表可以自动换挡，但只能在所选的电压和电流量程之内如 AC/DC 电流 0 ~ 2mA、0 ~ 200mA、0 ~ 500mA 和 0 ~ 10A。万用表会在选择的量程内自动换挡，因此应该选择最接近被测值的量程。

探索

在测量电阻时，如果在图 2-23 中各电阻没有被隔断，就会造成错误的测量读数，请解释其中的原因。请画出一个电阻组合示意图，图中应包含两个电阻，在测量电阻时，必须将它们之间的连线断开以达到合适的隔断效果。

注意

如果在高电压下工作，在测试表笔接触测量点或进行电路连接时务必要小心。如有可能，应该先断开电源再连接仪表。

2.9 欧姆定律

欧姆定律阐述了电路中电压、电流和电阻之间的比例关系，这种关系是由德国科学家乔治·西蒙·欧姆第一次发现的。欧姆定律表明，1V 电压可以推动 1A 的电流通过 1Ω 的电阻。欧姆也用公式对这一比例关系进行了表达：

$$I = V/R$$

（译者注：再次提醒读者，本书的电压符号为 V 或 E，而我国一般采用 U 或 E。）

在这个公式中，如果已知电压（V）和电阻（R），就可以计算电流（I）。可以看到，电流与电压成正比，与电阻成反比。如果电压不变，则电阻增大会使得电流减小，电阻减小会使得电流增大。如果电阻不变，则电压升高会使得电流增大，电压降低会使得电流减小。

因为欧姆定律采用了代数表达式，因此可以推导出另外两个公式：

$$V = I \times R$$

$$R = V/I$$

在应用欧姆定律时，可以选择适合具体问题的公式。如果已知 V 和 R，那么就可以选择公式 $I = V/R$；如果已知 I 和 R，那么就选择 $V = I \times R$；如果已知 V 和 I，那么应该选择 $R = V/I$。在某些应用中，可以利用公式组合来解算问题。

例 2-1

a. 已知 $V = 12\text{V}$，$R = 3\Omega$，电流（I）是多少？

$$I = V/R = 12/3\text{A} = 4\text{A}$$

b. 已知 $I = 10\text{A}$，$R = 8\Omega$，电压（V）是多少？

$$V = I \times R = 10 \times 8\text{V} = 80\text{V}$$

c. 已知 $V = 120\text{V}$，$I = 6\text{A}$，电阻（R）是多少？

$$R = V/I = 120/6\Omega = 20\Omega$$

d. 已知有一个电烤面包炉（多士炉）连接到 120V 的电源上，电流消耗为 2A，那么该炉的功率（瓦特）是多少？多士炉的加热元件的电阻是多少？

功率（P）的计量单位是 W，可以用公式 $P = V \times I$ 计算；电阻（R）可以用欧姆定律来计算。

$$P = V \times I = 120 \times 2\text{W} = 240\text{W}$$

$$R = V/I = 120/2\Omega = 60\Omega$$

尽管计算功率的公式并不属于欧姆定律，但二者仍然紧密相关。同欧姆定律一样，功率公式表明了电压、电流和电阻之间的关系，以及它们是如何影响功率的。图 2-24 所示的图表可以用来计算电流、电压、电阻和功率。它分为四个部分，分别用来计算电流（I）、电压（E）、功率（P）和电阻（R）。每个部分都有三个公式，通过选择一个部分，例如选择 I（安培）就得到了三个公式，对应不同的测量值（已知量）。如果 $E = 24\text{V}$、$R = 2\Omega$，要计算电路的电流（I），就可以选择公式

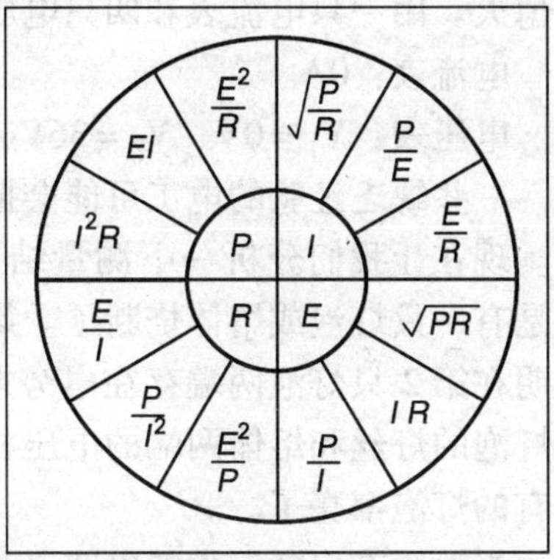

图 2-24　计算电流、电压、电阻和功率的图表

$$I = E/R = 24/2\text{A} = 12\text{A}$$

如果 P 和 E 或者 P 和 R 已知，就可以选择另外两个公式来计算电流（I）

$$I = P/E、I = \sqrt{P/R}$$

例 2-2

a. 如果功率（P）为 200W，电压（E）为 48V，计算电流（I）。从图 2-24 的图表中选择公式 $I = P/E$，有

$$I = P/E = 200/48\text{A} = 4.16\text{A}$$

b. 如果功率（P）为 100W，电路电阻（R）为 10Ω，计算电流（I）。从图 2-24 的图表中选择公式 $I = \sqrt{P/R}$，有

$$I = \sqrt{P/R} = \sqrt{100/10}\text{A} = 3.16\text{A}$$

在应用欧姆定律时，必须知道两个变量，才能计算出另外一个未知量。

2.10　故障电路的诊断

技师和电工们经常需要对出现故障的系统进行排查。两种常见的故障是开路和短路。电流表、电压表和欧姆表常被用来隔离和排除这些故障。因为电路结构不同，故障现象也表现各异。

开路故障检查

一种常见的电气系统故障是**开路**（也称为断路）。导致开路的原因通常是元件因过热而烧断或元件之间的连接松脱，使得电流路径断开。

例 2-3

如图 2-25 所示，有三只灯泡串联在电路中。正当所有灯泡发光时，突然全部熄灭。用一只电流表和四只电压表进行测量，读数如下：

电流表：0A。

电压表：$V_1=0V$、$V_2=36V$、$V_3=0V$、V_4（熔体）$=0V$。

一些缺乏经验的电工可能会据此判定第 2 只灯泡是正常的，而其他灯泡都坏了。现在让我们分析一下测量结果：电流表测得 0A，因此电路处于开路状态，像是有一只灯泡或熔体烧断了。第 2 只灯泡上的电压是 36V，等于电源电压，这说明在第 2 只灯泡两端存在电势差。其他灯泡和熔体上的电压均为 0V，说明其他灯泡的灯丝和熔体两端的电压相等，因此没有损坏。在更换第 2 只灯泡之后，所有的灯泡都亮了。

当对含有串联元件的电路（串联电路）进行检测时，开路元件两端的电压等于电源电压。如果将欧姆表跨接在每个元件上，开路的元件将会显示无穷大的电阻值，而正常元件则会显示一定电阻读数。熔体的电阻为零欧姆（注意：在使用欧姆表之前请断开电源）。

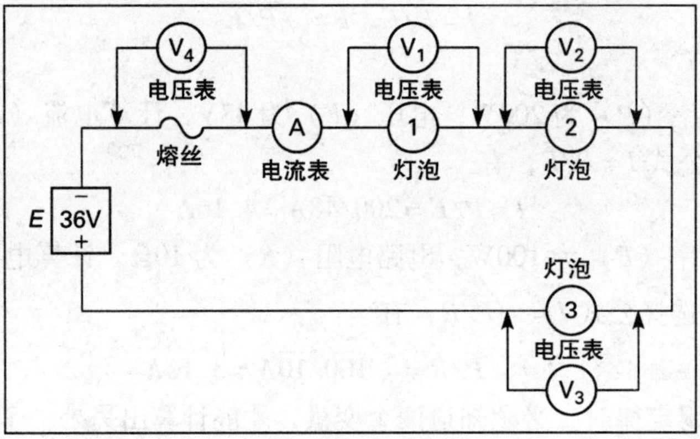

图 2-25 例 2-3

例 2-4

在图 2-25 中，只有一条串联通路供电流通过，而在图 2-26 中，3 只灯泡被连接在 3 条独立（并联）的电流通路上。在所有的灯泡都发光的时候，第 2 只灯泡突然熄灭，而第 1 和第 3 只灯泡依然点亮。使用四只电流表和三只电压表进行测试，读数如下：

电流表：A_S（电源）$=24A$、$A_1=12A$、$A_2=0A$、$A_3=12A$。

电压表：$V_1=36V$、$V_2=36V$、$V_3=36V$。

由于 $A_2=0A$，表明该电流通路断开，最有可能是由于灯泡损坏造成的。因为灯泡 1 和 3 仍然亮着，所以这两条通路是正常的。因为电路断开并不会影响电源电压，而电源为三条通路供电，因此三只电压表测得的电压都是 36V。更换第 2 只灯泡就能解决问题。

相比串联的灯泡，并联方式有一个好处，就是如果有一只灯泡烧坏了，其他的灯泡仍然可以点亮。当对并联电路的开路故障进行检测时，必须要测量电流，读数为 0A 的通路就存在元件损坏或接触不良故障的可能。

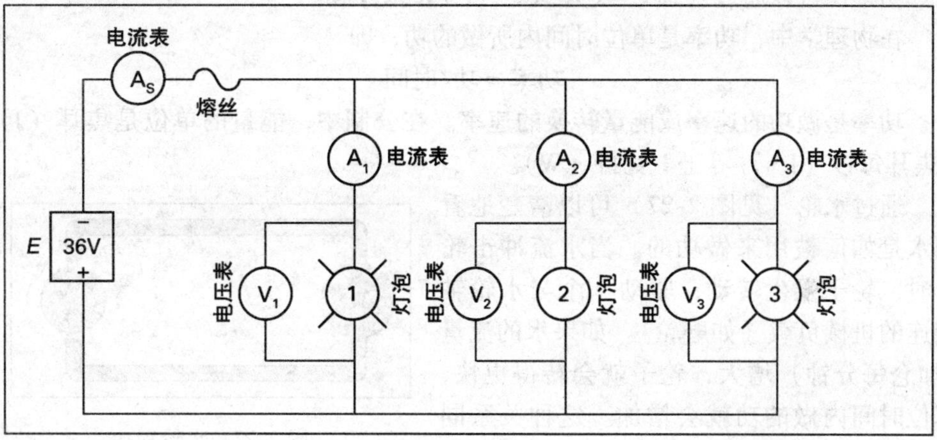

图 2-26　例 2-4

当对一条串联电路的开路故障进行检测时，最好采用测量电压的方式，故障元件两端的电压为电源电压，参见例 2-3。此类故障可通过用欧姆表测量电阻的方式加以确认（在使用欧姆表测量之前应断开电源）。

短路故障检查

当本应隔离的导线或元件的导电端子触碰到一起时就会发生**短路**，此时因为电阻降低而导致电流增加，经常会使得断路器工作或熔体丝熔断（开路）。可以用欧姆表来判定短路位置，通过目测也能发现烧焦的绝缘层或印制电路板上的烧灼痕迹，可以从这样的地方开始利用欧姆表检测和线路隔离。短路会表现出比正常值偏低的电阻或零电阻，这种故障比断路故障更加难以检测（记住，在使用欧姆表测量之前应断开电源）。

注：以上实例给出的故障诊断案例中仅包含一个故障。如果电路或系统中发生了多处故障，则需要综合运用多种手段进行排查。

2.11 功率

电功率的计量单位是**瓦特**（W）。功率反映了电路消耗能量或电源产生能量的速率。**功率**（P）等于电压乘以电流，即

$$P = VI$$

功率还可以通过公式 $P = I^2R$ 或 $P = V^2/R$ 来计算。

在物理学中，功率是单位时间内所做的功，即

$$功率 = 功/时间$$

功率是做功的速率或能量转换的速率。在公制中，能量的单位是焦耳（J），1焦耳每秒（J/s）等于1瓦特（W）。

通过水轮（见图2-27）可以清楚地看到水是如何被用来做功的。当水流冲击轮子时，轮子发生转动，驱动一个与水轮轴相连的机械负载（如磨轮）。如果水的流量（加仑每分钟）增大，轮子就会转得更快，单位时间内做的功就会增加。这种关系同样适用于电功率。当电流增大时，功率会增加，而当电压增大时，功率也会增加。

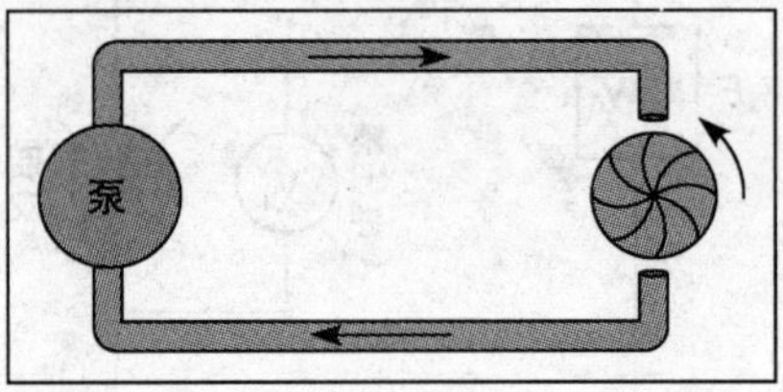

图2-27 水轮和功

科学家詹姆斯·瓦特通过蒸汽机实验确定了机器做功的能力。为了把蒸汽机卖给农民用作碾磨谷物的动力设备，他把机器能够替代多少匹马联系到一起。瓦特确定，平均一匹马可以在一秒钟做550英尺-磅（ft·lb）的功，记作

1马力（hp）=550ft·lb/s

而1马力等于746瓦特，记作

1hp=746W

能量的消耗量

电力公司并不出售功率，他们出售的是能量的消耗量，可以表达为

能量=功率×时间

为计算能量的使用量或消耗量，可以将瓦特数乘以工作时数：

能量=瓦特数×时数=瓦·时数

例如，额定功率为1hp的电动机持续运转1h，就将消耗746W·h的电能。

例2-5

一台1hp的电动机运转了2h，则消耗的能量为

能量=746W×2h=1492W·h

例 2-6

一盏电灯的工作电压为 120V，电流为 0.83A，其功率是多少？如果这盏灯点亮 5h，消耗的能量是多少？

$$P = V \times I = (120 \times 0.83)\ \text{W} = 99.6\text{W}$$

能量 = P × 时数 = (99.6 × 5) W · h = 498W · h，或 0.498kW · h

请注意功率（P）的计量单位是 W，而能量消耗量的单位是 W · h 或 kW · h。

例 2-7

一台 120V 交流电动机由一台风力发电机供电，如图 2-28 所示。风力交流发电机的输出功率为 1200W。供电电流是多少？如果平均每周运行 30h，一年消耗的电能是多少？

$$I = P/V = 1200/120 = 10\text{A}$$

一年消耗的电能 = P × 时数/周 × 周数 = 1200 × 30 × 52W · h = 1872000W · h，或 1872kW · h，或 1.872MW · h。

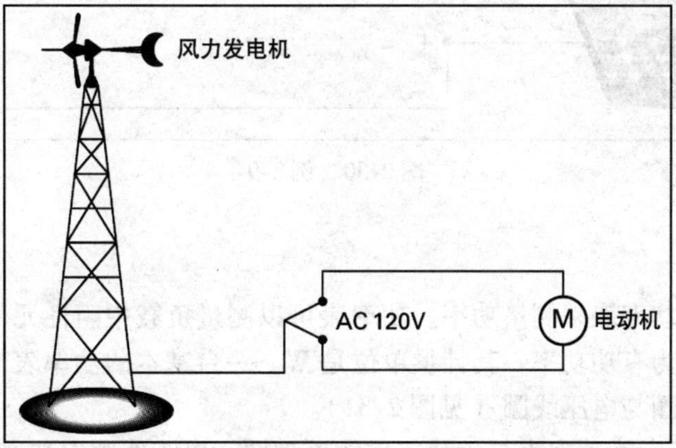

图 2-28　例 2-7

例 2-8

在图 2-29 中，有两台电加热器串联在一起。流经每台加热器的电流（I）是 2.5A。假设加热器 1 的功率是 100W，加热器 2 的功率是 200W。利用功率公式计算每台加热器两端的电压。再通过将所有的压降相加来计算总电压（E）。

$V_1 = P_1/I_1 = 100/2.5\text{V} = 40\text{V}$

$V_2 = P_2/I_2 = 200/2.5\text{V} = 80\text{V}$

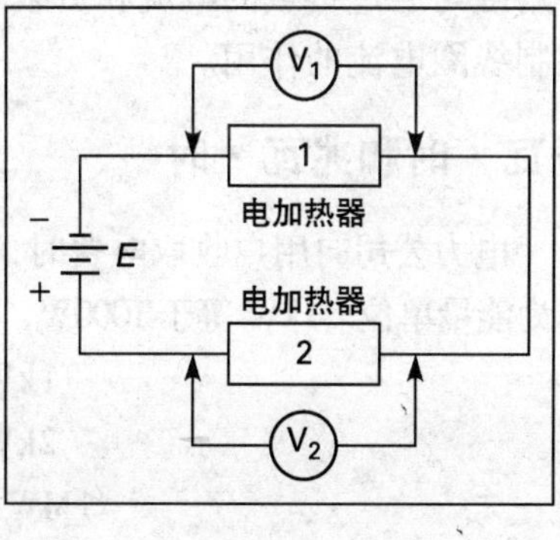

图 2-29　例 2-8

E = 总电压 = $V_1 + V_2$ = 120V

需要120V的电源电压来驱动两台加热器。每台加热器上有不同的压降，但是电流是相等的。因此，不同的加热器具有不同的电阻（从欧姆定律可知）。加热器1需要40V的电压使电流通过，而加热器2需要80V的电压。电源电压必须足够高，才能使电流通过两台加热器。

例2-9

有一块太阳能面板，如图2-30所示，为10Ω的负载提供120W的功率。计算流过负载的电流（I）和负载两端的压降（V）。

$$I = \sqrt{P/R} = \sqrt{120/10}\text{A} = 3.464\text{A}$$

$$V = P/I = 120/3.464\text{V} = 34.6\text{V}$$

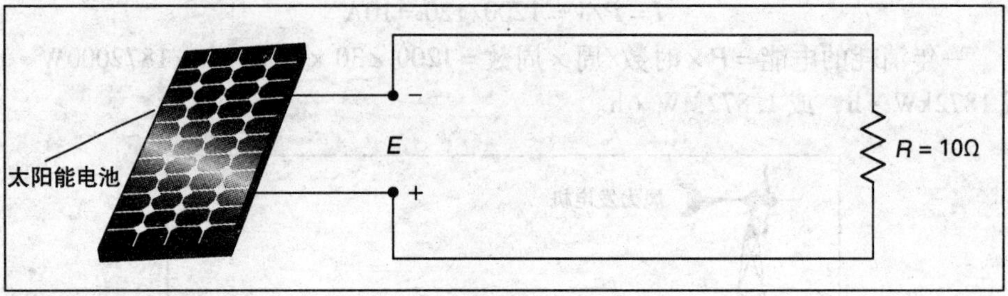

图2-30 例2-9

功率表

可以使用**功率表**来测量功率。功率表可以测量负载中阻性元件的消耗功率。阻性功率被称为有功功率，其计量单位是W。一台基本的功率表带有两个线圈，分别是电流线圈与电压线圈（见图2-31）。

图2-32所示为功率表与负载连接的原理图。电流线圈安装在一个固定电磁铁上，而电压线圈与一个可转动的游丝相连，用来使仪表的指针偏转。指针的偏转角度与通过负载的电流和负载两端的电压成比例。与电压线圈串联的电阻起到限制线圈电流的作用。

千瓦·时和兆瓦·时

电力公司向用户收取电费时，采用千瓦·时（kW·h）和兆瓦·时（MW·h）作为能量单位。1kW等于1000W，1MW等于1000000W。

$$1\text{kW}\cdot\text{h} = 1000\text{W} \times 1\text{h}$$

$$2\text{kW}\cdot\text{h} = 1000\text{W} \times 2\text{h}$$

$$1\text{MW}\cdot\text{h} = 1000000\text{W} \times 1\text{h}$$

$$2\text{MW}\cdot\text{h} = 1000000\text{W} \times 2\text{h}$$

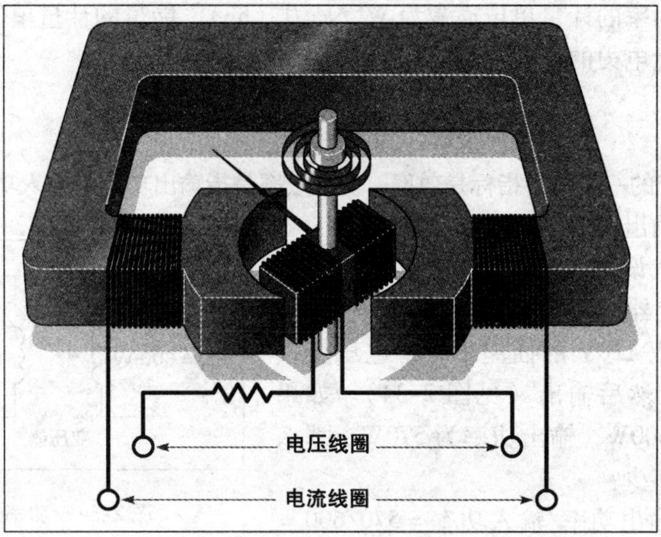

图 2-31　电流和电压线圈的位置示意图

将瓦特数除以 1000 就得到了千瓦数。如果某个电路消耗了 12960W · h 的电能，电力公司的收费量是 12960/1000 = 12.960kW · h。

例 2-10

有一台 1.5kW 的电加热器工作了 3h，消耗了多少能量？

能量 = 1.5 × 3kW · h = 4.5kW · h

例 2-11

将瓦特数除以 10000000 就得到了兆瓦数。

如果电力公司的发电功率是 2000000W，可以表达为 2000000/1000000，即 2MW。

如图 2-33 所示，可以根据应用场合将功率和能量的计量单位进行转换。在

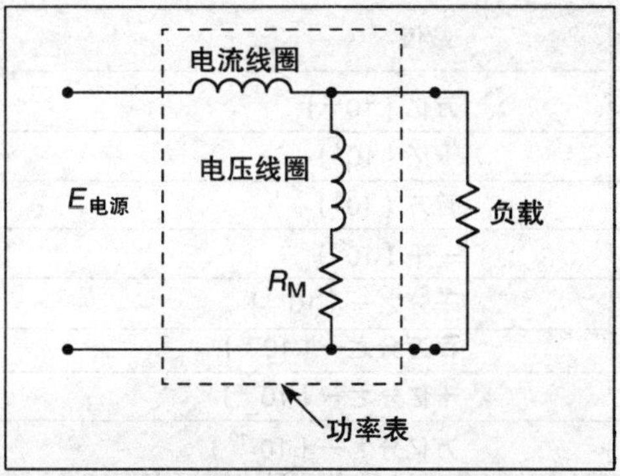

图 2-32　功率表与负载连接的原理图

功率和能量单位转换	
1 马力	= 746 瓦特
1 瓦特	= 0.00134 马力
1 瓦特	= 3.412 Btu/h
1 Btu	= 1055 焦耳
1 焦耳	= 0.2388 卡路里
1 卡路里	= 4.187 焦耳

图 2-33　功率和能量单位转换表

电气领域，功率的计量单位通常为 W、马力（hp），能量的计量单位则是 W·h。电力公司计量电力的电表使用 kW·h 作为单位。

功率效率

电力系统的一项重要指标是**效率**。功率效率是指输出功率与输入功率的比值。

效率 = 输出功率/输入功率

很多电气设备，如电源装置、变压器和 DC－AC 逆变器均需要电力的输入。例如将一台电源插入 120V 的插座中，将电压变换升高至 240V 然后输出（见图 2-34）。如果输入功率为 600W，输出功率为 570W，那么电源效率是多少？

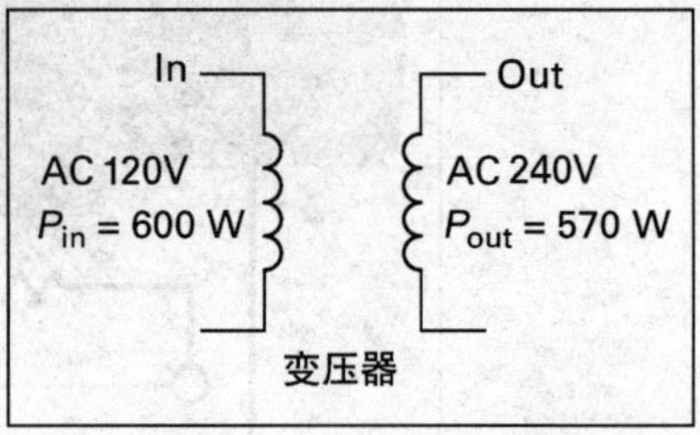

图 2-34 功率效率

效率 = 输出功率/输入功率 = 570/600 = 0.95，或 95%

电气设备的工作效率不可能达到 100%，效率反映了设备自身的能量损耗。图 2-34 所示的电源设备因为内部损耗而损失了 5% 的输入功率。输出功率小于输入功率的主要原因在于，电气设备需要消耗能量来驱动内部电路、产生磁场或因为电路电阻而变成热量散失掉了。

2.12 使用国际单位制词头

在学习电学知识的时候，经常会遇到非常小或非常大的数值。按照惯例，我们采用国际单位制词头来表达这些数值。图 2-35 所示为采用国际单位制词头的**工程计数法**。依照工程计数法，一个数值系统增大或减小的系数为 1000。

前缀	符号	数值
太	T	万亿（10^{12}）
吉	G	十亿（10^{9}）
兆	M	百万（10^{6}）
千	k	一千（10^{3}）
毫	m	千分之一（10^{-3}）
微	μ	百万分之一（10^{-6}）
纳	n	十亿分之一（10^{-9}）
皮	p	万亿分之一（10^{-12}）

图 2-35 采用国际单位制词头的工程计数法

例 2-12

采用工程计数法表达下列量值。

a. kW：1000W = 1kW（1000/1000 = 1kW）

b. kW：1500W = 1.5kW（1500/1000 = 1.5kW）

c. MW：1500000W = 1.5MW（1500000/1000000 = 1.5MW）

如果转换为千（k）单位，除以 1000 即可，相当于把小数点向左移动三位，然后在原来的单位前加上前缀 k。如果转换为兆（M）单位，除以 1000000 即可，相当于把小数点向左移动六位，然后加上前缀 M。同样的过程也适用于吉单位（把小数点向左移动九位，然后加上前缀 G）和太单位（把小数点向左移动 12 位，然后加上前缀 T）。

例 2-13

采用工程计数法表达下列量值。

a. mA：0.0036A = 3.6mA（$0.0036 \times 1000 = 3.6$mA）

b. μA：0.000005A = 5μA（$0.000005 \times 1000000 = 5$μA）

c. μA：0.00005A = 50μA（$0.00005 \times 1000000 = 50$μA）

如果转换为毫（m）单位，乘以 1000 即可，相当于把小数点向右移动三位，然后在原单位前加上前缀 m。如果转换为微（μ）单位，乘以 1000000 即可，相当于把小数点向右移动六位，然后加上前缀 μ。同样的过程也适用于纳单位（把小数点向右移动九位，然后加上前缀 n）和皮单位（把小数点向右移动 12 位，然后加上前缀 p）。工程计数法使用国际单位制词头作为速记方式，来表示大数值和小数值。

例 2-14

通过移动小数点，将 25000Ω 以 kΩ 为单位进行表达。

将小数点向左移动三位，然后加上前缀 k。

$$25000 = 25\text{k}\Omega$$

（注：对于数字 25000，小数点位于最后一个零的右边。）

例 2-15

通过移动小数点，将 25kΩ 以 Ω 为单位进行表达。

将小数点向右移动三位，然后去掉前缀 k。

$$25\text{k}\Omega = 25000\Omega$$

探索

采用国际单位制词头表达下列 10 的幂数。

a. 3.5×10^{3}W = ?

b. 3.5×10^{-3}A = ?

c. $5.0\times10^{6}\Omega=?$

d. $5.0\times10^{-6}\mathrm{A}=?$

例 2-16

计算图 2-36 中的电流（I）和功率（P），分别用 mA 和 kW 单位表达结果。

$I=V/R=120/2500\mathrm{A}=0.048\mathrm{A}=48\mathrm{mA}$

$P=V\times I=120\times0.048\mathrm{W}=5.76\mathrm{W}$
$=0.00576\mathrm{kW}$

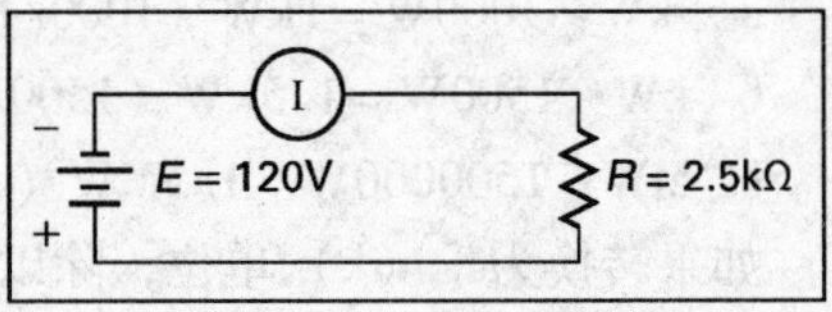

图 2-36 例 2-16

探索

一所住宅的地下室安装了两台排水泵。当水位到达规定的高度时，泵 1 首先起动，如果水位涨得很高，泵 2 也会起动。两台泵都连接到同一个 120V 电源上，每台泵的额定电流是 9A。后来，将泵 1 替换为一台额定电流为 10A 的大型泵。现在，当两台泵同时起动时，20A 的断路器偶尔会被触发。可能是什么原因造成了这个问题？请分析解释。

复习题

1. 给出安培的定义。
2. 给出伏特的定义。
3. 给出电阻的定义。
4. 给出瓦特的定义。
5. 根据欧姆定律，写出电流的计算公式。
6. 一盏灯泡的额定电压是 120V，额定功率是 100W，其工作电流是多少？
7. 一台电加热器的额定电压是 120V，额定电流是 18A，其制热功率是多少瓦特？
8. 一台直流电动机的额定电压是 12V，额定电流是 10A，其电阻是多少？
9. 一个太阳电池阵列为一套后备电池系统充电，其输出电压为 14V，输出电流为 6A，其输出功率是多少瓦特？
10. 一个太阳电池阵列为电力公司的电网供电，其输出电压为 120V，输出电流为 20A，其输出功率是多少瓦特？
11. 如果第 10 题中的太阳能阵列以正常功率工作 48h，那么可以向电网供应多少千瓦·时的电能？如果电力的零售价格为 6.8 美分/(kW·h)，那么这些电量的零售价值是多少？
12. 使用国际单位制词头表达下面的功率值。

a. 2500W

b. 50000000W

13. 在图 2-37 所示电路中，电阻两端的电压是多少？E 的数值是多少（用欧姆定律计算）？

14. 在图 2-38 所示电路中，测得的电流是多少（用欧姆定律计算）？

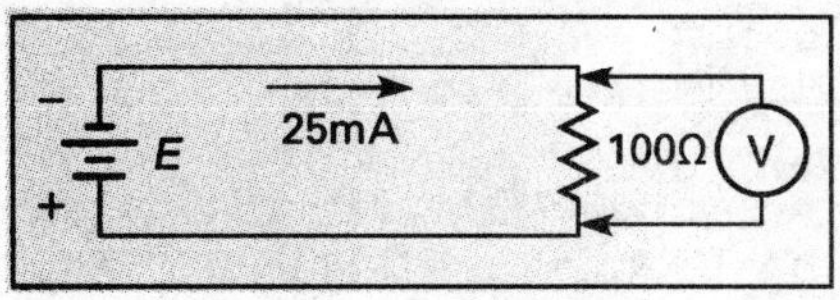

图 2-37　复习题 13

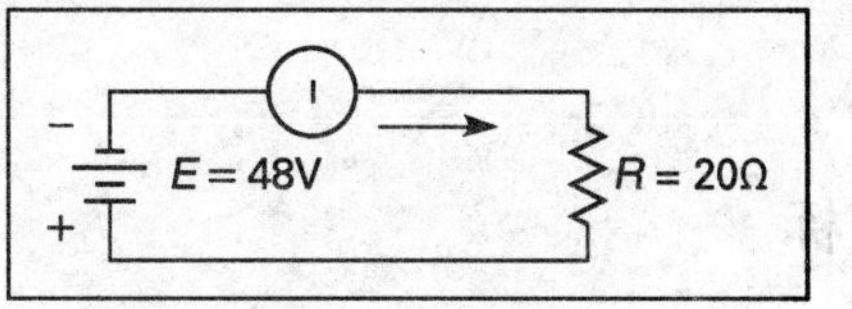

图 2-38　复习题 14

15. 在图 2-39 所示电路中，需要多大的电阻才能从太阳电池阵列获得 4A 的电流（用欧姆定律计算）？

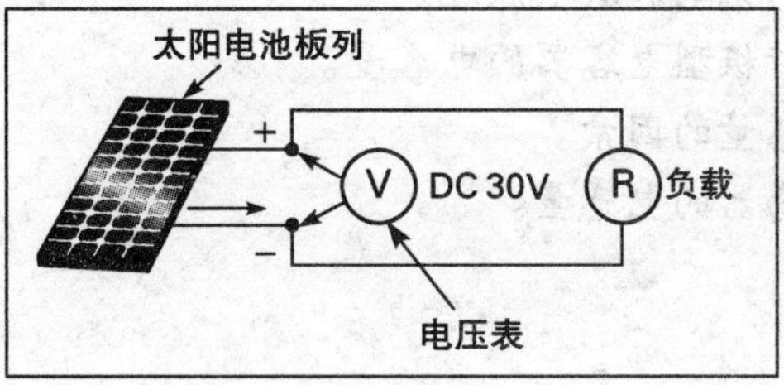

图 2-39　复习题 15

16. 在图 2-40 所示电路中，直流电压表设置在 30V 量程档。表头偏转到满刻度时所需的电压为 1V，电流为 45μA（微安）。当仪表满量程为 30V 时，电阻 R_M 的值是多少（提示：表头需要 1.0V，其余的电压应由 R_M 来承担。用欧姆定律来计算）？

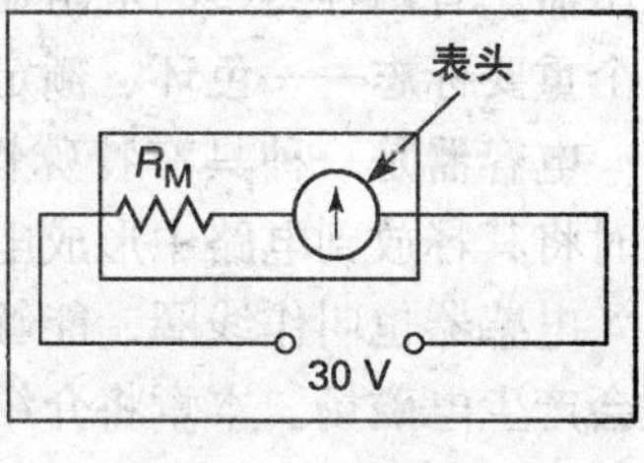

图 2-40　问题 16

第3章　电阻器、电容器和电感器

目标

学习完本章后，读者应达到下列目标：

1）能够辨识电阻器的色环代号。

2）懂得如何计算分压器的电阻值。

3）理解电阻器的额定功率。

4）理解电容器的充电和放电原理。

5）能够计算平行板型电容器的电容量。

6）理解影响电感量的因素。

7）能够计算电感器的电感量。

引言

所有的电气线路都存在电阻。在导体、负载和其他元件中都存在“抗拒”电流的阻力。有一种电子元件叫电阻器，能够用来控制电路中的电流大小或用作分压器。有两种类型的电阻器：固定电阻器和可变电阻器。本章将介绍电阻器的三个重要标志——色环、额定功率和允许偏差。

电容器是一种具有特殊性质的电子元件，可以先“贮存”电子，然后在需要时将其释放到电路中形成电流。本章将介绍电容器的原理和应用方面的知识。

电感器也叫作线圈，能够以电磁场的形式贮存能量。当电流通过电感器时，就会产生电磁场。本章将介绍电感器的特性和应用方面的知识。

3.1　电阻器

电阻器（见图3-1和3-2）是一种能够控制电流或用作分压器的元件。电阻的计量单位是欧姆，电阻器的三个最重要的参数是电阻值、额定功率和允许偏差。从设计制造的角度来划分，阻值固定不变的电阻器是固定电阻器，阻值可调整的电阻器是可变电阻器。

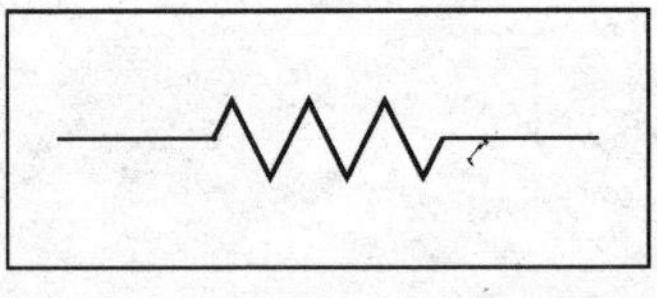

图3-1　电阻器的符号

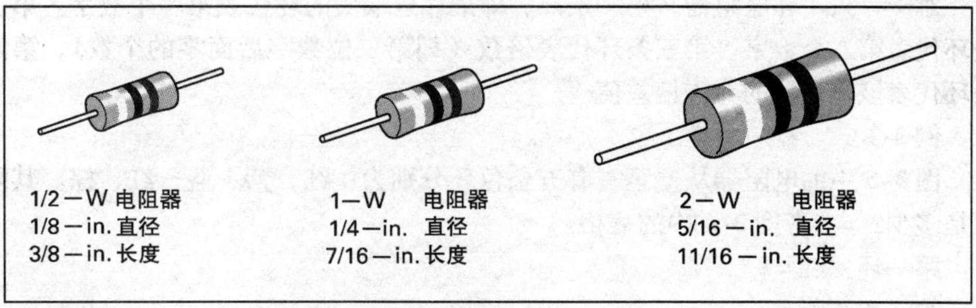

图 3-2　固定电阻器

电阻和允许偏差

电阻器可以有不同的阻值，如 10Ω、100Ω、10100Ω、68000Ω 和 1000000Ω 等。小微型固定电阻器的欧姆值通常可以通过色环来读取。图3-3展示了一个色环电阻器，不同颜色的色环代表从 0 ~ 9 的数值。图 3-4 中的表格列出了每一种颜色及其代表的数值。固定电阻器有 4 ~ 5 条色环（遵循军用标准的电阻色环有所不同）。

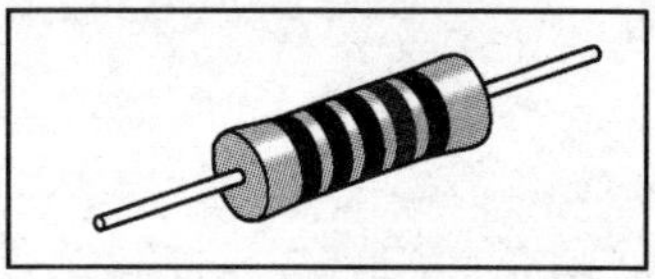

图 3-3　色环电阻器

颜色	数字	容许误差
黑	0	棕±1%
棕	1	红±2%
红	2	金±5%
橙	3	银±10%
黄	4	无色±20%
绿	5	
蓝	6	
紫	7	
灰	8	
白	9	

图 3-4　色环代号表

对于一只 5 环电阻器，第一条环，即最靠近端头的环代表第一个数字。第二条环代表第二个数字。第三条环代表第三个数字，第四条环代表倍数（即第三位数字后面零的个数），第五条环是误差环，代表该电阻器的允许偏差值。

对于一只4环电阻器，第一条环，即最靠近端头的环代表第一个数字。第二条环代表第二个数字。第三条环代表倍数（即第二位数字后面零的个数），第四条环代表该电阻器的允许偏差值。

例 3-1

图3-5中的电阻器从左至右有五条色环分别为：红、紫、蓝、红、棕。其阻值是多少？（参考图3-4中的表格。）

第一环：红＝2

第二环：紫＝7

第三环：蓝＝6

第四环：红＝2（第三位数字后面有2个零）

第五环：棕（允许偏差）＝±1%

电阻值是276后面加上2个零，即 $R=27600\Omega$，允许偏差为±1%。

$$27600\Omega\times1\%=276\Omega$$

得

$$R=(27600\pm276)\ \Omega$$

因此，该电阻器的阻值的范围为27876～27324Ω，标称值是27600Ω。

例 3-2

图3-6中的电阻器从左至右有四条色环，分别为：橙、棕、红、银。其阻值是多少？（参考图3-4中的表格。）

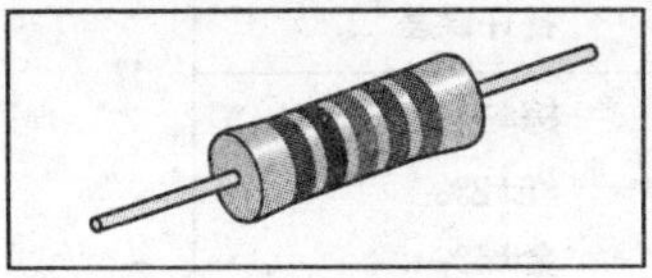

图3-5 例3-1

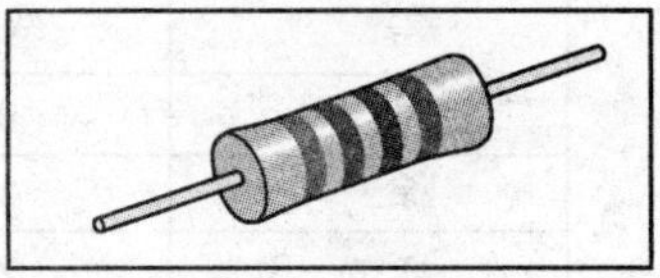

图3-6 例3-2

第一环：橙＝3

第二环：棕＝1

第三环：红＝2（第二位数字后面有2个零）

第四环：银（允许偏差）＝±10%

电阻值是31后面加上2个零，即 $R=3100\Omega$，允许偏差为±10%。

$$3100\times10\%=310\Omega$$

得

$$R=(3100\pm310)\Omega$$

因此，电阻值的范围从3410～2790Ω，标称值是3100Ω。

探索

在图3-7所示的电路中，R_1的色环分别为橙、黄、棕、银。如果$E_1=24V$，则电路中的最大电流是多少？最小电流是多少？标称电流是多少？（提示：需考虑电阻器的允许偏差范围。）

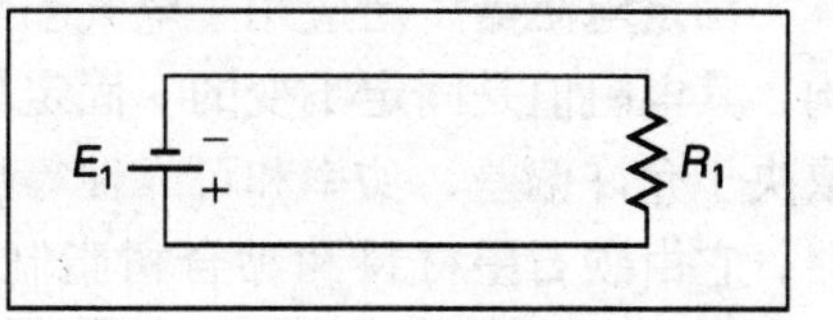

图3-7　探索

额定功率

电阻器的**额定功率**是其允许的最大功率，该参数表明了电阻器能够安全承受的最大热量。热量会散失到流经电阻器周围的空气中，散热状况与电阻器的表面积有关。在工作中，电阻器实际的耗散功率可以用下面的任一个公式计算：

$$P = E \times I$$

$$P = E^2/R$$

$$P = I^2 \times R$$

如果采用上述公式计算得到的电阻器的实际工作功率小于其额定功率，那么电阻器就不会被烧坏。

可以从电阻器的规格参数中看到其额定功率，你也可以通过外形尺寸来估计一个碳合成电阻器的额定功率。大致的尺寸是：

1/4W电阻器：直径=3/32in[⊖]，长度=1/4in

1/2W电阻器：直径=1/8in，长度=3/8in

1W电阻器：直径=1/4in，长度=1/2in

2W电阻器：直径=3/8in，长度=5/8in

例3-3

图3-8中电阻器的额定功率为0.25W，电阻值为2000Ω，通过电阻器的电流为0.015A。该电阻器会不会被烧坏？

采用公式$P=I^2\times R$进行计算：

$$P=(0.015\times0.015)\times2000W=0.45W$$

因为额定功率只有0.25W，因此这只电阻器会被烧坏。

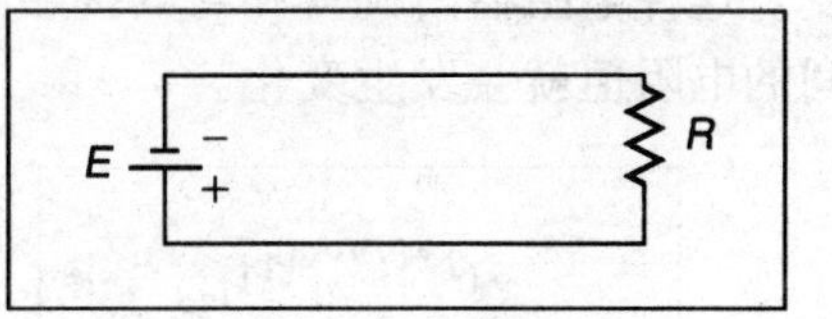

图3-8　例3-3

请记住，额定功率是电阻器能够安全工作的最大功率，并不是电阻器必须要达到的功率。

⊖ 1in=2.54cm

固定电阻器

固定电阻器广泛应用于电气和电子工业领域。图 3-9 所示为固定电阻器的结构，其电阻值是固定不变的。固定电阻器可由多种化合材料制成，采用何种材料取决于允许偏差、功率和可靠性等规格要求。最常见的一种电阻器是碳合成电阻器，它由碳石墨材料和黏合树脂制成。碳合成电阻器的误差范围通常是 5% ~ 20%，这个数值会随着元件老化和温度变化而发生漂移。

固定电阻器也采用金属膜和金属釉工艺制成。这类电阻器比碳合成电阻器有一些优势，其阻值受元件老化和温度变化的影响较小，误差更低，通常为 1% ~ 2%。

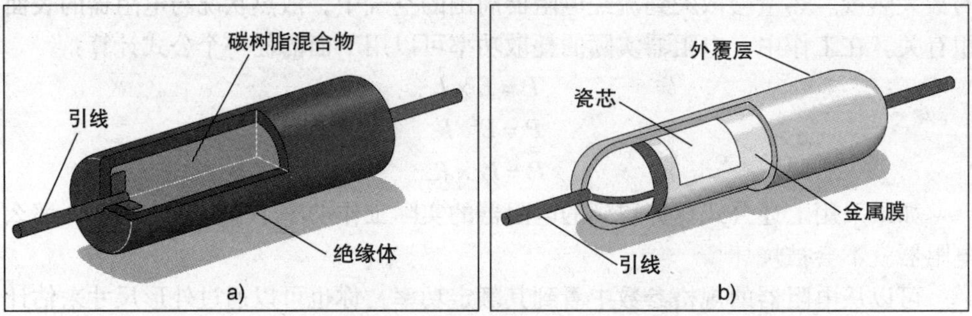

图 3-9　固定电阻器的结构

a）固定碳合成电阻器内部结构　b）固定金属膜电阻器内部结构

可变电阻器

可变电阻器（见图 3-10 和图 3-11）通过设计使得电阻器阻值可以调整改变。这种电阻器由刷臂和与其接触的电阻线路构成，当刷臂转动时，相应触点之间的电阻值就会发生变化。

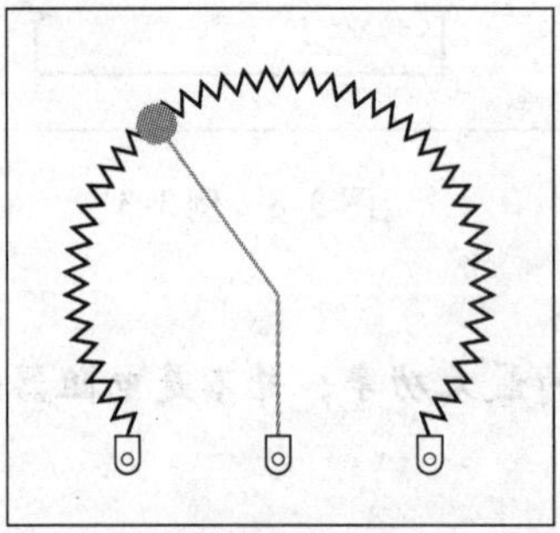

图 3-10　可变电阻器

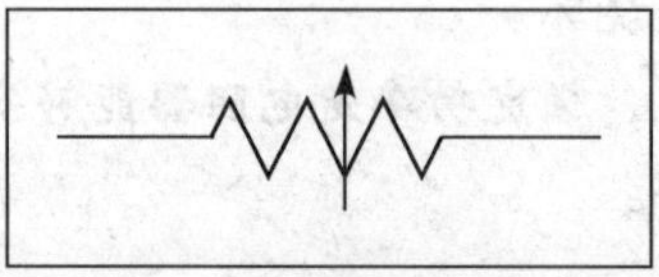

图 3-11　可变电阻器的电路符号

应用

电阻器通常用于限制电流或作为分压器使用。在图3-12中，电压E为12V，电阻R是2Ω，根据欧姆定律，$I=6A$（$E/R=12/2$）。如果E保持恒定，而R增加至10Ω，则I中电流减少至1.2A（$E/R=12/10$）。电路的电流会随着电阻的增加而减少，或随着电阻的减少而增加。

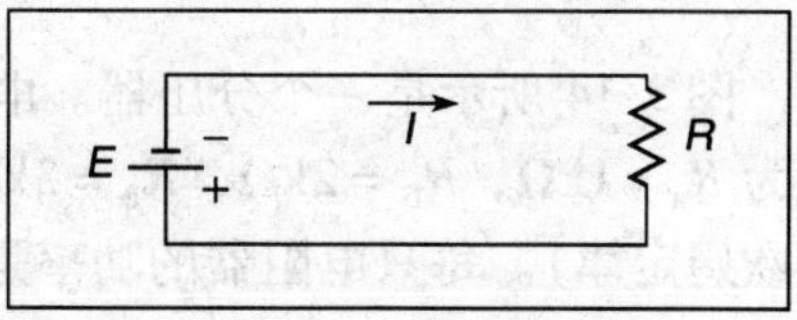

图3-12 电阻器的限流作用

图3-13展示了一个分压器。早期的收音机采用这种电路从一块主电池的输出中得到不同的电压，新的电压可用来为电子管和其他电路供电。

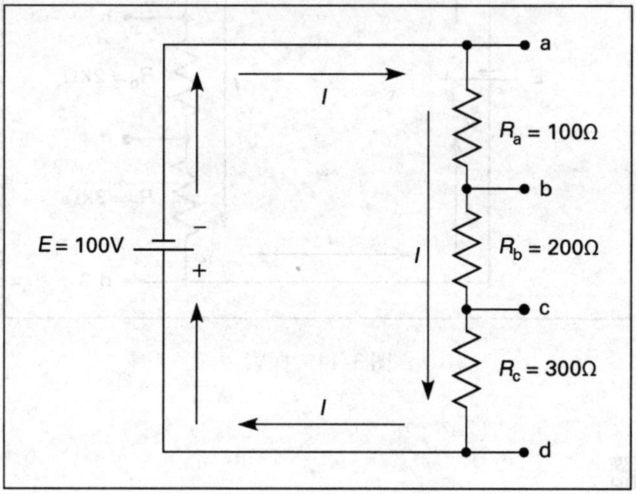

图3-13 分压器

在图3-13中，假设电源电压$E=100V$，如果将电压表连接在点a，b，c，d之间，将会得到下列读数，其计算公式如下：

$$V_X=(R_X/R_T)\times E_S$$

式中，V_X是被测电压；R_T是电阻之和；E_S是电源电压。

$$V_{a-b}=(R_a/R_T)\times E_S=(100/600)\times 100V=16.67V$$

$$V_{b-c}=(R_b/R_T)\times E_S=(200/600)\times 100V=33.33V$$

$$V_{c-d}=(R_c/R_T)\times E_S=(300/600)\times 100V=50V$$

这些电压可以从分压器的不同端点被“取出”，供给其他电路使用。请注意，总的压降之和（每一只电阻器两端的电压之和）等于电源电压。这个结论很重要，将在第4章中详细讨论。

探索

图3-14所示是一个分压器。电流I等于20mA，流过全部三个电阻器。电阻值为$R_a=1k\Omega$，$R_b=2k\Omega$，$R_c=3k\Omega$。计算电压V_{a-b}，V_{b-c}和V_{c-d}（提示：使用欧姆定律）。每只电阻器的功率是多少？电路的总功率是多少？电源电压E是多少？

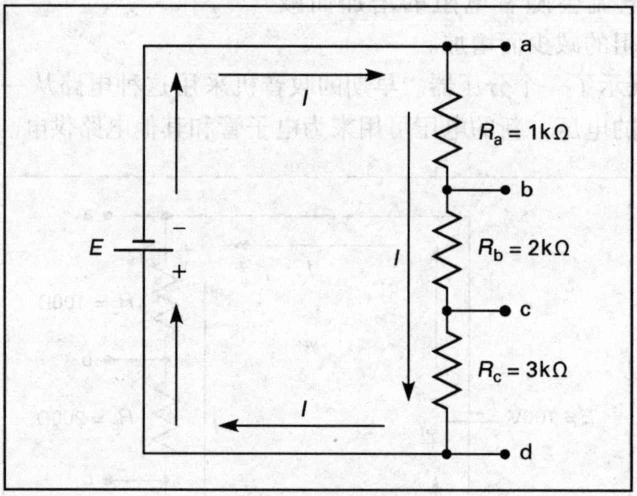

图3-14 探索

3.2 电容器

电容器（见图3-15）是一种能够贮存电子并在需要时将其释放出来的电子元件。（注：电容器不是电池。）图3-16a所示是一个简单的电容器，由两片导体极板和它们之间的绝缘**电介质**组成（如在两层铝箔中间夹着一层纸）。图3-16b所示是一个平行板型电容器，用油浸纸作为电介质。在完全放电或中性状态下，每个极板都有着同样数量的自由电子，因此在极板之间不存在电势差。在充电状态下，极板之间存在电势差。图3-17所示是电容器的电路符号。

电容器的工作原理

图3-18所示为电容器的充电过程。电路中有一个平板式电容器、一个电池和一个阻性负载。电容器的初始状态为放电状态（在每个极板上都有等量的自由电子）。现在闭合开关，如图3-18所示。在开关闭合的一瞬间，电子从电容

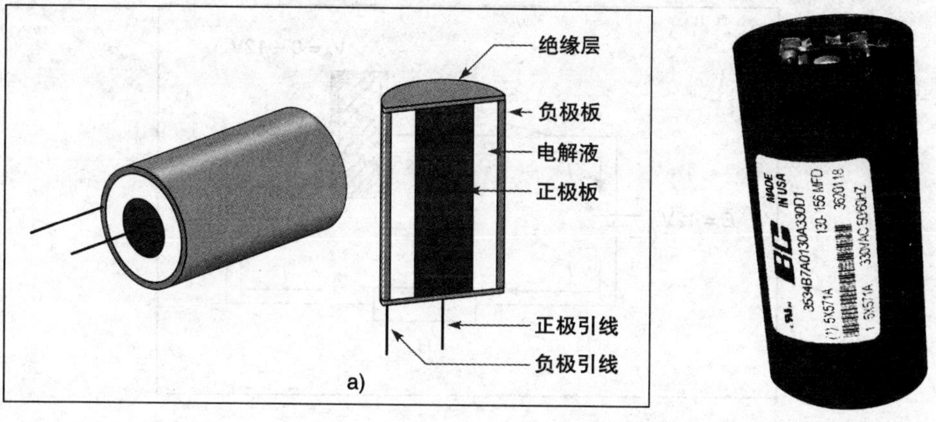

图 3-15　a）湿式电解电容器；b）电容器

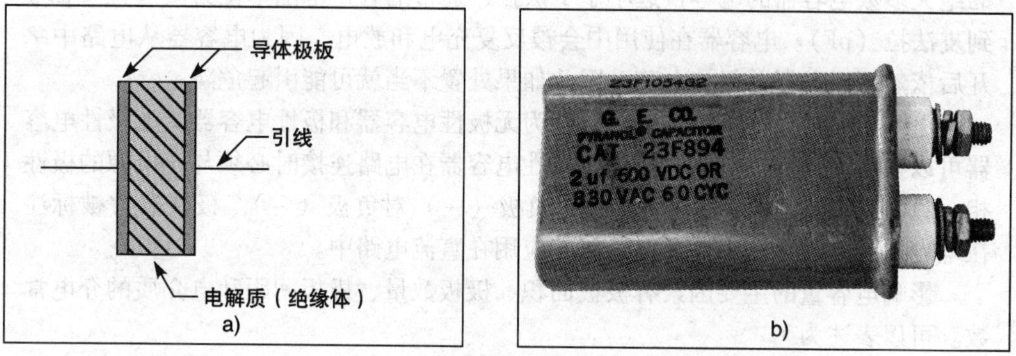

图 3-16　a）简单平板式电容器的结构；b）油浸式电容器

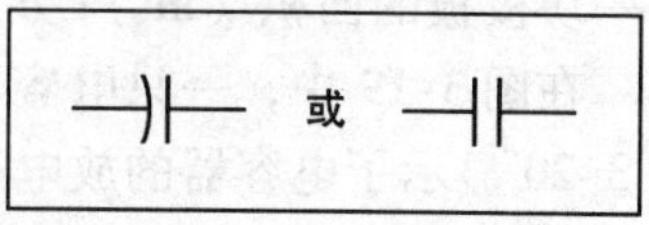

图 3-17　电容器的电路符号

器与电池正极（+）相连的极板经过外电路流向与电池负极（-）相连接的极板。与电池正极相连的极板变“正”（电子数量减少），而与电池负极相连的极板变负（电子数量增加）。没有电子能够穿过极板之间的电介质层，但是在电容器正负极板之间建立了电场。当开关断开后，电子就停止了流动。或者，尽管开关依旧闭合，但是电容器已经被充电至电源电压，电子也会停止流动。在图 3-18 中，电容器从 0V 充电至 12V。当把电容器与电源断开后，仍然可以在其正负极板之间测得电压。现在电容器处于充电状态，其在电路断开后仍然保持充电状态的时间取决于电容器的构造和类型。过了一段时间后，极板会逐渐通过电介质将电子“泄放”掉，此时尽管电容器并未连接至电路，却依然被放电了。

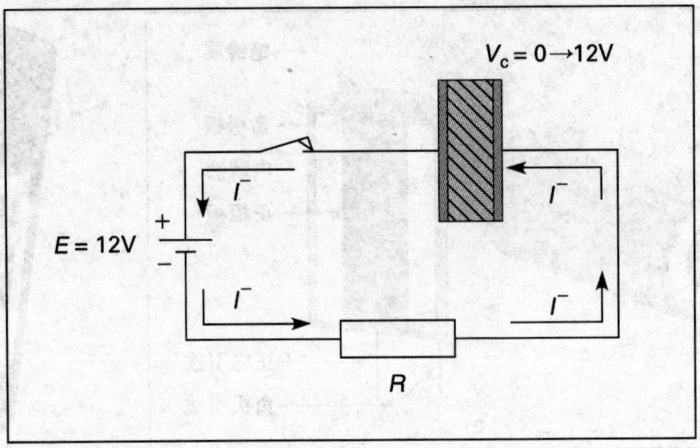

图 3-18 电容器的充电过程

电容器能够贮存的电荷数量被称作**电容**，计量单位是**法拉**（F）。在电路中使用的绝大多数电容器的电容量远小于 1 法拉，通常的容量范围单位为微法拉（μF）到皮法拉（pF）。电容器在使用中会被反复充电和放电。因为电容器从电路中拿开后依然可以贮存并保持电荷，因此如果处置不当就可能引起危险。

电容器可被分为两种类型，分别为无极性电容器和极性电容器。无极性电容器可以在交流或直流电路中使用。极性电容器在电路连接时必须与充电源的极性相一致：正极（+）对正极（+），负极（-）对负极（-）。极性通常被标注在电容器的外壳上。极性电容器只能应用在直流电路中。

影响电容量的主要因素有极板面积、极板数量、极板间距和电介质的介电常数。可以表述为

$$C = 0.225 \times K \times A/d \times (N-1)$$

式中，C 是电容量（pF）；0.225 是常数；K 是导体极板间绝缘层的介电常数；A 是一块极板的面积（in^2）；d 是极板间距（in）；N 是极板数量。

在图 3-19 中，一只电容器已经充电至 $V_c = 12V$，与一个断开的开关相连。图 3-20 显示了电容器的放电过程。图中电源被去掉，而开关闭合，此时贮存在电容器中的电子就会流过负载形成电流。负极板失去电子，正极板获得电子，电容器放电至零伏特（$V_c = 0V$）后，电流停止流过电路。此时电容器极板之间的电势差消失，每块极板中的自由电子数量相等。

警告

在电容器放电之前请不要触碰其电极。

例 3-4

计算一只平行板型电容器的电容量，极板面积为 $0.5in^2$，极板间的云母片的

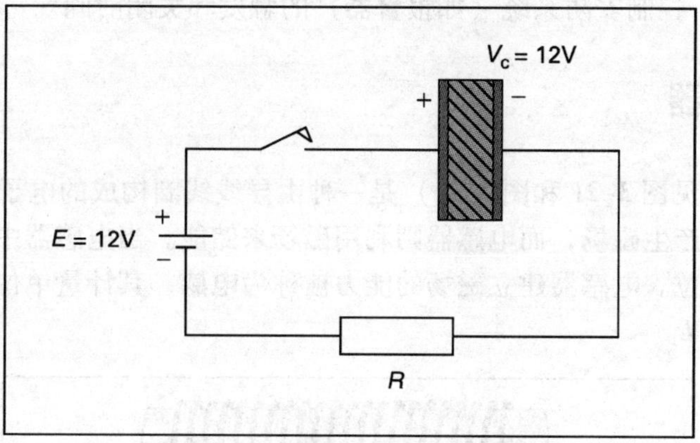

图 3-19　充电后的电容器

厚度为 0.001in（云母的介电常数为 5.5）。

$$
\begin{aligned}
C &= 0.225 \times K \times A/d \times (N-1) \\
&= 0.225 \times 5.5 \times 0.5/0.001 \times (2-1) \\
&= 0.6187/0.001\text{pF} = 618\text{pF}
\end{aligned}
$$

电容器中的电介质材料有两个性质。在例 3-4 中的**介电常数**表明了电容器建立电场的能力，介电常数越大，电容就越大。第二种介电性质是**介电强度**。介电强度是绝缘材料忍耐极板之间的电压而不被击穿短路的能力。例如，空气的介电强度大约为 80V/mil（译者注：1mil［密耳］= 0.001in），云母的介电强度大约为 1700V/mil。有些表格会同时列出电介质的介电常数和介电强度。

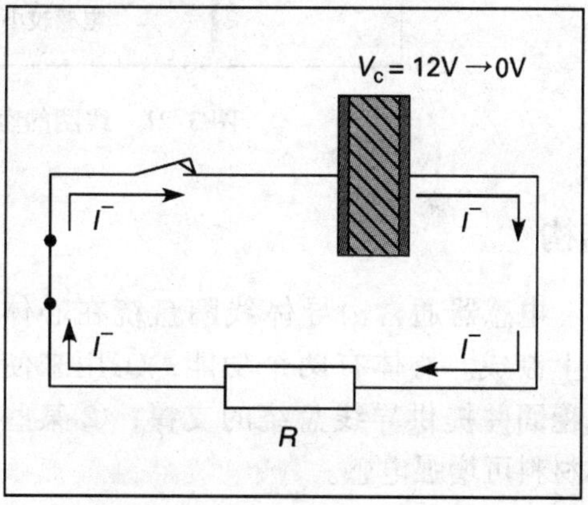

图 3-20　电容器放电

电容器的应用

电容器在众多电气和电子领域得到了广泛应用，包括：

1）功率因数补偿。在配电系统中对有功功率和视在功率进行调整。

2）某些交流电动机的起动。为分相电动机产生起动转矩。

3）移相。用于启动 SCR（晶闸管整流器）和 TRIACS（三端双向晶闸管开关器件）。

4）电源滤波器。在电源中过滤纹波，减少噪声。

5）计时。控制安防系统（如报警器）的触发和关闭时间。

3.3 电感器

电感器（见图3-21和图3-22）是一种由导线线圈构成的电子元件。当电流通过线圈时会产生磁场，而电感器则利用磁场来储能。当电感器中的电流消失后磁场会回到零位。电感器建立磁场的能力被称为**电感**，其计量单位是**亨利**（H）。电感的符号是L。

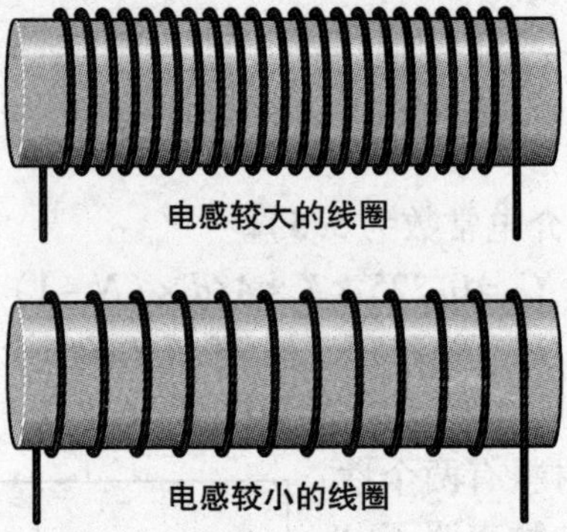

图3-21 线圈的匝数越多电感越大

结构

电感器通常由导体线圈盘绕在心体材料上制成。心体有两个功能：①用来使导线稳固并提供导线盘绕的支撑；②某些心体材料可增强电感。

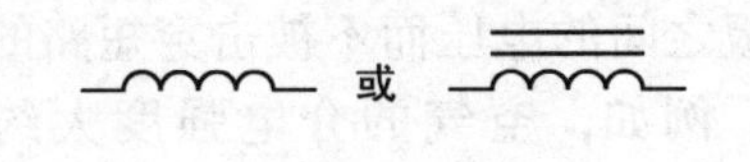

图3-22 电感器的电路符号

一种心体的类型为空气心（见图3-23），由圆柱形的卡纸、木材或陶瓷制成，可以是空心的。这类心体只用于提供线圈盘绕支撑而不会影响电感值。另一种类型的心体由铁磁体材料（如铁、镍或铁氧体）制成（见图3-24）。这种心体材料能够聚集磁场，增加电感器的电感量。

影响电感的因素

电感是导线匝数、线圈长度、线圈横截面积和心体材料磁导率的函数。一个柱状电感器的电感可用下式计算

$$L=\frac{\mu AN^2}{l}$$

式中，L 是电感（亨利）；μ 是心体的磁导率（H/m）；A 是横截面积（m^2），l 是心体的长度（m），N 是导线的匝数。磁导率用来衡量某种材料中产生磁场的难易程度。材料的磁导率越大，就越容易建立磁场。请注意，电感与导线匝数的二次方成正比，因此匝数对电感器的电感量有着显著的影响。

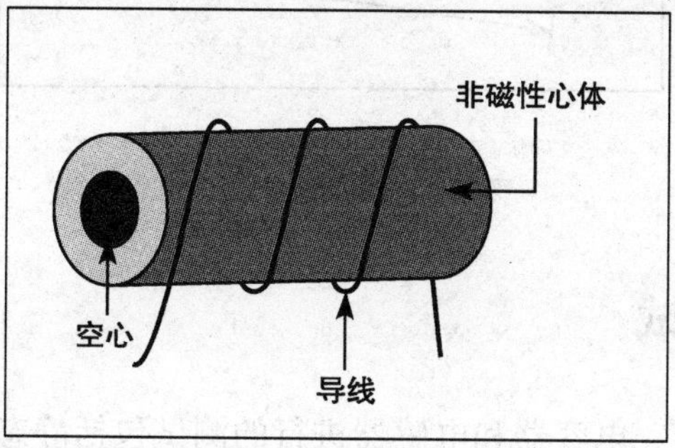

图 3-23　空气心

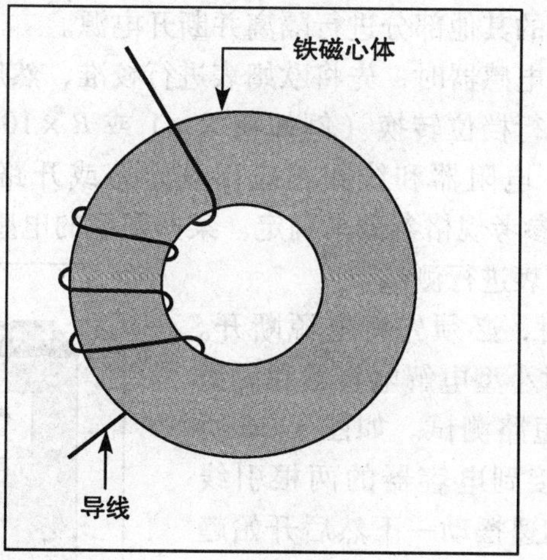

图 3-24　铁磁材料心

例 3-5

图3-25给出了一个实心镍心的电感器。面积（A）为0.25m^2，长度（l）为0.05m，匝数（N）为5，心体的磁导率（μ）为0.000125（H/m），计算电感量。

$$L=\mu \times A/l \times N^2 = 0.000125 \times 0.25/0.05 \times 5^2\text{H} = 0.0156\text{H}$$

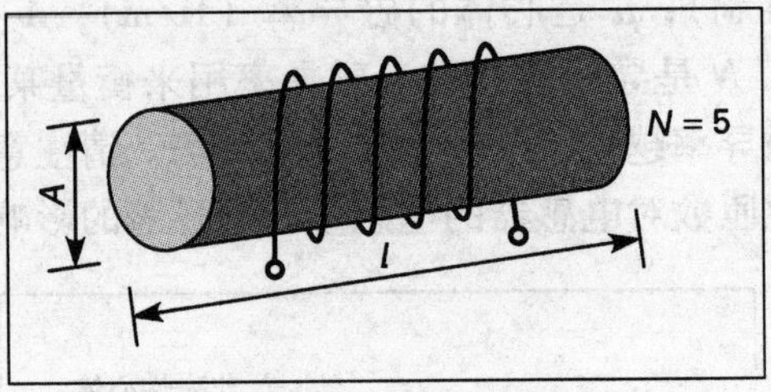

图 3-25　例 3-5

3.4　元件的测试

制造商对电阻器、电容器和电感器进行的测试包括静态测试和施加交直流电压、电流的动态测试。

然而在使用现场，很难进行如此“高技术含量”的测试。但可以使用欧姆表进行一些“低技术含量”测试，来判断元件是否存在短路和开路故障。首先应将被测元件和电路的其他部分进行隔离并断开电源。

当测试电阻器或电感器时，先将欧姆表进行校准，然后跨接到电阻器或线圈的两端，可能需要进行档位转换（例如在 $R\times1$ 或 $R\times10$ 档位之间进行转换）。进行电阻值测试时，电阻器和线圈不应出现短路或开路，但是精确的电阻值（如果需要的话）需参考规格参数来确定。某些类型的电感器并非由导线线圈制成，因此无法用欧姆表进行测试。

当测试电容器时，必须先将电源断开。一般可以用欧姆表对小型电解电容器和大型油浸式电容器进行短路测试。如图 3-26 所示，将欧姆表笔跨接到电容器的两根引线上，表头的指针会迅速摆动一下然后开始趋于稳定，将欧姆表笔对调进行重复测量，电容器不应出现短路状况。

欧姆表的测试并不能表明电容器能够在高电压下正常工作。事实上，在使用现场很难进行高压测试。如果电容器疑似出现高压击穿现象，则应进行更换。

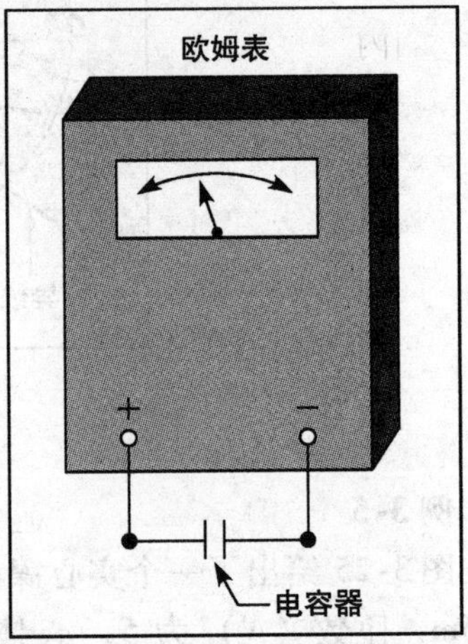

图 3-26　用欧姆表测试电容器

探索

图 3-27a 中的电感器有 2 匝线圈，图 3-27b 中的电感器有 4 匝线圈，除此之外，两个电感器的其他参数完全相同。那么从 2 匝电感器到 4 匝电感器，电感量增加的百分比是多少？

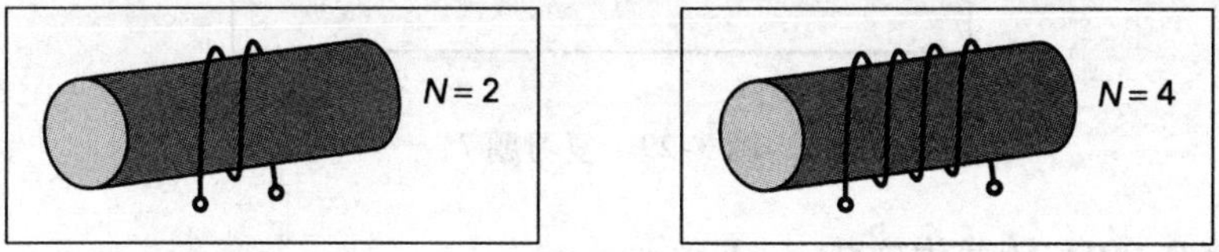

图 3-27　探索

复　习　题

1. 电阻器的两个主要用途是什么？

2. 一只电阻器的色环依次为红、橙、黄、金，它的阻值和允许偏差是多少？阻值范围是多大？

3. 一只电阻器的色环依次为橙、红、黑、棕，它的阻值和允许偏差是多少？阻值范围是多大？

4. 一只 0.5W，150Ω 的电阻器上流过 0.05A 的电流，这只电阻器是在额定功率范围内工作吗？

5. 一只 2W，700Ω 的电阻器直接连接到 48V 电源上，这只电阻器是在额定功率范围内工作吗？

6. 图 3-28 中有一只可变电阻器负载。如果阻值为 1000Ω，则负载电流是多大？

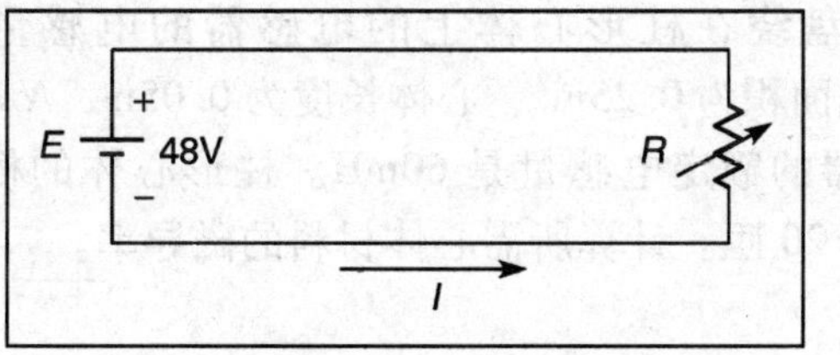

图 3-28　复习题 6

7. 图 3-29 中的光伏电池（太阳电池）为可变电阻器提供 0.50A 的电流，电阻器两端测得的电压为1.5V，其阻值是多少？电阻器消耗的功率是多少瓦特？

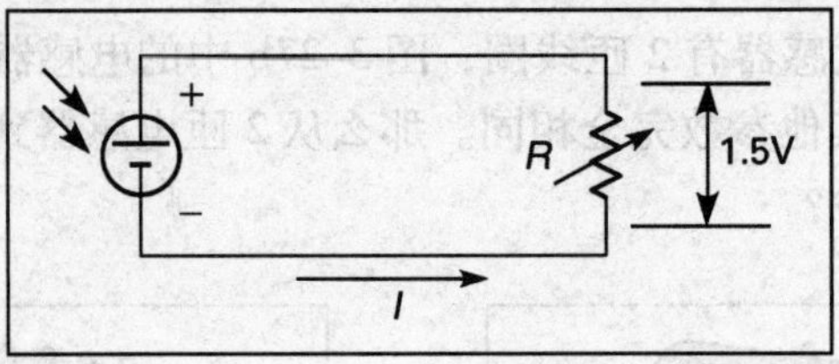

图3-29 复习题7

8. 将0.001F转换为微法（μF）。

9. 将1500pF转换为法拉（F）。

10. 将1500pF转换为微法（μF）。

11. 计算一只采用油浸纸电介质的平行板型电容器的容量。介电常数为3.8，极板间距是0.00625in，极板面积是0.25in^2。

12. 如果问题11中的电容器有三片极板，则电容量是多少？

13. 在电路中更换极性电容器时必须注意什么事项？

14. 电容器靠什么在极板间建立电场？

15. 当电容器两端的电压过高时就会发生击穿。电容器的哪种因素对击穿电压的影响最大？

16. 当电容器极板的间距增加时，电容量会增加还是减少？

17. 电感器是如何贮存能量的？

18. 电感器是靠什么建立电磁场的？

19. 对电感量影响最大的一个因素是什么？

20. 如果把电感器的木心替换为铁心，电感量会增大还是减少？

21. 将60mH转换为亨利（H）。

22. 将0.2H转换为毫亨（mH）。

23. 计算一只盘绕在柱形心体上的电感器的电感量。心体的磁导率为0.00035H/m，横截面积为0.25m^2，心体长度为0.05m，$N=5$匝。

24. 一只电感器的额定电感量是60mH。柱形心体的横截面积是0.005m^2，长度是0.25m，$N=20$匝。计算所需心体材料的磁导率。

第 4 章　串联直流电路

目标

学习完本章后，读者应达到下列目标：

1）懂得在串联电路中只有一条电流通道。

2）掌握在串联电路中计算电流、电压、电阻和功率的四条关键规则。

3）理解在电阻器和电气负载两端出现的压降的概念。

4）能够判断压降的极性。

5）在相对于电路的地端测量电压时，能够确定电压的大小和极性。

6）理解电源串联的原因。

7）能够将电源进行串联以获得所需的电压。

8）理解并能够计算分压器上的压降。

9）理解最大功率传输定理。

10）能够应用串联电路知识解决实际问题。

引言

电气线路可被分为两种主要类型，即串联型和并联型。本章将讨论串联电路及其特性。人们经常把普通电池和光伏电池（太阳能电池）串联起来以增加电源电压，而电阻器串联起来可以用来减少电路中的电流，或用作分压器。一般电源既可以是直流也可以是交流，本章讨论的电路均采用直流电源。

4.1　串联电路中的电流

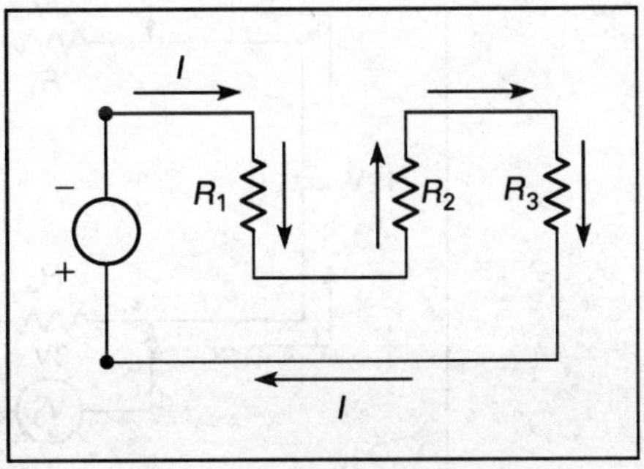

图 4-1　串行连接的电阻器

在一个**串联电路**中只有一条电流通道。如图 4-1 所示，所有的电阻器被串行连接在一起，当电子离开一只电阻器后就会进入另一只电阻器。电子必须流过所有电阻器之后才能回到电池的正极端子。将电流表连接在串联电路的任一处，如图 4-2 所示，测得的电流值都是一样的。因此，串联电路中每一点的电流都是一样的。

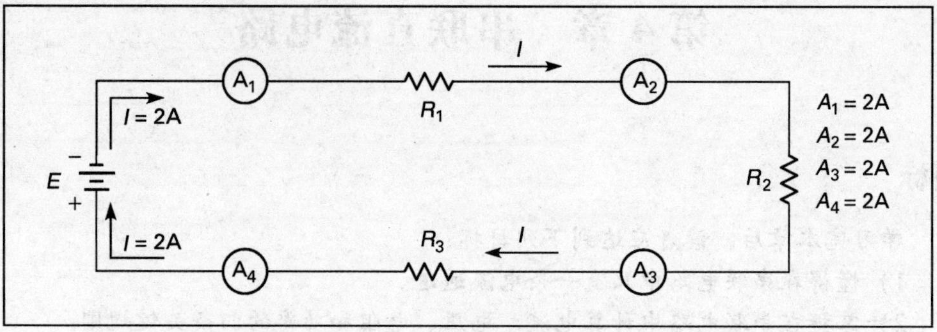

图 4-2 串联在电路中的各个电流表

4.2 串联电路中的电压

电流之所以能够在电路中流动是因为电压源的推动。如果能够测得电流和电阻，那么推动电流通过每一只电阻器的电压值就可以根据欧姆定律（$V=I\times R$）计算出来。这个电压被称为**压降**，因为电压源必须提供足够的电压驱动电流流过每一只电阻器，而电压在跨越电阻器时出现了“下降”。

在串联电路中，所有压降之和等于电源电压，图 4-3 说明了这个原理，其中，电流（I）流过电路，假设 R_1 上的压降是 3V，R_2 上的压降是 6V，R_3 上的压降是 3V，那么压降之和就是 12V，正好等于电源电压。电阻器 R_1 与 R_3 上的压降是相等的，因此这两个电阻器的阻值也是相等的。

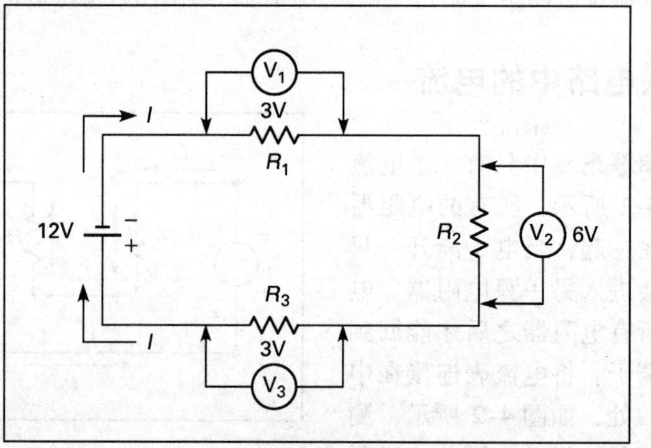

图 4-3 压降之和等于电源电压

例 4-1

在图 4-4 中，$E=12V$。假设 $V_{a-b}=4V$，$V_{b-c}=6V$，电流为 20mA，计算 V_{c-d}和每个电阻器的阻值。

$$V_{c-d}=E-(V_{a-b}+V_{b-c})=12V-(4+6)V=2V$$
$$R_1=V_{a-b}/I=4/20\times1000\Omega=200\Omega$$
$$R_2=V_{b-c}/I=6/20\times1000\Omega=300\Omega$$
$$R_3=V_{c-d}/I=2/20\times1000\Omega=100\Omega$$

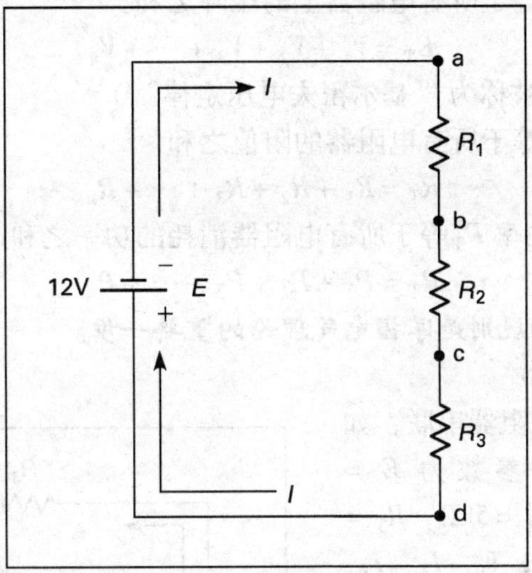

图 4-4 例 4-1

4.3 串联电路中的电阻

在串联电路中，流过每一只电阻器的电流都是相等的，而电流受电路中总电阻的限制。如果电压保持恒定，则每当串联电路中的电阻增加时，电流就会减小，当电路中的电阻减少时，电流就会增加。串联电路中的总电阻等于所有电阻器的电阻之和。

4.4 串联电路中的功率

从前面的讨论可知，如果知道了电压和电流、电流和电阻或电压和电阻其中之一，都可以计算出以瓦特为单位的电功率。电路中的每一个负载和电阻器都会对电路的功率产生影响，电路消耗的总功率等于所有负载和电阻器消耗的功率之和。

4.5 计算串联电路参数的规则

在串联电路中计算电流、电压、电阻和功率的规则如下：

（1）电路中各点的电流相等，总电流为I_T为

$$I_T = I_1 = I_2 = I_3 = \cdots = I_n$$

（2）总电压E_T等于所有电阻器上的压降之和

$$E_T = V_1 + V_2 + V_3 + \cdots + V_n$$

（注：这条规则被称为“基尔霍夫电压定律”。）

（3）总电阻R_T等于所有电阻器的阻值之和

$$R_T = R_1 + R_2 + R_3 + \cdots + R_n$$

（4）电路的总功率P_T等于所有电阻器消耗的功率之和

$$P_T = P_1 + P_2 + P_3 + \cdots + P_n$$

理解这些概念和规则是掌握电气理论的重要一步。

例 4-2

电路中有三只电阻器串联，如图 4-5 所示。电路参数为 $E = 120V$，$R_1 = 10k\Omega$，$R_2 = 5k\Omega$，$R_3 = 15k\Omega$。计算 R_T，I_1，I_2，I_3，I_T，V_1，V_2，V_3，P_1，P_2，P_3 和 P_T。（应用欧姆定律和计算串联电路参数的规则。）

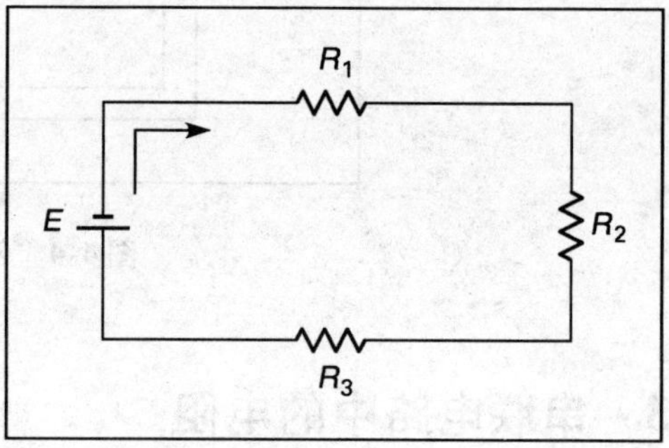

图 4-5 例 4-2

（1）总电阻 $R_T = R_1 + R_2 + R_3 = 10k\Omega + 5k\Omega + 15k\Omega = 30k\Omega$

（2）总电流 $I_T = E/R_T = 120V/30k\Omega = 0.004A = 4mA$

（3）电流I_1，I_2和I_3　在电路各处的电流是相等的，因此电流 $I_1 = I_2 = I_3 = I_T = 4mA$。

（4）压降V_1　$V_1 = I_1 \times R_1 = 4mA \times 10k\Omega = 40V$

（5）压降V_2　$V_2 = I_2 \times R_2 = 4mA \times 5k\Omega = 20V$

（6）压降V_3　$V_3 = I_3 \times R_3 = 4mA \times 15k\Omega = 60V$

请注意总的压降等于电源电压 120V。

（7）功率P_1　$P_1 = V_1 \times I_1 = 40V \times 4mA = 0.16W$

（8）功率P_2　$P_2 = V_2 \times I_2 = 20V \times 4mA = 0.08W$

（9）功率 P_3 $P_3 = V_3 \times I_3 = 60\text{V} \times 4\text{mA} = 0.24\text{W}$

（10）总功率 $P_T = P_1 + P_2 + P_3 = 0.16\text{W} + 0.08\text{W} + 0.24\text{W} = 0.48\text{W}$

换一种方法，也可以用下式计算 P_T：

$P_T = E_T \times I_T = 120 \times 4\text{W} = 0.48\text{W}$

例 4-3

图 4-6 所示的电路中有两只电阻，$E = 120\text{V}$，$I = 1.2\text{A}$，$R_1 = 40\Omega$，$V_2 = 72\text{V}$。计算 V_1，R_2和 P_T。

（1）因为 E_T等于 $V_1 + V_2$（串联电路的原理），则 V_1 等于总电压（E_T）减去 V_2：

$$V_1 = E_T - V_2 = 120\text{V} - 72\text{V} = 48\text{V}$$

（2）应用欧姆定律有

$$R_2 = V_2/I_2 = (72/1.2)\Omega = 60\Omega$$

（3）总功率为

$$P_T = E_T \times I_T = 120 \times 1.2\text{W} = 144\text{W}$$

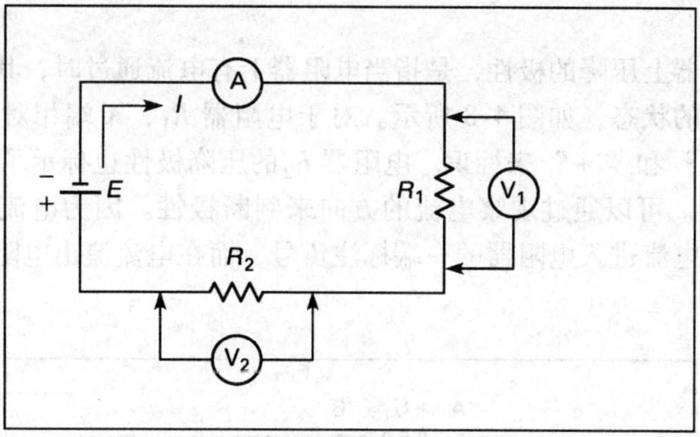

图 4-6 例 4-3

探索

在图 4-7 所示的电路中，测得如下数值：$E_T = 48\text{V}$，$R_1 = 40\Omega$，$R_2 = 60\Omega$，$I = 480\text{mA}$，$V_1 = 19.2\text{V}$，$V_2 = 28.8\text{V}$。现在 V_1突然降至 0V，而 I 和 V_2增大，E 维持在 48V。

（1）解释最有可能发生的情况。

（2）新的 V_2电压是多少？

（3）新的电流是多少？

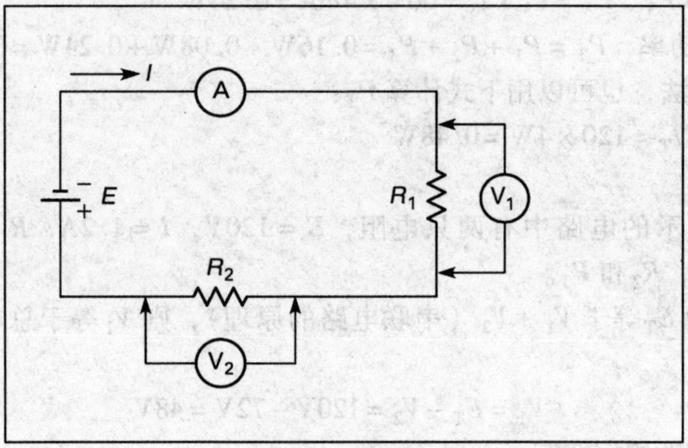

图 4-7 探索

4.6 压降的极性

所谓电阻器上压降的极性，是指当电阻器上有电流通过时，其一端相对另一端呈现正或负的状态，如图 4-8 所示。对于电阻器 R_1，A 端相对 B 端为负，分别用符号“ - ”和“ + ”来标识。电阻器 R_2的压降极性也标示了出来，即 C 端相对 D 端为负。可以通过观察电流的方向来判断**极性**。因为电流是从负端流向正端，因此在电流进入电阻器的一端标注负号，而在电流流出电阻器的一端标注正号。

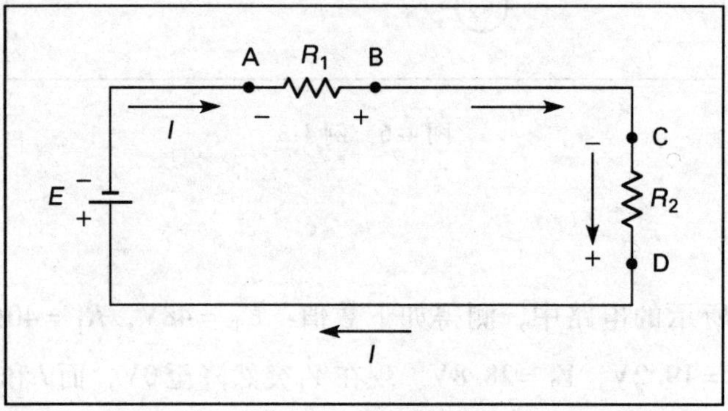

图 4-8 压降的极性

当用模拟电压表测量直流电压时，判断极性非常重要，否则仪表的指针会反向偏转甚至造成表头损坏。同样，当把元件接入电路时，如果极性错误，也可能造成损坏。例如，电池有正负两极，在连接至负载时，必须注意极性正确以保证电路能够正常工作。在便携设备如照相机、收音机和手机的壳体上标识有电池的极性符号。

在测量电压时，我们总是将某一点与另一点进行比较。在图 4-8 中，A 点相对于 B 点为负，C 点相对于 D 点为负。

4.7　测量对地电压

图 4-9 中的电路以地（Gnd）作为参考端。当进行测量时，地相对于电路中的其他各点为零电位。在电路中测量电压时，经常把仪表的一只表笔夹在地端，把另一只表笔搭接在电路中的被测点上。

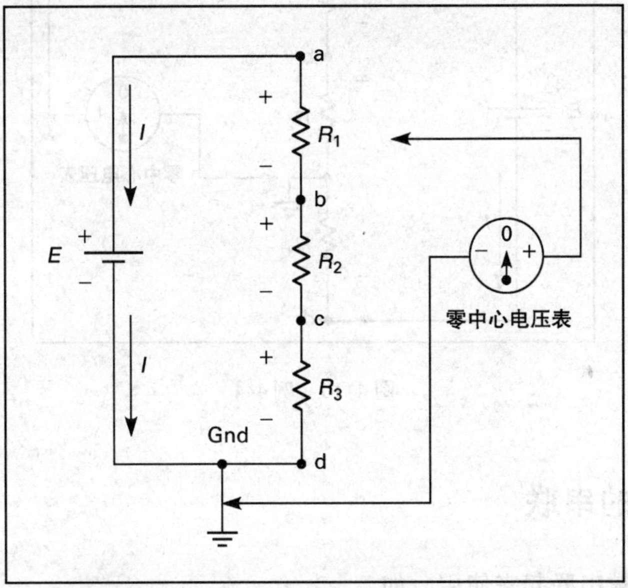

图 4-9　相对地端的测量

假设在图 4-9 中，E 为 75V，电阻器上的电压 V_{a-b} 为 25V，V_{b-c} 为 25V，V_{c-d} 为 25V。如果将电压表的一只表笔连接至 Gnd，则从 d 点到 Gnd 的电压为 0V。每只电阻器两端的极性可以根据电流的方向来标识。相对地端的测量结果如下：V_{a-Gnd} 为 +75V，V_{b-Gnd} 为 +50V，V_{c-Gnd} 为 +25V，V_{d-Gnd} 为 0V。请注意在这个电路中，每次测得的相对地端的电压都是正值。

例 4-4

本例如图 4-10 所示。参考地端位于电阻器 R_2 和 R_3 之间。电源 E 为 75V，假定每只电阻器上的压降为 25V。请注意 a 点和 b 点相对于地端的电压为正。c 点为地电位，d 点相对于地端的电压为负。下列测量电压是多少：V_{a-Gnd}，V_{b-Gnd}，V_{c-Gnd}，V_{d-Gnd}？

测量值为

$V_{a-Gnd} = +50V$

$V_{b-Gnd} = +25V$

$V_{c-Gnd} = 0V$

$V_{d-Gnd} = -25V$（d 点相对于地端为负）

请注意，在此种电路结构中，相对于地端，既存在正电压也存在负电压。

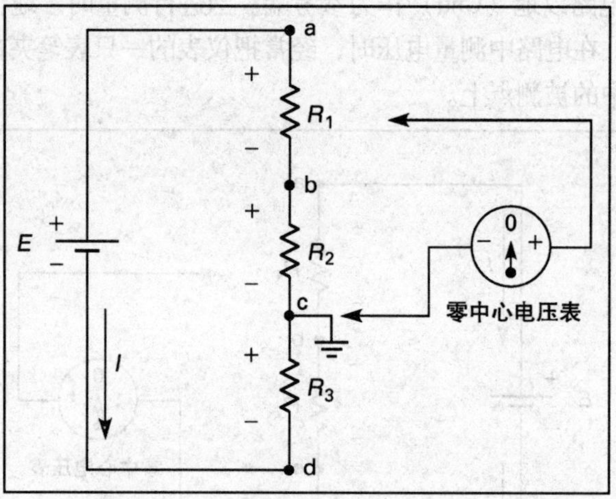

图 4-10 例 4-4

4.8 电源的串联

电源经常被串联起来使用。如果将电源相加串联，则电压也应相加串联。在相加串联中，第一个电源的正极连接至第二个电源的负极，即首尾相连。图 4-11 所示为两块电池的相加串联。电源 1 的正极（+）连接至电源 2 的负极（-），输出端 A 和 B 之间的电压为 12V（6V + 6V）。端子 A 为（-）而端子 B 为（+）。串联的电源通常被连接成相加串联形式。

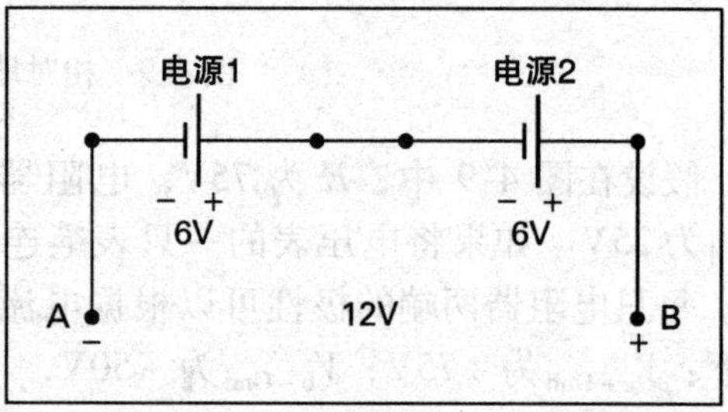

图 4-11 相加串联的电池

当把电源进行相减串联时，电压应该相减。在相减串联中，相同极性的端子被连接在一起。图4-12所示为两只电池进行相减串联的情形，电源1的正极（+）连接至电源2的正极（+），输出端A和B之间的电压为6V（12V－6V）。端子A为（+）而端子B为（－）。

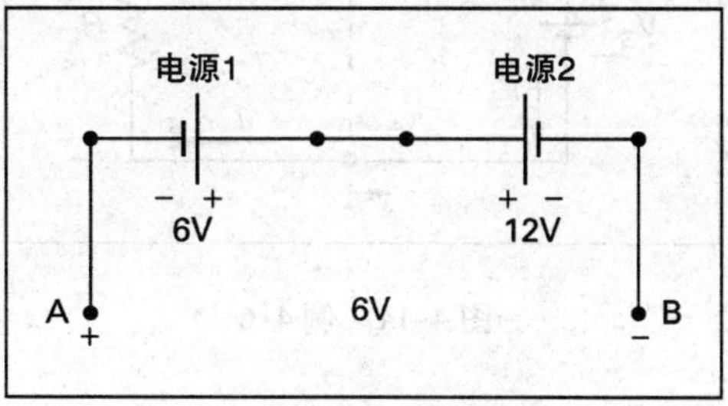

图4-12 相减串联的电池

例4-5

两个光伏（PV）阵列A和B串联在一起，如图4-13所示。每个阵列的额定电压为DC6V，额定电流为2.5A。请注意观察阵列和负载的连接极性。如果负载能够消耗所有光伏阵列的额定电流，则负载电流和电压分别是多少？

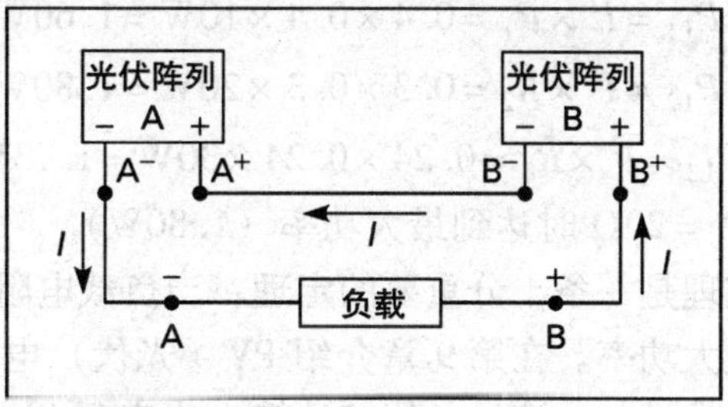

图4-13 例4-5

（1）在串联电路中，每一点的电流都是相同的。因此，负载电流（I_L）为

$$I_L = I_A = I_B = 2.5A$$

（2）本例为相加串联模式，因此有

$$E_L = E_A + E_B = 6V + 6V = 12V$$

例4-6

本例将阐释**最大功率传输定理**。电源电压为DC12V，电源内阻R_S为20Ω，如图4-14所示。所有的电源都有内阻，会对输出电压或电流造成影响。计算负载电阻（R_L）的大小，以使得电源能够将最大功率传输至负载。

从以下三个负载中选择一个正确答案：$R_1 = 10\Omega$，$R_2 = 20\Omega$，$R_3 = 30\Omega$。

（1）计算电路的电流，采用公式$I = V_S/(R_S + R_L)$，对每个负载电阻分别进

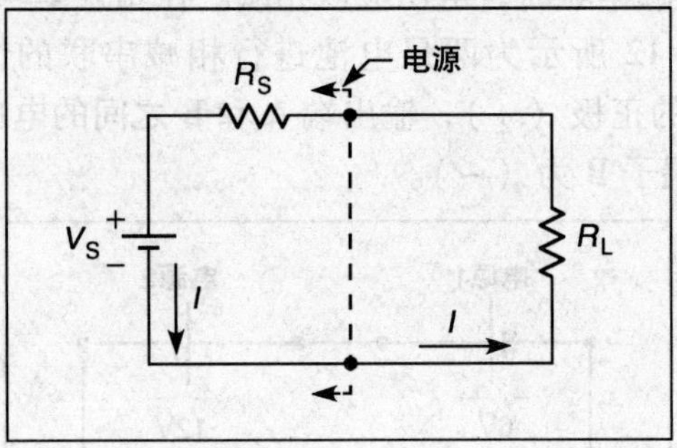

图 4-14 例 4-6

行计算：

$$I = V_S/(R_S + R_1) = [12/(20 + 10)]\text{A} = (12/30)\text{A} = 0.4\text{A}$$

$$I = V_S/(R_S + R_2) = [12/(20 + 20)]\text{A} = (12/40)\text{A} = 0.3\text{A}$$

$$I = V_S/(R_S + R_3) = [12/(20 + 30)]\text{A} = (12/50)\text{A} = 0.24\text{A}$$

（2）计算负载功率（P_L），使用公式 $P_L = I^2 \times R_L$，对每个 I 和 R_L 值分别进行计算：

$$P_{L1} = I^2 \times R_1 = 0.4 \times 0.4 \times 10\text{W} = 1.60\text{W}$$

$$P_{L2} = I^2 \times R_2 = 0.3 \times 0.3 \times 20\text{W} = 1.80\text{W}$$

$$P_{L3} = I^2 \times R_3 = 0.24 \times 0.24 \times 30\text{W} = 1.73\text{W}$$

结果表明，当 $R_L = 20\Omega$ 时达到最大功率（1.80W）。

最大功率传输定理是一条十分重要的定理：当负载电阻等于电源内阻时，电源能够向负载传输最大功率。在第 9 章介绍 PV（光伏）电池时，会介绍一种叫作最大功率点跟踪器的设备，该设备能够计算出为实现 PV 电池的最大功率输出所需的负载。

例 4-7

图 4-15 中的 PV（光伏）阵列为串联的三只阻性负载提供 20W 的功率。负

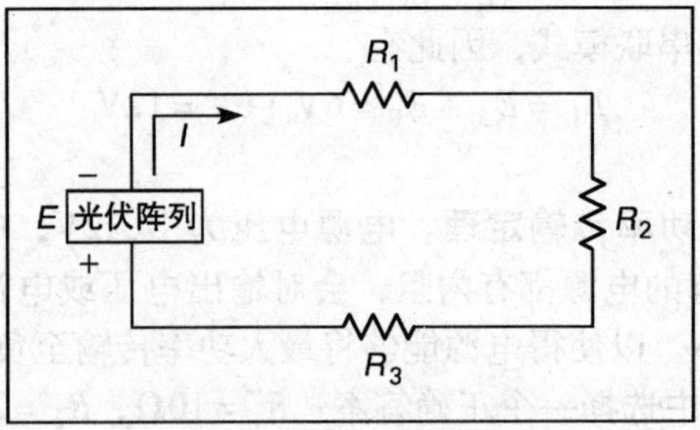

图 4-15 例 4-7

载阻值为 $R_1=200\Omega$，$R_2=200\Omega$，$R_3=200\Omega$。计算电压 E、电流 I 和压降 V_1，V_2 与 V_3。（注意 PV 阵列输出直流电。）

（1）$P_T=E^2/R_T$，且 $\sqrt{P_TR_T}=\sqrt{20\times600}\text{V}=109.5\text{V}$

（2）$I=E/R=109.5/600\text{mA}=182.5\text{mA}$。

（3）每个负载的阻值都相等，因此压降也是相等的，即有

$$V_1=V_2=V_3=109.5/3=36.5\text{V}$$

也可以用公式 $E=I\times R$ 来计算压降：

$$V_1=182.5\text{mA}\times200\Omega=36.5\text{V}$$

$$V_2=182.5\text{mA}\times200\Omega=36.5\text{V}$$

$$V_3=182.5\text{mA}\times200\Omega=36.5\text{V}$$

复　习　题

1. 列出描述串联电路电流、电压、电阻和功率的四条规则。

2. 在串联电路中的任意一点，哪个电气参数值是相同的？

3. 串联电路中的总电压是那些参数之和？

4. 串联电路中的总电阻是那些参数之和？

5. 串联电路中的总功率是那些参数之和？

6. 在电路中测量电压时，参考地端相对于其他点的电压值是多少？

7. 某电路中仅有两个电阻器 R_1 和 R_2 串联，R_2 的电阻为 140Ω，压降为 420V。流经 R_1 的电流是多少？如果 R_1 的电阻为 120Ω，则 R_1 上的压降是多少？电源电压是多少？

8. 某串联电路的电源电压为 120V。有三只电阻器串联在电路中，已知的压降为 $V_1=40\text{V}$，$V_2=50\text{V}$，则压降 V_3 是多少？

9. 图 4-16 中，电流表 A_1 和 A_2 的读数各是多少？

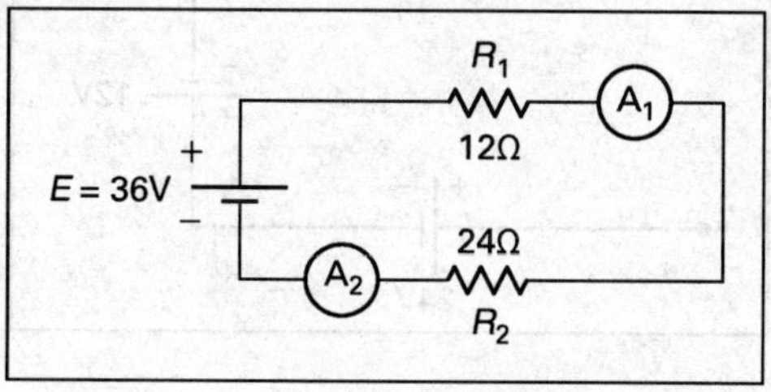

图 4-16　复习题 9

10. 图 4-17 中的电路电流为 3A。R_1 为 3Ω，R_2 为 5Ω，R_3 为 8Ω。E 和 P 的值是多少？请标出 R_1，R_2 和 R_3 的压降极性。

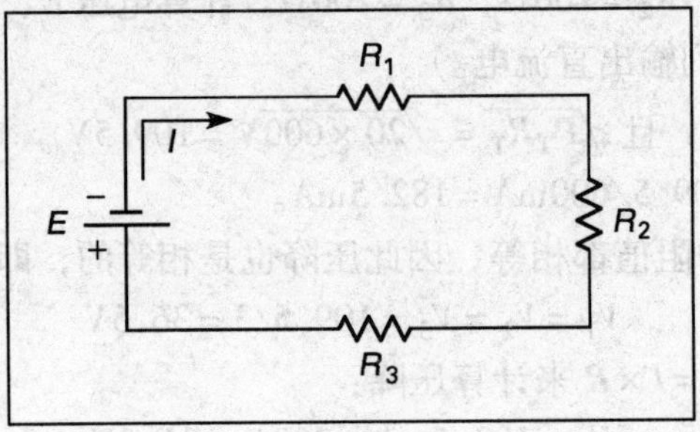

图 4-17　复习题 10

11. 图 4-18 中熔体的额定电流为 0.5A。该电路中的电流值是否在熔体的额定电流范围内?

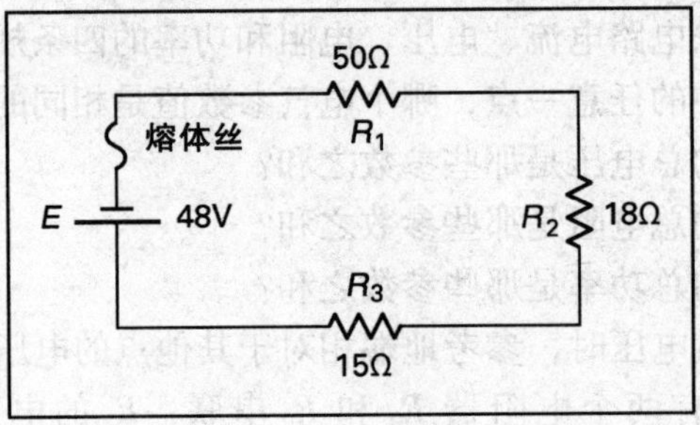

图 4-18　复习题 11

12. 将图 4-19 中的三块电池替换为一块等效的电池。

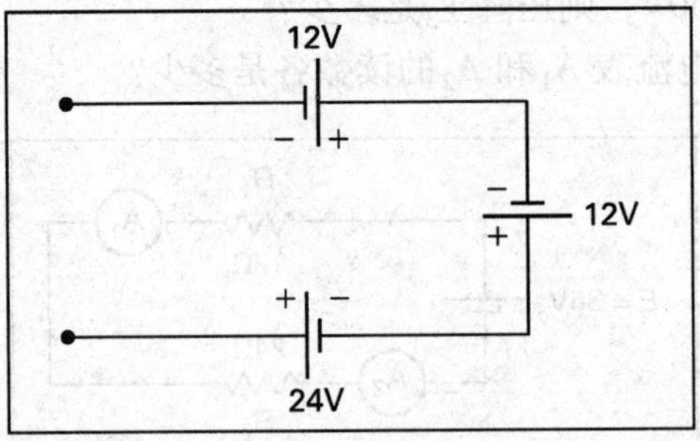

图 4-19　复习题 12

13. 图 4-20 中的分压器有三只电阻器。R_1 和 R_2 两端的电压分别为 6V 和 12V，E 是 24V。R_3 两端的电压是多少？从 a 点到 c 点的电压是多少？（提示：$V_{a-c}=V_{a-b}+V_{b-c}$）。从 b 点到 d 点的电压是多少？如果 R_1 为 10Ω，则流过分压器的电流是多大？

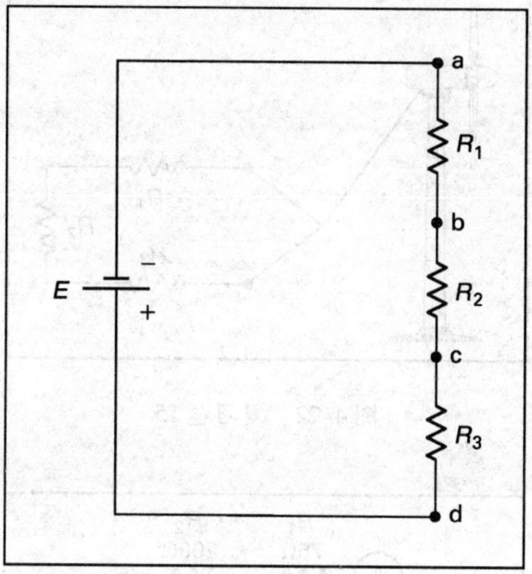

图 4-20　复习题 13

14. 根据最大功率传输定理，判断图 4-21 所示电路是否将最大功率传输给了负载。应用前面介绍的公式进行计算，相关电阻值为：$R_1=25\Omega$，$R_2=50\Omega$，$R_3=75\Omega$；$R_S=50\Omega$。

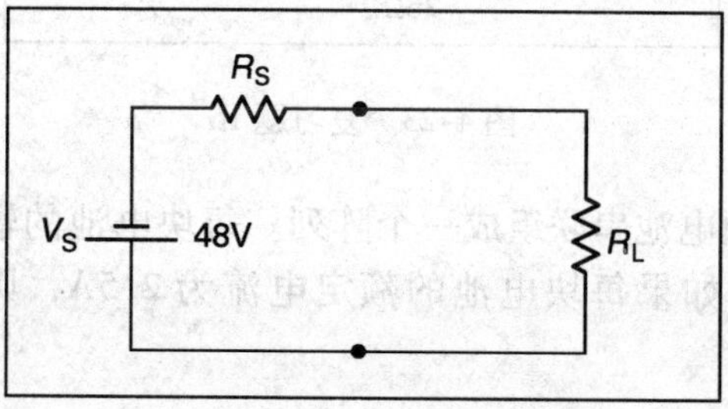

图 4-21　复习题 14

15. 在图 4-22 中，如果风力发电机的输出为 120V，$R_1=1\text{k}\Omega$，$R_2=2\text{k}\Omega$，$R_3=3\text{k}\Omega$，计算每只电阻器的功率。电路的总功率是多少？每只电阻器承受的电压是多少？

16. 图 4-23 所示为某故障诊断的应用案例。电流表 A 测得 80mA，电压表 V 测得 0V。电阻器的额定值如图所示，E 为 24V。电路的故障在哪里？当故障排除后，表 A 和表 V 测得的数值分别是多少？

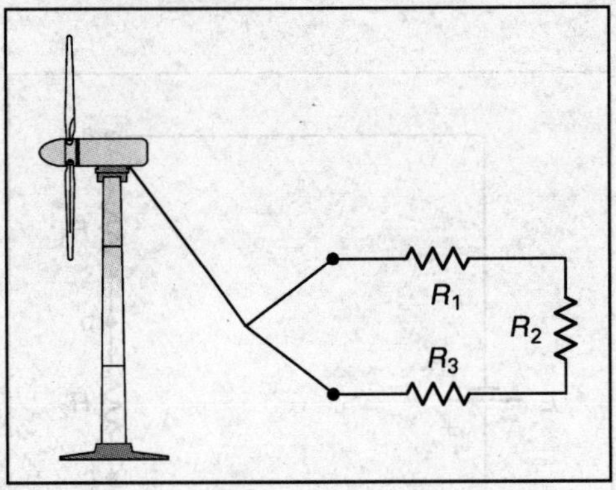

图 4-22 复习题 15

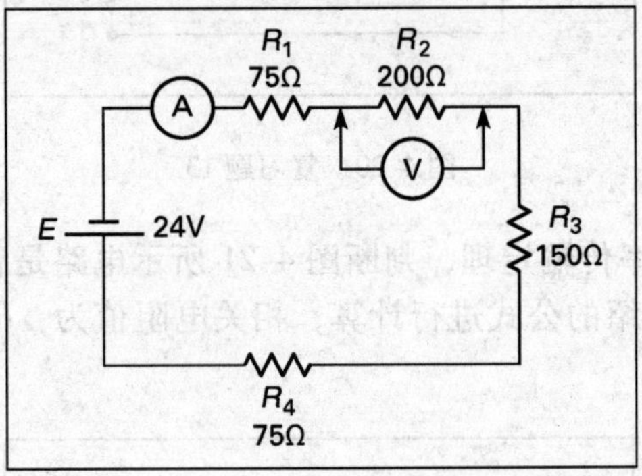

图 4-23 复习题 16

17. 有 12 块太阳电池串联组成一个阵列。每块电池的输出为 0.5V，则阵列的输出电压为多少？如果每块电池的额定电流为 2.5A，则阵列的额定电流是多少？

第 5 章　并联直流电路

目标

学习完本章后，读者应达到下列目标：

1）懂得在并联电路中有多条电流通道。

2）掌握在并联电路中计算电流、电压、电阻和功率的四条关键规则。

3）懂得如何在并联电路中应用欧姆定律。

4）能够应用基尔霍夫电流定律。

5）理解为什么当并联电路中的支路增加时电流会增大。

6）计算总并联电阻。

7）理解电源并联的原因。

8）理解恒流源和恒压源的区别。

9）能够计算并联负载之间的电流分配。

10）能够分析串 - 并联电路。

11）能够计算光伏系统的“卸荷负载”。

12）能够应用并联电路知识解决实际问题。

引言

本书第四章介绍了串联电路。串联电路仅有一条电流通路，所有的元件全都串行连接在一起。在串联电路中，如果一个电阻器或负载开路，电路中的所有元件都将无法正常工作。

但是在并联电路中，负载或电阻器的连接方式使得电路中存在多条电流通道。增加或移除某个并联的负载并不会影响其他并联负载的电压和电流。每个并联负载可以被接通或关闭，而不会影响其他的并联负载。例如，如果多个灯泡是并联的，即便某一只灯泡“烧断”了，其他灯泡仍然能够继续工作。

本章将介绍并联电路的电流、压降、总电阻和功率，讨论欧姆定律在其中的应用，以及开路和短路对电路的影响。

5.1　并联电路

图 5-1 所示为一个有着三条支路的并联电路。每个电流通路就是一条支路。

来自电源的电流会分流，并按照支路的电阻比例流过每一条支路。

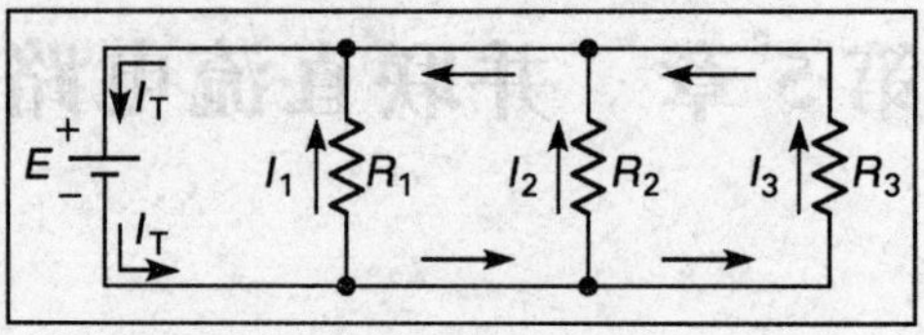

图 5-1 有三条支路的并联支路

并联电流

图 5-2 所示为一个**并联电路的支路电流**，每条支路的下方分别标注有 A、B 和 C。电源输出的电压（E）驱动电流通过每条支路，总电流（I_T）在每条支路分流，向各支路提供的电流分别为 I_a，I_b 和 I_c。各支路电流可以利用欧姆定律 $I=E/R$ 来计算。注意对于每条支路，从上到下的电压 E 都是相等的。因此，如果把电压表跨接到每条支路上，会测得相等的电压 E。各支路电流为 $I_a=E/R_a$，$I_b=E/R_b$ 以及 $I_c=E/R_c$。在节点 A，总电流分流出电流（I_a），流过支路 A。在节点 B，电流（I_b）分流出来，流过支路 B。在节点 C，剩余的电流流过支路 C。电源输出的总电流根据各支路电阻的比例分流，且 $I_T=I_a+I_b+I_c$。这种关系被称为**基尔霍夫电流定律。请记住，各支路电流会累加，回到电源的电流等于从电源流出的电流。**

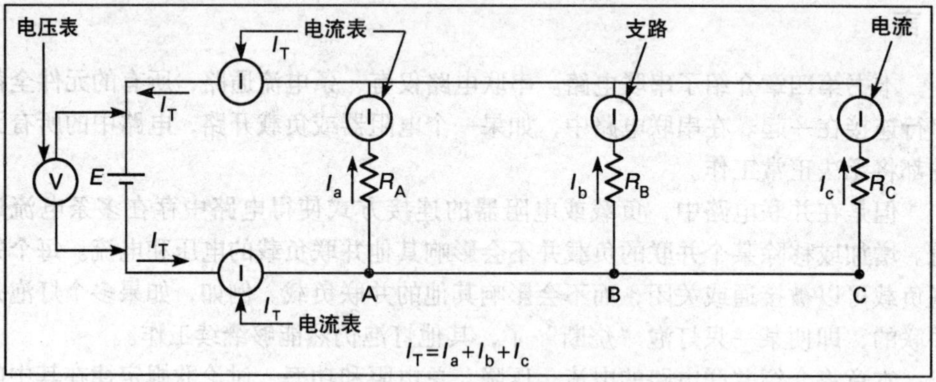

图 5-2 并联电路的支路电流

并联电压

在并联电路中，所有并联支路两端的压降相等。换句话说，支路上的压降等于施加在支路上的电压。图5-3中的三种电路连接方式在功能上是等价的。在图5-3a、图5-3b和图5-3c中，支路A－B两端的电压等于支路C－D两端的电压，全都等于电压E。如果$E=12V$，则每条支路的压降都是12V，且$E=V_{R1}=V_{R2}=12V$。

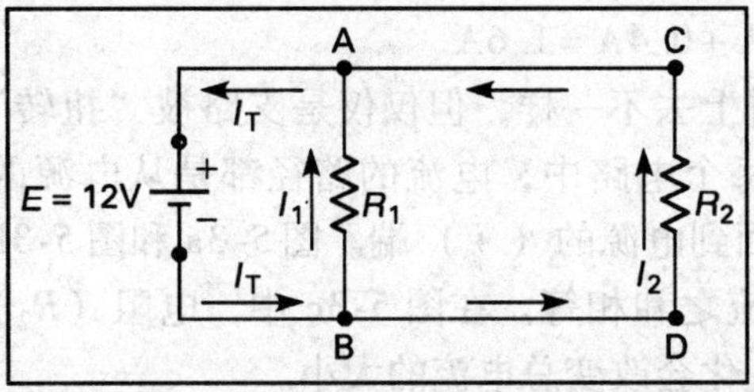

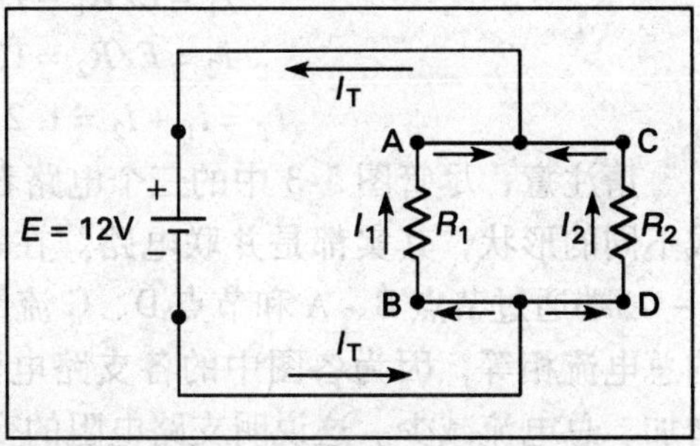

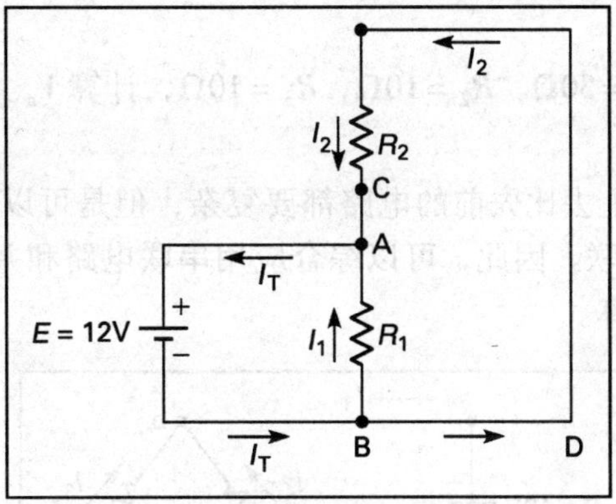

图5-3　并联电压

并联电路中的欧姆定律

应用欧姆定律可以计算图5-3a、图5-3b和图5-3c中的支路电流。

例5-1

（1）计算图5-3a中的各支路电流和总电流。$R_1=10\Omega$，$R_2=20\Omega$，$E=12V$。

$$I_1=E/R_1=12/10A=1.2A$$

$$I_2=E/R_2=12/20A=0.6A$$

$$I_T=I_1+I_2=1.2+0.6A=1.8A$$

（2）计算图5-3b中的各支路电流和总电流。$R_1=20\Omega$，$R_2=10\Omega$，$E=12V$。

$$I_1 = E/R_1 = 12/20\text{A} = 0.6\text{A}$$
$$I_2 = E/R_2 = 12/10\text{A} = 1.2\text{A}$$
$$I_T = I_1 + I_2 = 0.6 + 1.2\text{A} = 1.8\text{A}$$

（3）计算图 5-3c 中的支路电流和总电流。$R_1 = 10\Omega$，$R_2 = 30\Omega$，$E = 12\text{V}$。

$$I_1 = E/R_1 = 12/10\text{A} = 1.2\text{A}$$
$$I_2 = E/R_2 = 12/30\text{A} = 0.4\text{A}$$
$$I_T = I_1 + I_2 = 1.2\text{A} + 0.4\text{A} = 1.6\text{A}$$

请注意，尽管图 5-3 中的三个电路看上去不一样，但仅仅是支路被“扭转”成不同的形状，其实都是并联电路。在每个电路中，电流的路径都是从电源的（-）端通过节点 B、A 和节点 D、C 流回到电源的（+）端。图 5-3a 和图 5-3b 的总电流相等，因为各图中的各支路电流之和相等。在图 5-3c 中，电阻（R_2）增加，总电流减少。这说明支路电阻的变化会改变总电流的大小。

探索

在图 5-4 中，$R_1 = 30\Omega$，$R_2 = 10\Omega$，$R_3 = 10\Omega$，计算 V_{a-b}，V_{b-c}，V_{a-c}，I_1，I_2，I_3和 I_T。

图 5-4 的结构看上去比先前的电路都要复杂，但是可以观察到，R_2与 R_3是串联的，然后与 R_1并联。因此，可以综合应用串联电路和并联电路的规则以及欧姆定律进行分析计算。

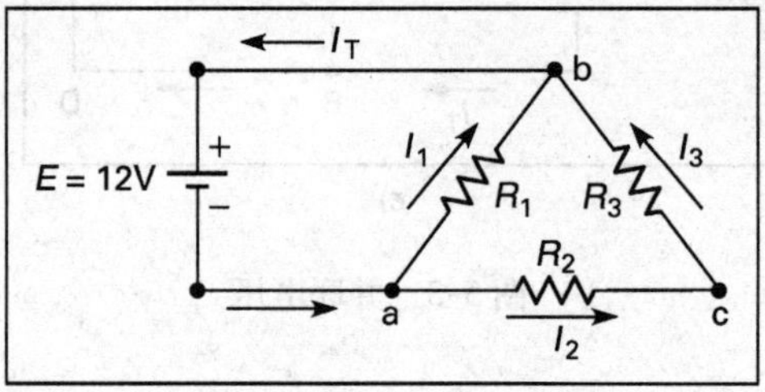

图 5-4 探索

例 5-2

在图 5-5 所示的三条支路中，$R_1 = 20\Omega$，$R_2 = 30\Omega$，$R_3 = 60\Omega$，$V_3 = 120\text{V}$。计算 V_1，V_2，E，I_1，I_2，I_3和 I_T。

（1）R_1，R_2，R_3为并联，因此 R_1，R_2，R_3两端的电压和 E 相等，为 120V。

$V_1 = 120\text{V}$ $\quad V_2 = 120\text{V}$ $\quad V_3 = 120\text{V}$ $\quad E = 120\text{V}$

（2）应用欧姆定律：

$I_1 = V_1/R_1 = 120/20\text{A} = 6\text{A}$ $\quad I_2 = V_2/R_2 = 120/30\text{A} = 4\text{A}$ $\quad I_3 = V_3/R_3 = 120/60\text{A} = 2\text{A}$

（3）总电流（I_T）等于各支路电流之和：

$$I_T = I_1 + I_2 + I_3 = (6+4+2)\,A = 12A$$

假设某个房间的电路布线如图5-5所示（例5-2），每条支路都是一个电源插座，R_1，R_2和R_3分别是不同的电气负载（如灯泡、电视机或者电风扇等）。典型的插座电压是120V。每个负载都有电流，流过熔体的电流是各个支路电流之和。（注意，熔体与其他所有的负载均为串联关系。）增加或移除某个支路并会不影响其他并联的支路，仅仅会对通过熔体的总电流产生影响。如果电流超过了熔体（或断路器）的额定值，则所有的支路都会从电源上断开。

图5-6所示为简化的房间布线情况。插座1和2总是带电，而插座3受开关S_3控制，灯泡L_1和L_2分别受开关S_1和S_2控制。现实应用中有很多种布线方法，但都应该遵循电气规范（包括国际规范或当地规范）以确保布线符合安全要求。

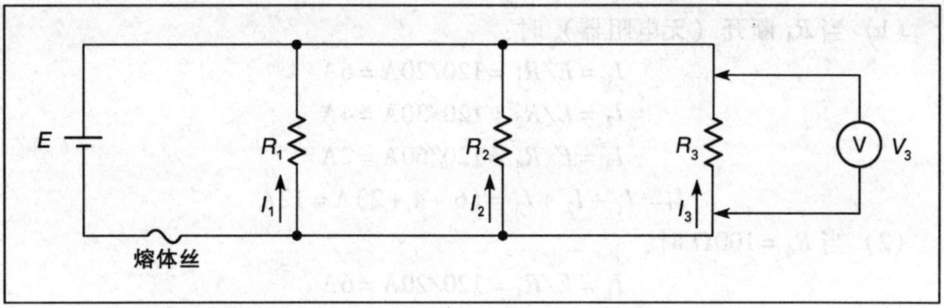

图5-5 例5-2

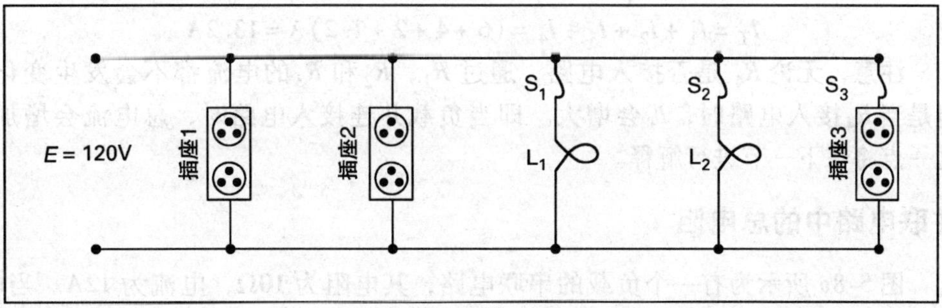

图5-6 简化的房间布线图

例5-3

图5-7给出了一个有四条支路的电路。假设第四条支路可以通过A、B端与电路连接或者断开。$R_1 = 20\Omega$，$R_2 = 30\Omega$，$R_3 = 60\Omega$，$E = 120V$。当A、B端断开

时（没有接电阻器），计算 I_1、I_2、I_3和 I_T；当 A、B 端连接电阻器 $R_4=100\Omega$ 时，计算 I_1、I_2、I_3、I_4和 I_T。

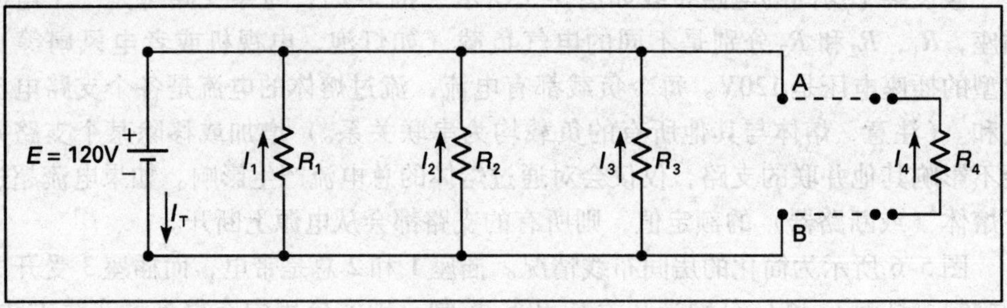

图 5-7　例 5-3

（1）当 R_4 断开（无电阻器）时：

$$I_1=E/R_1=120/20\text{A}=6\text{A}$$

$$I_2=E/R_2=120/30\text{A}=4\text{A}$$

$$I_3=E/R_4=120/60\text{A}=2\text{A}$$

$$I_T=I_1+I_2+I_3=(6+4+2)\text{A}=12\text{A}$$

（2）当 $R_4=100\Omega$ 时：

$$I_1=E/R_1=120/20\text{A}=6\text{A}$$

$$I_2=E/R_2=120/30\text{A}=4\text{A}$$

$$I_3=E/R_3=120/60\text{A}=2\text{A}$$

$$I_4=E/R_4=120/100\text{A}=1.2\text{A}$$

$$I_T=I_1+I_2+I_3+I_4=(6+4+2+1.2)\text{A}=13.2\text{A}$$

注意，无论 R_4 是否接入电路，通过 R_1，R_2和 R_3的电流都不会发生变化，但是当 R_4接入电路时，I_T会增大。即当负载并连接入电路时，总电流会增加，这一点将在下一节进行解释。

并联电路中的总电阻

图 5-8a 所示为有一个负载的串联电路，其电阻为 10Ω，电流为 12A。当电阻增大时（见图 5-8b），电流会减小。这个结果完全符合欧姆定律，即当电压不变时，电阻增加则电流减少。

当 $R_1=10\Omega$，$E=120\text{V}$ 时，计算 I_T。

$$I_T=E/R_1=120/10\text{A}=12\text{A}$$

现在，当 $R_1=10\Omega$，$R_2=20\Omega$，$E=120\text{V}$ 时，计算 I_T。

$$I_T=E/(R_1+R_2)=120/(10+20)\text{A}=120/30\text{A}=4\text{A}$$

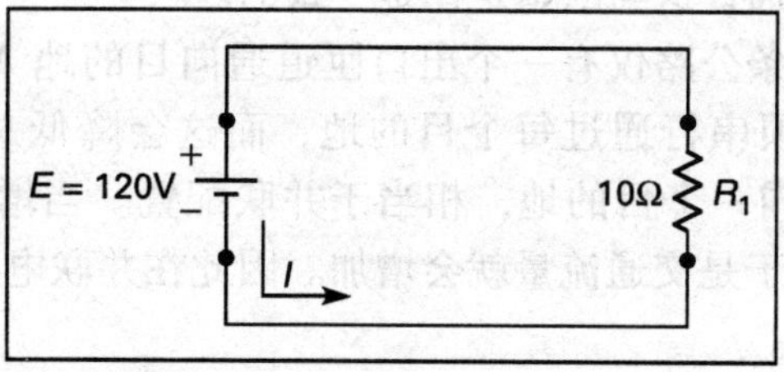

a)

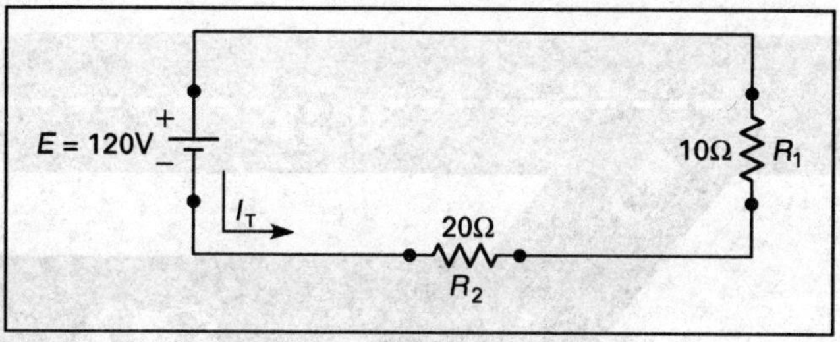

b)

图5-8 a）有一个负载的串联电路；b）增加了负载的串联电路

结果表明，当把R_2与R_1串联后，电流I_T会减少。

现在把图5-8b中的电阻器R_2改为并联，如图5-9所示，再看看对电流的影响。其中$R_1=10\Omega$，$R_2=20\Omega$，$E=120V$。计算I_1，I_2和I_T。

$$I_1=E/R_1=120/10A=12A$$

$$I_2=E/R_2=120/20A=6A$$

$$I_T=I_1+I_2=12A+6A=18A$$

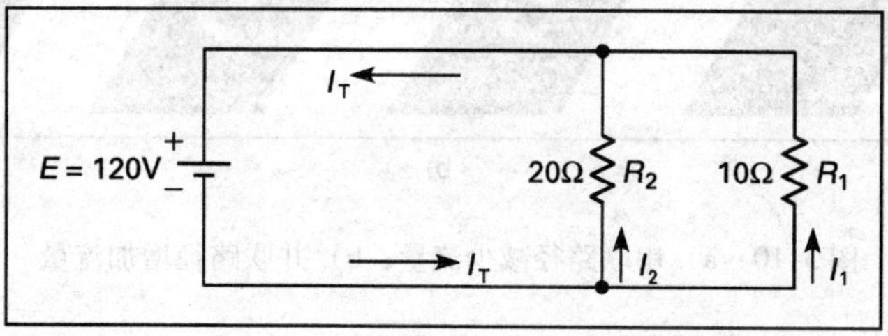

图5-9 并联电路与串联电路的电流比较

将图5-9与图5-8b所示电路中的电流进行对比。每个电路都使用了相同阻值的电阻器，且电压E保持不变，但是在并联电路中，电流达到了18A，而在串联电路中，总电流仅有4A，因此并联电路的电阻值较小。**在并联电路中，当支路增加时，总电流会增加。**这看上去似乎不符合欧姆定律（$I=E/R$），因为该定律指出当电阻增加时，电流应减小。但事实上，当并联的负载增加时，总电阻会减少，于是电流会增加，这与欧姆定律是一致的。

想象一下，有一条公路仅有一个出口匝道通向目的地 A，B，C 和 D。如图 5-10a 所示，汽车必须串行通过每个目的地，而这会降低总交通流量。在图 5-10b 中，每个出口通向一个目的地，相当于并联配置。当增加了并联的路径后，交通的阻力会减少，于是交通流量就会增加。因此在并联电路中，增加支路将会减少电阻并增大电流。

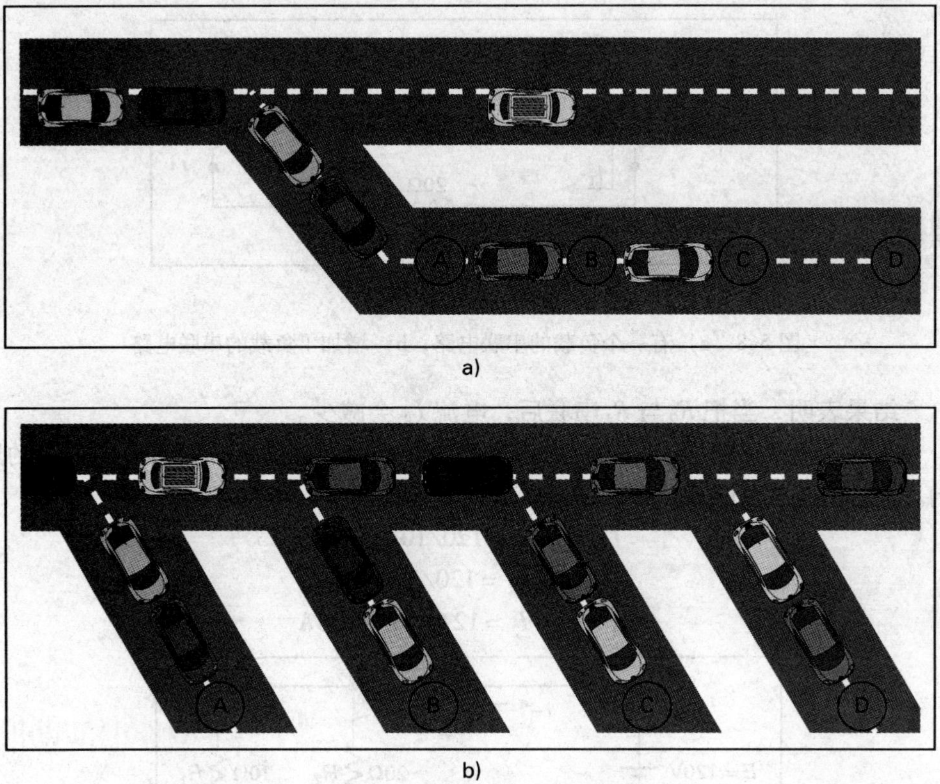

图 5-10 a）串联路径减少流量；b）并联路径增加流量

计算总并联电阻

在计算两只并联电阻器的电阻时，先计算两个电阻之积，然后除以电阻之和（见图 5-11）。

$$R_T = (R_1 \times R_2)/(R_1 + R_2)$$

例 5-4

计算图 5-12 所示电路的总电阻。

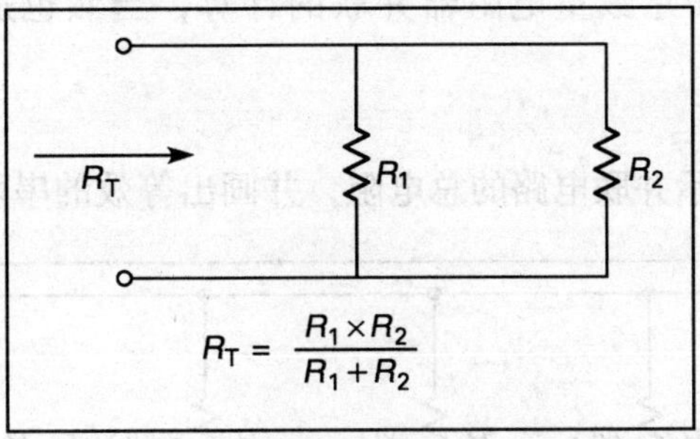

图 5-11　电阻积除以电阻和的方法

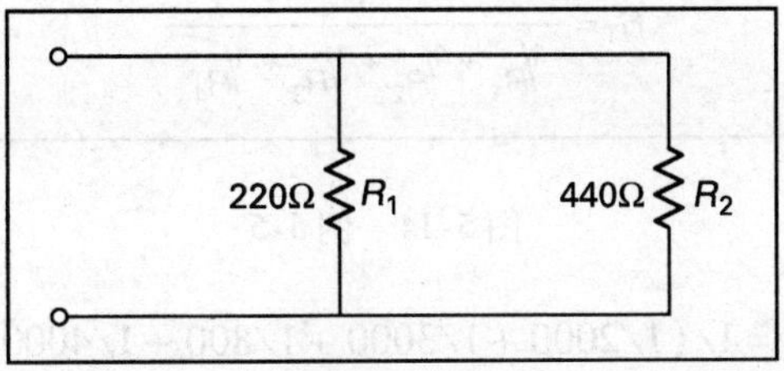

图 5-12　例 5-4

$$R_T=(R_1\times R_2)/(R_1+R_2)=(220\times 440)/(220+240)\Omega=96800/660\Omega=146.7\Omega$$

这种电阻积除以电阻和的方法仅适用于两只电阻器并联的情况。为了计算任意数量电阻器并联后的总电阻，可以采用图 5-13 所示的倒数法。为计算总电阻，先计算 $1/R$ 项之和，然后求这个和的倒数即可。（注：一个数的倒数等于 1 除以这个数值。例如，100 的倒数是 1/100，等于 0.01。）

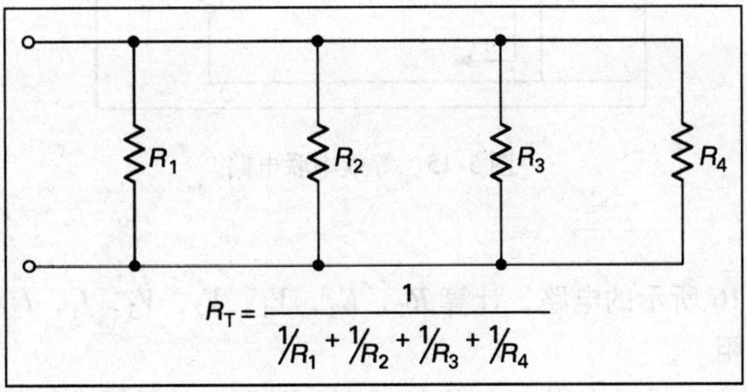

图 5-13　倒数法

$$R_T=1/(1/R_1+1/R_2+1/R_3+1/R_4)$$

此方法适用于任意数量电阻器并联的计算，当然也适用于两只电阻器的情况。

例 5-5

计算图 5-14 所示并联电路的总电阻，并画出等效的串联电路图。

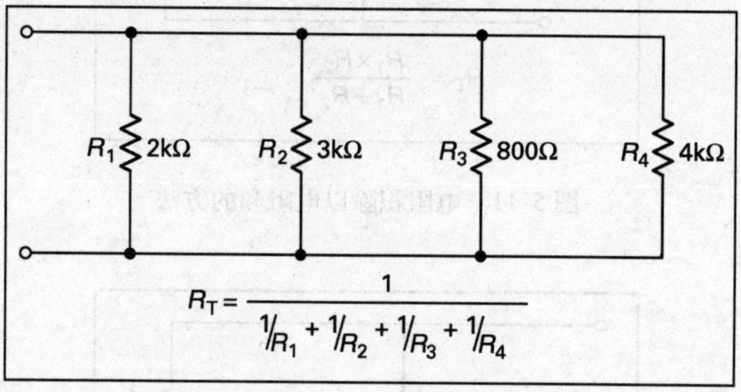

图 5-14　例 5-5

$$
\begin{aligned}
R_T &= 1/(1/2000 + 1/3000 + 1/800 + 1/4000)\Omega \\
&= 1/(0.00050 + 0.00033 + 0.00125 + 0.00025)\Omega \\
&= 1/0.002433\Omega = 429.18\Omega
\end{aligned}
$$

并联电路的等效串联电路即并联电路的电压 E 与并联电路的总电阻进行串联，如图 5-15 所示。并联电路的总电流等于其等效串联电路的电流。

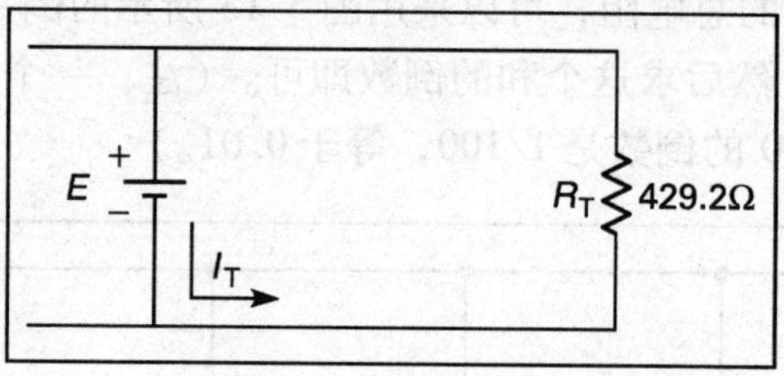

图 5-15　等效串联电路

例 5-6

对于图 5-16 所示的电路，计算 R_T，E_T，V_1，V_2，V_3，I_1，I_2和 I_3。

（1）总电阻

$$
\begin{aligned}
R_T &= 1/(1/R_1 + 1/R_2 + 1/R_3) = 1/(1/1000 + 1/2200 + 1/4300)\Omega \\
&= 1/(0.001 + 0.00045 + 0.00023)\Omega = 1/0.00168\Omega \\
&= 595.23\Omega
\end{aligned}
$$

（2）电压 E

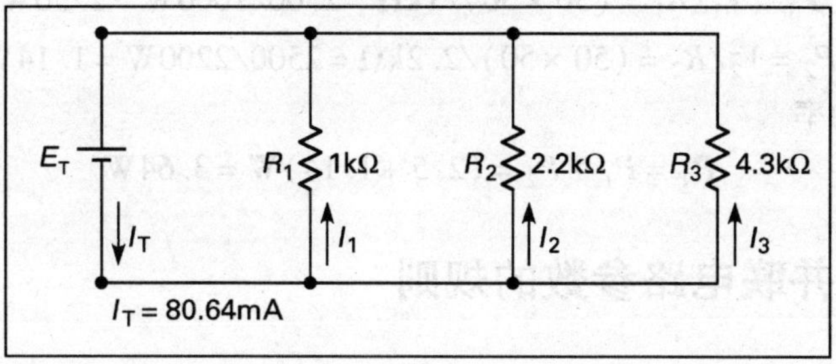

图5-16　例5-6

$$E_T = I_T \times R_T = 0.08064 \times 595.23\text{V} = 47.99\text{V}$$

（3）电压 V_1，V_2和 V_3

$$V_1 = V_2 = V_3 = E_T = 47.99\text{V}$$

（4）电流 I_1，I_2和 I_3

$$I_1 = V_1/R_1 = 47.99/1000\text{A} = 0.0479\text{A}$$
$$I_2 = V_2/R_2 = 47.99/2200\text{A} = 0.0218\text{A}$$
$$I_3 = V_3/R_3 = 47.99/4300\text{A} = 0.0112\text{A}$$

注意 $I_1 + I_2 + I_3 = 80.9\text{mA}$，和图中的总电流略有差别，这是由于计算过程中的舍入误差造成的。

在例5-4、5-5和5-6中，总电阻（R_T）比最小的支路电阻还要小。作为一般规律，总并联电阻总是比最小的支路电阻还要小。如果计算得出的总电阻比较大，那么你就应检查计算过程是否正确。

总功率（瓦特）

总功率（P_T）是各个支路功率之和，可以用下列功率公式之一进行计算：

$$P = V \times I$$
$$P = V^2/R$$
$$P = I^2 \times R$$
$$P_T = P_1 + P_2 + P_3 + \cdots + P_n$$

（P_n是最后一条支路的功率。）

例5-7

计算图5-17中每条支路的功率和电路的总功率。$E = 50\text{V}$，$R_1 = 1\text{k}\Omega$，$R_2 = 2.2\text{k}\Omega$。

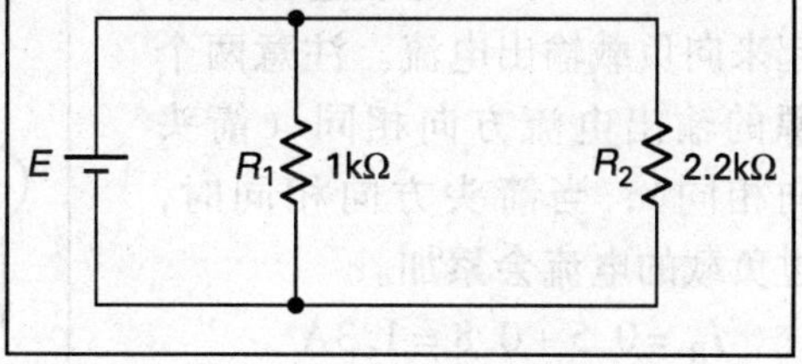

图5-17　例5-7

（1）支路功率

$$P_1 = V_1^2/R_1 = (50 \times 50)/1\text{k}\Omega = 2500/1000\text{W} = 2.50\text{W}$$
$$P_2 = V_2^2/R_2 = (50 \times 50)/2.2\text{k}\Omega = 2500/2200\text{W} = 1.14\text{W}$$

（2）总功率

$$P_T = P_1 + P_2 = (2.5 + 1.14)\text{W} = 3.64\text{W}$$

5.2 计算并联电路参数的规则

计算并联电路参数的规则总结如下：

（1）总电流（I_T）为各个支路电流之和。

$$I_T = I_1 + I_2 + I_3 + \cdots + I_n$$

（2）支路两端的电压等于为支路供电的电源电压。

$$E_S = V_1 = V_2 = V_3 = \cdots = V_n$$

（3）总电阻（R_T）等于 $1/R$ 项之和的倒数。

$$R_T = 1 \Big/ \left(\frac{1}{R_1} + \frac{1}{R_2} + \frac{1}{R_3} + \cdots + \frac{1}{R_n} \right)$$

（4）总功率（P_T）为各支路功率之和。

$$P_T = P_1 + P_2 + P_3 + \cdots + P_n$$

5.3 恒流源

恒流源能够为负载提供恒定的电流而非恒定的电压。例如，光伏（PV）电池就是恒流源，而电池和市电发电机则是恒压源，可为负载提供恒定的电压。对于恒流源，电源电压会随着负载而变化，对于恒压源，电源电流会随着负载而变化。本章复习题 17 将要说明，**光伏系统需要一个或多个负载来消耗系统输出的所有电流**。（大多数风力发电机则是恒压源。）

在图 5-18 中，两个电流源并联起来向负载输出电流。注意两个电源的输出电流方向相同（箭头方向相同），当箭头方向相同时，通过负载的电流会累加。

$$I_R = 0.5 + 0.8 = 1.3\text{A}$$

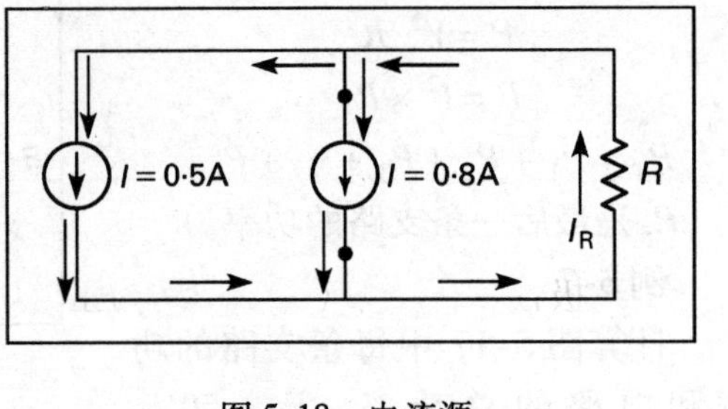

图 5-18 电流源

在某些应用中，一个电源无法提供足够的电流，此时需要将多个电源并联使用。

例 5-8

在图 5-19 中，两只 PV 电池向负载 R_L 输出电流。计算 I_{R_L}，V_{R_L} 和 P_{R_L}。（PV 电池可被认为是恒流源。）

$$I_{R_L} = I_1 + I_2 = 1.5A + 1.5A = 3A$$

$$V_{R_L} = I_{R_L} \times R_L = 3 \times 40V = 120V$$

$$P_{R_L} = V_{R_L} \times I_{R_L} = 120 \times 3W = 360W$$

注意若 $R_L = 50$ 欧姆，则 $V_{R_L} = 3 \times 50V = 150V$。此处电流恒定，而电压随负载变化。

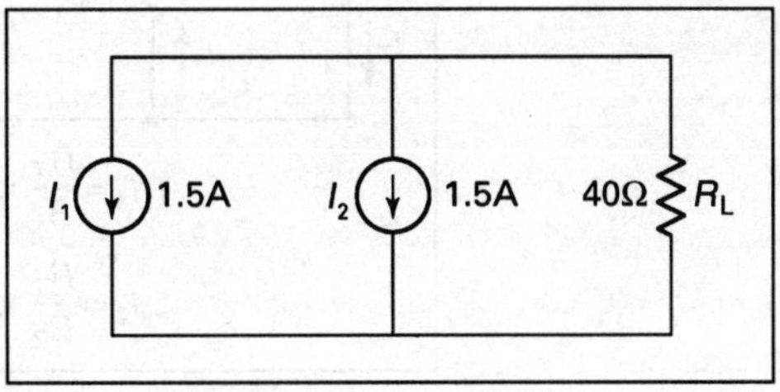

图 5-19　例 5-8

例 5-9

有两台 PV 阵列并联，如图 5-20 所示。每台阵列的额定输出电压为 DC12V，电流为 10A。计算 E_L，I_L，P_L，以及负载极性 E_{L_1} 和 E_{L_2}。

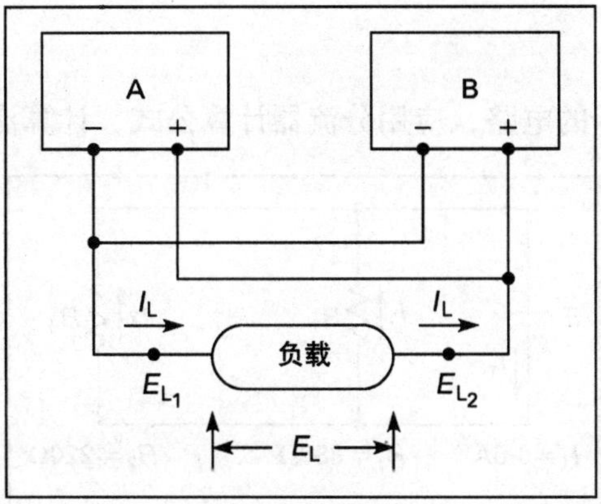

图 5-20　例 5-9

光伏阵列 A 和 B 并联，因此

$$E_L = DC12V$$

$$I_L = I_A + I_B = (10 + 10)\ A = 20A$$

功率（P_L）$= E_L \times I_L = 12 \times 20W = 240W$

负载极性 E_{L_1} 为负（−），E_{L_2} 为正（+）。

5.4　分流电路

第四章已经介绍了分压器。因为并联电路的各支路将电流分流，因此可作为分流器。图 5-21 给出了计算支路电流的方法。

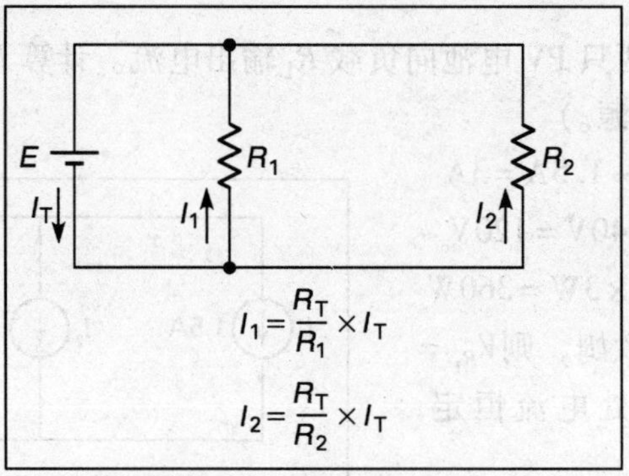

图 5-21　分流器公式

$$I_X = (R_T / R_X) \times I_T$$

式中，I_X是需要计算的支路电流；I_T是总电流；R_X是需要计算电流的支路电阻；而 R_T是总电路电阻。

例 5-10

对于图 5-22 所示的电路，应用分流器计算公式，计算流经每条支路的电流。

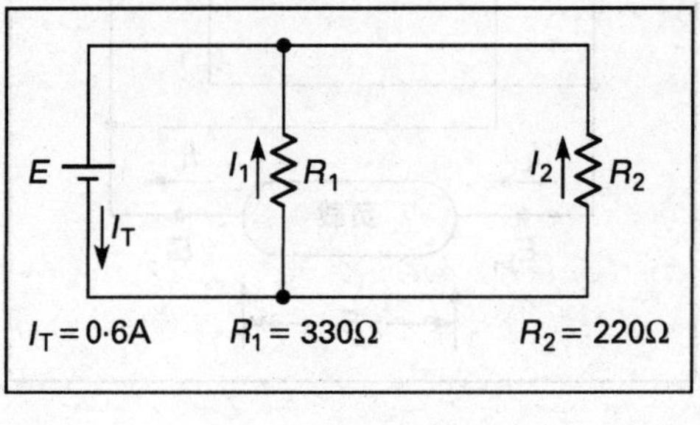

图 5-22　例 5-10

（1）首先计算总电路电阻

$$R_T = (R_1 \times R_2)/(R_1 + R_2) = (330 \times 220)/(330 + 220)\Omega = 132\Omega$$

（2）然后应用分流器公式

$$I_{R_1} = R_T/R_1 \times I_T = 132/330 \times 0.6\text{A} = 0.24\text{A}$$

$$I_{R_2} = R_T/R_2 \times I_T = 132/220 \times 0.6\text{A} = 0.36\text{A}$$

注意各支路电流之和等于总电流。

例 5-11

在图 5-23 中，$R_1 = 50\Omega$，$R_2 = 75\Omega$。计算 I_1 和 I_2。

（1）首先计算总电路电阻。

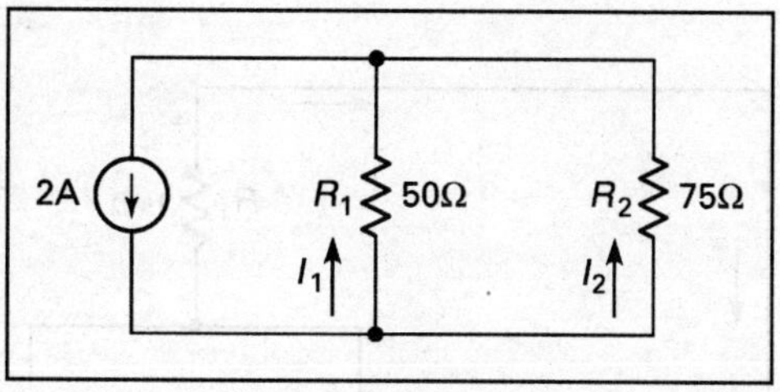

图 5-23 例 5-11

$$R_T = (R_1 \times R_T)/(R_1 + R_2) = (50 \times 75)/(50 + 75)\Omega = 30\Omega$$

（2）然后应用分流器公式。

$$I_1 = (R_T/R_1) \times I_T = 30/50 \times 2A = 1.2A$$
$$I_2 = (R_T/R_2) \times I_T = 30/75 \times 2A = 0.8A$$

探索

图5-24 中的恒流源为 R_1 和 R_2 提供电流。电流源为 20A，运行功率为 3.6kW。负载 R_1 的功率为 2.16kW，电流为 12A。计算 I_{R_2}，R_1，R_2，P_{R_2} 和 E。

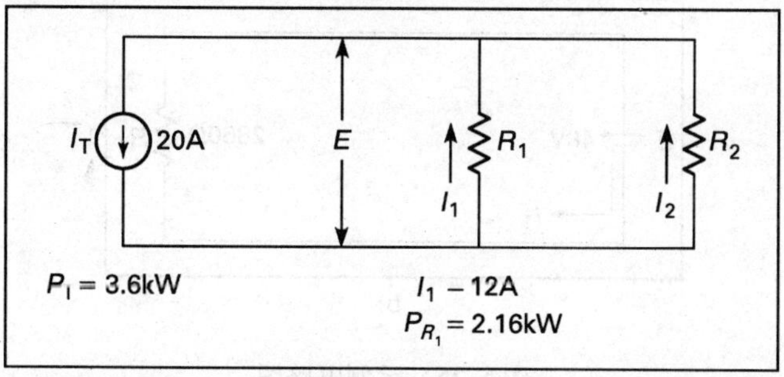

图 5-24 探索

5.5 串－并联电路

前面已经介绍了串联电路和并联电路的特点。在某些电路中，元件的连接方式既有串联也有并联。图 5-25a 所示是一个串－并联电路，本例介绍了如何简化和计算串－并联电路的步骤。应根据需要应用串联规则和并联规则。

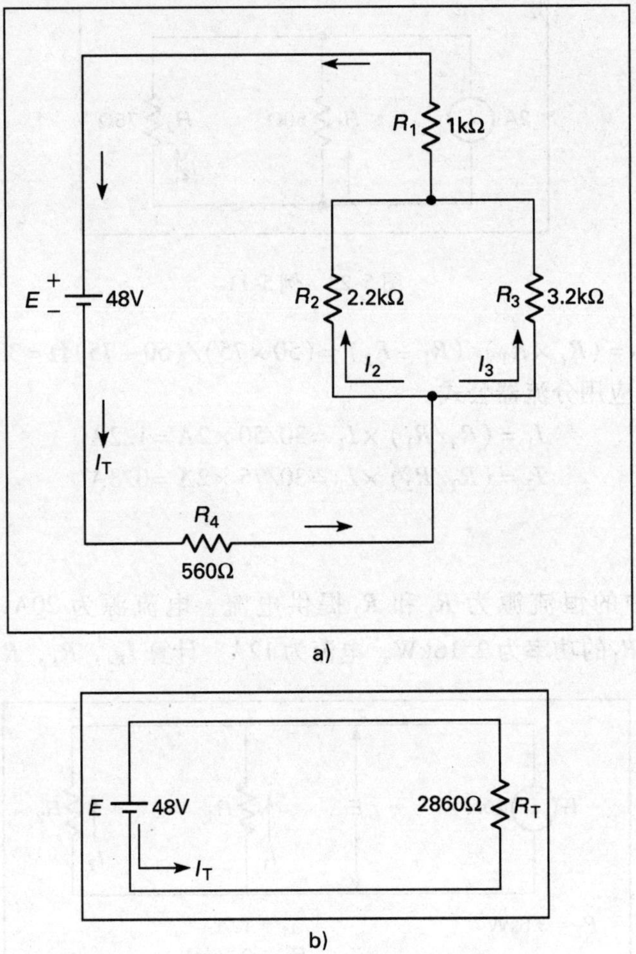

图 5-25 示例电路图

a）串 - 并联电路 b）等效串联电路

计算串 - 并联电路的步骤

1. 第一步，确定串联部分和并联部分。在这个电路中，R_2和R_3并联，而并联部分再与R_1和R_4串联。

2. 计算并联支路的总电阻（称为R_{AB}）。

$$R_{AB}=(R_2\times R_3)/(R_2+R_3)=(2.2\text{k}\Omega\times 3.2\text{k}\Omega)/(2.2\text{k}\Omega+3.2\text{k}\Omega)=1.3\text{k}\Omega$$

3. 画出图 5-25a 的等效串联电路图（见图 5-25b）。

4. 计算总串联电阻：

$$R_T = R_1 + R_{AB} + R_4 = 1k\Omega + 1.3k\Omega + 560\Omega = 2860\Omega$$

5. 计算 $I_T = E/R_T = 48/2860A = 16.7mA$

6. 计算电源电压和压降：

$$E = I_T \times R_T = 0.0167 \times 2860V = 47.7V$$

$$V_{R_1} = I_T \times R_1 = 0.0167 \times 1kV = 16.7V$$

$$V_{R_2} = V_{R_3} = I_T \times R_{AB} = 0.0167A \times 1.3k\Omega = 21.7V$$

$$V_{R_3} = I_T \times R_4 = 0.0167A \times 560\Omega = 8.96V$$

7. 计算 I_2 和 I_3。

$$I_2 = V_2/R_2 = 21.7/2.2mA = 9.8mA$$

$$I_3 = V_3/R_3 = 21.7/3.2mA = 6.7mA$$

也可以采用分流器公式计算支路电流。

以上步骤列出了串 - 并联电路的基本计算方法。通常先应用并联规则使含有并联支路的电路简化为等效串联电路，然后应用串联规则计算新的（等效）电路。计算的结果与原始的串 - 并联电路相同。

复 习 题

1. 在房间布线应用中，列举出与并联电路相比串联电路的两条优点。

2. 叙述并联电路的电压、电流、电阻和功率的计算规则。

3. 在一个电路中，有两个阻值分别为1kΩ和2kΩ的电阻器并联。如果再并联一个3kΩ的电阻器，总电流将会增加还是减少？

4. 有三个电阻器并联，每个的电流为1.5A。则总电流为（a）1.5A，（b）3A，还是（c）4.5A？

5. 有三个电阻器并联，每个从电压源获得的电流为1.5A。如果有一只电阻器开路，则每只剩余的电阻器上流过的电流为：（a）2.25A，（b）0.75A，还是（c）1.5A？

6. 有三个并联的电阻器，阻值分别为330Ω，1.2kΩ和1kΩ。如果1kΩ的电阻器彻底短路，则最有可能发生：（a）电路仍将工作，但流经剩余两个电阻器的电流会增加；（b）总电流会显著增加，导致熔体熔断；（c）电路仍将工作，总电流会减少。

7. 有三个并联的电阻器，其消耗功率分别为1.0W，1.5W和2.0W。那个电阻器的电流最大？

8. 有两个光伏电池与一个负载并联，每个电池提供1.5A电流，负载的总电流是多少？

9. 一个并联电路包含四条支路，各支路上的电阻器的阻值分别为1.2kΩ，2.2kΩ，3.3kΩ和4.3kΩ。电源为DC12V。计算电路的总电阻、总电流和总功率，并画出并联电路图。

10. 一个并联电路包含三条支路：$R_1=1\text{k}\Omega$，$R_2=1.2\text{k}\Omega$，$R_3=2.2\text{k}\Omega$。总电流为85.4mA。计算R_T、I_1、I_2、I_3、E_T和P_T，并画出电路图。

11. 一间游戏室有六个插座和一盏吸顶灯。负载包括：三个落地灯，每只电流为0.83A；一个吊扇灯电流为4.0A；两台电视机，每台电流为1.5A；一台空调，电流为9A。房间电路熔体的额定熔断电流为20A。要求电路负载不要超过熔体额定电流的80%，请画出电路示意图。该电路是否符合额定值的要求？解释你的答案。

12. 用一台DC48V的系统为一只48V电池组进行充电，而该电池组为一个负载提供DC48V的电源。该DC48V的系统含有八个PV组件，每个组件的额定值为DC12V，5A。每四个PV组件串联为一组，两组PV组件再并联起来，为电池组充电。电池组包含八只电池，每只的额定值为DC6V，180A·h。八只电池先串联，再与负载并联。图5-26显示了PV组件、电池组和负载的布局。请将各元件连接起来以实现系统的设计要求。计算从PV阵列到电池组的电压和电流，再计算从电池组到负载的电压和电流，并标出负载的极性。

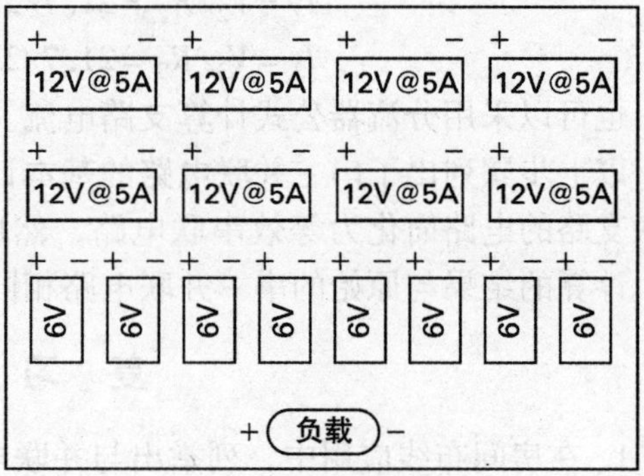

图5-26 复习题12

请记住，当电源串联时，电压累加而电流保持不变。当电源并联时，电压不变而电流累加。在这例应用中，PV阵列先串联再并联，电池组为串联形式。安时（A·h）是电池在一段时间内输出电流的容量。

13. 计算图5-27中的E、I_T、R_1、R_2和R_3。

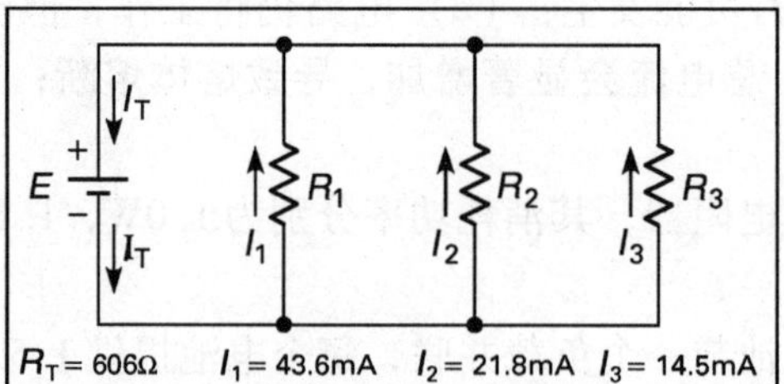

图5-27 复习题13

14. 计算图5-28中的 P_2、V_1、V_2、E_T、I_T 和 I_2。已知 $P_T = 3.5W$，$P_1 = 1.5W$，$I_1 = 125mA$。

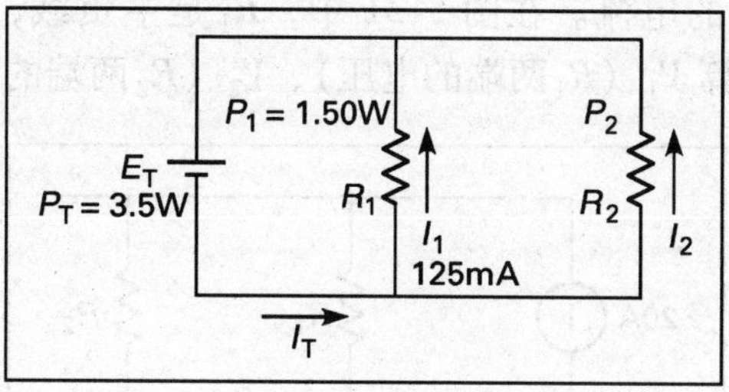

图5-28　复习题14

15. 图5-29所示为一个串－并联电路。$E_T = 72V$，$R_1 = 500\Omega$，$R_2 = 480\Omega$，$R_3 = 480\Omega$。

计算并联支路电阻（R_{AB}）和总电路的等效串联电路的电阻（R_T），并求出 I_T、I_{R_2}、I_{R_3}、V_{R_1}、V_{R_2} 和 V_{R_3}。依照本章分析计算串－并联电路的步骤来解题（见图5-25a）。

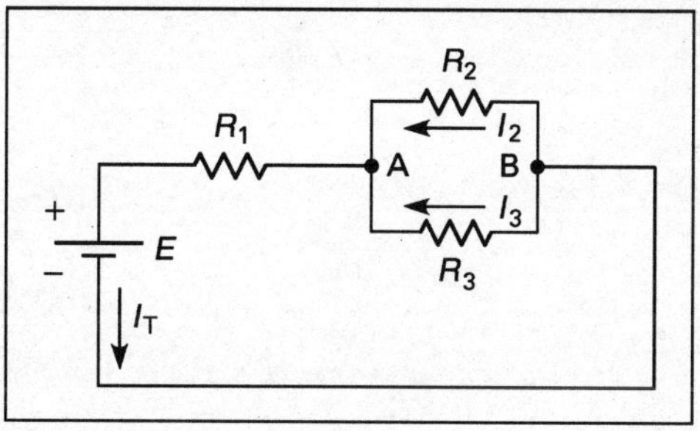

图5-29　复习题15

16. 有三台风力发电机并联（见图5-30），每台均为负载提供了12V，20A的电力。计算 E_T，I_T 和 P_T。

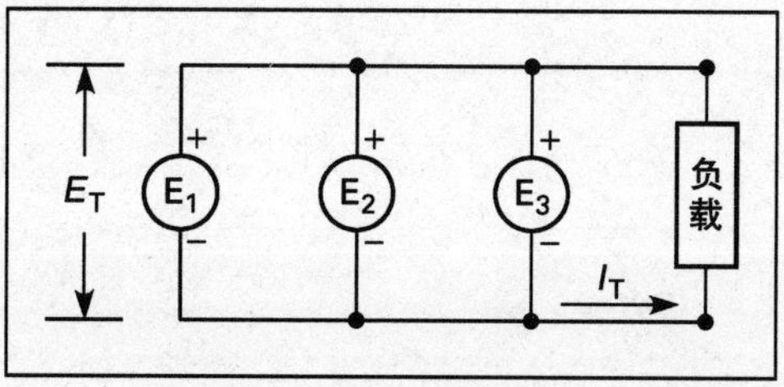

图5-30　复习题16

17. PV 阵列为恒流源。在典型的应用场合，一个主负载消耗电力，一个次负载消耗剩余的电力（即主负载用不完的电力）。次负载也被称为卸荷负载，必须耗尽主负载用不完的电流。在图 5-31 中，R_1是主负载，R_2是次负载。R_1为 3.2Ω，I_1为 15A。计算 V_1（R_1两端的电压）、V_2（R_2两端的电压）、I_2和 R_2。

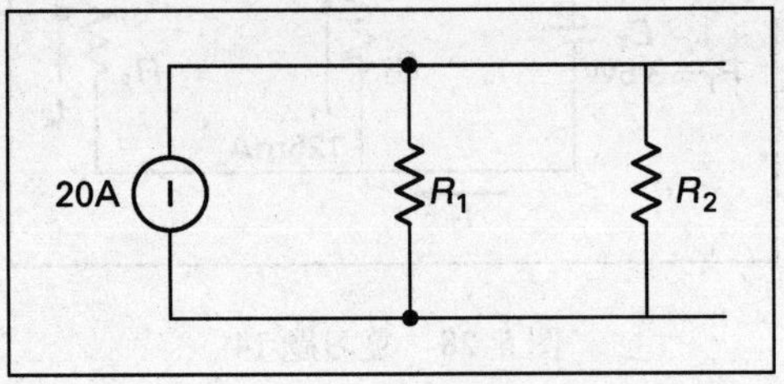

图 5-31 复习题 17

第6章 交流电介绍

目标

学习完本章后，读者应达到下列目标：

1）懂得电磁场的产生原理及其在变压器中的作用。

2）理解为什么变压器可以用于交流电路而非直流电路。

3）理解变压器的工作原理，能够计算一次侧和二次侧的电压、电流和功率。

4）理解直流电和交流电的区别。

5）理解正弦波若干参数的含义：峰值、峰-峰值、方均根值和平均值。

6）理解并能够计算频率。

7）理解采用方均根值电表来测量交流电压和电流的原因。

8）能够解释三相电和单相电，了解三相电的优点。

9）能够理解引起相移的部分原因。

引言

交流电（AC）是旋转发电机的“原生”输出形式，因此，交流电看上去似乎应该是第一种普遍使用的电源类型。但事实上，直到19世纪末，当电能传输技术开始发展时，人们对交流电的相关理论仍不太了解，而对直流电（DC）电动机和发电机的工作原理则非常清楚。此外，当时最伟大的发明家托马斯·爱迪生认为高压交流电非常危险，相比他正在使用的低压直流电没什么实际的优势。

与此同时，欧洲开始使用一种叫作变压器的设备。变压器可以将输入的交流电变换成更高或更低电压的交流电。交流电的幅值和极性会发生周期性的变化，可以被变压器这类的电磁感应装置变换。而直流电的幅值和极性不会周期性变化，因此不能被变换。在大多数电力公司，电力传输和分配的形式是交流电，因为其可以被变换。

本章讨论变压器的工作原理、电磁学、交流电测量、交流正弦波的特点、AC-DC整流和三相电等内容。

6.1 交流电相对于直流电的优点

交流电的一个显著优点是可以被变压器变换至高电压或低电压。当线路中的电压升高时，电流就会以相同的比例降低。较小的电流能够减少线路损耗，从而允许使用较细的输电线，并降低电网的建设和维护费用。我们应该明白，同样的电能既可以采用大电流、低电压传输，也可以采用小电流、高电压传输。例如：

若 $E=1000\text{V}$，$I=1.0\text{A}$，$P=E\times I=1000\text{W}$

或者

$E=1.0\text{V}$，$I=1000\text{A}$，$P=E\times I=1000\text{W}$

历史上，大多数高压电能的传输和分配都采用三相交流电形式。在21世纪，高压直流电（HVDC）远距离传输已得到了演示验证，在某些应用场合具有较高的性价比。一些交流电网之间的相位同步非常复杂且容易出现故障，而HVDC则很适合这类场合。在爱迪生的时代，高压直流输电并不可行，因为将低压直流电转换为高压直流电的技术并不成熟，费效比较低。因此交流电成为输配电电源的首选，并延续至今。但是随着DC－DC变换器和高效DC－AC逆变器的出现，提升了高压直流远距离输电的可行性。DC－DC变换器和DC－AC逆变器将在后面的章节中进行讨论。

6.2 公共电网

通常情况下，人们在发电地点将电压升高，经过传输后，在配电和用电地点再将电压降低。图6-1所示为电力传输及配电系统。远距离传输的电压通常在AC138kV至AC500kV之间，在配电时先降低至AC26kV和AC13kV，再降至AC120V/240V。在美国和北美的其他国家，AC120V/240V单相三线式电压是常见的民用电压；在欧洲的部分地区，常见的民用电压是AC220V单相电（译者注：中国大陆常见民用电压为AC220V）。

远距离输电线路采用较高的输电电压，而接入城市和乡镇的配电线采用较低的电压。人们采用变压器升高电压以进行传输，并在配电时降低电压。前面讲过，当传输同样多的电能时，如果电压升高，电流就会降低。输电线路的电阻会造成电能损耗，其数量可以用公式 $P=I^2\times R$ 来计算。如果电流较小，则线路中电阻造成的电能损耗就会较少。

在现代化的电网中，由计算机和操作人员对运行状况进行监控，可实现电能流动的最优管理。输配电系统的电能贮存能力非常有限，因此电力传输必须和配电需求紧密吻合。

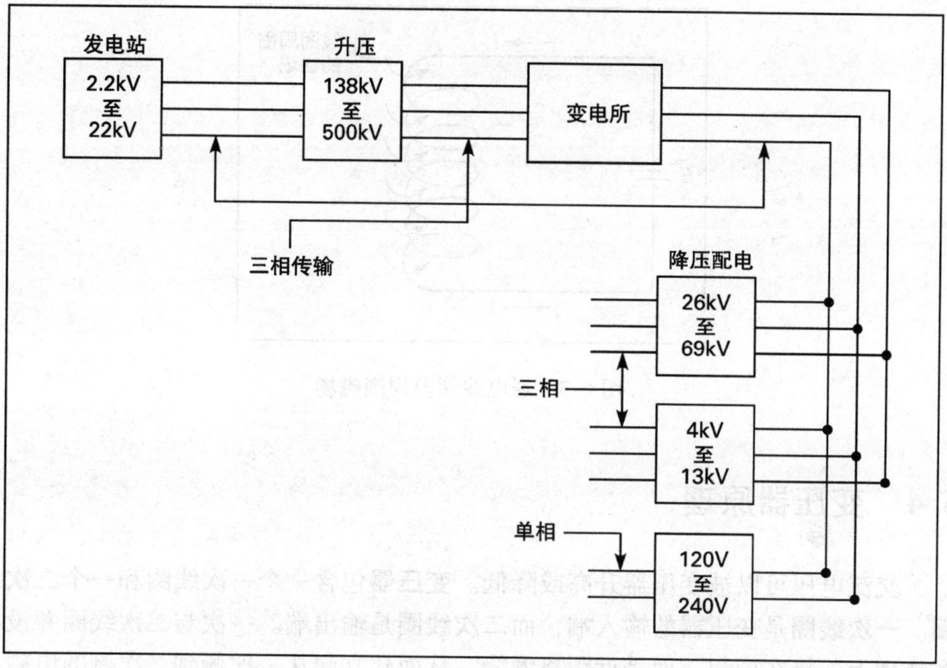

图 6-1　电力传输及配电系统

6.3　电磁场

为了理解变压器的工作原理，必须懂得电磁感应原理：**当电流流过导体时，会在导体周围产生电磁场**。图 6-2 所示为通电导体周围的磁场。当电流消失后，电磁场也会消失。这个磁场会产生力，当电流改变方向时，磁场力也会也会改变方向。在图 6-2 中，当电流从 A 流向 B 时，会产生一个逆时针的力。然而如果电流从 B 流向 A，磁场就会建立一个围绕导线的顺时针的力。这个力在电动机、继电器和换能器中都有得到应用。

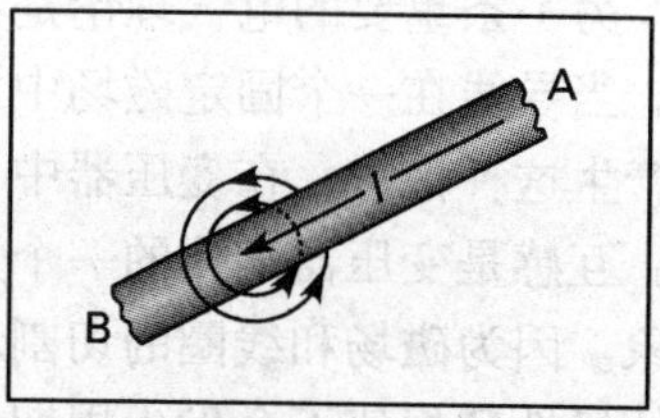

图 6-2　通电导体周围的磁场

虽然磁场无法被看见，但其效果能够被观察到。例如，如果把一个磁性指南针放到导线附近，磁力就会使指针向一个方向偏转，如果电流的方向逆转，指针就会向反方向偏转。如果电流增加、导线被盘绕成线圈、线圈的匝数增加或线圈绕在铁心上，电磁场的强度就会增加。图 6-3 所示为通电线圈及周围磁场。

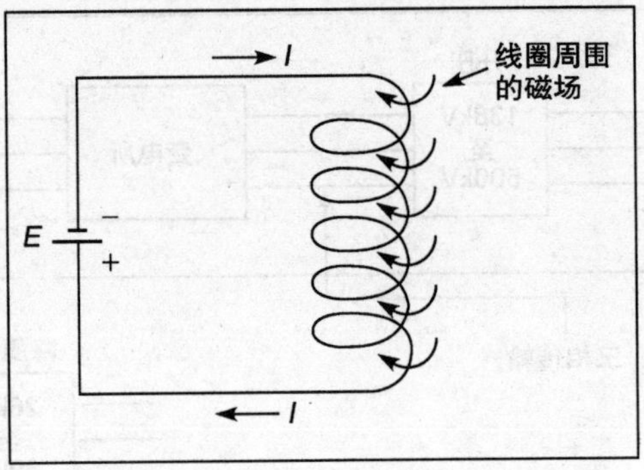

图 6-3 通电线圈及周围磁场

6.4 变压器原理

交流电压可以被变压器升高或降低。**变压器**包含一个一次线圈和一个二次线圈。**一次线圈**是变压器的输入端，而**二次线圈**是输出端。一次与二次线圈并没有在物理上连接在一起，而是近距离缠绕，从而建立起从一次侧到二次侧的电磁场联系。

图 6-4 展示了一个基本型变压器。从一次线圈流过的电流建立起电磁场，对二次侧产生耦合，使得线圈之间建立起磁场联系。当输入交流电的幅值和极性发生变化时，磁场的幅值和极性也会产生变化。因为一次磁场耦合至二次侧，所以二次侧就会受到输入端电压的驱动。

另一条重要的电气理论是：**当磁场切割一个导体时，导体中就会产生感应电压**。当导线在一个固定磁场中发生运动，或当固定的导线被变化的磁场切割时都会产生这种情形。在变压器中，一次侧将电压感应到二次侧的效应被称为**互感原理**。互感是变压器工作的一个关键条件，当交流电输入一次线圈时就会产生这种现象。因为磁场和线圈的切割动作，变压器可以将交流电升高或降低。由于直流电的极性和幅值不会发生周期性变化，变压器效应不会发生在稳定的直流磁场和线圈中。

例 6-1

图 6-5 给出了计算变压器电压和电流所用到的符号：N_P = 一次匝数，N_S = 二次匝数，E_P = 一次电压，E_S = 二次电压，I_P = 一次电流，I_S = 二次电流。

$$E_S/E_P = N_S/N_P，E_S = E_P \times N_S/N_P$$

$$I_P/I_S = N_S/N_P，I_P = I_S \times N_S/N_P$$

在本例中，E_P = AC240V，N_P = 240 匝，N_S = 60 匝，计算 E_S。

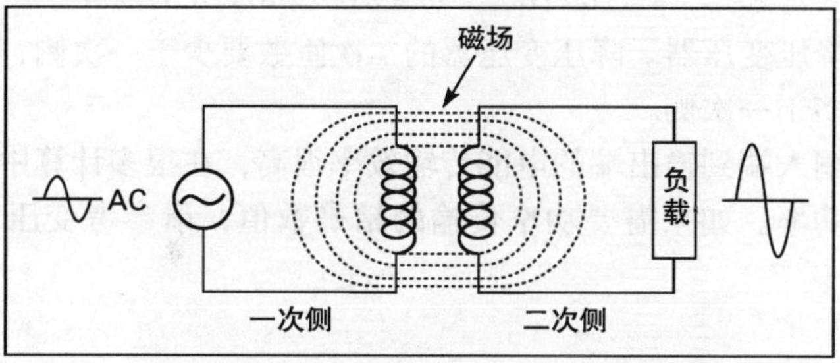

a)

b)

图6-4 a）基本型变压器中的磁场联系；b）变压器

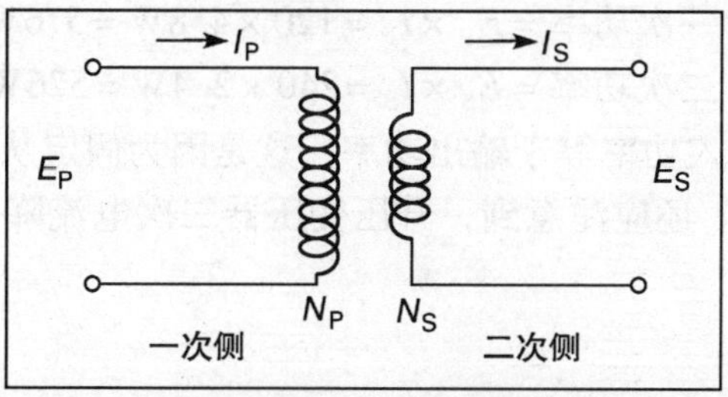

图6-5 例6-1

$$E_S = E_P \times N_S/N_P = 240\text{V} \times 60/240\text{V} = \text{AC}60\text{V}$$

这是一个降压变压器。降压变压器的二次匝数要少于一次侧，而升压变压器的二次匝数要多于一次侧。

变压器从输入端到输出端的电能传输效率很高，在很多计算中，可以假定输出功率 = 输入功率。如果需要功率传输的精确数值，请参考变压器效率的相关参数。

例 6-2

若一个变压器的二次侧有一个 10Ω 的负载，负载电压是 60V，计算负载功率和变压器的输入功率。

负载功率 $= E^2_{二次侧}/R = (60 \times 60)/10\text{W} = 360\text{W}$

输入功率 = 输出功率 = 360W

例 6-3

在图 6-6 中，E_P = AC120V，N_P = 300T，N_S = 600T，R_L = 100Ω。计算 E_S，I_S，I_P，输入功率和输出功率。

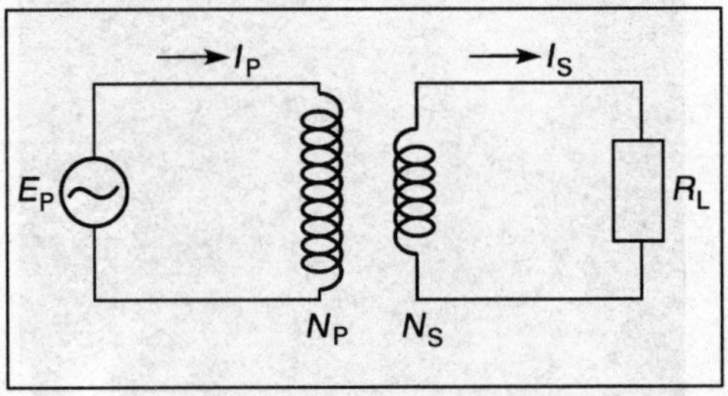

图 6-6 例 6-3

（1）$E_S = E_P \times N_S/N_P = 120 \times 600/300\text{V} = \text{AC}240\text{V}$（升压变压器）

（2）$I_S = E_S/R_L = 240/100\text{A} = 2.4\text{A}$（应用欧姆定律）

（3）$I_P = I_S \times N_S/N_P = 2.4 \times 600/300\text{V} = 4.8\text{A}$（一次电流大于二次电流）

（4）输入功率 = 一次功率 $= E_P \times I_P = 120 \times 4.8\text{W} = 576\text{W}$

（5）输出功率 = 二次功率 $= E_S \times I_S = 240 \times 2.4\text{W} = 576\text{W}$

注意，本例的输入功率等于输出功率，这是因为假定从一次侧到二次侧的功率传输效率为 100%。还应注意到，升压变压器二次电流降低的比例与二次电压升高的比例相同。

探索

一个变压器从输入到输出的功率传输效率为 98%。输入功率 = 240W，E_P = AC240V，E_S = AC120V。计算输出功率，I_P，I_S。

6.5 直流和交流波形

如前所述，变压器适用于交流电而非直流电。图6-7所示为直流电和交流电的波形。直流电的波形可以是稳定的直线，或者幅值有一定的波动，但极性不会改变。直流电波形不会周期性地由正（+）变负（-），不会穿越水平轴。交流电流和电压的幅值和极性都会改变，会周期性地由正（+）变负（-），穿越水平轴。图6-7e和图6-7f中的波形会周期性地逆转极性。图6-7e显示了一个方波，图6-7f显示了一个正弦波。

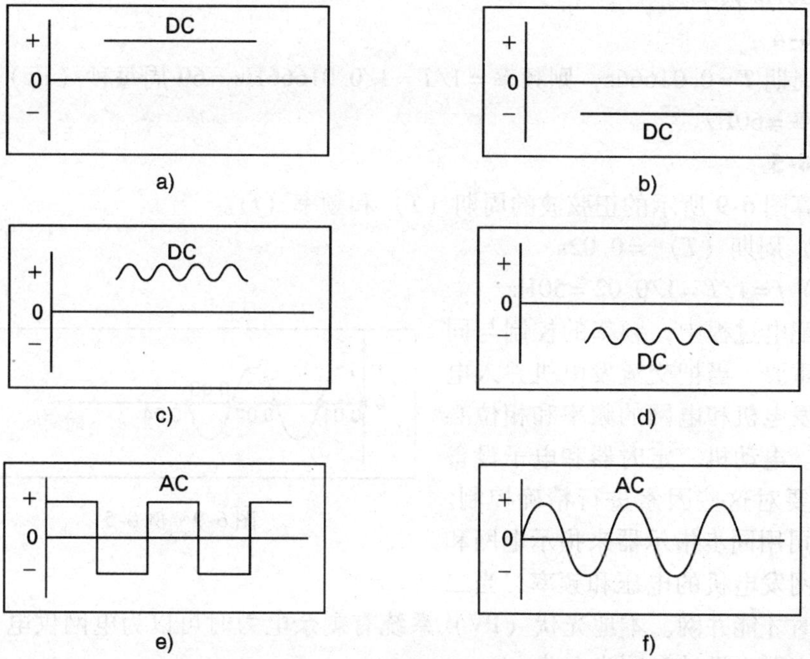

图6-7 直流电（DC）和交流电（AC）的波形

正弦波

图6-8显示的波形为交流**正弦波**，可以用数学中的正弦函数来表达，即$A\sin\theta$。A为电压（E）或电流（I）的幅值，在垂直轴Y轴方向表示，角θ绕水平X轴旋转。该正弦曲线从零伏特开始，升高至正向的峰值电压，然后回落至零位，再降至负向峰值电压。幅值从零位到正向峰值，然后到负向峰值，再回到零位的运行过程被称为一个**周期**。周期也被称为波形周期，由字母T表示，代

表一个周期的时间。注意在每个周期内，波形与零轴有三次交叉，两次变换极性。图 6-8 展示了正弦波 T_1 和 T_2 两个周期。

波形的频率是一秒内完成的周期数，等于一个周期（T）时间（单位为秒）的倒数。如果一秒钟内的周期数为 60，则频率为 60 周/s。频率的计量单位是**赫兹**（Hz）。北美常用的交流电频率为 60Hz，欧洲则为 50Hz。（译者注：中国大陆及港澳地区采用 50Hz 频率。）

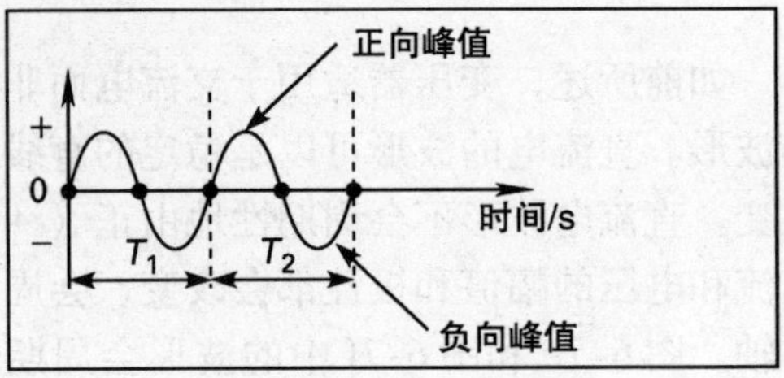

图 6-8 正弦波的周期

例 6-4

若周期 $T=0.01666\text{s}$，则频率 $=1/T=1/0.01666\text{Hz}=60$ 周每秒（Hz）。此例中，频率 $=60\text{Hz}$。

例 6-5

计算图 6-9 所示的正弦波的周期（T）和频率（f）。

（1）周期（T）$=0.02\text{s}$

（2）$f=1/T=1/0.02=50\text{Hz}$

在配电过程中，频率的控制与同步非常重要。当把交流发电机并入电网时，发电机和电网的频率和相位必须一致。电动机、定时器和电子设备通常需要对这些因素进行精确控制。电力公司用同步指示器来指示电网和预备联网发电机的电压和频率，当二者一致时才能并网。本地光伏（PV）系统有剩余电力时可以为电网供电，通常会在逆变器中设计有同步电路。

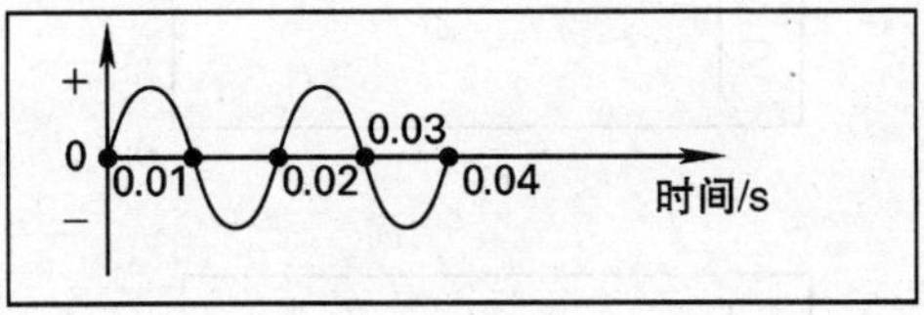

图 6-9 例 6-5

探索

画出两条正弦波的图形（包括水平轴和垂直轴），水平轴的单位为秒。其中一条波形的周期为 0.01666s，另一条为 0.0080s。每条波形各画出三个周期。（注：在坐标纸上画出精确的曲线。）那条正弦波的频率更高?

正弦波的测量

正弦波每时每刻都在改变，但是我们依然可以测量其电流和电压。测量值包括峰值、峰 - 峰值、方均根值和均值。

峰值和峰－峰值

图6-10所示为正弦波的峰值和峰－峰值。**峰值**为从水平轴到最大或最小波形点的幅值，可以是正值或负值。由于正弦波是对称的，所以**峰－峰值**等于峰值的两倍。这些数值可以用示波器来测量。

例6-6

若峰值电压为100V，则峰－峰值电压是多少？

峰－峰值为2×100V＝200V。

方均根值（RMS）

交流电表可以测量方均根（RMS）值。方均根值也被称为波形的有效值。

计算正弦波方均根值的方法如下：

方均根值＝峰值×0.707

峰值＝方均根值/0.707或峰值＝方均根值×1.414

若测得插座中交流电的方均根值为120V，则峰值为方均根值/0.707＝120÷0.707＝169.68V。图6-11所示为峰值和方均根值之间的关系。

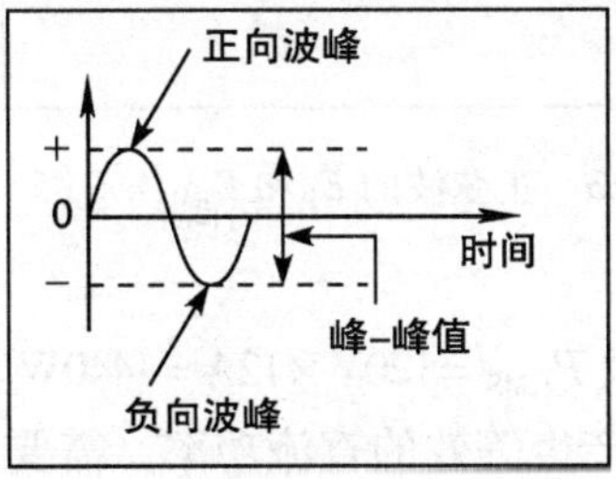

图6-10　正弦波的峰值和峰－峰值

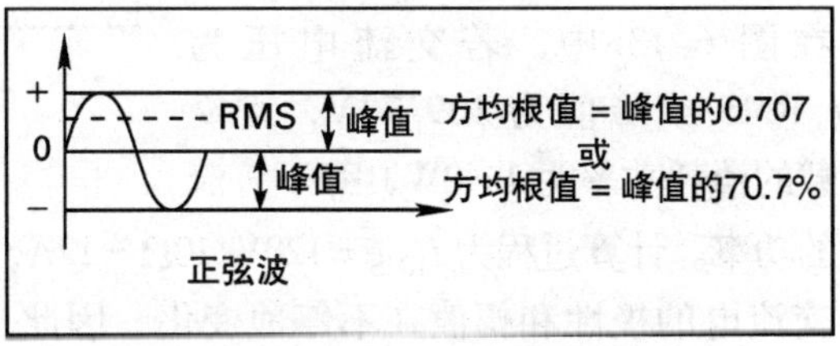

图6-11　峰值和方均根值之间的关系

例6-7

为了更好地理解方均根值的含义，图6-12展示了一个交流电源和一个直流电源，每个电源各自向一个10Ω的负载供电。在图6-12a中，一个峰值电压为120V的正弦波为负载供电。在图6-12b中，电压为120V的直流电源为负载供电。本例将会计算图6-12a的RMS功率和6-12b的直流功率。

计算RMS功率（见图6-12a）

（1）$E_{RMS}=0.707\times E_P=0.707\times120V=84.84V$

（2）$I_{RMS}=E_{RMS}/R=84.84/10A=8.484A$

（3）$P_{RMS}=E_{RMS}\times I_{RMS}=84.84\times8.484W=719.78W$

计算直流功率（见图6-12b）

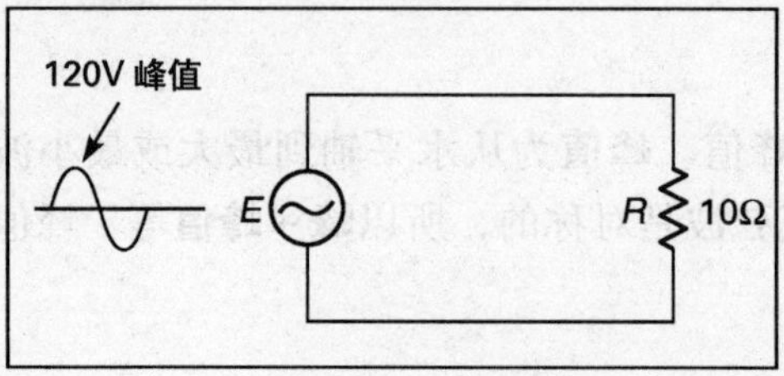

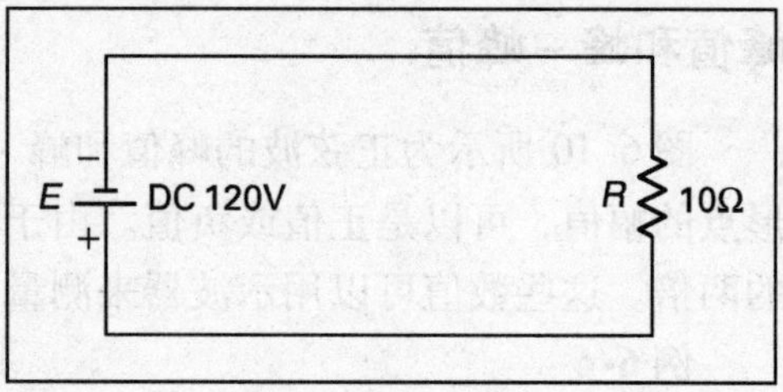

图 6-12 a）交流电源；b）直流电源

（1）$E_{DC}=120V$

（2）$I_{DC}=E_{DC}/R=120/10A=12A$

（3）$P_{DC}=E_{DC}\times I_{DC}=120\times 12W=1440W$

请注意，峰值为 120V 的交流电源的 RMS 功率仅相当于 120V 直流电源功率的一半。如果将交流电源的参数从峰值 120V 改为 120V RMS，与直流电压值相等，这种差别便消失了，于是得到了等效交流功率和直流功率。在图 6-13 中，若交流电压为 120V RMS 或峰值为 169.73V，则交流负载的消耗功率为 1440W，等于直流负载的功率。计算过程为 $I_{RMS}=120V/10\Omega=12A$，以及 $P_{RMS}=120V\times 12A=1440W$。

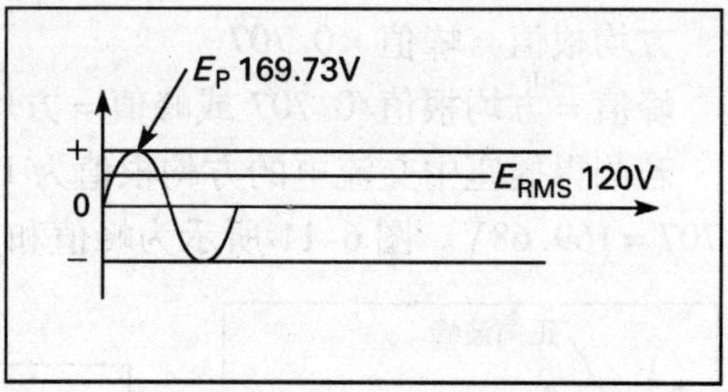

图 6-13 正弦波的 E_P 和 E_{RMS}

交流电的极性和幅值在不停地变化，因此，为产生等效的直流功率，需要比直流电压更高的交流峰值电压。或者可以总结为：**当正弦波电源的 RMS 电压值等于直流电源的电压值时，二者可以向负载提供相等的功率。**

例 6-8

一台风力发电机为负载提供峰 - 峰值为 622V 的正弦波电源，如图 6-14 所示。计算 E_P，E_{RMS}，以及提供同样负载功率所需的直流电压值。

（1）$E_P=½E_{P-P}=622\div 2V=311V$

（2）$E_{RMS}=0.707\times E_P=0.707\times 311V=219.9V$（220V）

即为了提供同等的功率，需要 220V 直流电源。

探索

一个光伏阵列为一台逆变器提供直流电源，逆变器将直流电转化为交流电，为负载提供 120V RMS 电源。光伏阵列包括若干 DC12V 模块。需要串联多少模

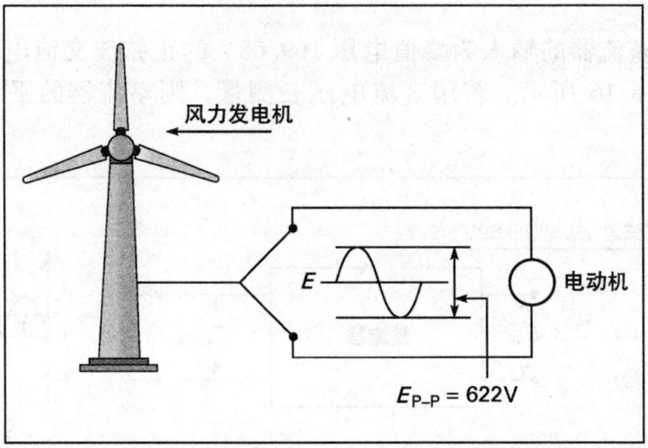

图6-14 例6-8

块才能向逆变器供电？假定逆变器需要的输入（来自光伏阵列）大致等于输出的峰值，其效率为100%。

平均值

在某些应用中，要把交流电转换为直流电，然后用直流仪表进行测量，而测量值被称为**平均电压**或**平均电流**。例如，一个电池充电器的供电电源来自交流电插座，大小为120V RMS，而充电器输出直流电为电池充电。充电器包含一个变压器和一个整流器。变压器将120V交流电降为约15.5V的交流电，然后整流器将该交流电转换为直流电。这种将交流电转变为直流电的过程被称为**整流**。整流后的电压值表示为E_{AVG}，其产生的功率与具有相同E_{AVG}的直流电一样。

图6-15所示为正弦波被整流为直流电的过程。尽管整流器的输出为脉动直流形式，但仍属于直流电，因为其极性并未发生变化（不会低于水平轴）。

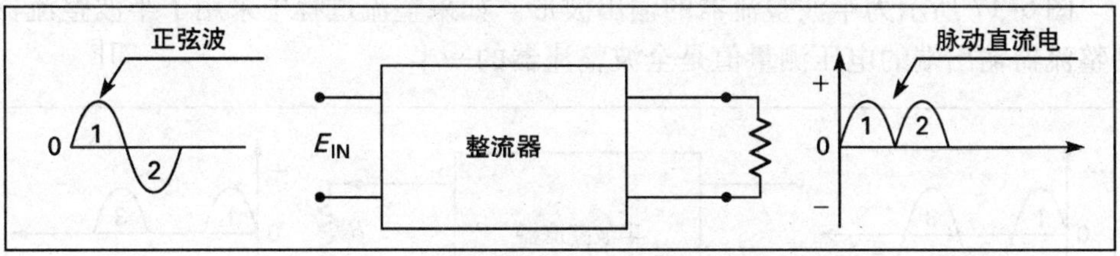

图6-15 正弦波整流为直流电的过程

为了计算全波整流正弦波的平均电压，采用如下公式：

$$E_{AVG} = E_{Peak} \times 0.637 \quad 或 \quad E_{AVG} = E_{RMS} \times 0.9$$

例 6-9

一个全波整流器的输入为峰值电压 169.68V 的正弦波交流电。整流器的输入和输出如图 6-16 所示。若用直流电压表测量，则整流器的平均输出电压是多少?

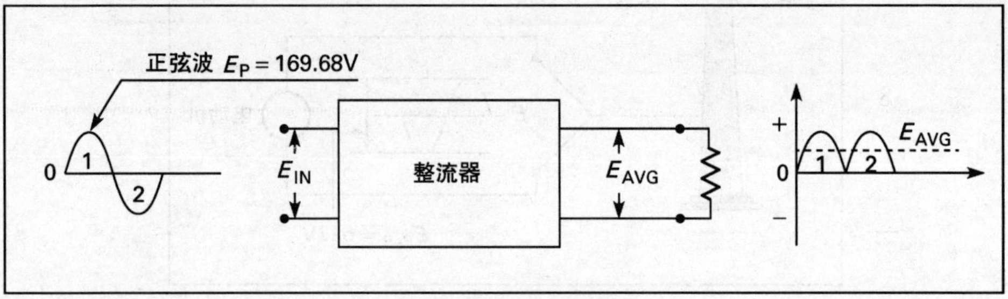

图 6-16 例 6-9

（1）方法一

$$E_{AVG}=E_{Peak}\times0.637=169.68\times0.637V=DC108.1V$$

直流电压为 108.1V 的电池与峰值电压为 169.68V 的正弦波交流电经过全波整流后的脉动直流电的功率相同。

（2）方法二

$$E_{AVG}=E_{RMS}\times0.9=0.707\times E_{Peak}\times0.9$$

$$E_{AVG}=0.707\times169.68\times0.9V=DC107.96V$$

对比上述两种方法，其结果相同。

在上述例子中，平均值是用直流仪表测量的全波整流后的输出值，整流器的输入为正弦波。在某些应用中，输入形式可能是方波或其他交流波形。此时按照上述例子中的方法并不能精确地计算测量值，因为整流器的输入并不是正弦波。同时，这种计算方法并未考虑整流器的压降，而实际的压降值为 0.5~1.0V。

图 6-17 所示为半波整流器的输出波形。如果整流过程中采用了半波整流器，则整流器输出端的电压测量值是全波整流器的一半。

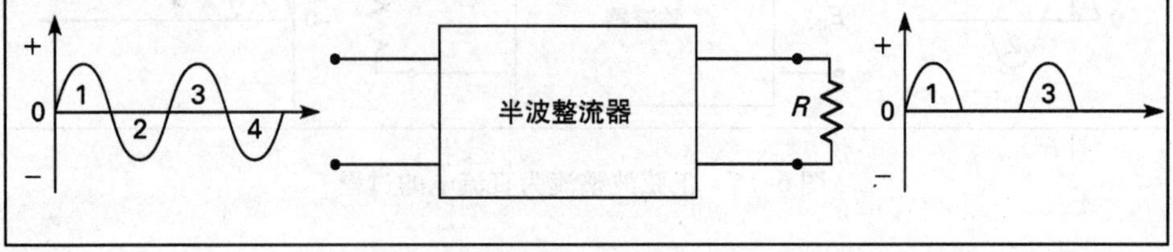

图 6-17 半波整流器的输出波形

相移

相移是指两条或更多的波形在某一参考点的相互偏移量，由多种原因造成。例如，三相发电机的设计使得三路输出之间存在120°的相位差。两台以相同频率运行的发电机的输出相位也许不一致，因此必须在发电机并网之前进行同步处理。当电路中存在电感器和电容器时，也会造成电流和电压的相位差。

图6-18所示为同相及异相的正弦波。图6-18a中为两条正弦波A和B，它们同时穿越水平轴，同时到达正向最高点和负向最低点，然后同时回到横轴的同一点。这两条正弦波是同相的。

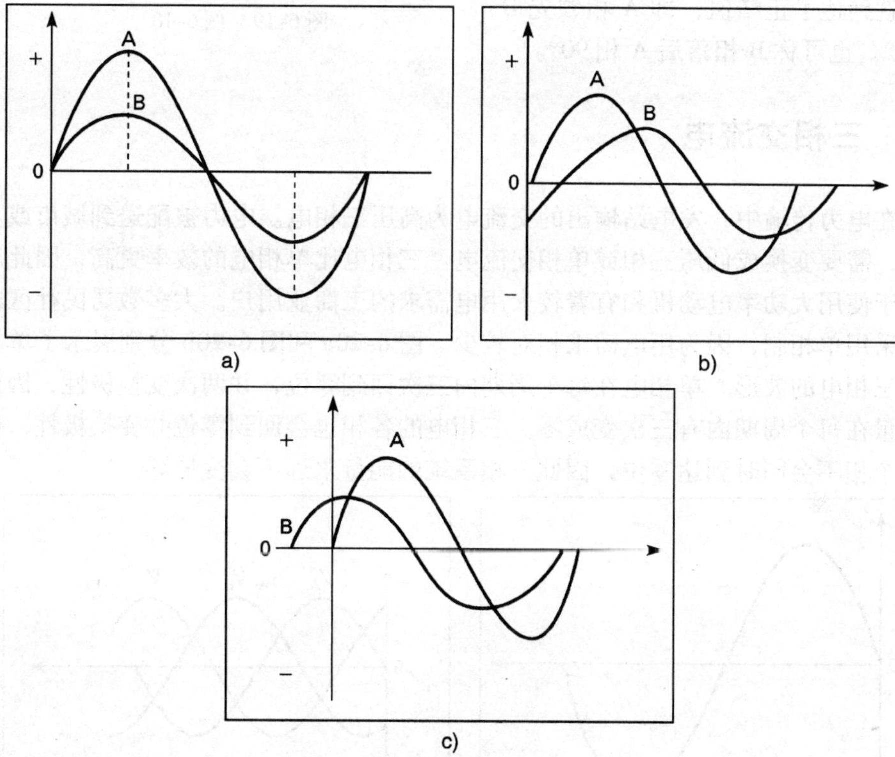

图6-18 同相及异相的正弦波
a）同相 b）A领先B c）B领先A

在图6-18b中，正弦波A从水平轴原点开始上行，早于正弦波B到达零位，也早于正弦波B到达最高点和最低点。因此这两条波形是异相的，即A领先于B（A早于B开始）。

在图6-18c中，正弦波B从水平轴开始上行，早于正弦波A到达零位，也早于正弦波A到达最高点和最低点。因此这两条波形是异相的，即B领先于A

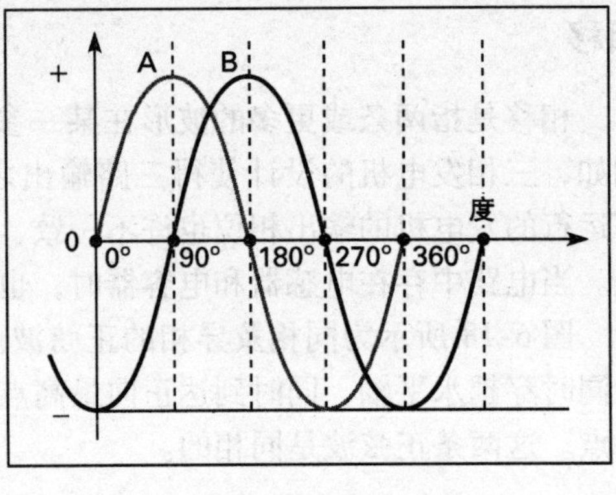

图 6-19　例 6-10

(B 早于 A 开始)。

(1) A 领先于 B

(2) B 领先于 A

A 和 B 之间的相位通常用角度来表示，所以水平轴可用时间或度数来标识。

例 6-10

在本例中，A 和 B 的相差为 90°(见图 6-19)。A 相在 B 相进入本周期前就到达了正峰值，即 A 相领先 B 相 90°，也可称 B 相落后 A 相 90°。

6.6　三相交流电

在电力传输中，发电站输出的交流电为高压三相电。电力被配送到城市或乡镇后，需要变换成低压三相或单相交流电。三相电比单相电的效率更高，因此广泛用于使用大功率电动机和有着较大用电需求的工商业用户。大多数居民社区的配电采用单相制，因为用电需求相对较少。图 6-20a 和图 6-20b 分别展示了单相电和三相电的波形。单相电在每个周期内三次回到零位，并两次变换极性，因此其能量在每个周期内有三次变成零。三相电的各相也会回到零位并变换极性，但是三个相不会同时到达零位，因此三相系统的能量永远不会变成零。

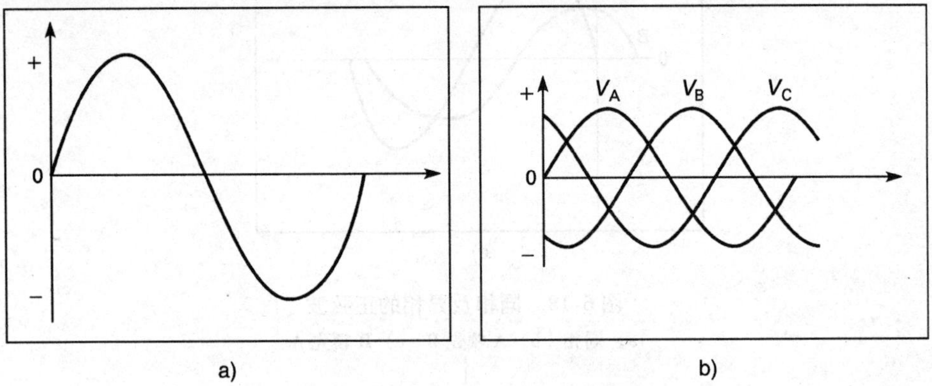

图 6-20　a) 单相电；b) 三相电

因为三相电的效率更高，因此三相电动机可以比同样马力的单相电动机做得更小（铁心更小）。在某些条件下，三相系统中的电线可以更细一些。

图 6-20b 展示了一台三相发电机的输出波形，每相间隔为 120°。三相发电

机在结构上包含三个独立的线圈绕组，将三路输出分隔了120°。单相发电机有一个输出绕组。在实际应用中，电力公司采用高压三相发电系统，然后由变压器将电力转换为单相电配电。单相发电机通常用于无法接入电网的独立住宅或小型商用场合。

三相变压器用于将电压升高以利于远距离传输，然后再将电压降低进行配电。这些变压器的线圈绕组和线路配置根据不同的应用而有所区别。图6-21所示为两种常见的三相配置方式，分别为“三角形”（△形）和“Y”形配置。各相绕组分别标识为A、B和C，在空间布局上保证各相间隔120°。电工将二次侧的输出连接至三相或单相负载。

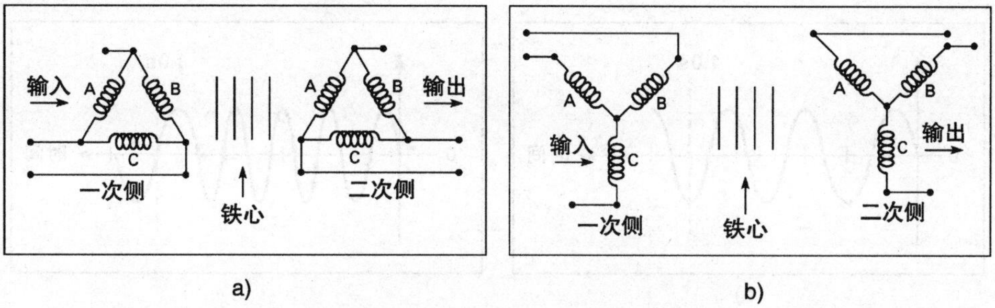

图6-21 两种常见的三相配置方式

a）三相（A、B、C相）△形配置 b）三相（A、B、C相）Y形配置

相量图（见图6-22）能显示出波形的角位移和幅值而非单纯的波形。图中的箭头代表了电压和电流的幅值与各相之间的夹角。此法常被当作速记法来表达重要的波形信息。

图6-23显示了一台变压器，其“Y”形二次绕组与一个三相240V负载相连。

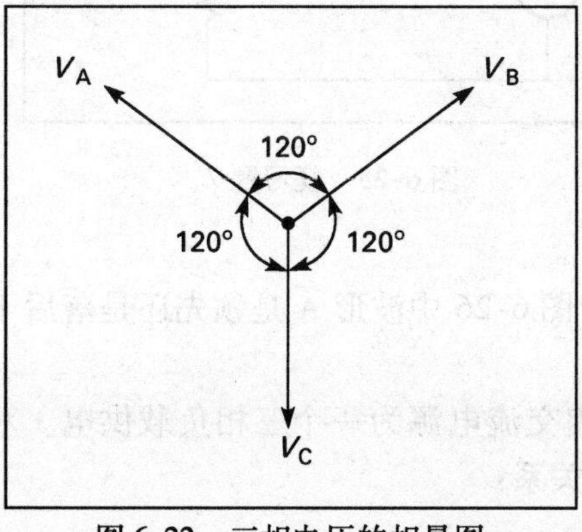

图6-22 三相电压的相量图

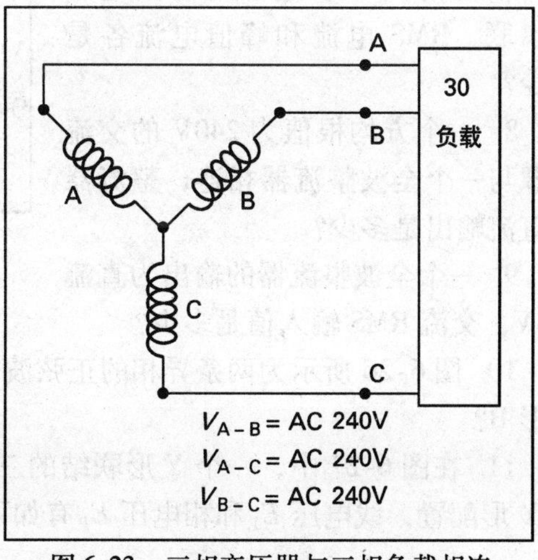

图6-23 三相变压器与三相负载相连

复 习 题

1. 一个正弦波的峰值为678V，其方均根值是多少？

2. 一个正弦波的峰－峰值为1356V，该正弦波经过全波整流后的平均值是多少？如果经过半波整流，则平均值是多少？

3. 一个经全波整流的直流电压的平均值为96V，则原波形的方均根值是多少？

4. 一个正弦波的周期为20ms，其频率是多少？

5. 图6-24中的两个正弦波频率不同，那个波形的频率较低？

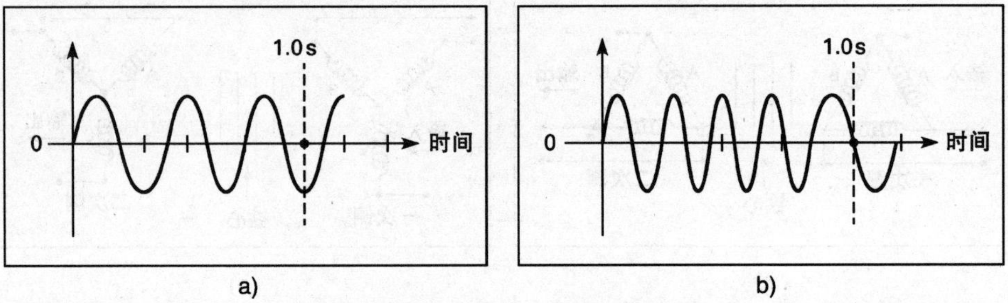

图6-24 复习题5

6. 一块24V电池为一个240Ω的负载提供直流电。如果用正弦波交流电为该负载供电，为达到相同的功率，所需交流电的RMS电压是多少，交流峰值电压是多少，交流峰值功率是多少，RMS功率是多少？

7. 在图6-25中，电源两端测得方均根值为120V。电源与两只电阻器串联，RMS电流和峰值电流各是多少？

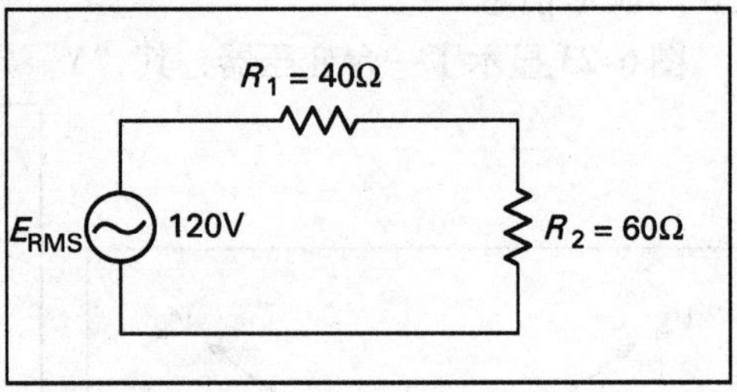

图6-25 复习题7

8. 一个方均根值为240V的交流电源与一个全波整流器相连，整流器的直流输出是多少？

9. 一个全波整流器的输出为直流108V，交流RMS输入值是多少？

10. 图6-26所示为两条异相的正弦波。图6-26中波形A是领先还是落后于波形B？

11. 在图6-27中，一个Y形联结的三相交流电源为一个三相负载供电。对于Y形配置，线电压E_L和相电压E_P有如下关系：

$$E_L = E_P \times \sqrt{3} = E_P \times 1.732$$

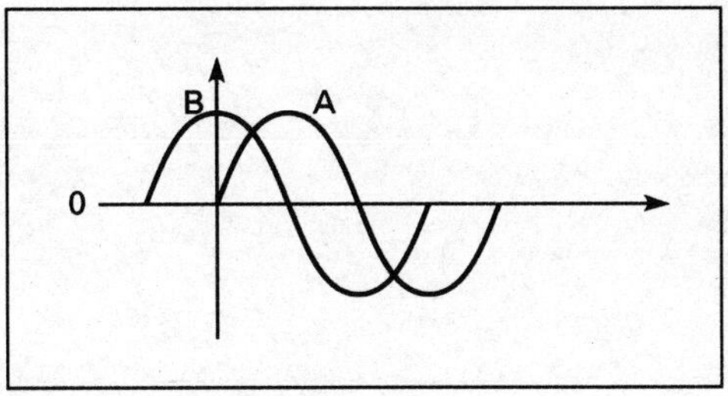

图6-26　复习题10

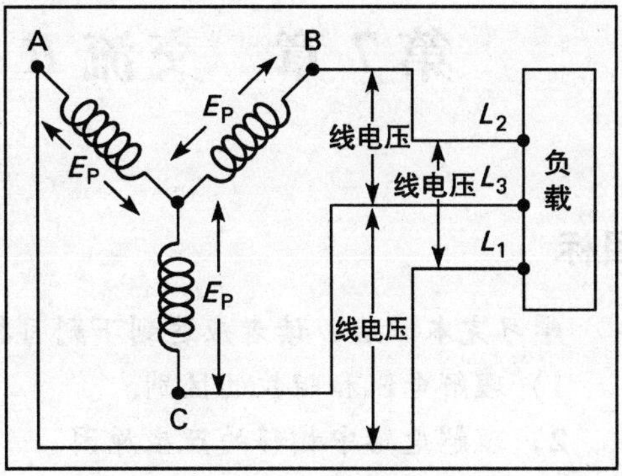

图6-27　复习题11

图中每相电压均为277V，计算 E_{L_1}，E_{L_2}和 E_{L_3}。（关于三相联结的相关知识可参考本书附录。）

第7章　交流$R-C$和$R-L$电路

目标

学习完本章后，读者应达到下列目标：

1）理解电阻和阻抗的区别。

2）理解电路中相移的产生原因。

3）理解频率对X_C和X_L的影响。

4）能够计算$R-C$串联电路。

5）能够计算$R-C$并联电路。

6）能够讨论并比较有功功率、无功功率和视在功率。

7）能够讨论和计算功率因数。

8）懂得如何对低功率因数进行校正。

概论

本章讨论由交流正弦波电源供电的电阻-电容（$R-C$）电路和电阻-电感（$R-L$）电路，对串联和并联电路配置形式进行分析。当电路仅包含电阻时，电压和电流是同相的，但是如果加入了电容和电感，电路的电压和电流就会出现相位差。

含有电容和电感的电路被称为电抗电路，电流遇到的全部阻力被称为阻抗(Z)。本章解释了频率对阻抗的影响。当频率升高时，容抗（电容元件引起的阻抗）会减小而感抗（电感元件引起的阻抗）会增加。讨论了有功功率、无功功率、视在功率和功率因数。有功功率的单位是瓦特，无功功率的单位是无功伏安(VAR)，视在功率单位为伏安（VA），这也是电力公司的供电功率。

电抗电路是一类重要的电路。现实中的大多数电路都具有一定的电容和电感，其交流特性与其在直流供电下的状况有所不同。当光伏（PV）系统或风力发电系统连接至电网时，具有无功特性，必须符合电力公司规定的功率因数和相位要求。

7.1　交流电路中的电容器

在第3章中，我们知道了电容器有充电过程和放电过程。在直流电路中，电容器充电并贮存电荷，可以测出一定的直流电压。当充满电后，电容器就会阻断直流电流。当电容器放电时，又会出现电流直至放电完毕，然后电流中止，直至下一个充电过程开始。直流电不会变换极性，因此，必须通过电路切换来启动充电或放电过程。

图 7-1 所示为一个基本的切换电路，能够启动充电和放电过程。其工作步骤如下：

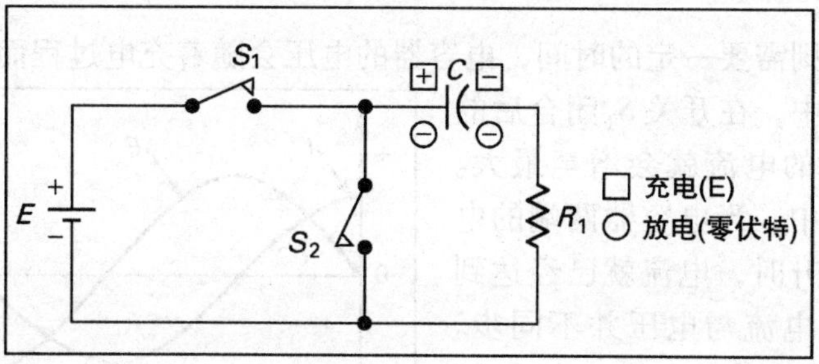

图 7-1　切换电路

1）S_1 和 S_2 断开，C 上的电压为 0V。

2）S_1 闭合。

3）C 开始充电，电流自 E 的负端流出，经过 R_1 和 S_1 至 E 的正端。C 充电至 E 的电压，然后电流中止。

4）S_1 断开，S_2 闭合。

5）C 开始放电，电流自 C 的负端流出，经过 R_1 返回 C 的正端。当 C 上的电压为零时，电流中止。

其实电流并未真正通过电容器，因为电容器极板之间的电介质是绝缘体。但是在外电路中确实有电流在往复流动，看上去像是有电流流过了电容器。在充电时，电子从连接电池正电极的电容器极板中离开，通过外电路进入到连接电池负电极的极板中。

电容器不阻隔交流电，允许交流电流来回流动，因为交流电在不停地改变极性，相当于不停地进行图 7-1 所示的电路切换过程。图 7-2 所示为交流电对电容器充放电的过程。正弦波每过半个周期就会改变一次极性。在正半周，电容器先被正向充电至外电压，然后在外电压下降至零的过程中放电。在负半周，电容器先被负向充电至外电压，然后在外电压上升至零的过程中放电。如前所述，电容器中并无电流通过，但是在连接极板的外电路中确实有电流来回流过。（图 7-1 和图 7-2 中的电容器符号代表无极性电容器，可在直流或交流电路中使用。）

对于充电中的电容器，电流增加的速度要比电压的增速快，因为一只放了电的电容器类似一条短路的线路。通过短路点的电流很大，而电子从一块极板运动

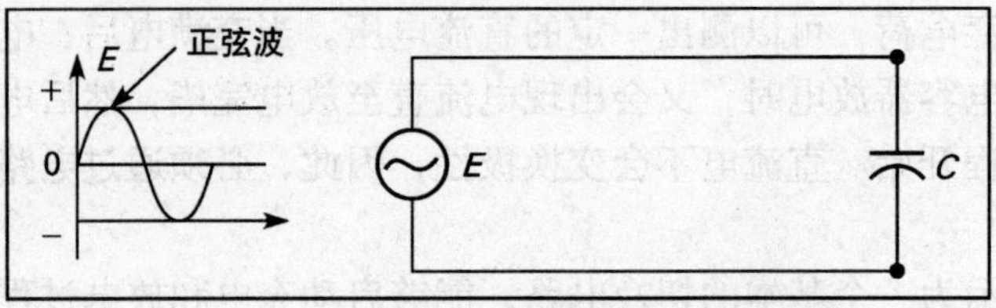

图 7-2　交流电对电容器充放电的过程

到另一块极板则需要一定的时间，电容器的电压会随着充电过程而增加。

在图 7-1 中，在开关 S_1 闭合后的瞬间，电路中的电流就会增至最大。在低电阻电路中，当电容器两端的电压刚刚开始上升时，电流就已经达到了峰值，因此电流与电压并不同步。图 7-3 显示了电压和电阻之间的相移。在纯容性电路中，电流会领先电压 90°。当在电路中加入电阻后，电源电压和电流之间的相移会减小。

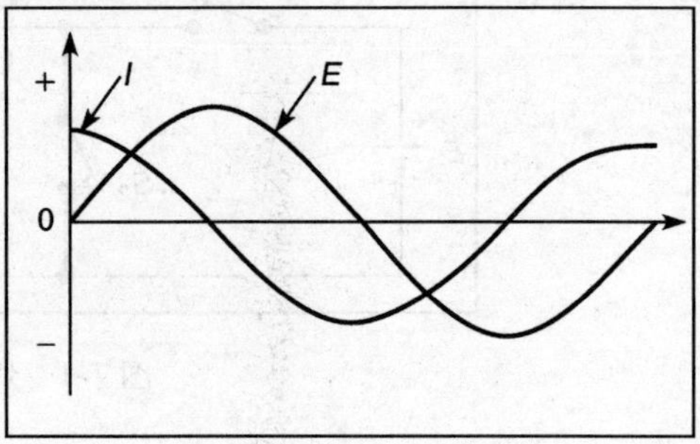

图 7-3　电流领先于电压

在图 7-3 中，充电和放电曲线为正弦波形状。当外电压 E 刚刚开始正向升高时，电流 I 就已经达到了正向峰值。当外电压达到峰值时，电容器两端的电压也达到了峰值，而电流则下降至零。当外电压开始下降时，电容器开始放电，电路中的电流开始反向流动。当外电压降低至零时，电容器电压为零，而电流达到负向峰值。当外电压穿越至零轴以下后，电容器开始反向充电，当外电压达到负向峰值时，电流降低至零。当外电压朝向零轴升高时，电流开始正向流动，并朝正向峰值升高，当电容器电压达到零轴时，电流达到正向峰值。请注意，电流在相位上始终领先于外加电压。

7.2　阻抗

在实际应用中，电路可能会含有电阻、电容和电感。根据不同的应用场合、配线方式和线路中的元器件，一个电路可能偏向阻性、容性或感性。所有的线路都具有电阻，而并行的走线方式则具有电容和电感特性。一些电动机采用电容器来辅助起动，而电动机的励磁绕组具有电感。

在交流电路中，电流遇到的所有阻力被统称为**阻抗**。阻抗用字母 Z 来表示，其计量单位为欧姆。在计算总电流或总电压时，可以用阻抗（Z）来代替欧姆定律中的电阻（R）。计算阻抗时，可以测量出总电流和电源电压，然后用 E 除以 I。

7.3 $R-C$电路

$R-C$电路含有电阻和电容，如图7-4所示。从第三章可知，电容（C）的单位是法拉。电阻（R）和阻抗（Z）的单位都是欧姆。但是如何将采用不同单位的R和C结合为阻抗Z，得到电流受到的总阻力呢？含有电容器或电感器的交流电路被称为电抗电路。**感抗** X_C是电容器对电流的阻力，单位是欧姆。因此X_C，R和Z的单位均为欧姆。容抗是频率和电容的函数，定义为$X_C=1/2\pi fC$。式中：频率为f；电容为C；$\pi=3.14$。在直流电路中不考虑X_C，因为直流电的频率为零。请注意，当电容值一定时，X_C受到频率变化的控制。

图7-4 $R-C$电路

$R-C$串联电路的计算

当分析交流电抗电路时，可以利用阻抗（Z）公式来对数据进行结合。用该公式计算阻抗的原因是电阻和容抗的相位差为90°。在串联$R-C$电路中，电流受到的总阻力可由式$Z=\sqrt{R^2+X^2}$来计算。若电路的电阻为6Ω，X_C为8Ω，则$Z=\sqrt{6^2+8^2}\Omega=\sqrt{36+64}\Omega=10\Omega$。可以在$R-C$电路中应用欧姆定律，但是在计算总电压（$E_T$）或总电流（$I_T$）时，应将电阻（$R$）替换为阻抗（$Z$）。于是得到$E=I\times Z$，而阻抗等于总电压（$E_T$）除以总电流（$I_T$），即$Z=E_T/I_T$。

第四章中的直流电路为纯电阻电路，因此电压与电流同相。当在电路中加入电容，且电源变成交流之后，电源电压和电流之间就会出现相位差。

例7-1

利用图7-5中的数值，计算Z，I，V_R和V_C。

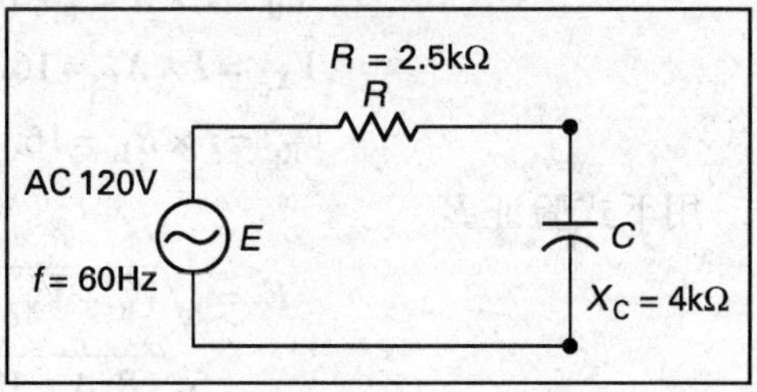

图7-5 例7-1

（1）计算Z

$$Z=\sqrt{R^2+X^2}=\sqrt{2500^2+4000^2}\Omega$$
$$=\sqrt{6250000+1667089}\Omega$$
$$=4717\Omega$$

（2）I由欧姆定律确定

$$I=E/Z=120/4717\text{A}=0.0254\text{A}=25.4\text{mA}$$

（3）V_R与V_C为

$$V_R = I \times R = 0.0254 \times 2500\text{V} = 63.5\text{V}$$

$$V_C = I \times X_C = 0.0254 \times 4000\text{V} = 101.6\text{V}$$

（4）验证总压降等于电源电压：

$$E = \sqrt{V_R^2 + V_C^2} = \sqrt{63.5^2 + 101.6^2}\text{V} = 119.8\text{V}$$

例 7-2

一台风力发电机驱动一个负载（R_L），负载与一个电容器和一个电阻器串联。使用图 7-6 中的数值，计算 Z、I、V_R、V_{X_C}和 V_{R_L}。首先考虑有 X_C的情形，然后考虑没有 X_C的情形。

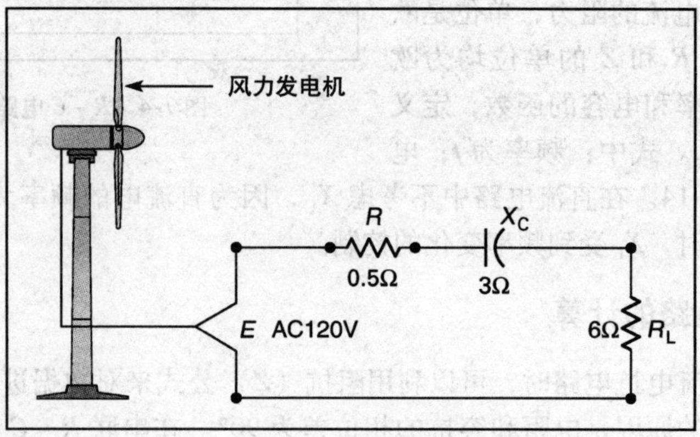

图 7-6 例 7-2

（1）有 X_C时：

$$Z = \sqrt{R^2 + X_C^2} = \sqrt{(0.5+6)^2 + 3^2}\Omega = \sqrt{6.5^2 + 3^2}\Omega = 7.15\Omega$$

应用欧姆定律：

$$I = E/Z = 120/7.15\text{A} = 16.8\text{A}$$

$$V_R = I \times R = 16.8 \times 0.5\text{V} = 8.4\text{V}$$

$$V_{X_C} = I \times X_C = 16.8 \times 3\text{V} = 50.4\text{V}$$

$$V_{R_L} = I \times R_L = 16.8 \times 6\text{V} = 100.8\text{V}$$

用下式验证 E

$$\begin{aligned} E &= \sqrt{V_R^2 + V_{X_C}^2} \\ &= \sqrt{(8.4+100.8)^2 + 50.4^2}\text{V} \\ &= 120\text{V} \end{aligned}$$

（当增加压降数量时，依照此法处理。）

（2）没有 X_C时：

$$Z = R_T = R + R_L = 0.5 + 6 = 6.5\Omega\text{（记住电阻 } R \text{ 可以直接相加）}$$

$$I_T = E_T/R = 120/6.5 = 18.46\text{A}$$
$$V_R = I \times R = 18.46 \times 0.5 = 9.2\text{V}$$
$$V_{R_L} = I \times R_L = 18.46 \times 6 = 110.8\text{V}$$

验证压降之和等于 E：

$$V_R + V_{R_L} = 9.2 + 110.8 = 120\text{V}$$

（记住 R 两端的压降可以直接相加。）

这个例子显示了 X_C 对于电路的影响，以及在一个纯阻性电路中增加电阻和电抗后的分析计算过程。

R－C 并联电路的计算

在第5章中，电流受到的所有阻力可以用式 $R_T = (R_1 \times R_2)/(R_1 + R_2)$ 进行计算。但是在交流 R－C 并联电路中，总阻抗为 $Z = (R \times X_C)/\sqrt{R^2 + X_C^2}$。如果 $R = 6\Omega$，$X_C = 8\Omega$，则 $Z = (6 \times 8)/\sqrt{6^2 + 8^2}\Omega = 48/10\Omega = 4.8\Omega$。

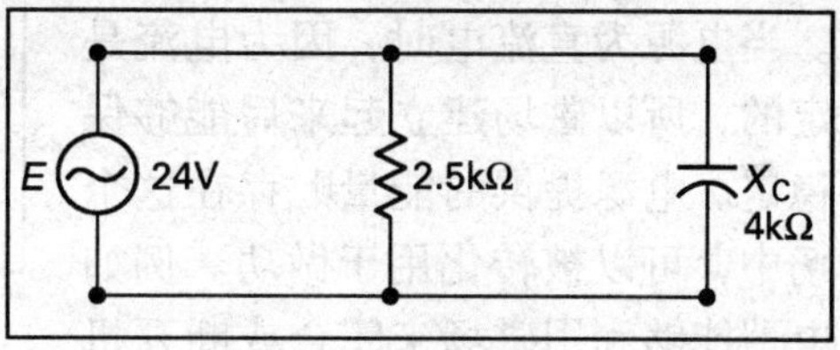

图7-7 例7-3

例7-3

采用图7-7中的数值，计算 Z、V_R、V_{X_C}、I_R 和 I_{X_C}。

阻抗为

$$Z = (R \times X_C)/\sqrt{R^2 + X^2}$$
$$= (2500 \times 4000)/\sqrt{2500^2 + 4000^2}\Omega$$
$$= 2120\Omega$$

电压为

$$V_R = V_{X_C} = 24\text{V}$$（记住，各并联支路的压降相同）

电流为

$$I_R = V_R/R = 24/2500\text{A} = 9.6\text{mA}$$
$$I_{X_C} = V_{X_C}/X_C = 24/4000\text{A} = 6\text{mA}$$

例7-4

采用图7-8中的数值，计算 I_R、I_{X_C} 和 I_T。其中电压 $V_R = V_C = E$。

（1）计算电流：

$$I_R = V_R/R = 80/1000\text{A} = 80\text{mA}$$
$$I_{X_C} = V_{X_C}/X_C = 80/2123\text{A} = 37.7\text{mA}$$

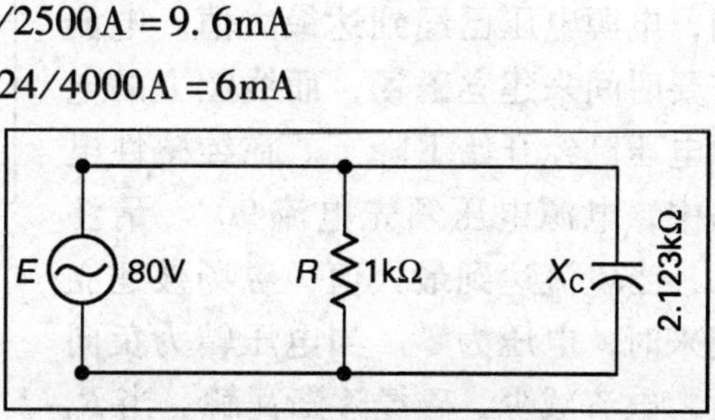

图7-8 例7-4

（2）计算 I_T：

$$I_T = \sqrt{I_R^2 + I_{X_C}^2} = \sqrt{(80\text{mA})^2 + (37.7\text{mA})^2} = 88.4\text{mA}$$

（当增加支路电流数量时，依照此法处理。）

让我们回想一下，在一个纯阻性并联电路中，可以直接对支路电流进行累加（$I_1 + I_2 + I_3 + \cdots + I_n$），从而得到总电流。但是在电抗电路中，总电流（$I_T$）则为各支路电流二次方和的二次方根，如本例所示。

7.4 交流电路中的电感器

在第6章中我们得知，当电流流过导线线圈时，会在导线周围产生电磁场（见图7-9）。产生这个电磁场需要能量。当电源为直流电时，因为电流是稳定的，所以磁场建立起来后能够保持稳定。电源提供的能量贮存在这个磁场中，可以被转化用于做功。例如继电器能够利用磁场来闭合或断开机械开关。

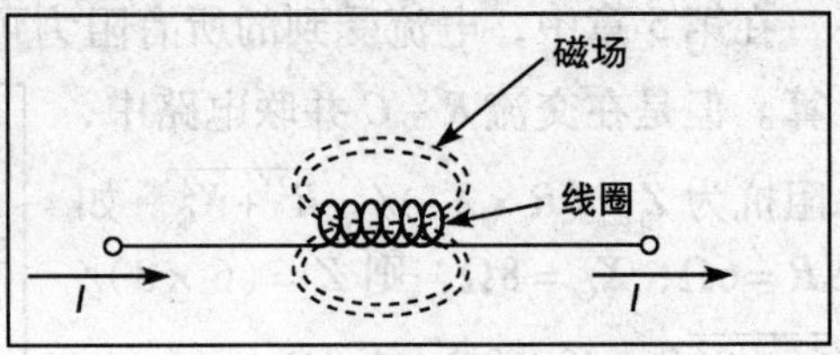

图7-9 线圈周围的磁场

当电源为交流电时，磁场在一个周期内的部分时间贮存能量，而当电流改变方向时，磁场随之瓦解，能量返回至电路。在一个纯感性电路（没有电阻）中，返回电路的能量等于贮存的能量。

7.5 *R*–*L* 电路

***R*–*L* 电路**中含有电阻器和电感器，如图7-10所示。如果电阻很小或等于零，则其电压和电流波形如图7-11所示，在电流刚刚进入正半周的瞬间，电源电压已经到达最大值。电流需要时间来建立磁场，而线圈上的电源电压已经开始下降了。在纯感性电路中，电源电压领先电流90°。请注意，当电流达到最大值，磁场被建立起来时，电压为零。当电压转为负向后，电流减少，磁场逐渐瓦解。当 *R*–*L* 电路中的电阻增加时，电压和电流之间的相位差小于90°。

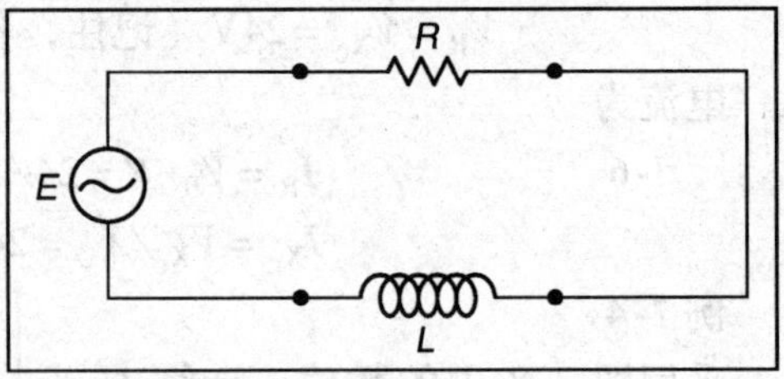

图7-10 *R*–*L* 电路

电感器对电流产生的阻力被称为**感抗** X_L，计量单位为欧姆。感抗的计算公式为 $X_L=2\pi fL$，其中，f 为频率；L 为电感；π 等于3.14。在计算阻抗时，应将电阻和感抗结合起来，但是和容抗一样，这两类数值不可直接相加。$R-L$ 串联电路的阻抗为 $Z=\sqrt{R^2+X_L^2}$。如果 $R=20\Omega$，$X_L=40\Omega$，则 $Z=\sqrt{20^2+40^2}\Omega=44.72\Omega$。请注意在这个公式中，$X_L$会随着频率的升高而增加，随着频率的降低而减少。

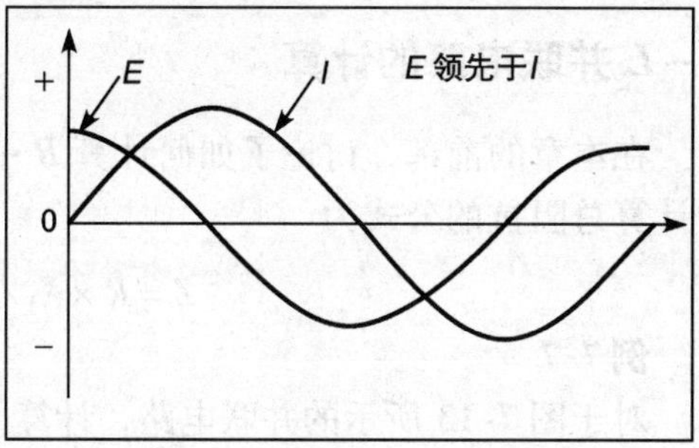

图 7-11　$R-L$ 电路电压和电流波形

$R-L$ 串联电路的计算

在应用欧姆定律时，可以用 Z 替代 R。于是有 $I=E/Z$，$E=I\times Z$，$Z=E/I$。

例 7-5

采用图 7-12 中的数值，计算 Z、I、V_R 和 V_{X_L}，计算各元件压降之和，确认其等于电源电压。

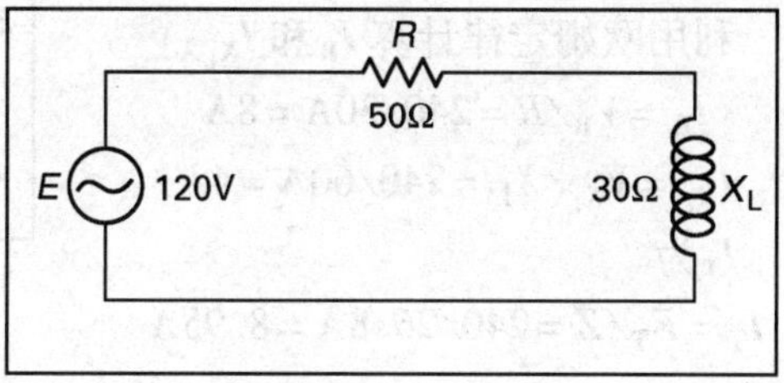

图 7-12　例 7-5

阻抗为

$$Z=\sqrt{R^2+X_L^2}=\sqrt{50^2+30^2}\Omega=58.31\Omega$$

应用欧姆定律

$$I_T=E_T/Z=120/58.31\text{A}=2.05\text{A}$$
$$V_R=I\times R=2.05\times 50\text{V}=103\text{V}$$
$$V_{X_L}=I\times X_L=2.05\times 30\text{V}=61.5\text{V}$$

压降之和如下

$$E=\sqrt{V_R^2+V_{X_L}^2}=\sqrt{103^2+61.5^2}\text{V}=120\text{V}$$

例 7-6

对图 7-12 所示的电路，当 $L=79.6\text{mH}$ 时，计算电压源的频率。

整理式 $X_L=2\pi fL$，得

$$f=X_L/2\pi L=30/2\times 3.14\times 0.0796\text{Hz}=60\text{Hz}$$

若频率增至 120Hz，计算 X_L。

$$X_L=2\pi fL=2\times 3.14\times 120\times 0.0796\Omega=60\Omega$$

随着频率的提升，感抗也在增大，因此电路中的电流会减少；如果频率降低，电流就会增大。在某些应用中，例如飞机上的电动机，电源频率增加后电流会减少，发热量也随之减少，这些都有助于降低电机的重量。

R－L 并联电路的计算

在本章的前部，讨论了如何计算 R－C 并联电路的阻抗。在 R－L 并联电路中计算总阻抗的公式为

$$Z = R \times X_L / \sqrt{R^2 + X_L^2}$$

例 7-7

对于图 7-13 所示的并联电路，计算 X_L、Z、V_R、V_C、I_R、I_{X_L}和 I_T。

$$X_L = 2\pi fL = 2 \times 3.14 \times 2000 \times 0.0048\Omega = 60\Omega$$

阻抗为

$$Z = R \times X_L / \sqrt{R^2 + X_L^2} = 30 \times 60 / \sqrt{30^2 + 60^2}\Omega = 1800/67.1\Omega$$
$$= 26.8\Omega$$

每个支路上的电压都是相等的：

$$V_R = V_X = E = 240V$$

利用欧姆定律计算 I_R和 I_{X_L}：

$$I_R = V_R / R = 240/30A = 8A$$
$$I_{X_L} = V_{X_L} / X_L = 240/60A = 4A$$

I_T为

$$I_T = E_T / Z = 240/26.8A = 8.95A$$

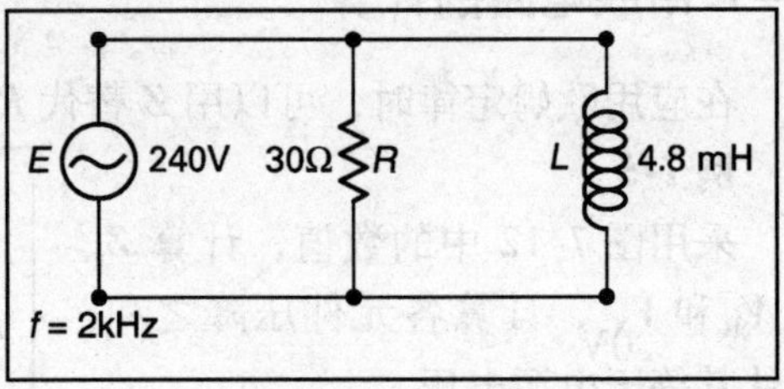

图 7-13　例 7-7

或

$$I_T = \sqrt{I_R^2 + I_{X_L}^2} = \sqrt{8^2 + 4^2}A = 8.9A$$

（用两种方法均可，答案中的微小差异来自于舍入误差。）

例 7-8

在图 7-13 中，若频率变为 1kHz，计算 X_L、Z、V_R、V_C、I_R、I_L和 I_T。

$$X_L = 2\pi fL = 2 \times 3.14 \times 1000 \times 0.0048\Omega = 30\Omega$$

阻抗为

$$Z = R \times X_L / \sqrt{R^2 + X_L^2} = 30 \times 30 / \sqrt{30^2 + 30^2}\Omega = 21.2\Omega$$

每个支路上的电压都是相等的，即

$$V_R = V_C = E = 240V$$

利用欧姆定律计算电流：

$$I_R = V_R / R = 240/30A = 8A$$
$$I_L = V_L / X_L = 240/30A = 8A$$

I_T可通过两种方法计算：

$$I_T = \sqrt{I_R^2 + I_L^2} = \sqrt{8^2 + 8^2}A = 11.3A$$

或

$$I_T = E_T/Z = 240/21.2\text{A} = 11.3\text{A}$$

7.6 有功功率、无功功率和视在功率

在电学研究中，有三种基本的功率形式，分别为：有功功率、无功功率和视在功率。**有功功率**（P 或 P_{TRUE}）是阻性元件消耗的功率，单位是瓦特。例如，转化为热量或动力的能量就是有功功率产生的。

无功功率（P_{VAR}）是用来产生磁场或静电场的功率，先是将能量贮存在电路中，然后再返还给电路。无功功率由电容器或电感器产生，单位是“**乏**”（VAR），即**无功伏安**。

有功功率和无功功率之和被称为**视在功率**（P_{VA}），单位是**伏安**（VA）。许多电器产品的额定功率都以伏安来表示。视在功率反映了总电流、总电压和总阻抗之间的关系。电力公司送出的就是视在功率。当功率由伏安标识时，其关系为 P_{VA} = 总伏特数 × 总安培数。若电源电压为 120V，则 $I = P_{VA}/120$；若电源电压为 240V，则 $I = P_{VA}/240$。例如电动机的额定功率为 2400VA，可以在双电压（120V/240V）下工作。若将电动机连接至 120V 电源，则 $I = VA/E = 2400/120\text{A} = 20\text{A}$。若将电动机连接至 240V 电源，则 $I = VA/E = 2400/240\text{A} = 10\text{A}$。请注意，若功率保持不变而电压加倍，则电流就会减半。

7.7 R－C 电路的功率

在纯容性交流电路中，所有的能量在部分周期内都贮存在电容器中，然后在周期的另一部分返还给电路。若电路中既有 R 也有 C，则部分能量贮存在电容器中，而部分则被电阻所消耗。

R－C 串联电路的功率

例 7-9

图 7-14 展示了三种不同的串联电路：①纯阻性；②纯抗性；③阻性和抗性并存。本例说明了每种电路的功率计算方法。

（1）纯阻性串联电路（见图 7-14a）

$$I_R = E/R = 120/100\text{A} = 1.2\text{A}$$
$$P_{TRUE} = E \times I_R = 120 \times 1.2\text{W} = 144\text{W}$$
$$P_{VAR} = E \times I_X = 0\text{W}\ \text{（无抗性元件）}$$
$$P_{VA} = E_T \times I_T = 120 \times 1.2\text{W} = 144\text{W}$$

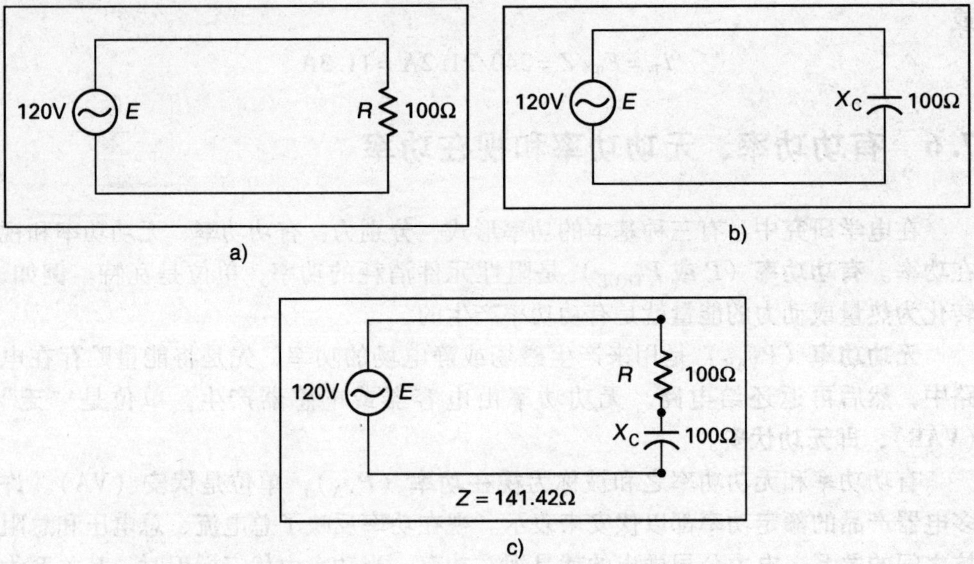

图 7-14 例 7-9

（2）纯抗性串联电路（见图 7-14b）

$$I_C = E/X_C = 120/100\text{A} = 1.2\text{A}$$

$$P_{\text{TRUE}} = E \times I_R = 0\text{W}\text{（无阻性元件）}$$

$$P_{\text{VAR}} = E \times I_C = 120 \times 1.2\text{W} = 144\text{W}$$

$$P_{\text{VA}} = E_T \times I_T = 120 \times 1.2\text{W} = 144\text{W}\text{（抗性）}$$

（3）阻性和抗性串联电路（见图 7-14c）

$$I_T = E_T/Z = 120/141.42\text{A} = 0.85\text{A}$$

$$P_{\text{TRUE}} = I^2 \times R = 0.85^2 \times 100\text{W} = 72.25\text{W}$$

$$P_{\text{VAR}} = I^2 \times X_C = 0.85^2 \times 100\text{W} = 72.25\text{W}$$

$$P_{\text{VA}} = E_T \times I_T = 120 \times 0.85\text{W} = 102\text{W}\text{（有功功率和无功功率的组合）}$$

或

$$P_{\text{VA}} = I^2 \times Z = 0.85^2 \times 141.42\text{W} = 102.2\text{W}\text{（与上式的偏差由舍入误差带来）}$$

前面讲过，总功率是各个形式的功率之和，计算方法为：

$$P_T = \sqrt{P_{\text{TRUE}}^2 + P_{\text{VAR}}^2} = \sqrt{72.25^2 + 72.25^2}\text{W} = \sqrt{5220 + 5220}\text{W} = 102.1\text{W}$$

请注意，视在功率等于总功率。

例 7-9 表明了有功功率、无功功率和视在功率之间的关系。如果无功功率为零，则视在功率等于有功功率；如果有功功率为零，则视在功率等于无功功率。视在功率等于电路总功率，能量来自电力公司。

功率三角形

有功功率、无功功率和视在功率之间的关系可以用一个直角三角形来描述，这个三角形被称为**功率三角形**。无功功率是这个三角形的垂直边，有功功率是水平边，视在功率或总功率则是斜边。在图7-15中，垂直边位于水平边的下方。此处假定容性无功功率为负，而感性无功功率为正，该图表达的电路具有有功功率和容性无功功率。角 Φ 是外加电压和总电流之间的相角。

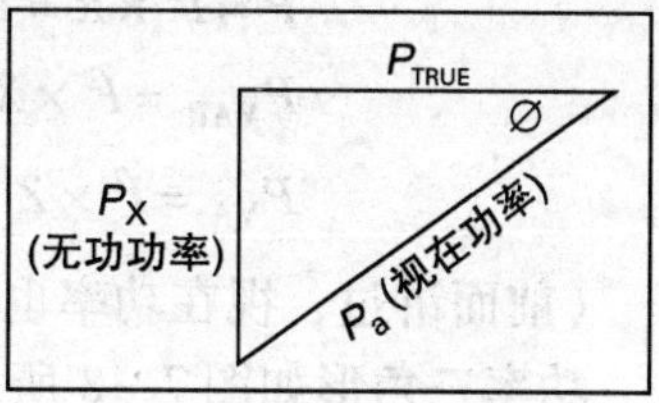

图7-15　$R-C$ 电路的功率三角形

在仅含有一个电容器的电路中，电压和电流的相位差为90°，电流领先于电压。能量在一个交流周期的部分时间内贮存于电容器中，在同一周期的另外时间返还到电路。如果将电压和电流之积在整个周期内相加，则负无功功率与正无功功率在数量上相等，因此总功率为零。

功率曲线

图7-16所示为充放电功率曲线。功率曲线为一个完整周期内 $E \times I$ 的积。当功率曲线为正时，能量被贮存在电容器中，当功率曲线为负时，能量返回到电路中。当在电路中加入电阻后，电压和电流之间的相位差小于90°，电阻越大，相位差越小。当电源电压和电流同相时，该电路为纯阻性电路。当 $E \times I$ 的积产生有功功率时，电压和电流必须同时为负或同时为正。在图7-16中，并未产生净功率。因为当电压和电流的相差为90°时，有50%的时间极性相同，而在另外50%的时间极性相反。（参见本章后部关于功率曲线和功率因数的对比。）

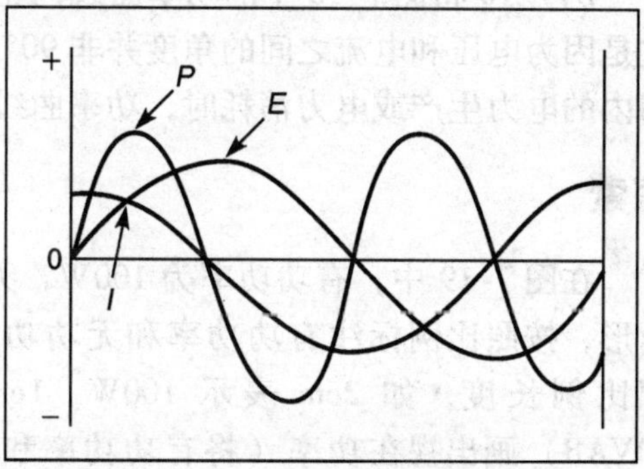

图7-16　充放电功率曲线

例7-10

一只电阻器和一只电容器串联，如图7-17所示。电阻器为60Ω，X_C 为30Ω，电源为AC120V。计算 Z，I_T，P，P_{VAR} 和 P_{VA}，并画出功率三角形的示意图。

$$Z=\sqrt{R^2+X_C^2}=\sqrt{60^2+30^2}\Omega=\sqrt{3600+900}\Omega=67\Omega$$

$$I_T=E/Z=120/67\text{A}=1.79\text{A}$$

$$P=I^2\times R=1.79^2\times 60\text{W}=192.24\text{W}$$

$$P_{VAR}=I^2\times X_C=1.79^2\times 30\text{W}=96\text{W}$$

$$P_{VA}=I^2\times Z=1.79^2\times 67\text{W}=214.7\text{W}$$

（前面讲过，视在功率也可用$\sqrt{P_{TURE}^2+P_{VAR}^2}$来计算。）

功率三角形如图 7-18 所示。

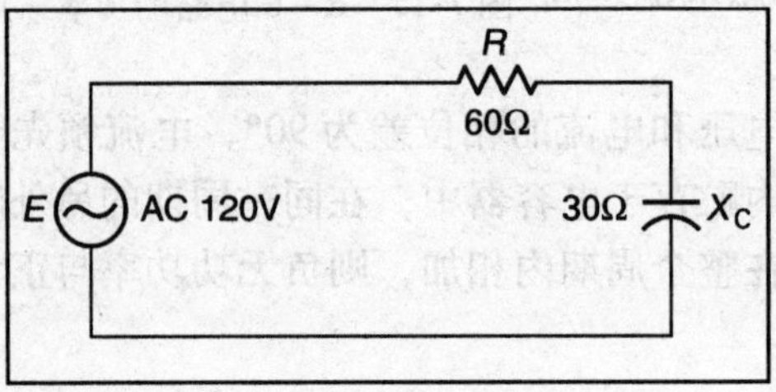

图 7-17 例 7-10

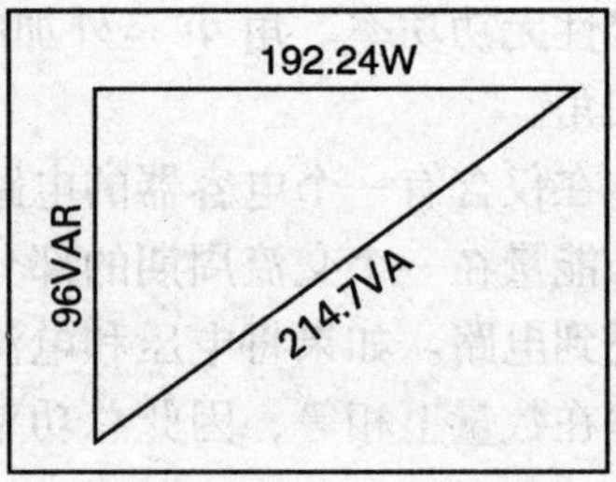

图 7-18 例 7-10 的功率三角形

例 7-10 将图 7-16 中的功率曲线向正向移动，减少了零轴之下的曲线部分。这是因为电压和电流之间的角度并非 90°，因此有功功率增加了。在统计一段时间内的电力生产或电力消耗时，功率曲线非常有用。

探索

在图 7-19 中，有功功率为 100W，无功功率为 50VAR。请仔细画出功率三角形，按照比例标注有功功率和无功功率（依照比例长度，如 2cm 表示 100W，1cm 表示 50VAR）画出视在功率（将有功功率和无功功率合并起来）。

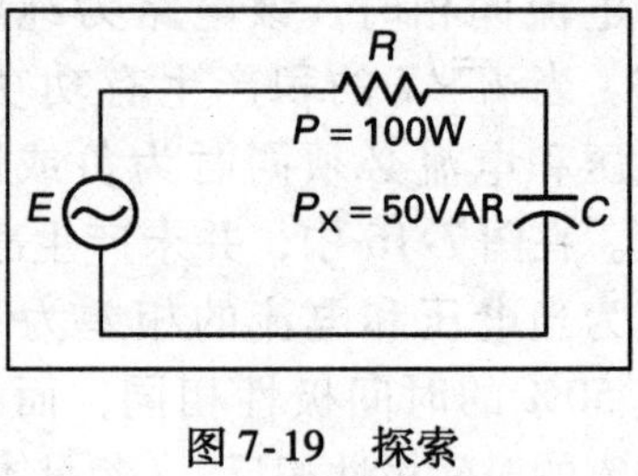

图 7-19 探索

1. 计算视在功率。

2. 依照比例，测量视在功率的长度。测量值与计算结果是否大致相等？

3. 使用量角器测量有功功率和视在功率的夹角。这就是电源电压和电流之间的相位差角。

4. 当有功功率和视在功率的夹角变小时，X_C是增大还是减小？

5. 当有功功率和视在功率的夹角变小时，有功功率是增大还是减小？

$R-C$ 并联电路的功率

例 7-11

在图 7-20 中，有一只电阻器和一只电容器并联。R 为 60Ω，X_C 为 30Ω，电源为 AC120V。计算 Z、I_R、I_C、I_T、P、P_{VAR} 和 P_{VA}，并画出功率三角形的示意图。

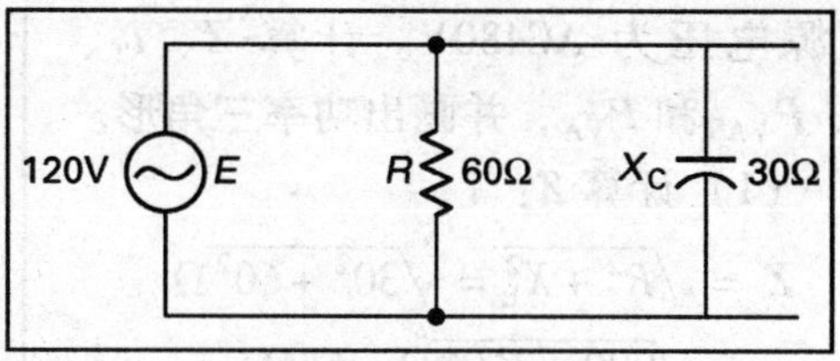

图 7-20　例 7-11

（1）计算 Z：

$$Z = R \times X_C / \sqrt{R^2 + X^2}$$
$$= 60 \times 30 / \sqrt{60^2 + 30^2}\Omega$$
$$= 1800 / \sqrt{3600 + 900}\Omega = 26.86\Omega$$

（2）计算 I_R 和 I_C（记住在各个并联支路上的压降相等）：

$$I_R = E/R = 120/60\text{A} = 2\text{A}$$
$$I_C = E/X_C = 120/30\text{A} = 4\text{A}$$

（3）计算 I_T：

$$I_T = E/Z = 120/26.86\text{A} = 4.47\text{A}$$

（4）计算有功功率：

$$P = I^2 \times R = 2^2 \times 60\text{W} = 240\text{W}$$

（5）计算无功功率：

$$P_{VAR} = I_C^2 \times X_C = 4^2 \times 30\text{W} = 480\text{W}$$

（6）计算视在功率：

$$P_{VA} = I_T^2 \times Z = 4.47^2 \times 26.86\text{W} = 536.6\text{W}$$

（7）功率三角形如图 7-21 所示。

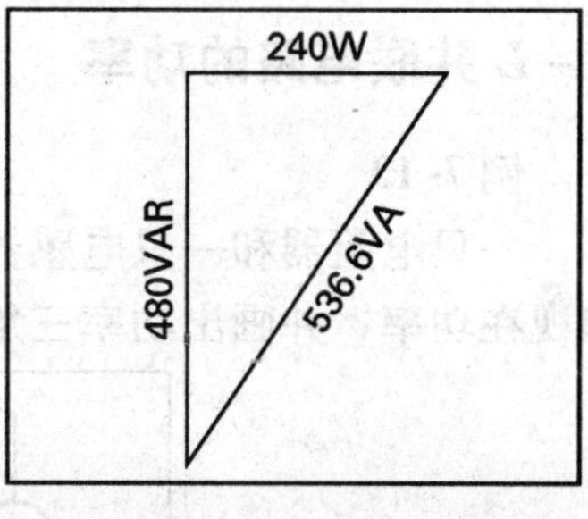

图 7-21　例 7-11 的功率三角形

7.8　$R-L$ 电路的功率

在纯感性交流电路中，电源输出的能量在一个周期的部分时间贮存在磁场中，在该周期的另一部分时间返还到电路中。当电路同时存在 R 和 L 时，部分能量贮存在磁场中，部分能量被电阻所消耗。

$R-L$ 串联电路的功率

当电路中同时存在电阻和电感时，电压和电流之间的相位差角小于 90°。因此，与 $R-C$ 电路相似，此时有功功率被耗散掉，而视在功率则会因电阻的加入而增加。

例 7-12

一个电阻器和电感器串联，如图 7-22 所示。电阻器为 30Ω，电感器为 60Ω。电源电压为 AC480V。计算 Z、I_T、P、P_{VAR}和 P_{VA}，并画出功率三角形。

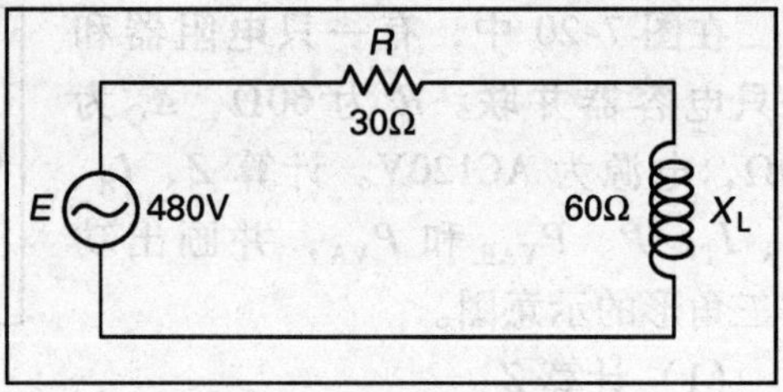

图 7-22　例 7-12

（1）计算 Z：

$$Z = \sqrt{R^2 + X_L^2} = \sqrt{30^2 + 60^2}\Omega$$
$$= \sqrt{900 + 3600}\Omega = 67\Omega$$

（2）计算 I_T：

$$I_T = E/Z = 480/67\text{A} = 7.16\text{A}$$

（3）计算有功功率：

$$P = I_R^2 \times R = 7.16^2 \times 30\text{W} = 1538\text{W}$$

（4）计算无功功率：

$$P_{X_L} = I_L^2 \times X_L = 7.16^2 \times 60\text{W} = 3080\text{W}$$

（5）计算视在功率：

$$P_{VA} = I_T^2 \times Z = 7.16^2 \times 67\text{W} = 3434.7\text{W}$$

（6）功率三角形如图 7-23 所示。

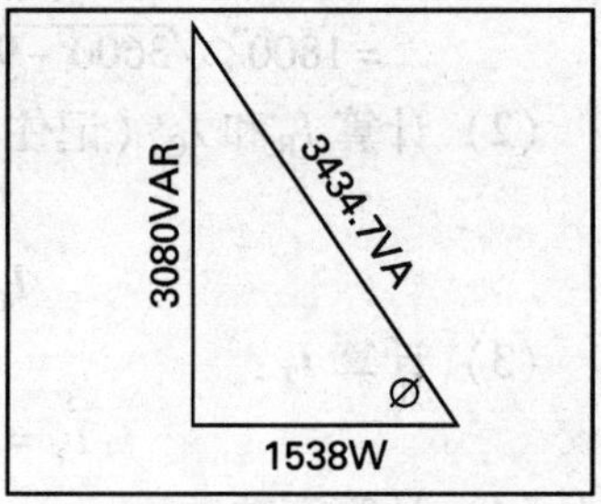

图 7-23　例 7-12 的功率三角形

R – *L* 并联电路的功率

例 7-13

一只电阻器和一只电感器并联，如图 7-24 所示。计算有功功率、无功功率和视在功率，并画出功率三角形。

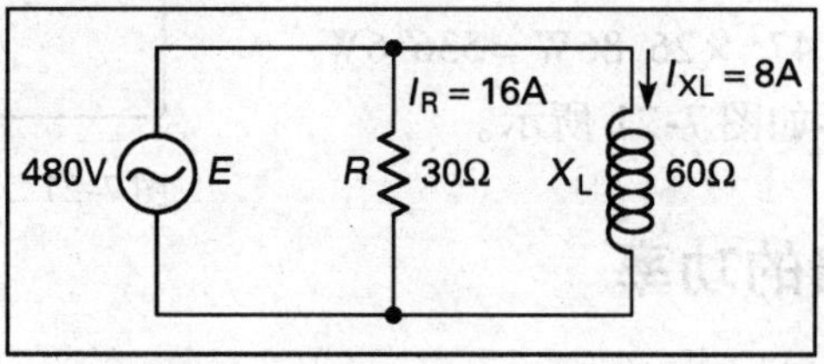

图 7-24　例 7-13

有功功率为

$$P = I_R^2 \times R = 16^2 \times 30\text{W} = 7680\text{W}$$

无功功率为

$$P_{VAR} = I_{X_L}^2 \times X_L = 8^2 \times 60\text{W} = 3840\text{W}$$

视在功率为

$$P_{VA}=\sqrt{P_{TRUE}^2+P_{VAR}^2}=\sqrt{7680^2+3840^2}\text{W}=8606\text{W}$$

功率三角形如图7-25所示。

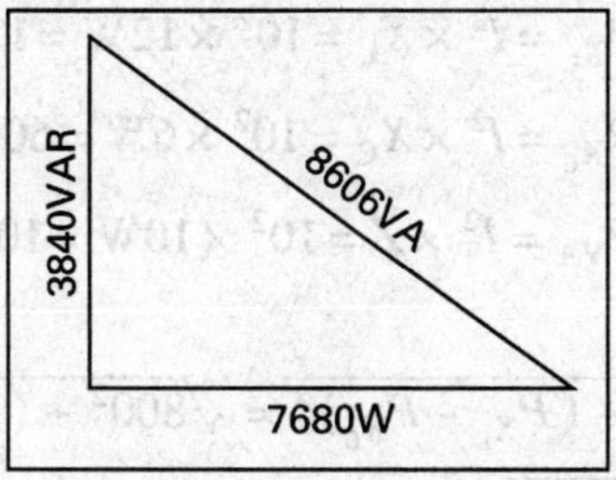

图7-25 例7-13的功率三角形

7.9 $R-L-C$ 电路

同时包含电阻、电容和电感的电路十分常见，例如电源滤波器、收音机和电视机中的调谐器，以及计时器电路等。

在同一个电路中，感抗和容抗的作用是相反的。电路的总电抗等于感抗和容抗之差，例7-14说明了这一点。

例7-14

一个串联电路如图7-26所示。计算 Z、I_T、有功功率、无功功率和视在功率，并画出功率三角形。

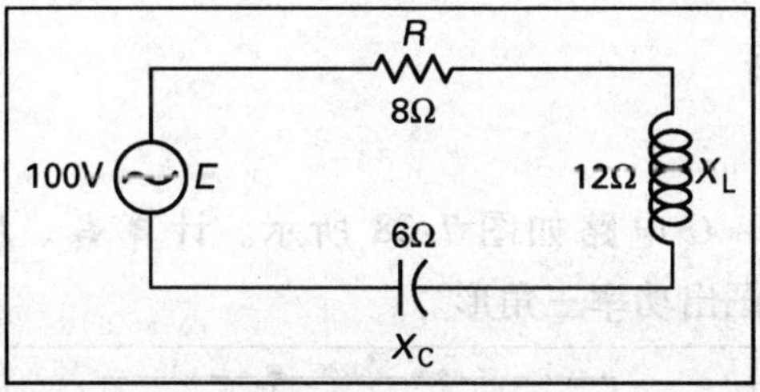

图7-26 例7-14

(1) 计算阻抗

$$Z=\sqrt{R^2+(X_L-X_C)^2}=\sqrt{8^2+(12-6)^2}\Omega=\sqrt{8^2+6^2}\Omega$$
$$=\sqrt{64+36}\Omega=10\Omega$$

(请注意，电路的电抗等于 X_L 与 X_C 之差。)

(2) 计算总电流：

$$I_T=E_T/Z=100/10\text{A}=10\text{A}$$

（3）计算功率：

$$P_{\text{TRUE}}=I^2\times R=10^2\times 8\text{W}=800\text{W}$$

$$P_{X_L}=I^2\times X_L=10^2\times 12\text{W}=1200\text{W}$$

$$P_{X_C}=I^2\times X_C=10^2\times 6\text{W}=600\text{W}$$

$$P_{VA}=I_T^2\times Z=10^2\times 10\text{W}=1000\text{W}$$

且

$$P_{VA}=\sqrt{P_{\text{TRUE}}^2+(P_{X_L}-P_{X_C})^2}=\sqrt{800^2+(1200-600)^2}\text{W}$$
$$=\sqrt{800^2+600^2}\text{W}=1000\text{W}$$

（电路的无功功率为 P_{X_L} 和 P_{X_C} 之差。）

（4）功率三角形如图 7-27 所示。

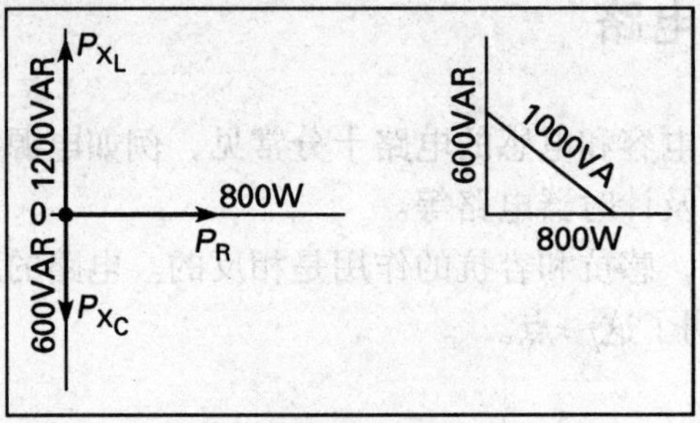

图 7-27　例 7-14 的功率三角形

R－L－C 并联电路

例 7-15

一个并联 R－L－C 电路如图 7-28 所示。计算 I_R、I_{X_C}、I_{X_L}、I_T、Z、P、P_{X_C}、P_{X_L} 和 P_{VA}，并画出功率三角形。

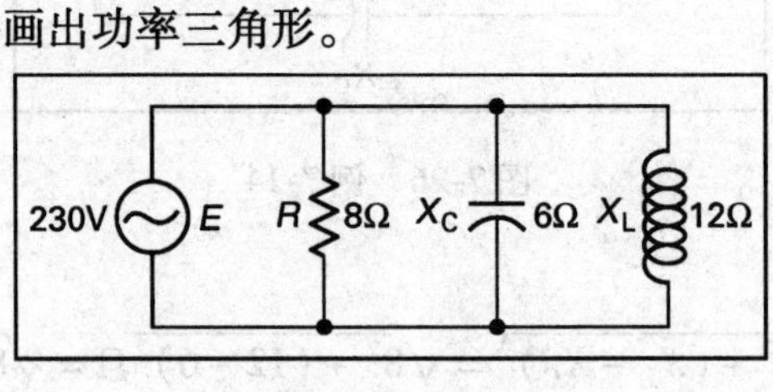

图 7-28　例 7-15

（1）计算 I_R：

$$I_R=E/R=230/8\text{A}=28.75\text{A}$$

（2）计算 I_{X_C}：

$$I_{X_C}=E/X_C=230/6\text{A}=38.3\text{A}$$

（3）计算 I_{X_L}：

$$I_{X_L}=E/X_L=230/12\text{A}=19.16\text{A}$$

（4）计算 I_T：

$$\begin{aligned}I_T&=\sqrt{I_R^2+(I_{X_L}-I_{X_C})^2}\\&=\sqrt{28.75^2+(19.16-38.3)^2}\text{A}=\sqrt{28.75^2+(-19.14)^2}\text{A}\\&=\sqrt{826.5+366.3}\text{A}=34.5\text{A}\end{aligned}$$

（5）计算 Z：

$$Z=E_T/I_T=230/34.5\Omega=6.66\Omega$$

（6）计算支路功率：

$$P=I_R^2\times R=28.75^2\times 8\text{W}=6612\text{W}$$

$$P_{X_C}=I_{X_C}^2\times X_C=38.3^2\times 6\text{W}=8801.3\text{W}$$

$$P_{X_L}=I_{X_L}^2\times X_L=19.16^2\times 12\text{W}=4404.3\text{W}$$

（7）计算视在功率：

$$P_{VA}=E\times I_T=230\times 34.5\text{W}=7935\text{W}$$

（8）功率三角形如图 7-29 所示。

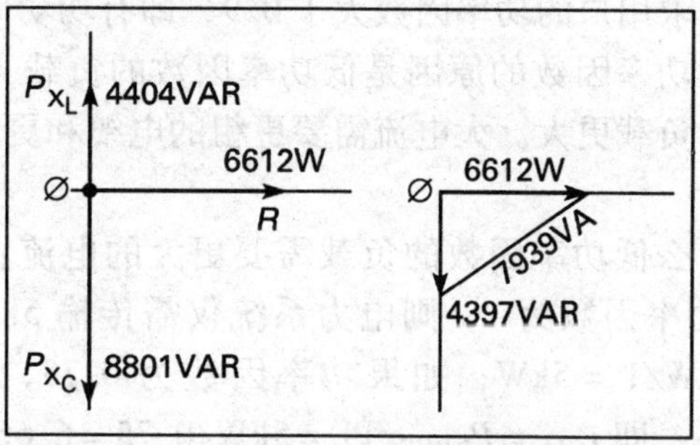

图 7-29　例 7-15 的功率三角形

请注意，该电路的无功功率为容性（计算结果与功率三角形数值的差异源自计算数字的舍入误差）。

7.10　功率因数

如前所述，有功功率可以直接做功，例如使电阻加热器产生热量或者使电机产生机械能来驱动机器。无功功率可以在线圈中产生磁场或在电容器中产生电场；能量在一个周期的部分时间内贮存起来，在同一周期的另一部分时间返回到电路中。有功功率与无功功率的组合就是视在功率。

有功功率与视在功率的比值称为**功率因数**。功率因数的定义为：PF = 有功功率/视在功率，或 PF = 瓦特数/伏安数。这种关系可整理为

$P_{VA} = P_{TRUE}/\mathrm{PF}$ 和 $P_{TRUE} = PF \times P_{VA}$

P_{TRUE}/P_{VA}的数值在 0 ~ 1 之间，没有单位。功率因数为 0 意味着有功功率为零，或该电路为纯抗性电路，视在功率等于无功功率。功率因数为 1 意味着该电路为纯阻性电路，视在功率等于有功功率。图 7-30 分别展示了功率因数为 1 和 0 时电路的相位与功率因数。

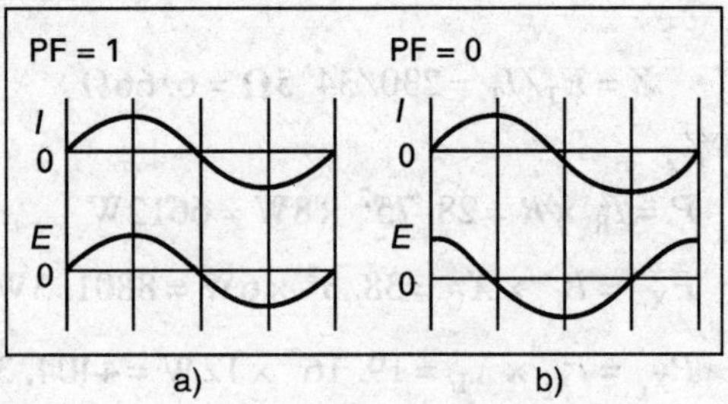

图 7-30　相位与功率因数

a）PF = 1，E 与 I 同相　b）PF = 0，E 与 I 相位差 90°

电力公司通常要求用户的功率因数大于 0.9，即有功功率大于 90%。电力公司希望负载具有较大功率因数的原因是低功率因数的负载（抗性负载）消耗的电流比高功率因数的负载更大。大电流需要更粗的电缆和更大的变压器，将增加发电和输电成本。

让我们看看为什么低功率因数的负载需要更大的电流。如果一个负载需要 5kW 的有功功率，功率因数为 1，则电力系统仅需传输 5kVA 的视在功率，即 $P_{VA} = P_{TRUE}/\mathrm{PF} = 5\mathrm{kW}/1 = 5\mathrm{kW}$；如果功率因数为 0.75，则电力系统需传输 6.66kVA 的视在功率，即 $P_{VA} = P_{TRUE}/\mathrm{PF} = 5\mathrm{kW}/0.75 = 6.66\mathrm{kW}$ 来供给仅有 5kW 有功功率的负载。

如果负载的工作电压为 120V，PF = 1，则电流为 $I = P/E = 5\mathrm{kW}/120 = 41.6\mathrm{A}$。如果 PF = 0.75，则电流为 $I = P/E = 6.66\mathrm{kW}/120 = 55.5\mathrm{A}$。为了传输所需的 5kW 有功功率，电流增加了 33.4%。

电力公司将视在功率输送到你的家庭或公司，但是家中的电表测量的千瓦·时（kW·h）为有功功率，你仅仅为有功功率而非无功功率付了费。因此对于低功率因数的工厂用户，电价通常会高一些。

例 7-16

一台风力发电机为一个负载供电，如图 7-31 所示。计算其功率因数。

有功功率为

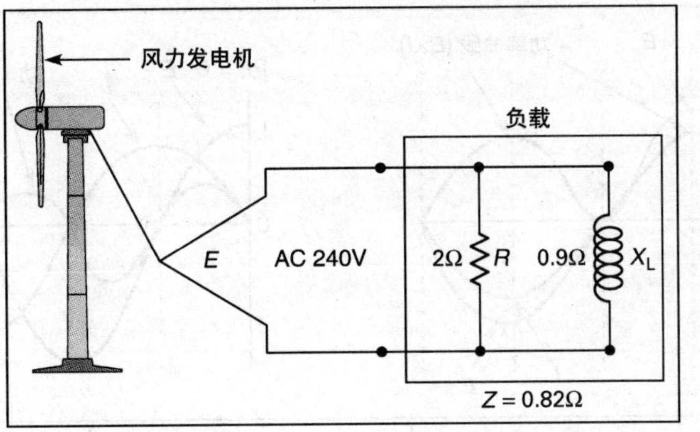

图 7-31 例 7-16

$$P_{TRUE} = E^2/R = 240^2/2\text{kW} = 28.8\text{kW}$$

视在功率为

$$P_{VA} = E^2/Z = 240^2/0.82\text{kW} = 70.244\text{kW}$$

功率因数为

$$PF = P_{TRUE}/P_{VA} = 28.8\text{kW}/70.24\text{kW} = 0.41$$

这是一个较低的功率因数，因此，从风力发电机到负载的电力传输效率不高。必须使用较粗的电缆以减少风力发电机到负载的线路压降。

例 7-17

一台光伏阵列为一台 DC - AC 逆变器供电，该逆变器额定功率为 2.4kW，额定输出电压为 AC120V，PF = 0.92。当逆变器为负载提供额定功率的电力时，计算供给负载的视在功率和总电流。

PF = P_{TRUE}/P_{VA}，该公式可变形为

$P_{VA} = P_{TRUE}/PF = 2.4\text{kW}/0.92 = 2.608\text{kW}$

总电流为

$$I_T = P_{VA}/E = 2608/120\text{A} = 21.73\text{A}$$

（若 PF 为 1，则 $I_T = 2400/120 = 20\text{A}$。）

功率曲线比较

在本章的前面，我们讨论了功率曲线。图 7-32 所示为 PF = 1 和 PF = 0 的功率曲线对比。

当 PF = 1 时，功率曲线总为正（零轴以上），所有的功率都是有功功率，被负载所消耗。

当 PF = 0 时，功率曲线在零轴之上和零轴之下的部分相等。能量被电路贮

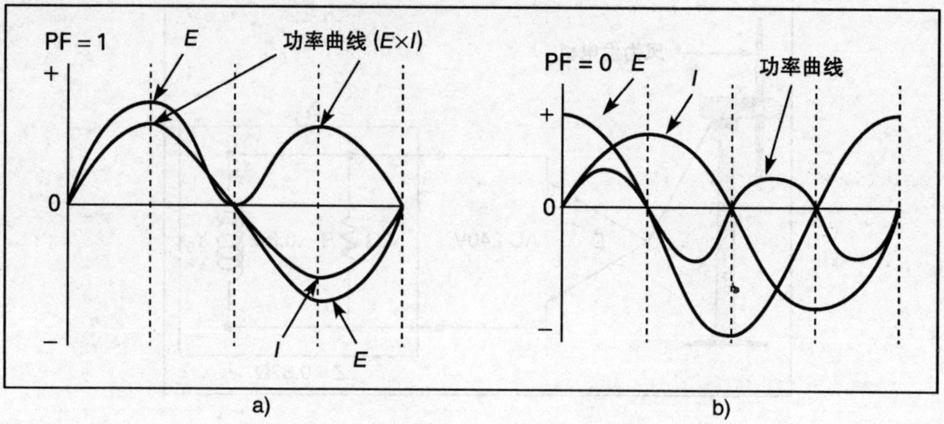

图 7-32　PF = 1 和 PF = 0 的功率曲线对比

存，然后返回到电路中，没有产生有功功率。

7.11　功率因数校正

功率因数校正的目的在于使负载更加偏向阻性，从而使功率因数趋近 1。为此，可以为感性负载增加电容器或为容性负载增加电感器，以降低原先的感性或容性效应。图 7-33 是用来说明这种降低无功功率（VAR）效应的矢量图。

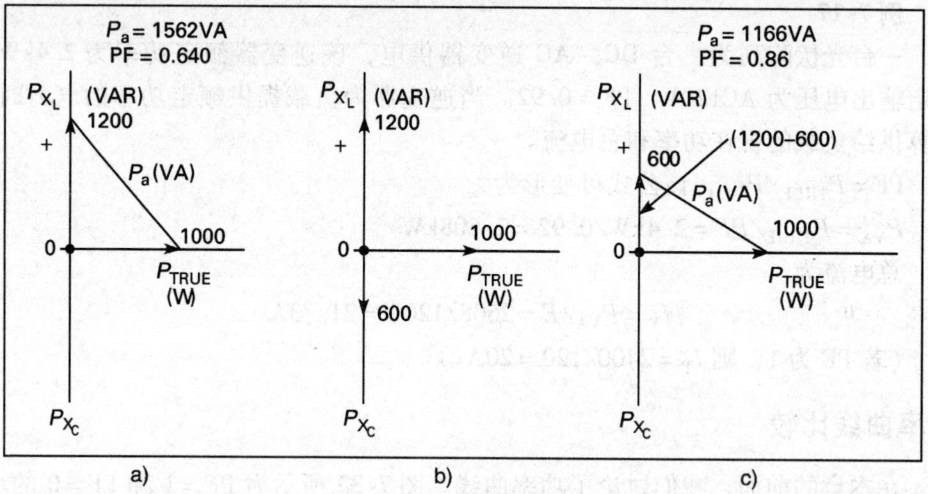

图 7-33　矢量图

在图 7-33a 中，$P = 1000\text{W}$，$P_{X_L} = 1200\text{VAR}$，$P_{X_C} = 0\text{VAR}$。图 7-33b 为电路增加了 $P_{X_C} = 600\text{VAR}$。图 7-33c 所示给出了增加 600W 容性功率的效果，这使得

P_{X_L}降至600W((1200－600) W＝600W)。图7-33a和7-33c的P_{VA}值分别为

$$P_{VA}=\sqrt{P^2+P_{X_L}^2}=\sqrt{1000^2+1200^2}\,W=\sqrt{2,440,000}\,W=1562W$$

$$P_{VA}=\sqrt{P^2+(P_{X_L}-P_{X_C})^2}=\sqrt{1000^2+600^2}\,W=\sqrt{1360000}\,W=1166W$$

图7-33c的抗性更小些，其PF更接近1。

功率因数校正的方法有很多。工业电力用户通常有许多电动机，因为其内部的励磁绕组而呈现感性。在实践中，经常在电力接入的负载端安装电容器。通过将电容器接入或切出负载电路就可以将功率因数保持在设定值以上。如图7-34所示，将一只电容器与负载并联，则电容器的X_C就会削弱电感器的X_L，使得负载的阻性增加，从而提高了功率因数。

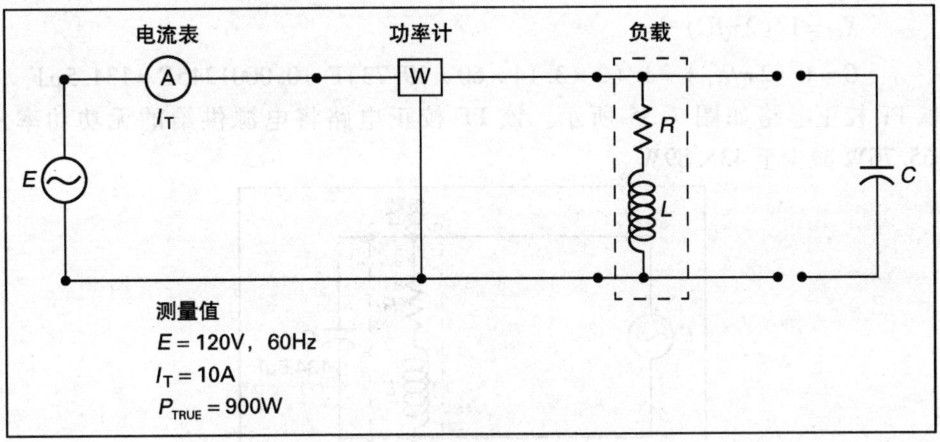

图7-34 采用电容器的PF校正

例7-18

本例通过采用图7-34所示的电路，可以将PF从0.75校正到0.90。在进行任何校正之前，需要测量总电流和有功功率来确定功率因数。下面介绍计算电容值的步骤，用以将功率因数从0.75校正到0.90。

(1) 根据测量值计算视在功率：

$$P_{VA}=E\times I_T=120\times10W=1200W$$

(2) 根据测量值计算功率因数：

$$PF=P_{TRUE}/P_{VA}=W/VA=900/1200=0.75$$

(3) 计算将功率因数提升至0.90所需的P_{VA}

$$P_{VA}=P_{TRUE}/PF=W/PF=900/0.90W=1000W$$

(4) 计算电路校正前的感性VAR（有功功率不变）：

$$P_{VA}=\sqrt{P^2+VAR_L^2}$$

整理该函数式，有

$$VAR_L = \sqrt{P_{VA}^2 - P^2} = \sqrt{1200^2 - 900^2}\,W = \sqrt{1359000}\,W = 1165.76W$$

（5）计算使 $P_{VA} = 1000W$ 的新的感性 VAR 值（有功功率不变）：

$$VAR_L = \sqrt{P_{VA}^2 - P^2} = \sqrt{1200^2 - 900^2}\,W = \sqrt{190000}\,W = 435.89W$$

（6）通过加入容性 VAR，使原有的感性 VAR 降低至 435.89W：

$$VAR_C = VAR_L - 435.89W = (1165.76 - 435.89)\ W = 729.87W$$

（7）计算校正功率因数所需的容抗 X_C：

$$X_C = E^2/VAR_C$$

$$X_C = 120^2/729.87\Omega = 19.73\Omega$$

（8）计算校正功率因数所需的电容：

$$X_C = 1/(2\pi fC)$$

$$C = 1/(2\pi fX_C) = 1/(2\times3.14\times60\times19.73)F = 0.0001345F = 134.5\mu F$$

PF 校正电路如图 7-35 所示。该 PF 校正电路将电源供给的无功功率从 1165.76W 减少至 435.89W。

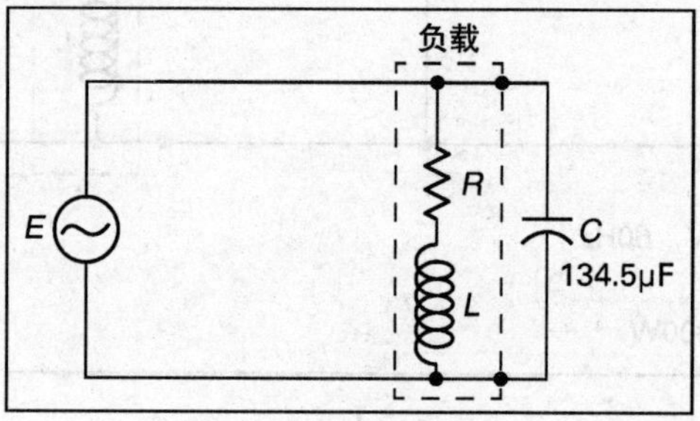

图 7-35　PF 校正电路

探索

某个电路的功率三角形如图 7-36 所示。功率因数定义为 PF = 有功功率/视在功率。功率因数也可被定义为一个三角函数：PF = cosineφ。φ 是在功率三角形中有功功率与视在功率之间的夹角。若功率因数为 0.62，则图 7-36 中 φ 的值是多少？（通过查询三角函数表或用科学计算器进行计算。）若将功率因数校正到 0.90，则 φ 值是多少？φ 也是电源电压和电流之间的相位角，可以用相位表或示波器进行测量。

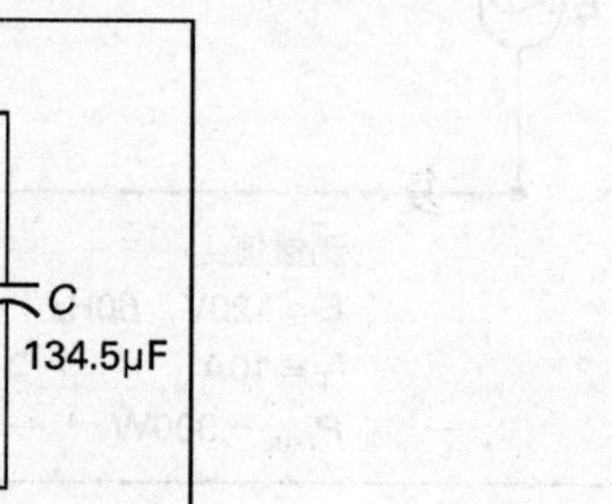

图 7-36　探索

复　习　题

1. 在一个 $R-C$ 串联电路中，$R=30\Omega$，$X_C=15\Omega$，计算 Z。

2. 计算下列 X_C：

（1）$C=50\mu f$，$f=1kHz$

（2）$C=50\mu f$，$f=60Hz$

（3）$C=50\mu f$，$f=0Hz$

3. 将一只电容器接入电路中，$f=120Hz$，$X_C=150\Omega$，计算 C。

4. 一只 20Ω 电阻器与一只 $150\mu f$ 的电容器串联。电源为 AC220V，60Hz。计算 X_C、Z、I_T、P_{TRUE}、P_{VAR}、P_{VA} 和功率因数。

5. 在一个 $R-L$ 串联电路中，$R=30\Omega$，$X_L=15\Omega$，计算 Z。

6. 计算下列 X_L：

（1）$L=100mH$，$f=1kHz$

（2）$L=100mH$，$f=60Hz$

（3）$L=100mH$，$f=0Hz$

7. 一只电感器的电感为 1.5H，与 240V60Hz 的电源相连，计算电路的电流。

8. 在复习题 7 中，若 $f=120Hz$，计算电路的电流。

9. 将一只 1.5H 的电感器与一只 $1k\Omega$ 的电阻器串联。电源为 120V60Hz。计算 X_L、Z、I、V_R 和 V_L。

10. 一个 $R-L$ 串联电路的参数为：$R=20\Omega$，$L=150mH$，电源为 $E=$ 220V60Hz。计算 X_L、Z、I、P_{TRUE}、P_{VAR}、P_{VA} 和功率因数。

11. 图 7-37 所示的电路连接至 240V60Hz 的电源。$R=20\Omega$，$X_L=8\Omega$。计算 Z、E_R、E_L、E、I_R、I_{X_L}、I_T、P_{TRUE}、P_{VAR}、P_{VA} 和功率因数。

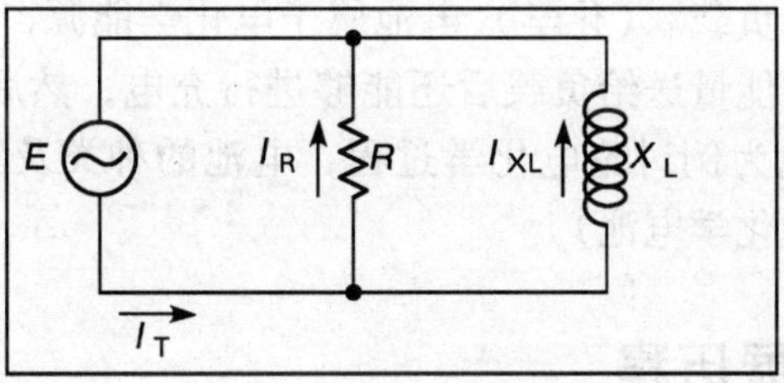

图 7-37　复习题 11

12. 在例 7-18 和图 7-34 中，如果将功率因数从 0.75 校正为 0.96，计算所需的电容值。

第8章　电　池

目标

学习完本章后，读者应达到下列目标：

1）了解一次电池与二次电池的区别。

2）能够解释电池极板和电解质的功能。

3）理解电池内阻对输出电压的影响。

4）理解电池放电速率对荷电状态的影响。

5）理解温度对荷电状态和电池容量的影响。

6）了解不同电池充电方法之间的区别。

7）能够解释为什么放电深度和自持时间会影响后备电池系统的设计。

8）能够将电池进行串联并计算其输出。

9）能够将电池进行并联并计算其输出。

10）能够将电池进行串－并联并计算其输出。

11）能够设计后备电池组的规模。

引言

大多数电源在发电之后立刻将电能送出，但电池是个例外，它们贮存电能，并在需要时才输送给负载。（化学）电池属于电化学能源，利用化学反应产生直流电。充电电池在将能量送给负载后还能够进行充电，然后可以重复这一过程。本章主要以铅酸电池为例讨论电化学过程，电池的种类及其特点（译者注：本章所提及的电池特指化学电池）。

8.1　电池的发展历程

在19世纪初期，亚历山德罗·伏打将盐溶液用作电解液，进行不同金属之间的化学试验。伏打设计了一种电池，将锌片和银片用吸饱了盐溶液的绝缘体分隔开来。伏打把这些极片堆叠起来，并将这种电池称为“伏打堆”（见图8-1）。**电池组**由一组连接在一起的电池单体构成，每个电池单体会根据其构成材料产生一定的电压。

图8-2所示为电池单体和电池组的符号。

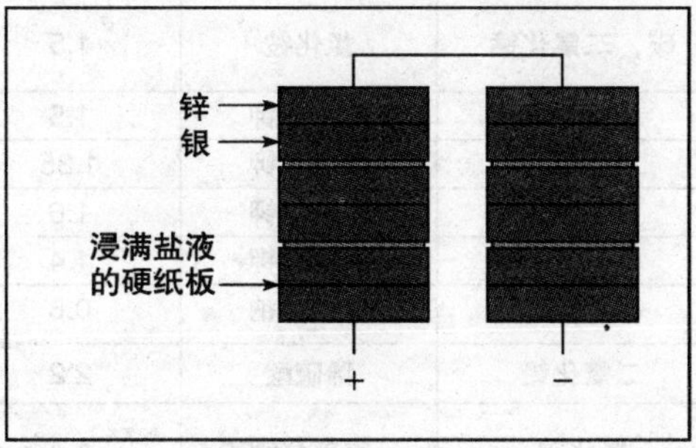

图8-1 伏打堆

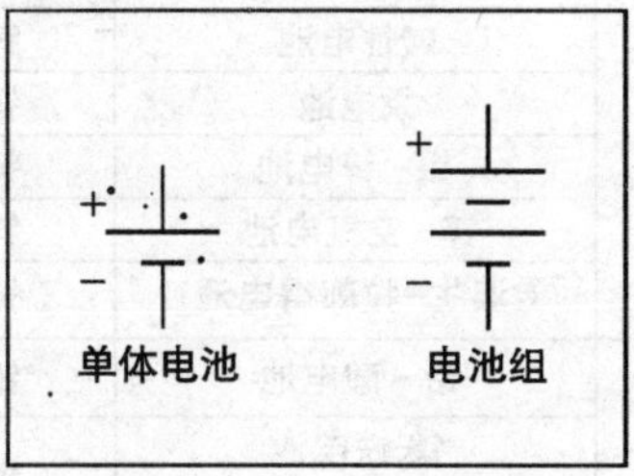

图8-2 电池单体和电池组的符号

8.2 一次电池

在电池内部的化学反应中，某些极片材料会遭到破坏。图8-3所示为一只采用铜和锌作为极片的一次电池。这种电池在化学反应中，铜片被酸侵蚀后无法复原。所以一次电池不能够充电。

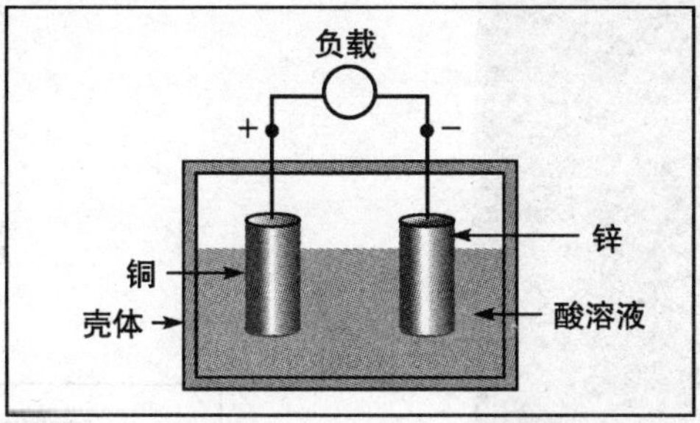

图8-3 铜-锌一次电池

8.3 二次电池

许多二次电池采用图8-4所列的材料制成。这些材料在化学反应中不会遭到破坏，可以通过充电操作得到复原。所以二次电池能够充电。

图8-5所示为一个用特殊处理的蜡纸包裹的电池单体连接成的电池组。

图8-6所示为一个由多层极板并联组成的铅酸电池，这种结构可以增加化学反应面积和电流。一组极板构成了一个正极，另一组极板构成了一个负极。

电池类型	电池	负极片	正极片	电解质	单体电压
一次电池	碳－锌电池（勒克兰舍电池）	锌	碳，二氧化锰	氯化铵	1.5
	碱性电池	锌	二氧化锰	氢氧化钾	1.5
	汞电池	锌	氧化汞	氢氧化钾	1.35
	银－锌电池	锌	氧化银	氢氧化钾	1.6
	锌－空气电池	锌	氧气	氢氧化钾	1.4
	爱迪生-拉郎得电池	锌	氧化铜	氢氧化钠	0.8
二次电池	铅－酸电池	铅	二氧化铅	稀硫酸	2.2
	镍-铁电池（爱迪生电池）	铁	氧化镍	氢氧化钾	1.4
	镍－镉电池	镉	氢氧化镍	氢氧化钾	1.2
	银－锌电池	锌	氧化银	氢氧化钾	1.5
	银－镉电池	镉	氧化银	氢氧化钾	1.1

图 8-4　一次电池和二次电池极片的材料和电池电压

图 8-5　电池单体连接成的电池组

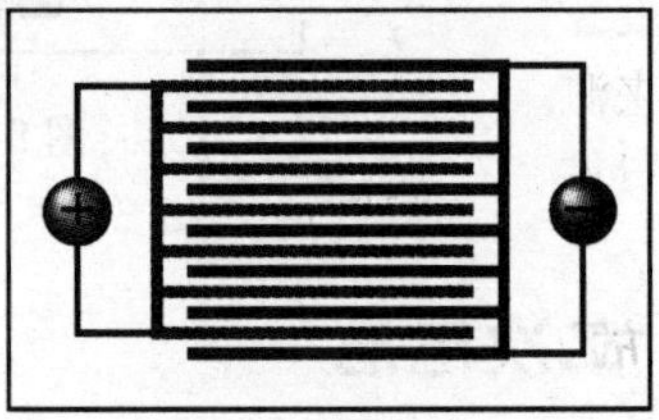

图 8-6　极板并联可以增加电流

8.4 内阻

电池具有两种额定电压，分别对应空载和带载状态。带额定负载时的电池电压列在制造商的规格中，印制在电池的标签上。因为电池具有内阻，空载电压要高于带载电压。所有的电池都具有内阻，当负载消耗电流时，有一些电压会“落”在电池内阻上。因此为了获取准确的电压读数，必须对电池进行带载测量。图8-7和图8-8分别展示了空载和满载时电池内阻造成的不同输出电压。如果电池在空载时的电极电压为13.5V，满载电压为12V，则有1.5V电压落在了电池内阻上（13.5V－12V）。若负载电流为10A，则内阻为1.5V/10A＝0.15Ω。

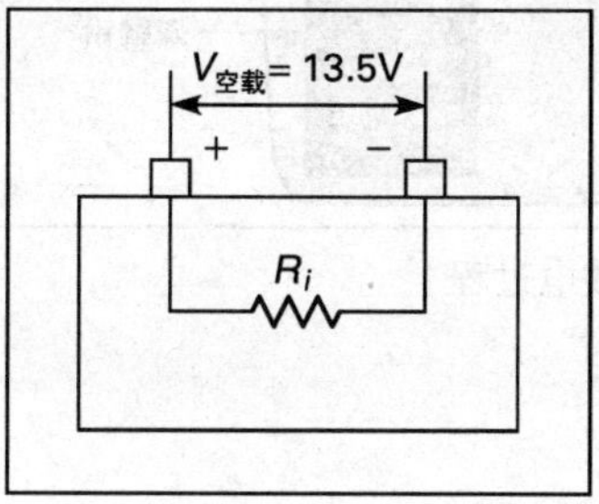

图8-7 空载时的输出电压

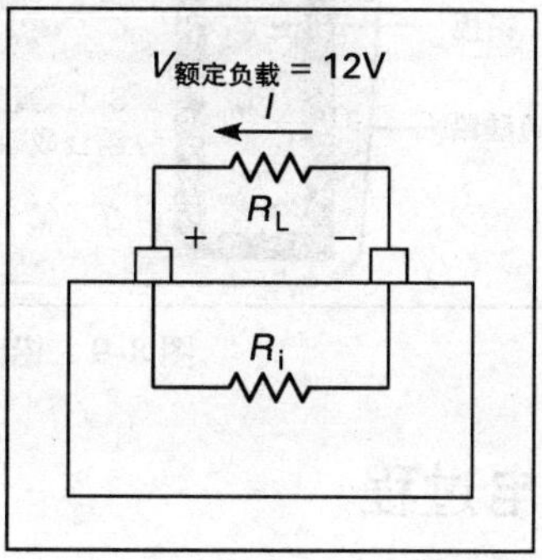

图8-8 带额定负载时的输出电压

8.5 电解质

在一个铅酸电池单体中，一个极板由纯铅（Pb）构成，另一个极板由二氧化铅（PbO_2）构成，电解质为稀硫酸 H_2SO_4。极板浸没在电解质中。当电池完全充电后，电解质溶液的**相对密度**为1.215～1.280，根据温度和场合有所不同。相对密度表明了液体中酸的数量。水的相对密度为1.000，而酸会增加相对密度。用来测量电解液相对密度的装置叫作**相对密度计**。在实践中，利用相对密度读数可以准确衡量电池的充放电状态。

8.6 放电过程

当电流从电池流向负载时，电池就处于放电状态。在图8-9中，一个负载连接在电池的正负极之间。电池正极板由二氧化铅构成，负极板由纯铅构成。当电池放电时，负极和正极板被硫酸铅所包覆，同时会产生水，将硫酸稀释。完全放电后的铅酸电池的电解液相对密度为1.000。在放电时，一块12V铅酸电池的电压会降至10.8V，通过充电，又能恢复到起始状态。

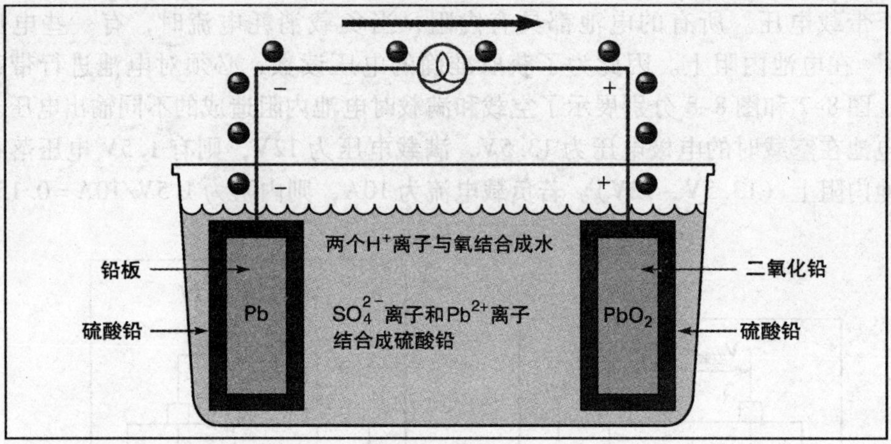

图 8-9 铅酸电池的放电过程

8.7 充电过程

在图 8-10 中，一个直流电源正在为一个电池充电。充电电源的电压必须高于电池电压，以便将电流“推入”电池。一块 12V 电池的充电电压大约为 14V。充电电流将放电化学反应进行逆转，使电解液的相对密度回到 1.215 ~ 1.280。在充电时，极板表面的硫酸铅脱落并被电解液所溶解。如果充电电流过大，则硫酸铅脱落的速度要大于溶解的速度，于是就会掉落到电池底部，造成极板的侵蚀和短路。适当的充电会将极板还原为纯铅和二氧化铅。可以用充电控制器来控制电池的放电和充电。

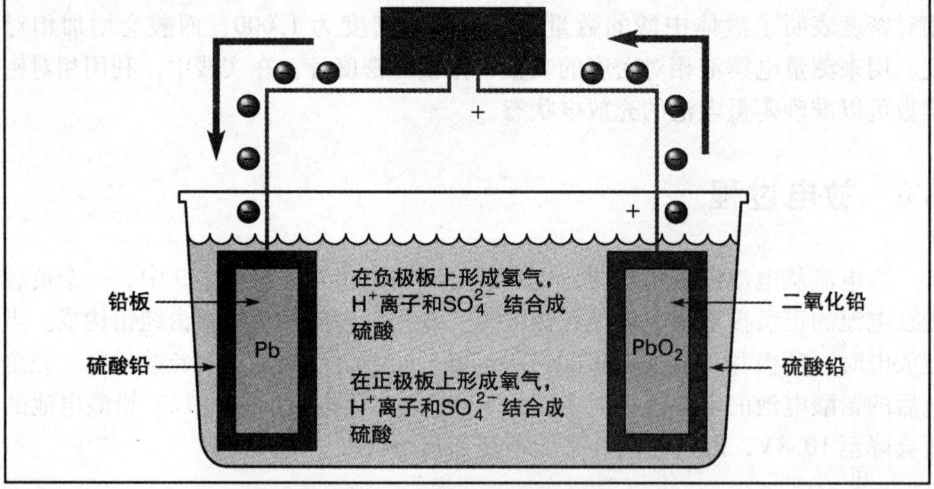

图 8-10 铅酸电池的充电过程

注意：充电时电池内部会产生氢气，这些氢气会被泄放至环境大气中。氢气是高度易燃爆的气体，可以被火花或明火点燃。

8.8 电池的结构

一块铅酸充电电池由一组二次电池单体构接而成（见图8-11）。不同电池的极板被单体分隔板分隔开来，整个电池有一个非导电的壳体。

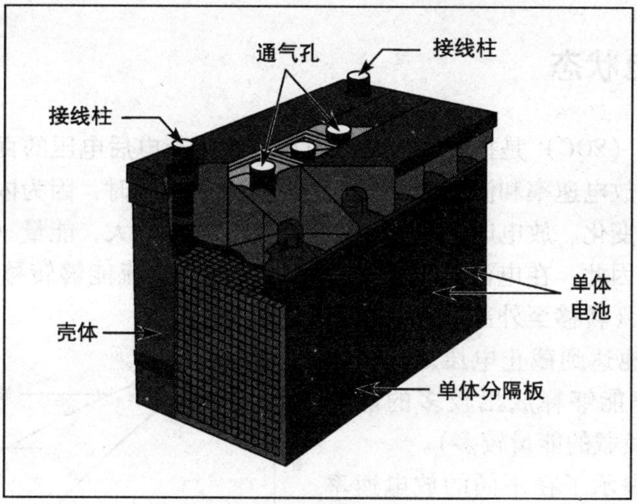

图8-11 电池的结构

1）隔板将正、负极板分隔开来。

2）单体分隔板将不同的电池单体分隔开来。

3）电极柱用于将负载连接到电池的+和-端。

4）排气孔用来泄放气体。

5）壳体用于保护极板，并盛装电解液。

8.9 硫酸盐化

硫酸盐化是指铅酸电池极板上的硫酸铅的结晶化现象。当电池充放电时，硫酸铅会缓慢地变成坚固的晶状结构，无法在充电时溶解，从而阻碍极板还原成铅和二氧化铅。久而久之，极板的活性就会降低，充电能力会衰减。如果电池处于完全放电状态或部分放电状态，则会加速硫酸盐化过程。用大电流短脉冲进行一段时间的充电能够部分逆转硫酸盐化现象。

8.10 层化

在采用液态电解质的铅酸电池中会发生**层化**现象。如果电池在很长时间内没有充放电循环，电解液就会分层，水会升至上层，而酸会沉降至壳体的底层。这会加剧电池单体底部的侵蚀，减少输出的电能。频繁充放电可以使酸和水均匀混合，从而将层化现象减少到最低程度。

8.11 荷电状态

荷电状态（SOC）是指电池剩余的电压占完全充电后电压的百分比。电压受到剩余电量、放电速率和温度的影响。当电流流向负载时，因为内阻的原因，电压会有一定的变化。放电电流越大，内阻上的压降就越大，能量（安时，A·h）消耗得越快。因此，在电池达到截止电压之前，大电流能够转移出的电池能量（A·h）较少（转移至外部负载的能量较少）。在电池达到截止电压之前，较低的放电速率能够释放出较多的能量（转移到外部负载的能量较多）。

图 8-12 展示了在不同的放电速率下，电压的下降与能量释放（A·h）之间的关系。在较低的放电速率下，电池可以在达到截止电压之前，以较高的电压将电流输送至负载。如果放电速率较高，电压截止很快就会发生。截止电压是制造商建议的最低放电电压。

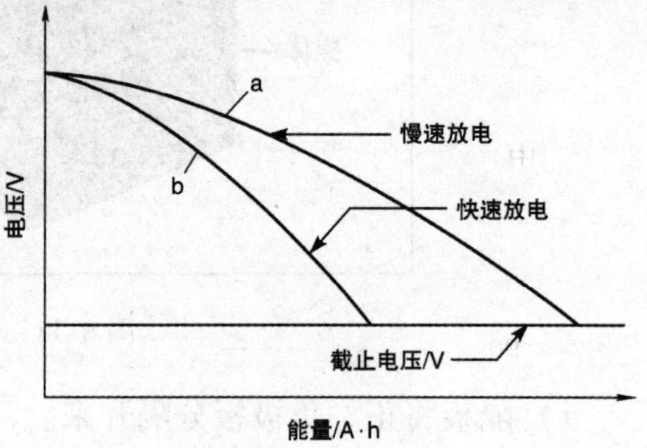

图 8-12 能量以不同的放电速率释放

8.12 放电速率

放电速率指电流安培数与额定容量的比值。例如，一块电池的额定容量为100A·h，放电电流为5A，则比值为5/100 = 1/20，其放电速率为C/20。这意味着1/20 的额定容量（1/20 × 100A·h）的放电速率是5A/h，即电池可以在此速率下放电 20h。C/10 的放电速率为 10/100 = 1/10，意味着 1/10 的额定容量的放电速率是 10A/h，即电池可以在此速率下放电 10h。在图 8-12 中，曲线（a）代表 C/20 放电速率，曲线（b）代表 C/5 放电速率。

在理想状态下，一块额定值为 180A·h，9A 的电池能够以 9A 的电流持续放电 20h。

8.13 容量

电池的容量单位是安培·小时（A·h）或瓦特·小时（W·h）。一块电池能够以 10A 的电流放电 20h，其释放电量为 200A·h（10A×20h）。如果其平均放电电压为 12V，其释放电量为 2400W·h（12V×200A·h）。

电池的容量并非一个固定值，会根据温度和放电速率而改变。铅-酸化学反应对温度很敏感，当电池温度升高时，内阻会降低，内阻上的压降会减少，电池容量会增加。当温度降低时，电池的容量（能够持续的电流）会下降，随着温度的升高，容量又会升高。较热的电池能够比较冷的电池贮存更多的电量。尽管电池在较高温度下的容量较大，但是其充放电循环寿命会缩短。

图 8-13 说明了容量是温度和放电速率的函数。当曲线（c）位于 25°C 时，电池有 85% 的容量，而在 -20°C 时，电池仅有 20% 的容量。当曲线（a）位于 25°C 时，电池有 100% 的容量，而在 -20°C 时，电池仅有 80% 的容量。温度对充电电压也有影响：在 -40°F 时，12V 铅酸电池的充电电压为 15.6V，而在77°F 时，充电电压降至约 13.3V。电池的额定参数是在 77°F（25°C）时测定的。

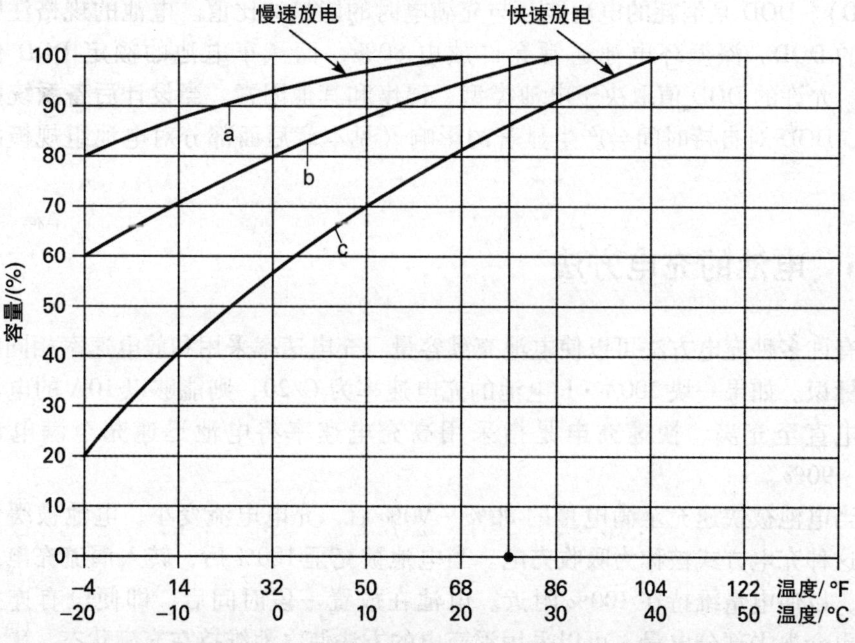

图 8-13 容量是温度和放电速率的函数

8.14 自持时间

自持时间是指一块充满电的电池能够为系统负载持续供电而无需中途充电的时间，通常以日为单位。例如，在一个光伏（PV）系统中，自持时间是基于在一段时间内平均无阳光日来计算的。（译者注：光伏系统的自持时间是指利用系统的后备蓄电池为负载供电的时间，此时光伏电池无需工作。）在美国的南部，系统自持时间通常为连续两个无光日，而在北部，可能是连续三~四个无光日。因此，电池的容量和自持时间都应满足这些条件。自持时间还是应用场合的函数，如果负载是可控的，或者有充电用的发电机，则自持时间就会改变。在某些应用场合，可以增加电池的允许放电深度以获得更长的自持时间。例如，电池的额定放电深度在夏季为25%，而在冬季为50%，因此在冬季的充电间隔时间得到了延长。

8.15 放电深度

在为光伏或风电系统设计后备电池系统时，要同时考虑自持时间和**放电深度（DOD）**。DOD是消耗的电池能量与充满电时的能量的比值。电池的规格注明了允许的DOD。深循环电池通常允许放电80%，而汽车电池的额定DOD仅为20%。允许的DOD值取决于电池类型、温度和其他因素。当设计后备系统的规模时，DOD对自持时间会产生显著的影响（见本章后面部分对电池组规模的讨论）。

8.16 电池的充电方法

有许多种充电方法可以使电池充满容量。充电速率采用和放电速率相同的方式来标识。如果一块200A·h电池的充电速率为C/20，则能够以10A的电流对其充电直至充满。**快速充电**是指采用高充电速率将电池迅速充至满电量的80%~90%。

当电池被快速充至满电量的80%~90%后，充电电流变小，电池被缓慢充满。这种充电方式被称为**吸收充电**。当电池被充至100%后，转入**涓流充电**或**浮充电**，以使电量维持在100%附近。电池在放置一段时间后，即便没有连接负载，也会失去部分电量。可以采用浮充电的方法使电池维持在充满状态。大多数充电控制器都采用这三种充电顺序。

在一块电池中的不同单体通常有着不同的充电速率，也有着不同的放电速率。因此，采用液态电解质和排气孔的电池必须选用**均衡充电**法。即施加的电压要高于正常充电值，使电池保持在能够产生排气的水平。当电池容量恶化时，通常应实施均衡充电。定期的均衡充电会减轻硫酸盐化和层化现象。请参考电池的规格来了解厂家建议的均衡充电频度。密闭电池不需要均衡充电，甚至会被均衡充电所损坏。

8.17　电池的类型

在可再生能源领域使用的电池大多是铅酸电池，分为动力电池、起动电池和固定式电池三种。

1）动力电池是深循环电池，采用较厚的极板。这种设计使得电池峰值电流较小，而允许 DOD 可达 80%。深循环电池可经受多次周期性充放电，动力电池多用于光伏和风电系统。

2）起动电池并不是为了深循环放电而设计。它们有大量较薄的极板，能够在短时间内提供很大的电流，但是不适合进行深度充放电。起动电池通常用于起动汽车发动机。

3）固定电池通常被用作不间断电源（UPS）。UPS 电池为一些重要的负载，例如计算机、特种医疗仪器以及应急照明电器供电。这类电池不适合频繁的充放电循环。

固定电解质电池

这其实就是密封铅酸电池，其电解质不是像常见的富液电池那样呈现液态。有两种常见的固定电解质设计方法，即胶质电池单体和吸附式玻璃纤维棉。在胶质电池中，将二氧化硅加入电解液中，加热并冷却后，电解液会变成黏稠的胶状物。吸附式玻璃纤维棉（AGM）电池将电解液吸附在玻璃纤维棉上，然后将其置于极板之间，与极板接触。

相比于排气式电池，固定电解质电池更适合小电流和低速率充电，以便能更好地控制壳体内气体的积聚。对此类电池需要精确控制以防止过充电和过放电，否则电池的寿命就会缩短。

固定电解质电池的最大优点是不会溢出液体，易于运输，维护保养也简单。

镍镉电池

镍镉（NiCad）电池是可充电电池。其正极板为氢氧化镍，并加入了石墨以增强其导电性。负极板由氧化镉制成，电解质为氢氧化钾。

这类电池是可充电的，平均可充电超过 2000 次。镍镉电池的放电压降要小于铅酸电池，如图 8-14 所示。一个镍镉电池单体电压为 1.2V，而铅酸电池的单体电压大约为 2.2V。因此，10 个镍镉电池单体的串联电压为 12V，大约相当于 6 个铅酸电池单体的串联电压。如果镍镉电池仅仅在部分放电后又被充电，当这种循环重复多次以后，电池就会“记住”这种循环，将其作为正常特性，从而减少了电池容量。

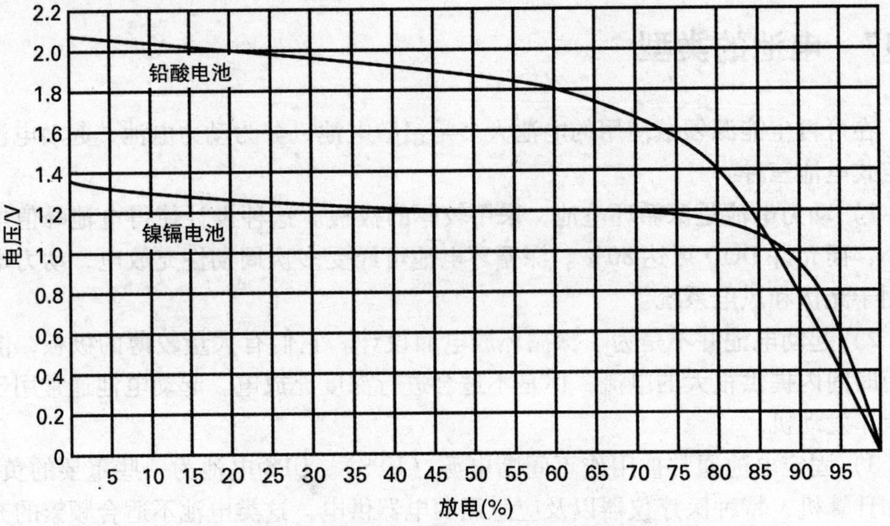

图 8-14 镍镉电池和铅酸电池的典型放电曲线

8.18 氢 - 氧燃料电池

燃料电池通过化学反应将化学能转化为电能。氢氧电池采用氢气为燃料，氧气为氧化剂。燃料电池与铅酸电池类似，由阳极（-）、阴极（+）和阳极与阴极之间的电解质构成（译者注：电池内部的阳极和阴极分别对应外部的负极和正极）。

如图 8-15 所示，电解液是氢氧化钾（KOH）溶液，阳极是含镍的多孔碳电极，氢气（H_2）被送入该电极。阴极为含镍和氧化镍的多孔碳电极，氧气（O_2）被送入该电极。电子经外电路从电池的阳极运动到阴极，在负载中产生了直流电流。阳极中的金属起到了氢气的催化剂的作用，催化剂是一种可以加速反应的物质，但是自身在反应中不发生变化。在本例中，催化剂将氢燃料转化为正离子和自由电子。电池中的电解质允许正离子通过，但是不允许电子通过。电子从外电路通过，回到电池的正极（+）。正离子从阳极出发，经过电池内的电解质到达阴极，在与氧气和阴极之间的催化反应过程中，同回到电池的电子重新结合，产生了水（H_2O）和少量的二氧化碳（CO_2）。

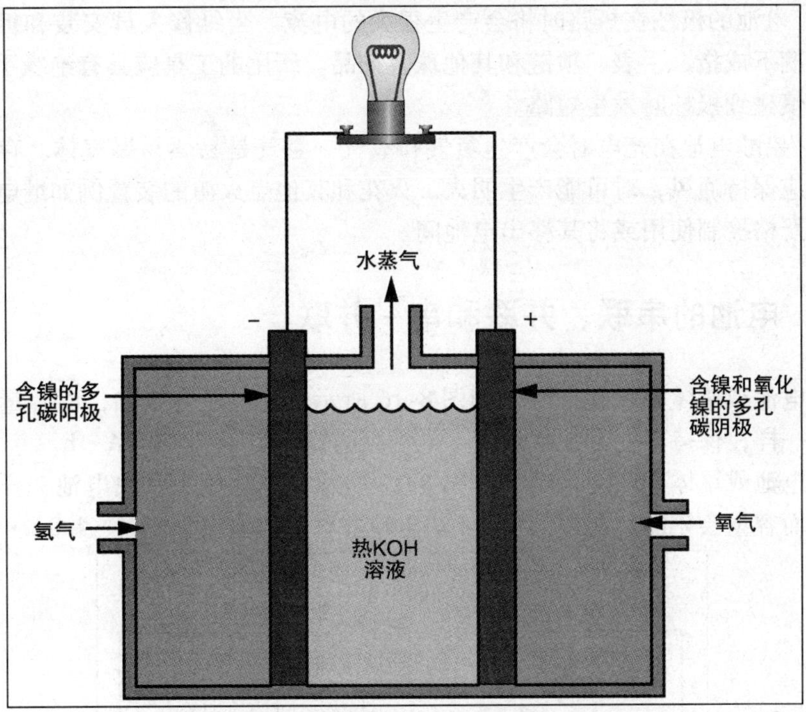

图 8-15　基本氢 - 氧燃料电池

由于燃料电池是通过电化学转换而不是氢的燃烧产生电力的，所以极少产生燃烧过程带来的副产物。只要供给氢燃料和氧，氢 - 氧燃料电池就能持续发电。这是燃料电池与二次电池的区别，即燃料电池不存在典型蓄电池的那种充放电过程。

燃料电池并没有作为可再生能源系统的蓄电装置得到商业化应用。然而它们已经用于航天领域以及许多试验性应用场合，如混合动力汽车。

8.19　电池使用的通用安全防护规定

当对电池进行操作和处理时，应遵守下列安全防护规定。但这仅仅是部分要求，还应遵守制造商的建议。

1）铅酸电池中的电解液中含有硫酸和水。硫酸能够腐蚀衣物、烧伤皮肤和眼睛。当对电池进行操作时，应穿戴围裙、橡胶手套，并佩戴护目镜。溅洒出来的硫酸可用苏打粉和水进行中和。如果皮肤和眼睛接触到电解液，应立即用大量洁净的冷水进行冲洗。

2）从破裂的镍镉电池中流出的电解液可用醋与水进行中和。

3）电池的极柱在短路时将会产生很大的电流。当维修人员安装和拆卸电池时，应摘下戒指、手表、项链和其他珠宝饰品。所用的工具应具有绝缘手柄，以防在不慎碰到极柱时发生短路。

4）铅酸电池在充电时会产生氢气和氧气。氢气是易燃易爆气体。存放电池的房间应保持通风，对可能产生明火、火花和其他点火源的装置例如继电器和开关等应严格控制使用或将其移出电池间。

8.20　电池的串联、并联和串－并联

当电池或单体串联起来时，如图 8-16 所示，其电压会累加，而容量则与一块电池一样，保持不变。在本例中，电池组的输出为 48V、100A·h。

当电池或单体并联起来时，如图 8-17 所示，其电压与一块电池一样，保持不变，而容量会累加。在本例中，4 块电池并联后的输出为 12V、400A·h。

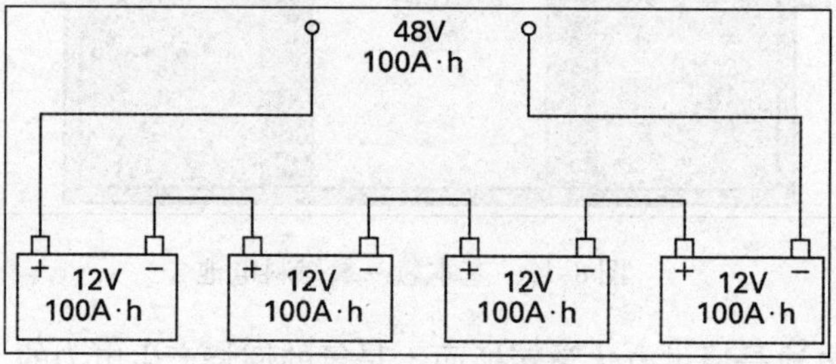

图 8-16　电池的串联

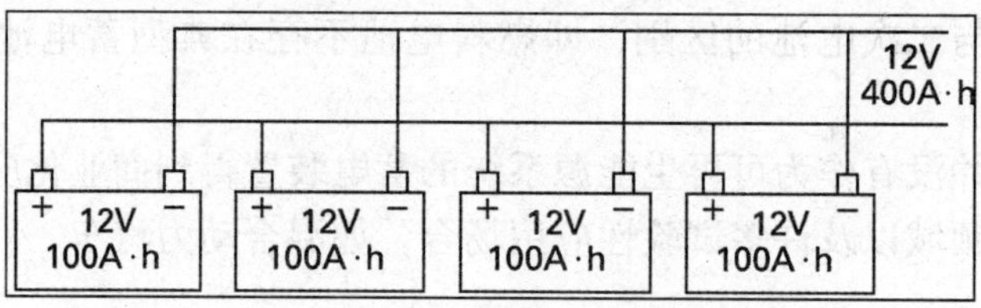

图 8-17　电池的并联

电池也可接成串－并联组合形式，如图 8-18 所示。这种连接形式可以使电压和电流都得到增加。在分析计算时，先将串联规则用于串联的电池，当串联的电池并联之后，再将并联规则用于并联的电池组。本例中，有两条串联的支路进行了并联，其输出为 24V、200A·h。

电池可以通过串联来提高电压，通过并联来增大电流。当电池串联时，各个电池的额定电压可以不同，但是额定电流必须相同。当电池并联时，各个电池的

额定电压必须相同，但是额定电流可以不同。

不应将老化程度不同以及状态和规格不同的电池混合或叠加使用来增加容量。否则由于充放电速率不同，系统将变得不可靠。当设计后备电池系统时，如果预计会增加发电源（光伏电池或风力发电机）或增加负载，那么在开始阶段就需要考虑电池的容量需求。

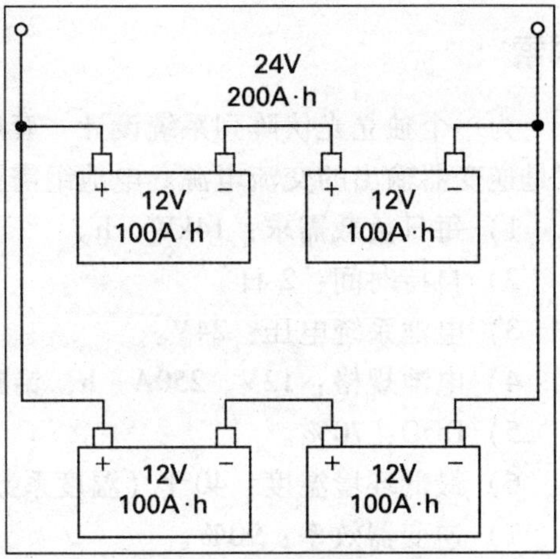

图 8-18 电池的串－并联

8.21 电池组的规模设计

可以采用以下步骤来估测独立光伏系统（或其他类型系统）中电池组的规模。

1）计算日均交流负载 W·h 数（这一步在估算电池组规模之前进行，利用电力公司的账单或将各个耗能项目的 W·h 数进行累加计算）。

2）将第 1）步的结果除以逆变器的效率。

3）将第 2）步的结果除以系统的直流电压。

4）第 3）步的结果就是日均（需求）A·h 数。

5）将第 4）步的结果乘以自持天数。

6）如果采用铅酸电池，将第 5）步的结果乘以温度系数㊀。

7）将第 6）步的结果除以 DOD 百分比（如果不是铅酸电池，则将第 5）步的结果除以 DOD 百分比）。

8）将第 7）步的结果除以（从系统中选择的）电池额定 A·h 数。

9）第 8）步的结果就是所需的电池组并联数量。

10）将系统的直流电压除以电池电压㊁。

11）第 10）步的结果就是在一个串联支路中所需的电池数量。

12）将第 11）步的结果乘以第 8）步的结果。

13）第 12）步的结果就是电池组所需的电池总数。

㊀ 这是电池组在最低环境温度下的额定值降低因子，通常标注在电池的规格中。

㊁ 例如，系统的直流电源选定为 24V，电池电压为 12V。因此，每条串联支路需要两块电池。这条规范是设计选定过程的一部分。

探索

为一个独立光伏阵列系统设计一套后备电池系统（见图 8-19）。系统的输出就是逆变器输出的交流电源。电池组需要在自持的白天和夜晚提供电力。

1）每日负载需求：14kW·h。

2）自持时间：2 日。

3）电池系统电压：24V。

4）电池规格：12V、250A·h，铅酸深循环电池。

5）DOD：70%。

6）最低环境温度：40°F（温度系数 1.3）。

7）逆变器效率：90%。

注：在图 8-19 中，电池组系统位于虚线框内。光伏阵列发出的电力必须满足电池充电和系统的需求，这些在确定光伏阵列规模时应予以考虑。当光伏阵列的发电量无法满足总需求量时，就仅向重要负载供电。此时通常采用发电机来补充电力以满足需求。

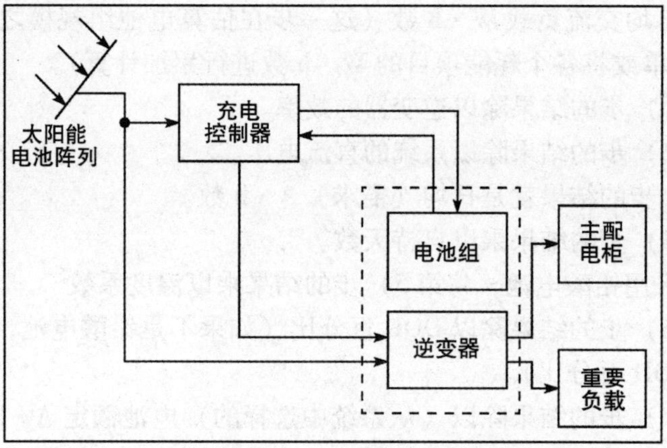

图 8-19 带有后备电池系统的独立光伏系统配置图

复 习 题

1. 哪种仪器可以测量电解液的相对密度？
2. 在富液式铅酸电池中，电解质的成分是什么？
3. 在铅酸电池充电时，会产生何种易燃易爆气体？
4. 解释硫酸盐化的含义。
5. 解释层化的含义。
6. 解释温度对放电速率的影响。

7. 一块电池能够以 6A 的电流放电 20h，其额定安时数是多少？

8. 一块电池的容量在 20h 的放电速率下为 225A · h。其标称放电电流是多少？

9. 当负载电流为 9A 时，电池端电压为 11. 8V，而空载时电池端电压会升高至 12. 5V。该电池的内阻是多少？

10. 一块充满电的铅酸电池以 C/40 的速率在 50°F 的温度下放电，随后放电速率变为 C/10。利用图 8-13 中的曲线（a）和曲线（c）判断，在 C/40 的速率下电池容量大致是多少？在 C/10 的速率下电池容量大致是多少？

11. 一块电池在 C/20 放电速率下的额定容量是 220A · h。

（1）在 C/20 放电速率下的放电电流是多少？完全放电的时间是多少小时？

（2）同样的电池在 C/10 放电速率下放电。在 C/10 放电速率下的放电电流是多少？彻底放电的时间是多少小时？

第9章　逆变器、控制器及其应用

目标

学习完本章后，读者应达到下列目标：

1）理解DC－AC逆变器的工作原理。

2）理解脉宽调制原理。

3）理解方波、修正方波和正弦波的品质差异。

4）理解对交互式并网逆变器的要求。

5）能够对集中式交互并网逆变器和微型逆变器进行比较讨论。

6）能够讨论最大功率点跟踪器的搜索算法。

7）理解最大功率传输的原理。

8）理解最大功率点跟踪器在实现最大功率传输中的作用。

9）理解光伏电池的最大功率点。

10）能够讨论DC－DC变换器的应用。

11）理解对充电控制器的要求。

12）能够计算功率效率。

13）能够对逆变器和控制器进行初级应用。

引言

在后面的章节中，我们将讨论光伏电池和风力发电机，而本章所讨论逆变器和控制器，则是后面将要讨论的系统的核心设备。逆变器将直流电转换为交流电，并提供与外部电网的接口。最大功率点跟踪器和DC－DC变换器为逆变器提供最优的功率，充电控制器对电池的充放电进行调控。若没有逆变器和控制器，能源系统的效率就会降低，而某些功能则可能根本无法实现。

很多可再生能源系统的输出是直流电。光伏电池、燃料电池、某些风力发电机以及其他一些可再生能源装置的输出为直流电，然而人们日常主要使用交流电。因此，必须使用逆变器将直流电转换为交流电。早期的逆变器采用直流电动机——交流发电机结构，通过一根轴将二者连接起来，采用机械的方式将直流电转换/逆变为交流电。现代的逆变器是一种纯电子设备，使用半导体元件将直流电转化为交流电。它是一种高科技的微处理器控制设备，是许多可再生能源系统中的核心设备。

本章将介绍逆变器的基本原理，对并网系统的要求进行讨论。介绍谐波对电气负载的影响，解释采用纯正弦波逆变器供给交流电的优点。许多系统采用电池组作为后备能源，此时需要使用充电控制器对其充放电循环进行控制和优化。本章介绍了现代逆变器、最大功率点跟踪器、DC－DC变换器、充电控制器和其他一些设备的工作原理和应用。最大功率点跟踪器利用搜索算法对光伏电池的输出进行优化，其工作原理也将在本章中讨论。

逆变器、控制器和本章讨论的大部分设备采用半导体器件进行设计和制造，这些设备的原理属于电子学领域的范畴。可再生能源的从业者应该熟悉这些半导体设备的术语。本章使用了其中一些术语，其定义可参考本书的附录部分。

为了成功地将光伏系统和风电系统与电网连接，或者使光伏系统作为独立系统来运行，设计者和现场人员必须理解控制器和逆变器的功用。另一方面，为了更好地理解控制器和逆变器的功能，则需要理解光伏设备的原理。为此，本章将介绍光伏电池的基本特性，但其详细原理将在后续章节中讲述。

9.1 光伏电池的特性

为了在光伏系统的背景下理解逆变器和最大功率点跟踪器的功用，有必要先了解光伏电池的特性。光伏电池是一种电流恒定而电压可变的设备，而发电厂的旋转式发电机则是一种恒压变流设备。例如，接入家庭的市电电压通常稳定在120V，但是电流却会根据负载的不同而有所变化。恒流发电设备的状况与此相反，其电流保持恒定，但是电压却随着负载的不同而改变。光伏电池的特性可以用电流－电压曲线来描述，该曲线称为$I-V$曲线或伏安曲线。$I-V$曲线描述了在一组特定条件下所有电压和电流可能的工作点。

图9-1a展示了两条$I-V$曲线。在第一条曲线中，太阳辐射强度为$1000\mathrm{W/m^2}$，在第二条曲线中，太阳辐射强度为$800\mathrm{W/m^2}$。两条曲线所处的温度都是25°C。两条曲线的**最大功率点**都用MPP标注出来，代表在这组工作条件下可以将最大功率传输给负载的电流和电压值（$P=I\times E$）。请注意，两条曲线的MPP都位于其$I-V$曲线的转折处。在特定的太阳辐射强度和温度下，两条曲线都表明，电流在通过转折点之前基本保持恒定，在经过转折点后很快下降为零。图9-1b所示给出了温度对硅光伏电池$I-V$曲线的影响。其中第一条曲线所处的温度为25°C，第二条曲线所处的温度为85°C。请注意，当温度降低（变冷）时，电压上升，当温度升高（变热）时，电压降低。但是电流却在温度变化时基本保持恒定。

当电池电压在通过MPP点之后继续升高时，其电流会急剧下降，功率也随之下降。逆变器必须对这种变化做出反应，向负载以规定的电流和电压输出电力。当规定的条件无法满足时，就应断开与负载的连接。待运输的光伏面板如图 9-2 所示。

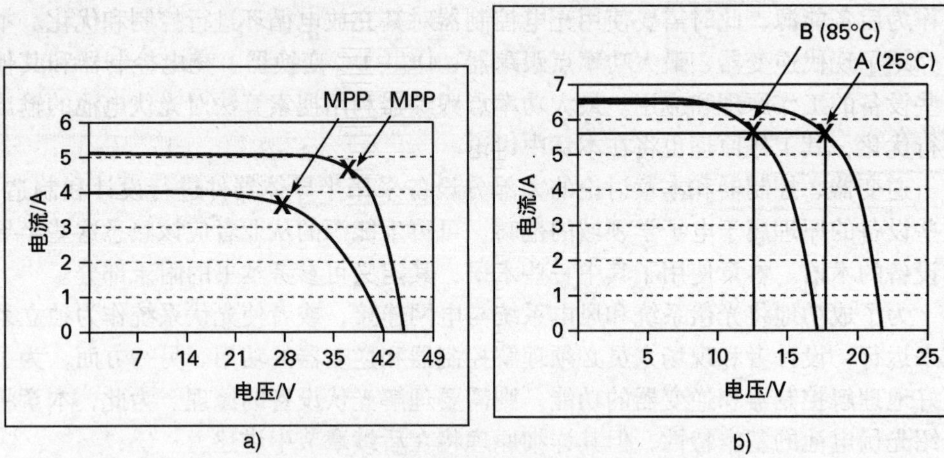

图 9-1 光伏组件在不同太阳辐射强度及不同温度下的特性曲线

a）光伏组件在不同太阳辐射强度下的特性曲线 b）光伏组件在不同温度下的特性曲线

图 9-2 待运输的光伏面板

9.2 逆变器

逆变器是将直流电转换为交流电的电子设备。在光伏系统中，逆变器可以将光伏阵列的直流输出变换为具有稳定电压和频率的交流电。同样，风力发电机的输出电力根据其型号的不同可能是交流电或直流电，如果是直流电，也需要使用逆变器来进行直流电到交流电的转换。

许多逆变器具有两项功能：①将直流电压转换为交流电压；②利用最大功率点跟踪技术从光伏组件中最大限度地获取功率。图 9-1a 和图 9-1b 展示了由于太阳辐射强度和温度引起的电池电压、电流和功率的变化情况。这些条件的变化将使最大功率点发生移动，为了维持从电源到负载的最大功率转移，逆变器必须调整电源负载，使其工作在电源的 MPP 点，从而最大限度地获取功率。这种调整负载的功能被称为**最大功率点跟踪**（MPPT），将在本章进行介绍。

逆变器在设计上与电网相互独立，这意味着它既可以在电网之外独立工作，也可以并网工作。当处于并网工作模式时，如果电网带电，逆变器既可以从电网获取电能，也可以向电网输出电能。

功率逆变器控制电源（光伏阵列、风力发电机或其他直流电源）和电气负载之间的电压和电流，将变化的直流输出转换成高质量的正弦波形。光伏电池的效率和逆变器的效率都是光伏可再生能源系统获得成功的关键因素。

在图9-3中，一个太阳能光伏阵列为一台逆变器提供直流电，后者为一栋建筑输出交流电。在图9-4所示的应用中，从一台风力发电机输出的不稳定的交流电先被整流为较为稳定的直流电，然后再被逆变成稳定的交流电。公共电网和用户负载必须得到稳定的交流电压波形。

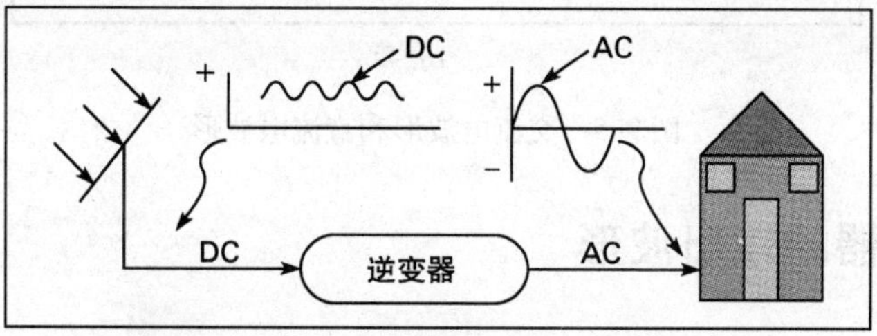

图9-3　光伏阵列的直流－交流逆变过程

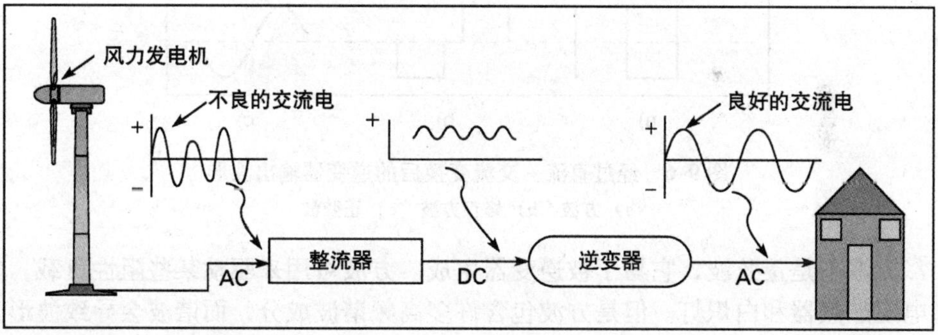

图9-4　风力发电机的交流－直流－交流变换过程

在美国和世界各地，绝大多数电力是交流电（AC）。交流电的优势在于可以被变压器升高电压（见第6章），从而减小电流。较小的电流有助于减少电力传输线和各类电线造成的压降和功率损失。逆变器输出的交流电压可以通过变压器连接至公共电网，或直接向系统所在地附近的家庭和商业用户的交流负载供电。

图9-5a展示的交流电波形的极性在正负之间往复变化，因此可以经由变压器进行变换，而图9-5b中的直流电波形无法被变压器变换。为了在变压器的一次和二次绕组之间进行电压变换，一次绕组的输入电压的极性必须是周期性变化

的，而图 9-5b 中的波形显然不具备这一点。

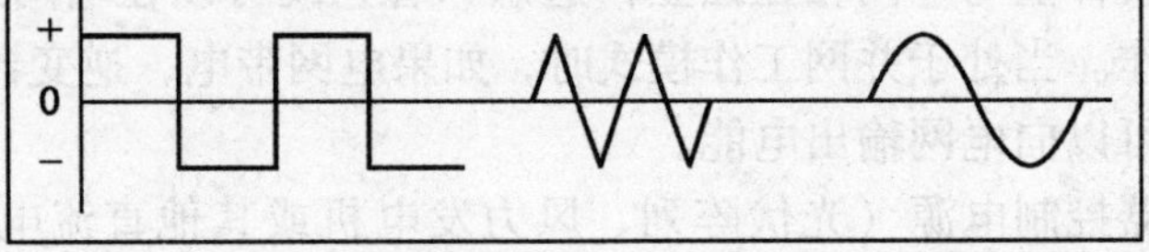

a)

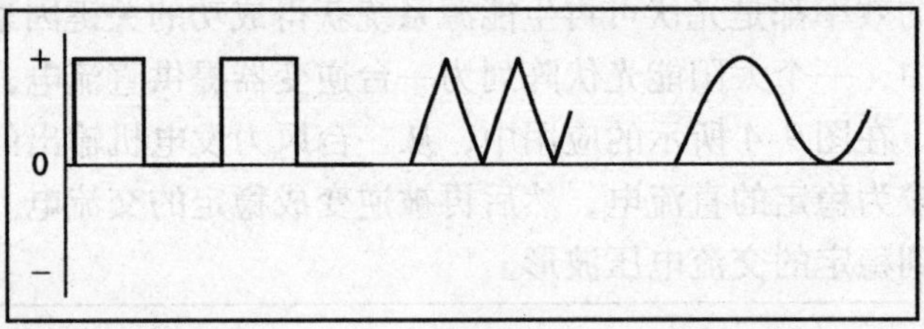

b)

图 9-5 交流电波形和直流电波形

9.3 逆变器的输出波形

图 9-6 展示了经过直流 - 交流变换后的逆变器输出波形。

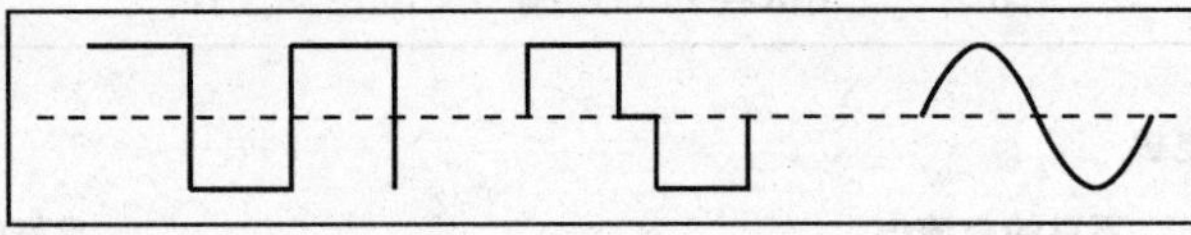

a) b) c)

图 9-6 经过直流 - 交流变换后的逆变器输出波形
a）方波 b）修正方波 c）正弦波

方波不是正弦波，它易于被逆变器生成。方波可用来驱动某些阻性负载，例如电阻加热器和白炽灯。但是方波包含许多高频谐波成分，而谐波会导致波形失真、电缆和电机过热、功率因数降低（见第 6 章中的交流电介绍），以及低功率效率。方波不适合为计算机和电子设备供电，也不能够为公共电网供电。总之，其用途极其有限。

修正方波更接近正弦波，但还不是正弦波。与方波相比，其谐波失真、效率和电压稳定性都有所改进。修正方波可用于某些独立应用场合，但是在使用修正方波逆变器之前，还是应该向设备制造商咨询设备的适用范围。在美国，修正方波逆变器未被批准用于交互式（电力并网）场合，因为这种交流电不符合公共电网的波形质量要求。

公共电网等级的正弦波逆变器可以提供高质量的交流电，该种交流电具有低谐波失真、高功率因数、良好的电网同步性等优点，可以作为纯正的正弦波电源，能够与电网使用的旋转式发电机输出的波形媲美。（见第 6 章中对正弦波的讨论，对比它们的峰值电压、方均根电压和平均电压。）

为了与公共电网连接，所选设备必须符合电气与电子工程师协会（IEEE）标准 1547、UL1741 和所有本地规范。IEEE 和 UL 的认证会在逆变器的铭牌上注明。各类标准会定期升级，设计者在设计系统时必须遵照当前的要求。许多州和电力公司颁布了“通过测试和批准的型号”清单，这些文件批准了允许并网的设备。

电力公司使用旋转式交流发电机，它们在设计上具有良好的并网兼容性，能够产生高质量的正弦波电源。符合相关认证的正弦波逆变器可以用于电网交互式应用场合。并网型逆变器被称为**电网交互式逆变器**，能够满足电网的严格规定。它们的总谐波失真小于 5%，当电网断电时可以自动与电网断开，当电网恢复供电后会重新连接。并网型逆变器拥有出色的电压和频率稳定性以及较高的功率因数，能够与公共电网保持相位和频率的同步。

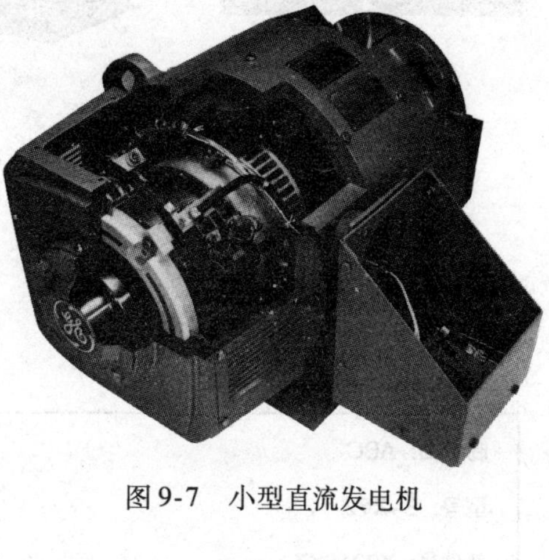

图 9-7 小型直流发电机

风力涡轮机可以驱动小型交流或直流发电机（见图 9-7）。这类设备能够输出直流电到逆变器，然后并入电网。风力发电机可以与光伏系统组成混合系统。

图 9-8 所示为逆变器的外形。

在逆变器的铭牌上可以看到其最大持续交流输出电流值，这是由最大额定功率和最小交流电压决定的（见图 9-9a）。

$I_{AC}@208V = P/V = 5000/208A = 24A$

最大持续直流输入电流是由最大额定功率和最小直流电压决定的。

$I_{DC}@250V = P/V = 5000/250A = 20A$

在图 9-9a 中，额定持续功率为 5000W。因此，逆变器的直流输入电流被限制在 20A 左右，光伏阵列的输出电流也被限定在 20A。如果超过了额定功率，很有可能导致逆变器的损坏。半导体设备对温度的变化很敏感，当电流增加时，其功率和温度也会增加。我们可以通过减少光伏阵列的输出来降低逆变器的温度。如果将工作点向最大功率点的右侧推移（朝 V_{OC} 方向），光伏阵列的输出功率将会降低。逆变器采用温度传感器来监测温度，并通过调整工作点来进行功率管理。

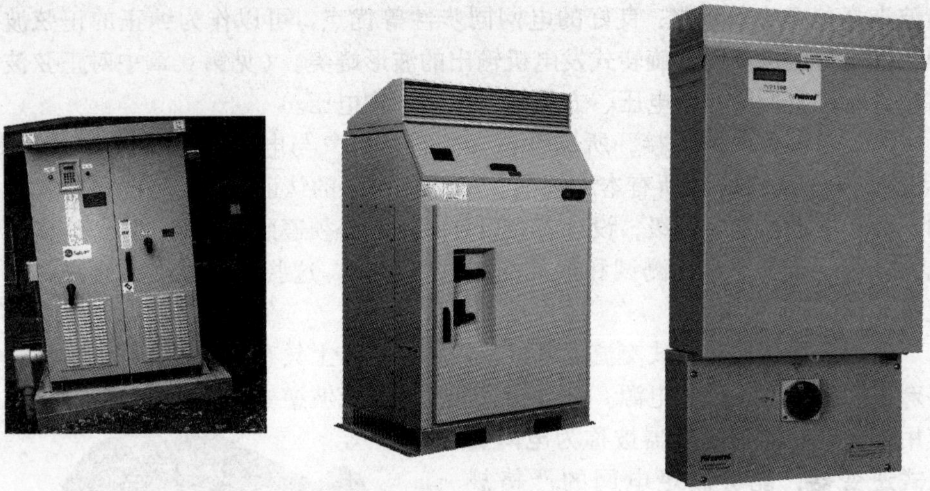

a) b) c)

图 9-8 逆变器外形

制造商：ABC

型号：S-XYZ

部件号：X3216YZ

直流输入电压：250～500V

交流输出电压：208/240/277V

交流输出频率：60Hz

持续功率：5000W

CEC效率：94%@208/240

94.5%@277

环境温度范围：−25°C, +46°C (−13°F, +114°F)

NEMA 3R 外壳

认证：UL-1741/IEEE 1547

a)

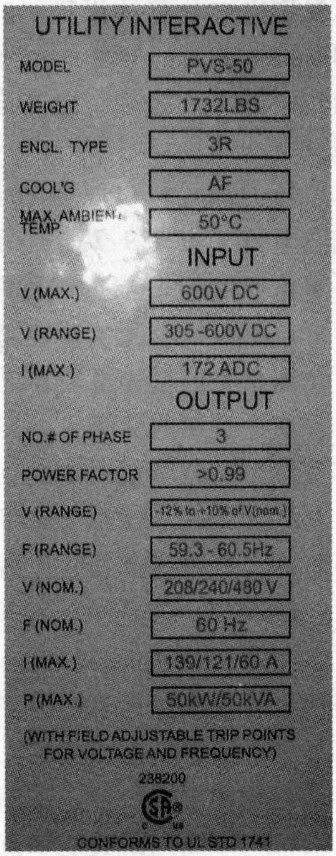

b)

图 9-9 逆变器的铭牌信息

功率开关晶体管被安装在散热器上，有助于将热量散发到空气中。（注：图9-9a中的CEC效率是美国加州能源委员会颁布的标准，指平均效率而不是峰值效率。设备效率会根据输出电压的不同而有所变化，这一点会在铭牌上标识。）

逆变器的输出电流取决于其额定功率和供给负载的电压，理解这一点十分重要。逆变器的持续输出电流必须符合 $I = P/E$。例如，如果负载需要的持续电流为25A，电压为120V，则光伏阵列和逆变器的最小额定功率必须为3000W（120V×25A），而实际的额定值会更高一些，以适应温度变化带来的电压升高。额定交流电流限定了负载电流和可用的电网电流。如果输出电流超过了逆变器的额定值，就会损坏逆变器。当向电网提供电流时，因为逆变器不可能提供比电源和逆变器额定电流更大的电流，所以负载不再是影响因素。电网可以接纳系统能够提供的所有电流。这种并网系统的特性提升了整个系统的效率，又因为不需要电池组，还会降低系统的维护费用。

在图9-9a中，输入电压的范围为DC250～500V，输出为AC208V/240V/277V。逆变器在较高电压时的效率更高，因为此时的电流较小，所以压降和发热量较低。逆变器的输入电压来自于电池组或光伏阵列和风力发电机等电源的输出。较小的系统输出的功率较低，供给逆变器的电流和电压也较小，而较大功率系统向逆变器提供的电流和电压也较大。如果一个光伏阵列的输出功率为5000W，则逆变器的输入可能为250V、20A或350V、14.3A，两种参数都可以输出5000W的功率，但14.3A的电流在电缆上的压降较低。逆变器配置的输入参数与额定输出存在函数关系。如果输入低于某个值，例如低于规格参数，逆变器将无法工作。输出值可以根据应用场合进行选择。大多数生活用电负载使用单相AC120V/240V，而商用场合使用较高的电压，并有单相或三相负载。从系统设计的角度来看，具有较大输入范围的逆变器更具优越性。

例9-1

一个家庭使用一个光伏阵列和电池组来为一个夏季别墅供电（见图9-10）。其负载包括灯具、电视机、水泵和两个多功能插座。经计算，负载为AC120V，2300W。请为该应用场合确定系统的配置和逆变器的需求。

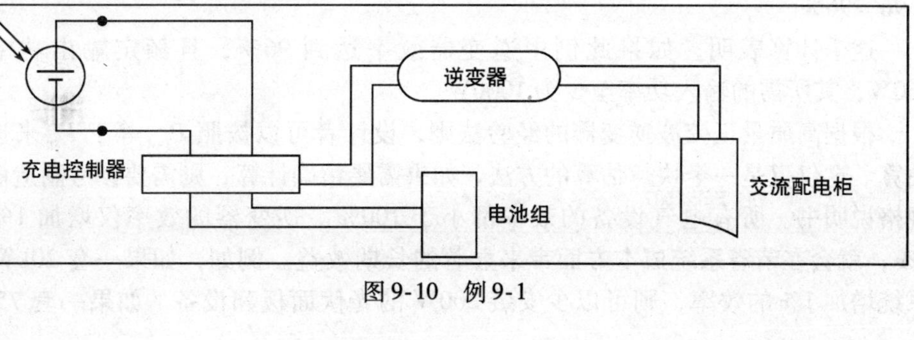

图9-10 例9-1

逆变器需求（最小）：

输出功率：2300W。

交流输出：120V@60Hz。

交流持续电流：2300/120A = 19.2A（20A）。

交流浪涌电流：2300 × 2/120A = 38.3A（39A）。

直流输入：48V（48V是用于电池充电和为小型系统的逆变器供电的常见电压）。

直流持续电流：2300/48A = 47.9A（48A）。

直流浪涌电流：2300 × 2/48A = 95.8A（96A）。

水泵和其他零星负载的浪涌电流按照其标称功率的两倍计算，但在其他应用场合可能会更大。浪涌电流的持续时间可能很短，该参数标示在逆变器的铭牌上或在规格中注明。本例中的浪涌电流由电池组提供，但是逆变器必须有能力应对增加的电流。

这是一个较小的系统，采用光伏阵列为电池组充电，然后供给逆变器。炉子和热水器采用丙烷气作为燃料，并使用一台发电机提供后备电源。逆变器可以自动起动或停止这台作为补充电源的发电机。如果不需要这项自动功能，则可以用一个手动切换开关进行控制。在这个系统中，应该根据电池充电电压和电流的需求以及充电控制器的功能来选择光伏阵列（本章的后部会介绍充电控制器）。

9.4 效率

现代逆变器采用固态元器件和高质量变压器，峰值功率效率可达95%。效率是输出功率与输入功率的比值，即

效率 = P_{out}/P_{in}

例 9-2

对图9-11中的逆变器，有

效率 = P_{out}/P_{in} = 960W/1000W = 0.96 = 96%

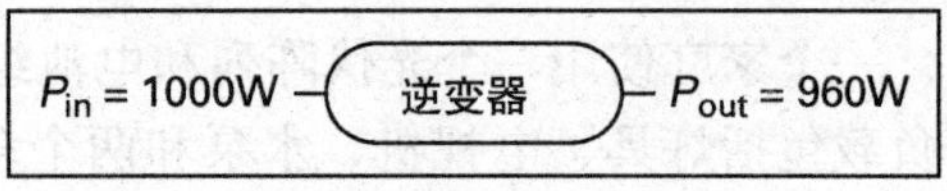

图9-11 例9-2

这个计算表明，如果此例中逆变器效率达到96%，且额定输出功率为960W，其所需的输入功率至少为1000W。

根据高质量正弦波逆变器的经验法则，设计者可以按照 P_{out} 等于 P_{in} 来进行估算。这仅仅是一个快速估算的方法，如果需要精确计算，则需要参考制造商的规格说明书。所有电气设备的效率都小于100%。逆变器的效率仅增加1% ~ 2%，就会在节省系统成本方面带来显著的长期效益。例如，如果一套20kW的系统增加1%的效率，则可以少安装200W的光伏面板和设备。如果一套75kW

的系统提高同样的效率，则可以少安装750W的光伏面板和设备。如果设备的成本为平均5美元/W，则分别可以节省1000美元和3750美元。

例9-3

假设一个系统有三个电气单元，其连接方式和效率如图9-12所示，则系统总效率为三个单元效率之积：

总效率=0.96×0.96×0.96=0.884=84.4%

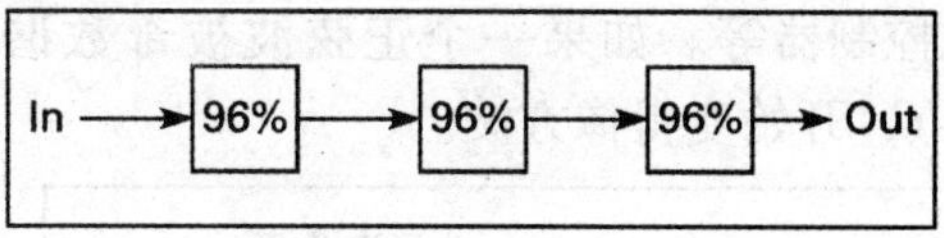

图9-12　例9-3

很明显，每个单元的效率都很高，但是系统的效率却较低。一部分进入系统的能量被用来驱动电路，一部分能量变成热量散失了。对于科学家和工程师们的挑战是研发自身能耗更低的元件和电路，同时减少其发热量。可再生能源系统的设计者和安装者面临着类似的挑战，即电源系统和控制器必须匹配兼容，面向特定应用的设计必须正确无误，并且以最优的方法进行布线、安置部件并保证安全。

通常，逆变器的额定效率是决定系统性能的首要因素，但这也可能引起误解。效率会随着直流输入电压、交流输出电压、处于工作状态的额定负载的比例和其他因素而变化。效率参数非常重要，但系统的性能则是总体设计和使用状况的函数。

探索

计算至少3台逆变器的效率参数值（利用产品目录或互联网上的信息）。请注意达到额定效率所需的相关条件。如果效率增加1%，对于100kW的系统，将节省的功率是多少？为什么当系统工作在接近最大额定电流时，效率会增加？

9.5　谐波失真

相关研究表明，一个周期性的（重复性的）非正弦波可以通过一系列与基本波形不同频率的正弦波叠加而成。与基本波形频率一致的正弦波也被称为一次谐波。而实际的交流电压和电流波形则包含多种频率的波形，这些波形被称为**谐波**。谐波的频率是基本频率（等于一次谐波的频率）的若干倍。例如，如果一个波形的基本频率是5kHz，则其可能的谐波频率为10kHz，15kHz，20kHz等。一个纯正的正弦波形仅仅包含基本频率，不包含其他谐波。但是非正弦波形则包含了正弦波的基本频率波形以及谐波。例如一个频率为5kHz的方波，就包含有5kHz的基本频率和其他奇数倍谐波，如15kHz、25kHz以及35kHz的谐波。一个50Hz的方波由如下正弦波叠加而成：一次谐波=50Hz，三次谐波=150Hz，五次

谐波 = 250Hz 等。方波仅仅包含奇数倍谐波，但另一些波形则包含偶数倍谐波或既有奇数倍也有偶数倍谐波。偶数谐波是基波频率的偶数倍，如果某种 2kHz 的波形由偶数谐波组成，则它包含基本频率和 4kHz、8kHz、12kHz 等频率的谐波。某包含基本频率和二次谐波的波形如图 9-13 所示。

一台纯正弦波发电机在带动某些负载时，可能会出现脉冲电流，从而将谐波引入到正弦波中。这类可能造成脉冲电流的负载包括荧光灯镇流器、计算机和电机控制器等。如果一个正弦波被奇数谐波叠加回来，就会发生失真（见图 9-14），开始变得像方波。

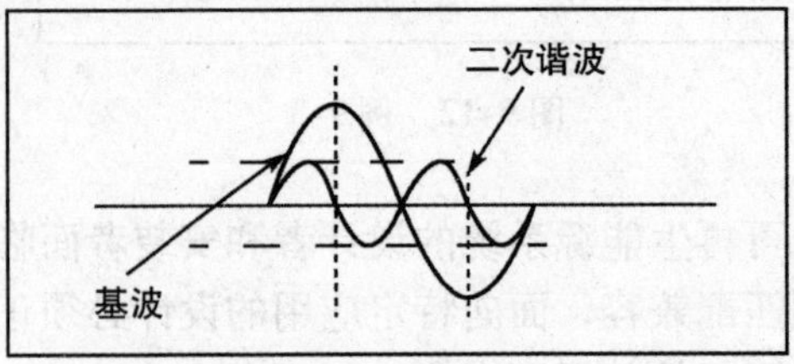

图 9-13 某包含基本频率和二次谐波的波形

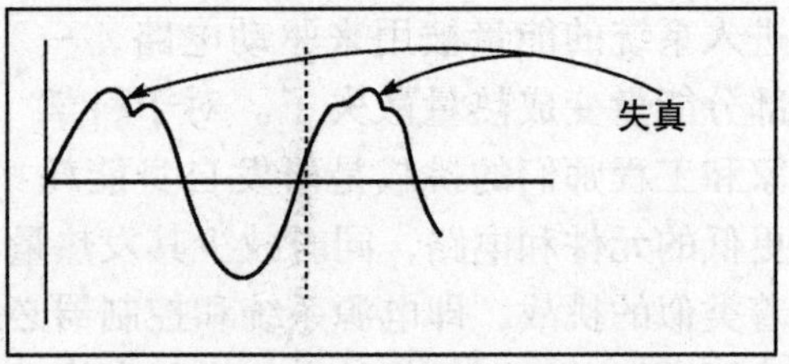

图 9-14 谐波造成的正弦波失真

如果一个正弦波是通过脉宽调制的方法生成的，就会有高频正弦波谐波被引入到波形中，这些谐波必须在发电系统向电网输出纯净的正弦波电压之前消除掉。高质量的并网型逆变器的总谐波失真（THD）小于 5%。计算波形的 THD 时，可以先计算除了基本波形之外的所有谐波的功率之和，然后除以基波的功率。例如，一个方波仅仅含有奇数谐波，其 THD 计算如下：

$$\mathrm{THD} = (P_3 + P_5 + P_7 + \cdots + P_n)/P_1$$

式中，P_n 是计算用到的最后一个谐波的功率，P_1 是基波的功率，P_3 是三次谐波的功率等。

谐波会造成动力电缆、连接线路、电机和变压器的过热现象。过热会导致保护装置频繁启动，并减小功率因数。音频系统中的静态噪声通常由信号中的谐波引起。我们可以使用滤波器来消除谐波。事实上，那些被称为“正弦波逆变器”的设备并不能够产生“纯粹”的正弦波，但一台典型的高质量正弦波逆变器的 THD 应小于 5%。

探索

在互联网上搜索“谐波失真”，观察谐波分析仪的工作过程，学习如何用正弦波叠加生成一条方波。

9.6 生成修正方波

图 9-15 所示指出了一台修正方波逆变器的基本原理。其中 Q_1 和 Q_2 是 MOS-

FET（金属氧化物半导体场效应晶体管）半导体开关。场效应晶体管的输入阻抗比普通双极型晶体管高很多，因此场效应晶体管的功耗要比普通双极型晶体管的功耗小上百倍。直流电源的正极连接至变压器的中心抽头（CT）。控制模块经编程可以控制 Q_1 和 Q_2 的状态切换。当接通 Q_1 时，电源电流会通过 Q_1 流经一次绕组的中心抽头，再返回到电源。然后，控制模块接通 Q_2（关闭 Q_1），电源电流通过 Q_2 流经一次绕组的中心抽头，再返回到电源。通过交替接通 Q_1 和 Q_2，就会将磁场感应到变压器的二次绕组，输出交流电压。因为 Q_1 和 Q_2 仅仅是接通和关闭，输出电压经过滤波也不会生成正弦波。但是通过控制算法，调整脉冲之间的间隔，这个设备就可以生成方波或修正方波（见图9-16）。在本例中，场效应晶体管的切换频率要远低于脉宽调制发生器。（见图9-21）。

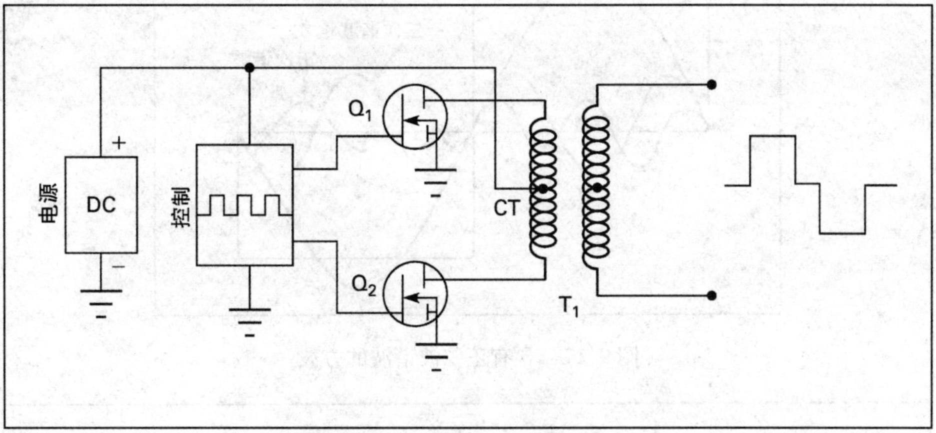

图9-15　生成修正方波的电路

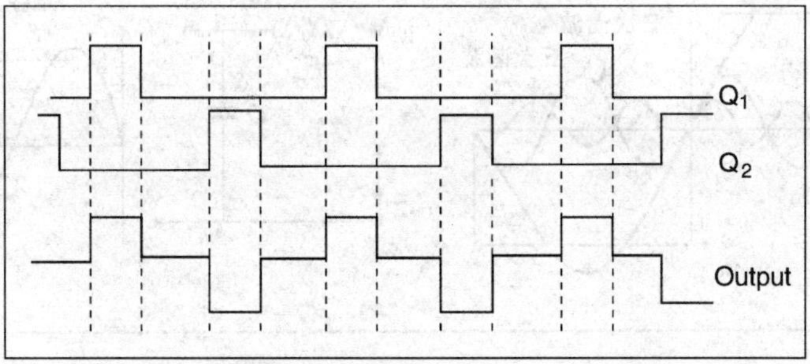

图9-16　通过控制时间生成修正方波（参见图9-15）

9.7　生成正弦波

如前所述，交流波形由谐波组成。假定一条交流方波由一次（基本）、三次、五次及更多的奇数谐波组成，如图 9-17 所示，它含有基本（一次）正弦波分量，以及三次和五次谐波。如果该基本正弦波为 60Hz，则其三次谐波为 180Hz，五次谐波为 300Hz。这些谐波可以通过滤波器从原始波形中提取出来。滤波器是由电阻器、电感器和电容器组成的设备，能够挡住某些频率的波形，而使另一些频率的波形通过负载。在图 9-18 中，60Hz 的基本正弦波通过了滤波器，而更高频率的谐波则被阻挡。一个允许 60Hz 波形通过的低通滤波器将会把高于 60Hz 的波形挡住。所以，为了得到一条纯净的正弦波，可以先生成一条高质量的方波，然后将谐波过滤掉，仅留下基本波形即可。

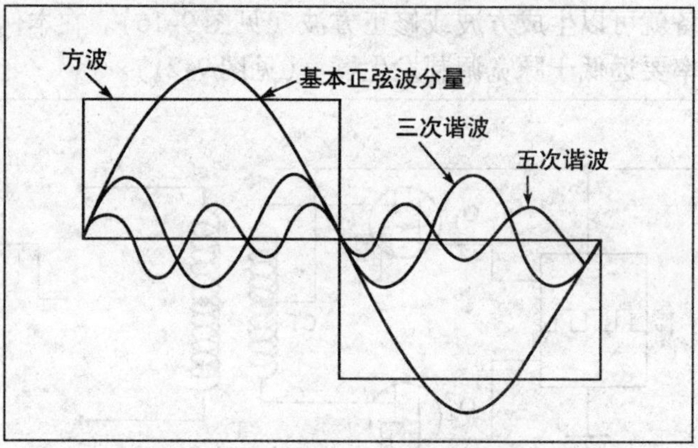

图 9-17　含有正弦波谐波的方波

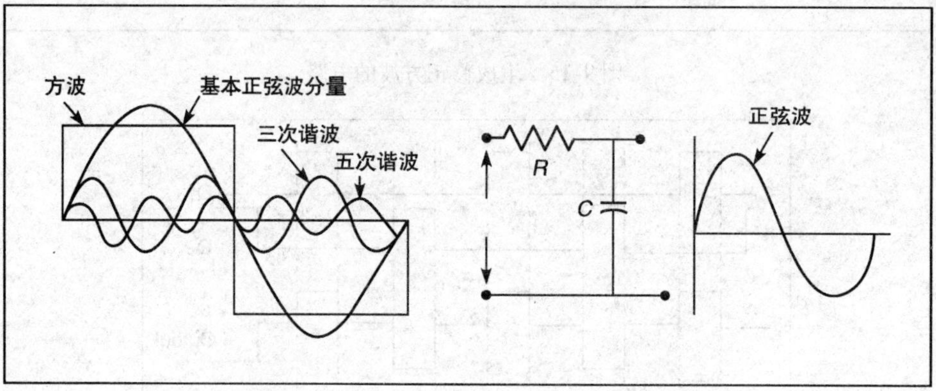

图 9-18　将三次和五次谐波滤除后得到正弦波

9.8　正弦波逆变器

正弦波逆变器采用数字电路来生成正弦波。通常用来生成高质量正弦波的技术是脉宽调制（PWM）。PWM是一种数字技术，通过方波脉冲的宽度确定正弦波的幅值，而脉冲的频率（每秒的周数）则用来帮助确定正弦波的形状和平滑程度。随着脉冲宽度的增大，正弦波的幅值也会增加。单位时间内脉冲的个数越多，生成的波形就越接近正弦波。图9-19展示了一条由PWM技术生成的正弦波。

图9-20展示了脉冲宽度和负载两端平均电压之间的关系。在图9-20a中，电压恒定不变，波形占空比为100%，负载上测得电压为10V。在图9-20b中，电压脉冲的通、断时间各占一半，占空比为50%，负载上测得电压为5V。在图9-20c中，电压脉冲的通、断时间分别为1/10和9/10，占空比为10%，负载上测得电压为1V。

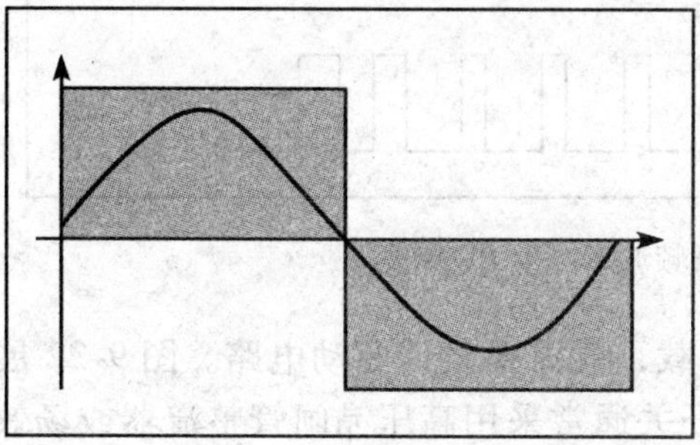

图9-19 一条通过PWM技术生成的正弦波

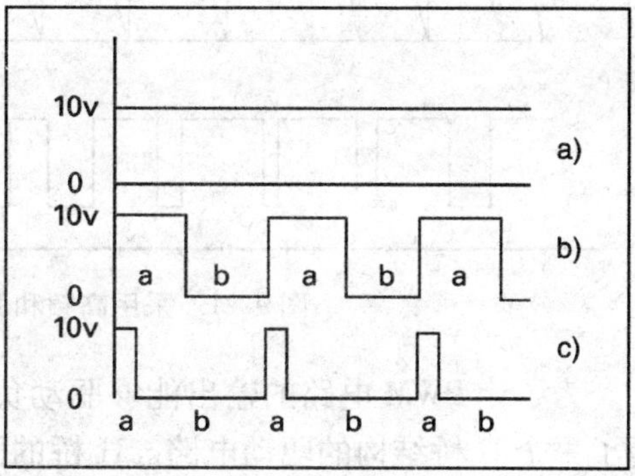

图9-20 不同的波形占空比生成的电压

a）占空比100%，平均电压=1.0×10=10.0V

b）占空比50%，a=b，平均电压=0.5×10=5.0V

c）占空比10%，a=1/9b，平均电压=0.1×10=1.0V

9.9 脉冲宽度调制

逆变器是本书所讨论的可再生能源系统的一种重要设备。大多数正弦波逆变器采用**脉冲宽度调制（PWM）**技术生成正弦波输出量。在讨论逆变器时请参考相关技术资料。系统设计者、技术人员和安装人员应当理解DC－AC逆变器的工作原理，此处介绍一种PWM逆变器。

PWM可用于生成高质量正弦波，在具体设计中可采用多种设计方案和技术类型。采用内嵌函数、模拟电路以及模拟电路与数字微处理器混合设计等技术的综合电路已被用于逆变器。逆变器可生成一系列可变宽度的脉冲，具有不同的形状和占空比，最终可以为负载提供具有纯净正弦波特性的波形。

图9-21展示了一种产生调制脉冲序列的方法。其中两条波形含有一条幅值

恒定的高频锯齿波形和一条低频正弦波，低频正弦波是期望产生的参考波形。在特定时间点，锯齿波和参考电压被输入到比较器电路中。当锯齿电压和参考电压之差较小时，调制的脉冲就较宽，当锯齿电压和参考电压之差增大时，调制的脉冲就会变窄。当参考电压改变极性后，调制脉冲会从宽高电平脉冲变成宽低电平脉冲。图 9-21 下部的波形是在参考正弦波一个周期之内产生的 PWM 脉冲。

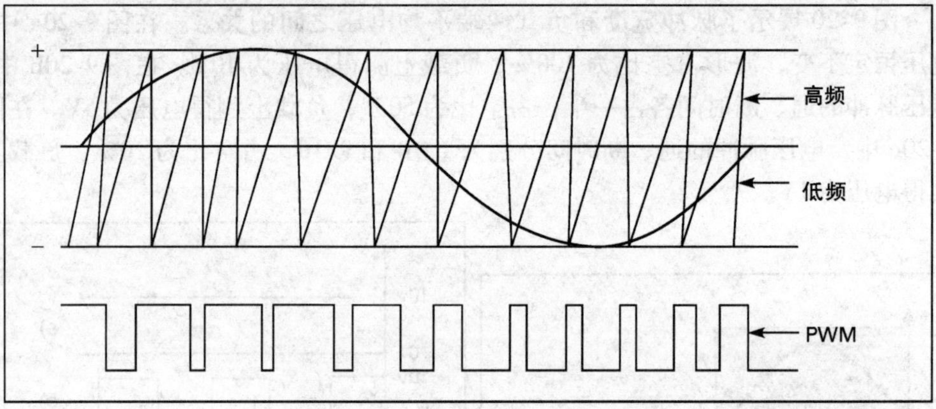

图 9-21 采用高频和低频波形产生 PWM 波

为了让 PWM 电路的输出能够驱动负载，就需要设计驱动电路。图 9-22 展示了一个 H 桥结构的驱动电路。H 桥的开关通常采用高压晶闸管整流器或场效应晶体管器件将输出波形与负载联系起来。图 9-22 下方的表格列出了电压加到负载上时的开关状态。在图 9-22 中，这些开关用机械开关的符号表示，g 是将开关打开或关闭的控制端。半导体开关比机械开关的可靠性更高，功耗也更小，因此现代逆变器已不再采用机械开关。通过关闭左上角的开关（H_L）和右下角的开关（L_R），可以产生波形的正半周；而关闭右上角的开关（H_R）和左下角的开关（L_L），可以产生波形的负半周。PWM 和 H 桥可以产生高品质的正弦波，其驱动输出能力比图 9-21 所示中产生的参考正弦波要强。

这些开关切换装置需要切换控制信号，根据设计的不同，控制信号可以来自逆变器模块的外部或内部。H 桥的开关切换控制被称为线换向或自换向。**线换向控制**位于外部，由并网信号来控制开关（换向），这类场合通常采用晶闸管（SCR）开关。**自换向控制**通过逆变器模块内部的微控制器实现。线换向控制能够自动地将逆变器的输出与电网进行同步。自换向控制则采用了复杂的算法进行同步控制，其对输出频率和功率因数的控制更胜一筹。图 9-22 给出了单相控制的原理，而三相桥则包括另一套功率开关，第三根功率母线，三相滤波器和三角形或 Y 形变压器。本例中的 H 桥是自换向型的，其开关是场效应晶体管（MOSFETS）或绝缘栅双极型晶体管（IGBTS）。自换向逆变器可以用于并网或非并网

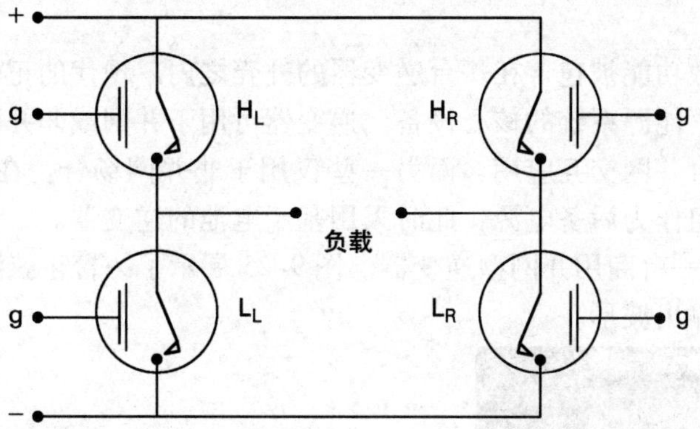

上　　左	上　　右	下　　左	下　　右	负载电压
开	关	关	开	正
关	开	开	关	负
开	开	关	关	-0-
关	关	开	开	-0-

图 9-22　H 桥开关电路和控制关系图

的应用场合，是逆变器的主流产品。

图 9-23 为 PWM 正弦波逆变器的内部结构功能。

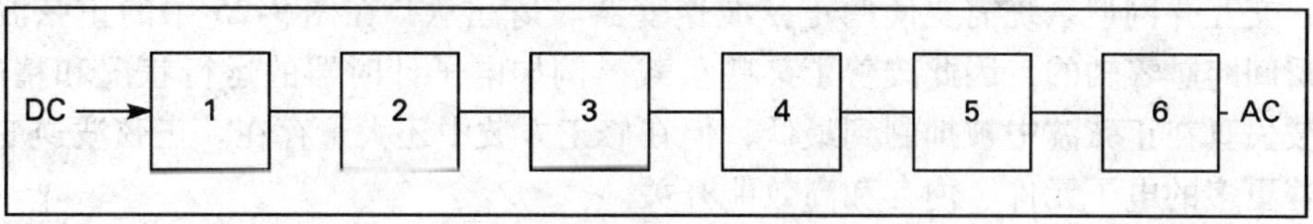

图 9-23　PWM 逆变器框图

1—产生正弦波和锯齿波　2—PWM 波形控制和生成　3—驱动器控制 H 桥开关次序　4—H 桥　5—低通滤波器　6—变压器

H 桥的开关次序由调制后的波形控制，产生正弦波的正向或负向变化。低通滤波器使基本频率成分通过负载，而将高频谐波阻挡住。

现在将光伏系统中正弦波逆变器的工作进行串讲：光伏阵列的输出为直流电，随着太阳辐射强度和阵列温度的变化，其输出电压和功率也会发生变化。阵列的输出进入一台 DC－DC 变换器，也被称为最大功率点（MPP）跟踪器。MPP 跟踪器能调整阵列负载，使得阵列能够输出最大可用功率。这一过程通过调整阵列电压，将最大功率转移到 PWM 设备中来实现。PWM 设备生成了正弦波，其中包含有害的谐波，可以通过滤波器将其消除。变压器将电压幅值进行变化以满足电网和其他交流负载的需求。逆变器的输出电压比电网电压略高，以便向电网输送电流。

上述大多数功能被包含在一台逆变器的外壳之内。现代的正弦波逆变器非常复杂，是可再生能源系统的核心设备。逆变器可用于并网或非并网的场合，其中一些逆变器适合并网交互应用，而另一些仅用于非并网场合。在非并网设计中，通常使用电池组作为后备电源，此时采用基于电池的逆变器。

图 9-24 是一台商用并网型逆变器。图 9-25 展示了一台正弦波逆变器和修正方波逆变器的输出波形。

图 9-24　商用并网型逆变器

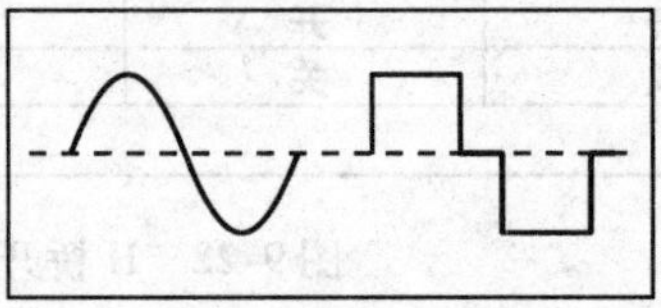

图 9-25　正弦波与修正方波的对比

交互并网型系统需要使用正弦波逆变器。请注意，在图 9-25 中的正弦波是在瞬间跨越零轴的，因此改善了某些负载，例如电子计时器的运行状况和精度。谐波失真在正弦波中被抑制到最低，但在修正方波中还大量存在。正弦波逆变器有着更多的电子元件、内存和高效能开关。

现代逆变器采用了最先进的三极管、场效应晶体管、晶闸管和集成微处理器。这些器件自身的功耗很低，有利于保持逆变器的高效率。高质量逆变器的峰值功率效率可达 92% ~96%。当向电网输出电能时，交互式并网逆变器必须将输出的频率、相位和幅值与电网匹配同步。逆变器通过电子设备进行同步控制。电压和电流同相，意味着阻性功率因数接近 100%。小于 1 的功率因数意味着存在无功功率和能量的浪费。在图 9-26 中，一个光伏阵列在保持电流和电压同相的状态下与电网同步。输出电压也要经过变换以符合电网的要求。当电流和电压同相时，功率因数为 1，然而一套独立非并网系统的功率因数将受制于本地负载的类型。

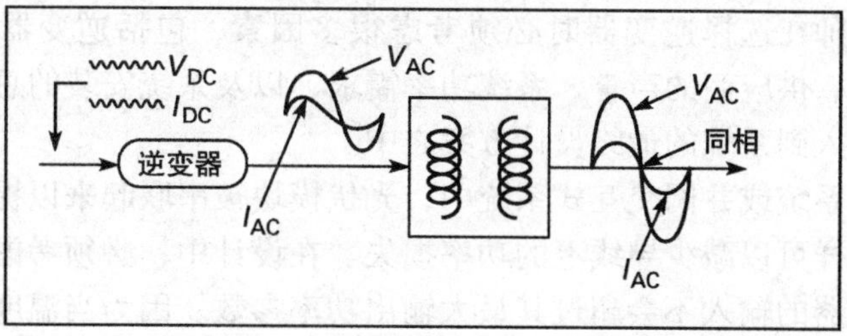

图9-26　逆变器的输出与电网同步，电压也要升高

9.10　组串型逆变器和微型逆变器

单个的集中式逆变器通常被称为组串型逆变器，是一种将DC-AC系统连接至交流配电系统的传统方法。这种集中式逆变器通常安装于住宅或楼宇内靠近配电箱的地方。例如，光伏面板连接成组串，形成阵列，输出600V的直流电力，然后与集中式逆变器相连。如果某一个光伏面板被遮挡，整个组串都要受到影响。旁路二极管可以起到分流作用，能够将被遮挡的面板剔除掉。

与在一套太阳能阵列上安装一台集中式逆变器不同，还可以在每个光伏面板上安装一台微型逆变器（见图9-27）。这样在面板/组件上就可以将直流电转换成交流电，然后将阵列引出的低压交流电缆连接到配电箱的断路器上。此时，面板受到遮挡产生的影响不大，因为在面板级别已经对此种情形进行了隔离。最大功率点跟踪（MPPT）也在面板级别进行，而不是放在集中式逆变器的级别。

a)　b)

图9-27　微型逆变器及光伏面板的安装
a）微型逆变器的安装　b）光伏面板的安装

系统设计师在选择逆变器时必须考虑很多因素，包括逆变器的可靠性、效率、维护要求、供应商的声誉、系统功率需求，以及系统安装的总费用等。这些因素都要被纳入到系统的最终设计方案之中。

在大功率系统或并网交互式系统中，光伏模块被串联起来以提升电压并降低线路电流，这样可以减少导线上的功率损失。在设计中，必须考虑串联组件的长度，以使逆变器的输入不会超过其最大输出功率参数。因为当温度升高时组串的输出电压会降低，为保证逆变器和光伏系统在高温下的性能，组串中的光伏组件数量应满足输出电压的最低需求。相关信息都被列在组串型逆变器的规格之中。

9.11　电网电力的质量

如前所述，并网交互型电源逆变器允许将其输出与电网直接连接。一台高频PWM 逆变器使用微处理器将 DC－AC 转换得到的电力与电网电压和电流进行同步。电网向逆变器控制器的反馈与逆变器的恒定直流输入使得逆变器的输出电压保持在略高于电网电压的水平上，以便将电流送入电网系统。

如果逆变器的输入约为 DC185V，则一台 H 桥逆变器能够输出约为 120V RMS（峰值 170V）的正弦波电压。这个电压可以被提升至 240V RMS 或更高。逆变器的最低直流输入电压越小越好，最好具有较宽的输入范围，以适应由于温度和太阳辐射变化造成的光伏模块的输出波动。

9.12　孤岛效应

孤岛效应是一种不良状况。当公共电网断电，而逆变器仍向电网中的一个小小“孤岛”供电时就会发生。这种状况会对电力工人造成伤害。并网型逆变器必须在公共电网断电后的几个波形周期内就与其断开连接。

9.13　逆变器的应用

图 9-28 所示为逆变器的系统应用与连接。

(1) 独立离网型　电源（光伏阵列或风力发电机）为充电控制器供电，再向电池组充电，然后由电池组为逆变器供直流电（见图 9-28a)，最后由逆变器输出交流电。电池组是逆变器的一次输入源。

(2) 并网/无电池型　电源（光伏阵列或风力发电机）直接为逆变器供电（见图 9-28b)。逆变器与电网并联运行，同时为负载供电。如果光伏阵列或风力发电机的输出功率大于本地负载的需求，则多余的电力就被送入电网。因为这种

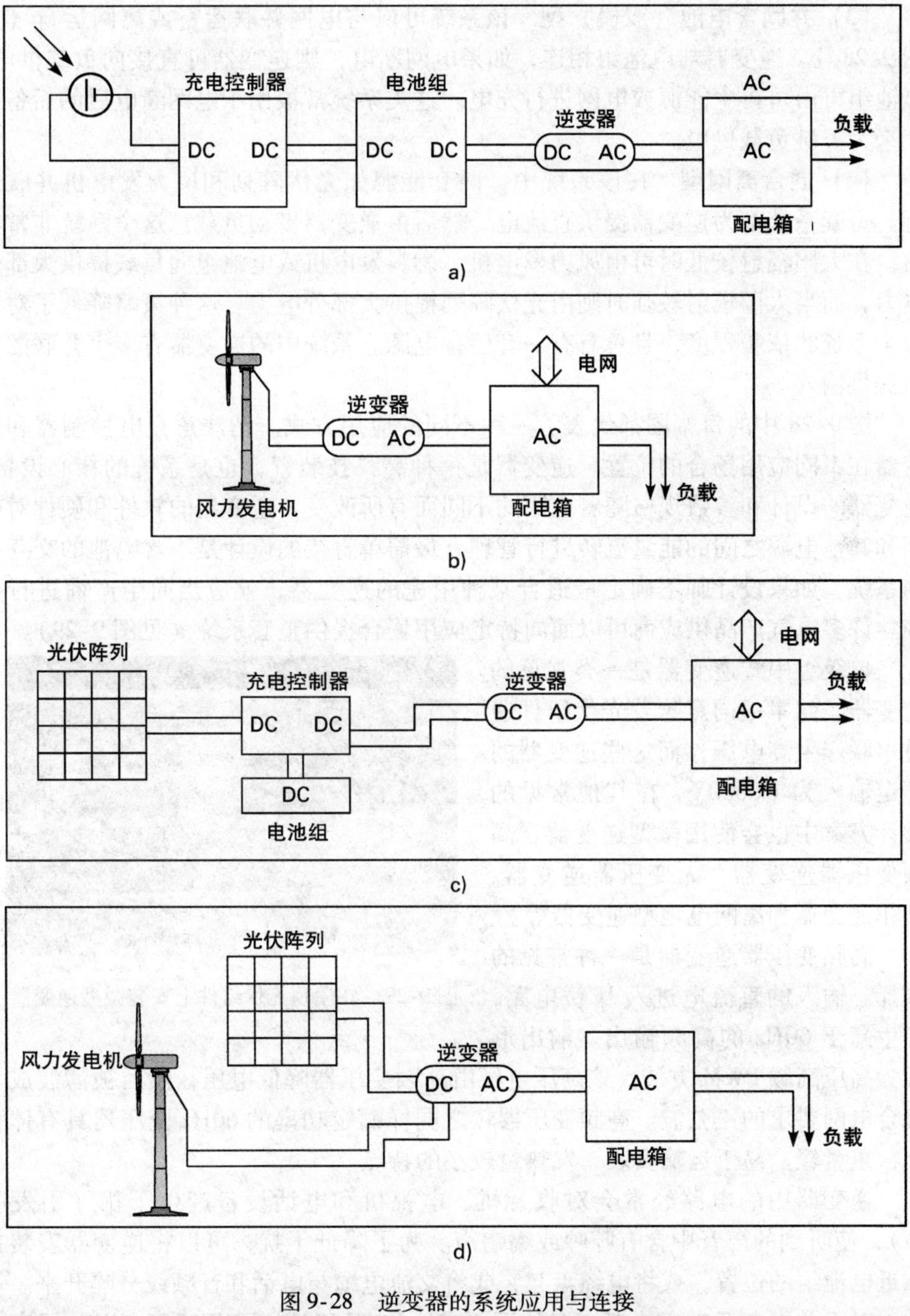

图9-28　逆变器的系统应用与连接

系统无需电池的采购和维护费用，所以是一种高性价比的方案。在该方案中可采用一台发电机作为后备电源。

（3）并网含电池（双模）型 该系统可以与电网并联运行或离网运行（见图 9-28c）。逆变器与电池组相连，如果电网断电，则逆变器可直接向负载供电。电池组可由可再生能源或电网进行充电。这类系统常被用于电网断电后的后备系统来为关键负载供电。

（4）混合离网型 在该系统中，两套能源如光伏阵列和风力发电机并联运行。每套系统都为逆变器提供直流电，然后由逆变器带动负载。这个系统非常灵活，在太阳辐射较低时可由风力发电机、燃料发电机或电池组向负载提供大部分电力，而当太阳辐射较强时则由光伏阵列提供大部分电力。这种策略降低了对某一个系统的依赖程度，且总有有一套后备电源。系统中的逆变器有多个并联的电源提供输入。

图 9-28 中的每幅图都代表了一种不同的应用方式。请注意充电控制器和逆变器在不同应用场合的位置。逆变器是一种高科技装置，也是系统的核心设备。逆变器的设计和参数规格随着应用的不同而有所改变。逆变器的软件和硬件对电网和其他电源之间的能量流转进行管理。最简单直接的设计是不含电池的交互并网系统。如果设计师不确定最适合某种用途的逆变器，就应当向生产商进行咨询。许多电气产品供应商可以面向特定应用场合提供整套系统（见图 9-29）。

单级组串式逆变器是一类常见的逆变器。**组串**一词意味着光伏组件通过串联产生高电压，而这些逆变器的额定输入为 DC600V。在其他常见的设计方案中也会使用微型逆变器、高频变压器逆变器、无变压器逆变器、三相逆变器和离网电池型逆变器等。

图 9-29 在屋顶光伏组件上安装微型逆变器

高频变压器逆变器是一种常见的选择。输入的直流电进入 H 桥电路，产生高于 60Hz 的高频输出。输出形式为高压高频 PWM 方波。该高压电经由高频变压器降低电压，然后被滤波成为符合电网要求的正弦波。高频变压器较之同样额定功率的 60Hz 变压器具有体积小、重量轻、易于运输安装、发热量较小的特点。

逆变器中的电路经常会对收音机、电视机和电话设备产生干扰（引发噪声），使听到的声音中含有哼哼或嗡嗡声。为了降低干扰，可以将逆变器安装在靠近电池组的位置，或将电缆盘起，或将交流电缆与电话和音频线分隔开来。

对于并网交互逆变器有许多认证要求，如 UL1741，IEEE1547，以及国家电气规范第 690 条等。在逆变器中运行的软件程序和算法对达到这些认证要求至关重要。所有的认证都会在设备的铭牌上列出。

9.14 最大功率传输

所有的电源都具有内阻，可以从电源的输出端观察到。当负载电阻（R_L）等于电源内阻（R_S）时，可以实现从电源到负载的最大传输功率。

一块光伏电池大致可被看作是一个恒流源，其电流大小范围为 $I_{SC} \sim I_{MPP}$，其输出电压则随着负载电阻的变化而变化。当 $R_L = R_S$时，可以实现电池的最大传输功率，这一点在进行电流源到电压源转换的电路分析时很有用。通过这种转换，可以在电源端子处得到等效电压和电流。图 9-30a 展示了内阻为 R_S的电流源，图 9-30b 展示了将电流源转化得到的内阻为 R_S的电压源和负载电阻 R_L。在 9-30b 中应用欧姆定律，$I_L = V_S/(R_S + R_L)$。（译者注：本书不讨论将电流源电路转换为电压源电路的方法，但是其中的阻抗匹配概念非常重要，本书将对其进行讨论。）

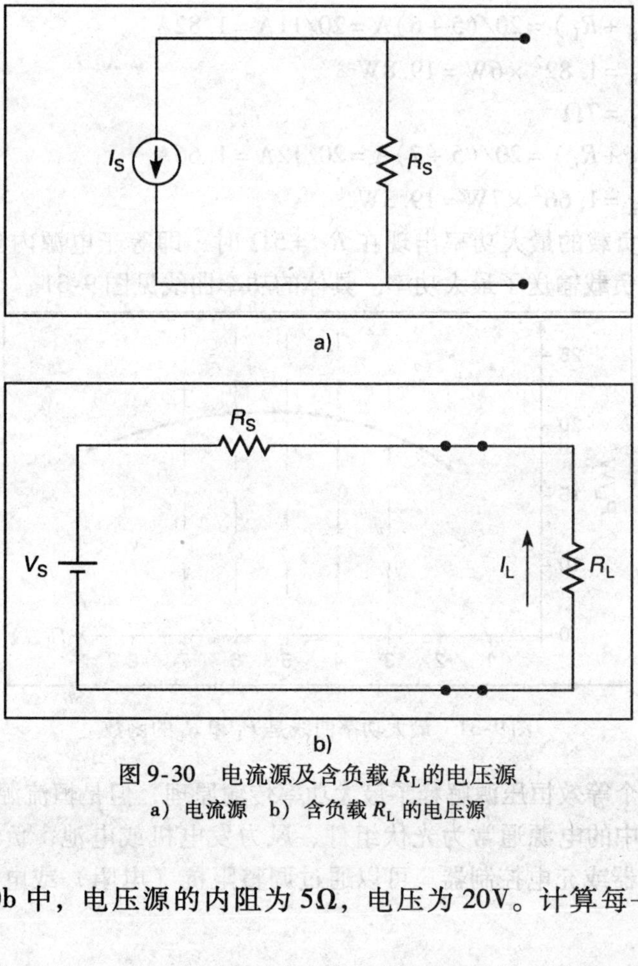

图 9-30 电流源及含负载 R_L的电压源

a）电流源 b）含负载 R_L 的电压源

例 9-4

在图 9-30b 中，电压源的内阻为 5Ω，电压为 20V。计算每一种负载电阻

(R_L)和电源电压(V_S)下的负载功率(P),并画出功率曲线。(注:V_S是恒定的。)负载电流为 $I_L = V_S/(R_S + R_L)$,负载功率为 $P = I_L^2 \times R_L$,式中:V_S为电源电压;R_S为电源内阻;R_L为负载电阻。

(1)当 $R_L = 3\Omega$

$I = V_S/(R_S + R_L) = 20/(5+3)\text{A} = 20/8\text{A} = 2.50\text{A}$

$P = I^2 \times R_L = 2.5^2 \times 3\text{W} = 18.75\text{W}$

(2)当 $R_L = 4\Omega$

$I = V_S/(R_S + R_L) = 20/(5+4)\text{A} = 20/9\text{A} = 2.22\text{A}$

$P = I^2 \times R_L = 2.22^2 \times 4\text{W} = 19.71\text{W}$

(3)当 $R_L = 5\Omega$

$I = V_S/(R_S + R_L) = 20/(5+5)\text{A} = 20/10\text{A} = 2\text{A}$

$P = I^2 \times R_L = 2^2 \times 5\text{W} = 20.0\text{W}$

(4)当 $R_L = 6\Omega$

$I = V_S/(R_S + R_L) = 20/(5+6)\text{A} = 20/11\text{A} = 1.82\text{A}$

$P = I^2 \times R_L = 1.82^2 \times 6\text{W} = 19.8\text{W}$

(5)当 $R_L = 7\Omega$

$I = V_S/(R_S + R_L) = 20/(5+7)\text{A} = 20/12\text{A} = 1.66\text{A}$

$P = I^2 \times R_L = 1.66^2 \times 7\text{W} = 19.3\text{W}$

请注意,负载的最大功率出现在 $R_L = 5\Omega$ 时,即等于电源内阻时。当 $R_S = R_L$时,电源向负载输送了最大功率。具体的功率曲线见图 9-31。

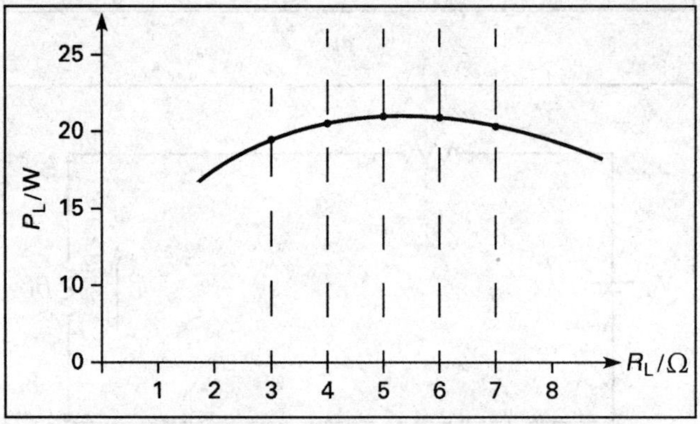

图 9-31 最大功率曲线是 P_L和 R_L的函数

这里用一个等效恒压源解释了最大功率传输原理,但是恒流源有着类似的内阻特性。本书中的电源通常为光伏组件、风力发电机或电池,负载通常为逆变器、MPP 跟踪器或充电控制器。可以通过调整阻抗(电阻)或电压的方法将电源的功率最大限度地传递给负载。

由于太阳辐射强度和温度的变化，光伏组件的输出也在不停地变化。为了提供最大的负载功率，必须将光伏电池的输出特性、电压和阻抗与负载进行匹配。负载阻抗的调整原理参见例9-4，也可以在电源输出端采用DC-DC电压转换的方法实现最大功率传输的目的。这种通过调整负载或电源输出端电压来实现最大功率传输的过程被称为最大功率点跟踪（MPPT）。

9.15 最大功率点跟踪

为了更好地理解MPP跟踪器的功能，这里结合一个硅单体电池的特性进行讨论。一个硅单体电池的开路电压约为0.6V，如图9-32a所示。在图9-32b中，一个负载（R_L）连接至电池的输出端。R_L的大小从短路（$R_L=0\Omega$）到开路（$R_L=\infty$）可调。图9-33是当负载（R_L）变化时的$I-V$曲线图。

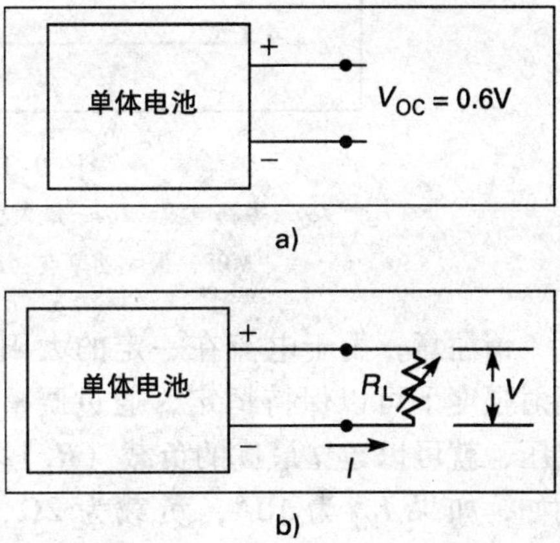

图9-32 开路电路及负载连接至电池的电路
a）开路电路 b）负载连接至电池的电路

请注意，电池单体的电流从短路状态到最大功率点期间几乎是不变的。电池的电流和功率在MPP右侧快速下降，直到电流在V_{OC}处变成零。MPP跟踪器跟踪电流和电压的变化，并且调整负载以从电源中获取最大功率。

在下面的讲解和例子中，将MPP跟踪器和DC-DC变换器当成独立的设备来对待，然而在许多应用场合，它们是逆变器或充电控制器的一种功能，被集成于这些设备内部。

光伏阵列输出的直流电压和电流随着太阳辐射强度、环境温度和阵列温度的变化而不断变化。逆变器用来保持最大输出功率的方法是进行最大功率点跟踪（MPPT）。这是逆变器最重要的功能之一。MPPT调整电源（光伏组件或面板）和负载（逆变器、充电控制器等），实现从电源至负载的最大可用功率传输。

一个最大功率点跟踪器是一台电子控制器，能够跟踪光伏阵列的工作点，动态调整阵列的负载，以保证最大可用功率的转移。对于一定的太阳辐射强度和温度，有一个工作点可以产生最大功率。该工作点被称为最大功率点（MPP），该点位于$I-V$曲线的转弯处，如图9-33所示。MPP用某个电压（V_{MP}）和电流（I_{MP}）来表征。利用这些参数和欧姆定律，可以确定电阻$R_{MP}=V_{MP}/I_{MP}$，若将该负载连接至光伏组件的端子，就可实现最大功率传输。可以通过对阵列输出端电压的优化来完成负载的调整。在固定的太阳辐射强度下，负载电流近乎恒定，但组件电压可以从零伏特变化至最大功率点的电压，如图 9-34 所示。然后电流会急剧下降，在 V_{OC} 处变成零，而 V_{OC} 即为电源的最大输出电压。

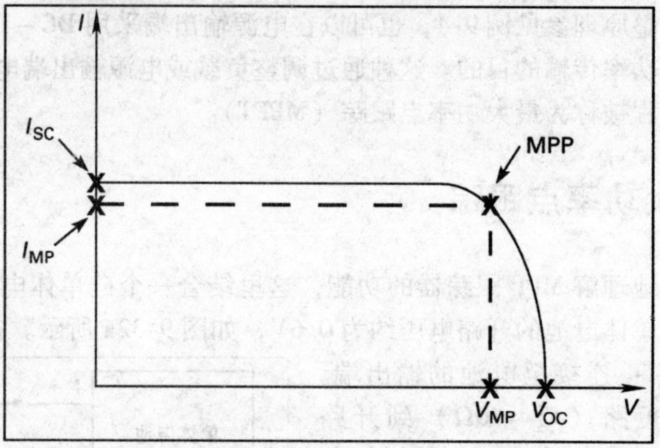

图 9-33　$I-V$ 曲线

I_{SC}—短路电流　I_{MP}—最大功率点电流　V_{MP}—最大功率点电压

MPP—最大功率点（$I_{MP}\times V_{MP}$）　V_{OC}—开路电压

请注意，由于电流在一定的太阳辐射强度下可以保持恒定，通过调整电压，就可以建立最优的负载（R_L）。例如，如果 I_{MP} 为 10A，负载为 2Ω，根据欧姆定律，可以通过将电压调整到 20V（$E/I=20/10\Omega=2\Omega$）来得到最大传输功率。在 $I_{MP}=10A$ 和 $V_{MP}=20V$ 时的最大传输功率为 200W（$P=E\times I$）。

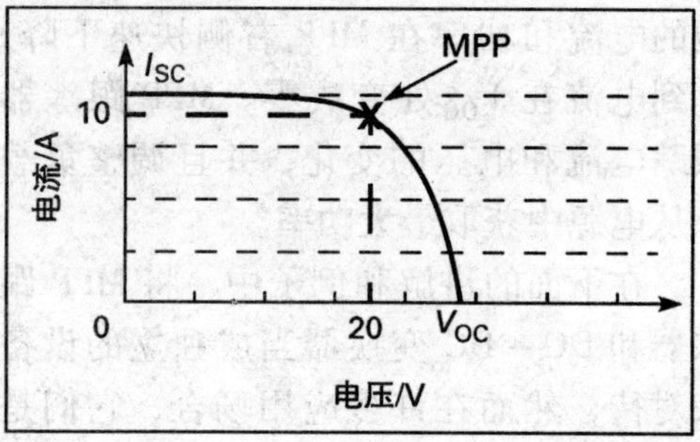

图 9-34　$I-V$ 曲线上的 MPP

当代最先进的 MPP 跟踪器采用微处理器来运行搜索算法。该算法对光伏阵列的输出功率进行持续采样，然后对电压进行递增调整，直至找到能够产生最大功率的那一点。一台 MPP 跟踪器基本上就是一台由微处理器控制的 DC－DC 变换器和 PWM 电子设备。DC－DC 变换器对阵列的端子施加一定的电压，然后测量阵列的电流，持续进行这一过程，寻找合适的电压和电流值使得逆变器的功率达到最优。逆变器将直流输入功率转化为交流输出功率。

在 MPP 跟踪器中使用了大量的算法。一种常用的处理方法被称为“扰动测量”。算法程序有一个表格，含有光伏组件/阵列的特征量，包括 I_{SC}，V_{OC}，I_{MP}，V_{MP}，以及引自**标准测试条件**（STC）的温度值。STC 规定了特定的太阳辐射强度和光伏组件温度。基于这个表格，算法对光伏阵列端子的电压进行递增或递减操作。先测量输出电压，然后将功率（$I \times E$）与之前的功率进行比对。如果功率增加了，控制程序就会朝这个方向移动工作电压，如果功率没有改变，就在这个工作点转向，继续进行测量。这种搜索过程将持续进行，直至确定 MPP。这一过程将被定期重复，以确定 MPP 没有转移，如果已经转移，就重复搜索过程。

图 9-35 展示了一个最大功率点跟踪器的功能。

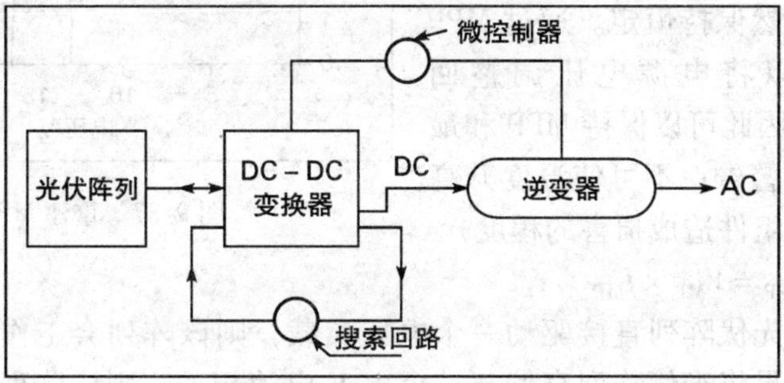

图 9-35 MPP 跟踪器框图

光伏组件的电流取决于太阳辐射强度，而组件电压依赖于组件温度。图 9-36a 展示了太阳辐射强度对组件电流的影响，而图 9-36b 展示了组件温度对组件电压的影响。这种温度影响适用于晶体硅器件，而对采用其他技术的电池来说可能有所不同。设计者必须要对温度系数进行核对（参见第 10 章对光伏电池的讨论）。

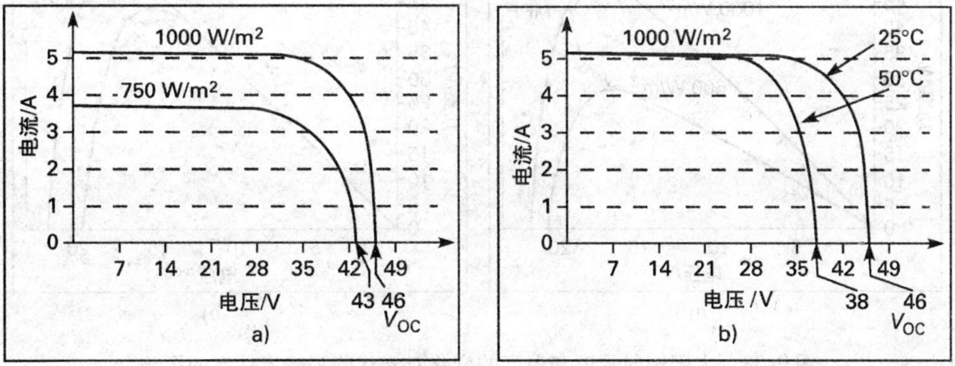

图 9-36 太阳辐射强度及组件温度对组件输出参数的影响

a）太阳强度的影响 b）组件温度的影响

注意，随着太阳辐射强度（W/m^2）的降低，组件电流会减少；随着太阳辐射强度的增加，组件电流会加大。这种变化关系大致成正比。同时，V_{OC}在太阳辐射强度变化时大致保持恒定，但是当温度降低（变冷）时，V_{OC}增大，而当温度升高（变热）时，V_{OC}减小。I_{SC}则在温度变化时大致保持恒定。

在图 9-37 中，由于光伏组件的温度从 25°C 升高至 85°C，MPP 电压从 17.5V 左右变成了 13.0V。由于 MPP 从转弯处的 A 点转移到了 B 点，最大输出功率从 101W 降至 75W。请注意，电流仍然保持恒定。通过 MPP 跟踪器，可以将电源电压调整回 17.5V 左右，因此可以保持 MPP 和最大功率传输（警告：不可使温度升高到能够对光伏组件造成损害的程度）。

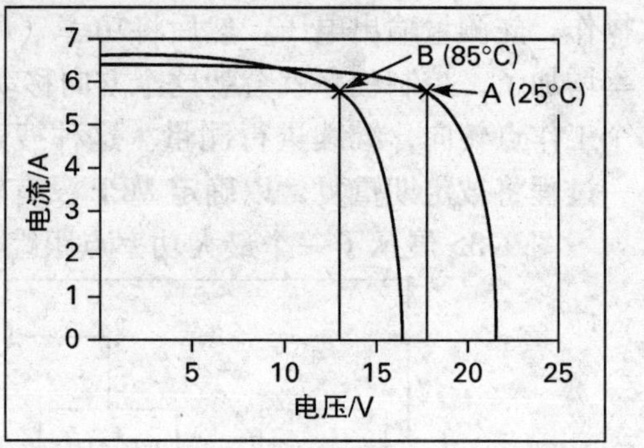

图 9-37 重建 MPP

$$P_{MPP} = V_{MP} \times I_{MP}$$

如果一个光伏阵列直接驱动一个电压负载，则该阵列会工作在负载电压附近。例如，如果将光伏阵列直接与一个 12V 电池相连，则该阵列的工作电压会被强制限定在 12V 左右；如果采用一个 MPPT 来调整阵列的输出端电压或负载，则阵列将工作在调整值附近。

在计算功率时，功率曲线的 $P = I \times V$，I 和 V 即相关 $I-V$ 曲线中的数值。图 9-38a 和图 9-38b 分别展示了太阳辐射强度和温度的变化对光伏阵列输出功率的影响。MPPT 使组件的功率保持在功率曲线峰值的最优状态。

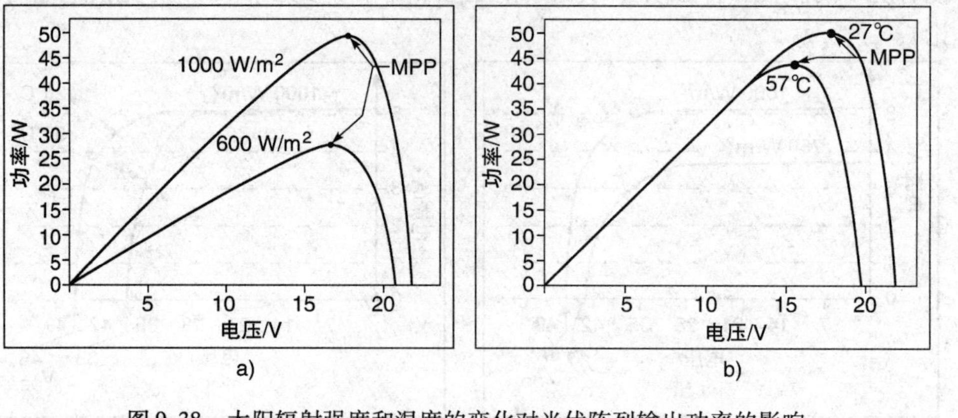

图 9-38 太阳辐射强度和温度的变化对光伏阵列输出功率的影响
a）太阳辐射强度对功率的影响 b）温度对功率的影响

例 9-5

一个单晶硅太阳能组件的性能测试参数如图 9-39 所示。其中曲线 1 的太阳辐射强度为 1000W/m²，MPP 大约为 $V_{MP} = 35.0$V，$I_{MP} = 4.60$A；曲线 2 的太阳辐射强度为 750W/m²，MPP 大约为 $V_{MP} = 27.0$V，$I_{MP} = 3.80$A。每条曲线所处的温度都是25°C。计算MPP处的特征电阻（R_{MP}）和功率。

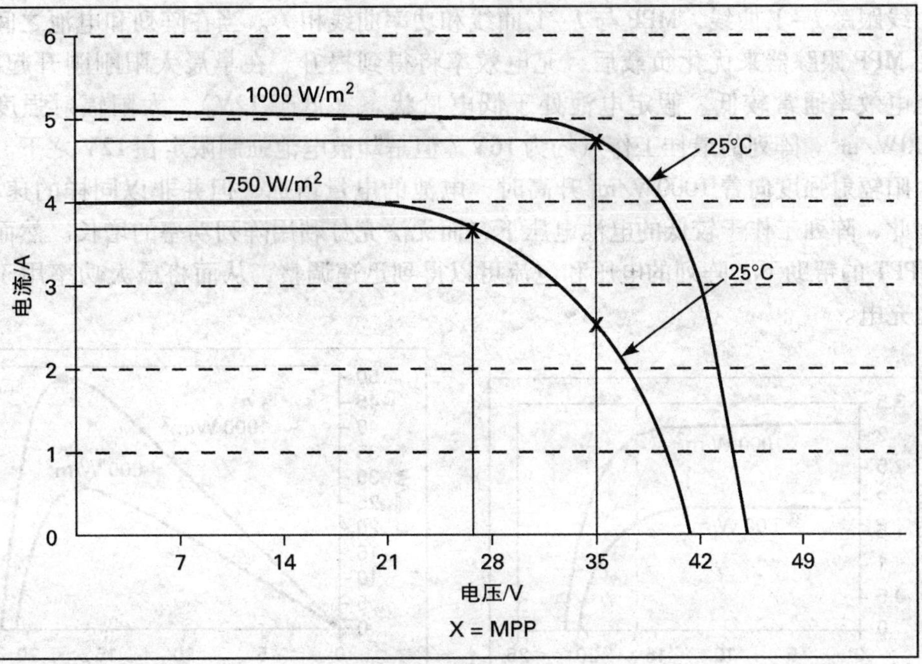

图9-39　例9-5

曲线1（1000W/m²）：

$R_{MP} = V_{MP}/I_{MP} = 35/4.6\Omega = 7.60\Omega$

$P_{MP} = V_{MP} \times I_{MP} = 35 \times 4.6W = 161W$

曲线2（750W/m²）：

$R_{MP} = V_{MP}/I_{MP} = 27/3.8\Omega = 7.10\Omega$

$P_{MP} = V_{MP} \times I_{MP} = 27 \times 3.8W = 102.6W$

导致曲线1移动至曲线2的原因是太阳辐射强度的降低。假定系统工作于曲线1的状态，阵列的特征电阻为7.6Ω，MPP跟踪器经过搜寻将端电压调整到了35V（相当于7.6Ω，4.6A）。假设现在阵列受到遮挡，工作点移动到曲线2，但是MPP仍然处于曲线1的状态，即特征电阻为7.6Ω（35V），此时无法从阵列获取最大功率。阵列在曲线2的35V工作点工作正常，该点位于MPP右侧、$I-V$曲线的非线性部分，电流约为2.6A（35×2.6＝91W）。当MPP跟踪器再次运行搜索算法时，它将把工作点调整到曲线2的MPP（27×3.8＝102.6W），使得最大功率输出至负载。当光伏阵列没有工作于其MPP时，系统就会浪费可用能量，从而导致效率降级。

在某些应用场合，光伏阵列直接与电池相连，此时电池决定了$I-V$曲线上的工作点。当电池充电时，电池的工作点会移动，但是这种移动并不一定以同样的速率发生在阵列的 $I-V$ 曲线上。注意在图 9-40a 和图 9-40b 中，阵列的功率曲线跟踪 $I-V$ 曲线，MPP 与 $I-V$ 曲线和功率曲线相关。当在阵列和电池之间使用 MPP 跟踪器来优化负载后，充电效率将得到提升。在早晨太阳刚刚升起时，充电效率通常较低。假定电池处于低电量状态（低于 12V），太阳辐射强度为 600W/m^2。阵列的最佳工作点约为 16V，但是却被电池强制限定在 12V 之下。当太阳辐射强度向着 1000W/m^2 升高时，电池的电量增加，但并非以同样的速率。因此，阵列工作于较低的电池电压下，而无法充分利用阵列功率的增长。然而在 MPPT 的帮助下，阵列的电压和电流可以得到迅速调整，从而将最大功率用于电池充电。

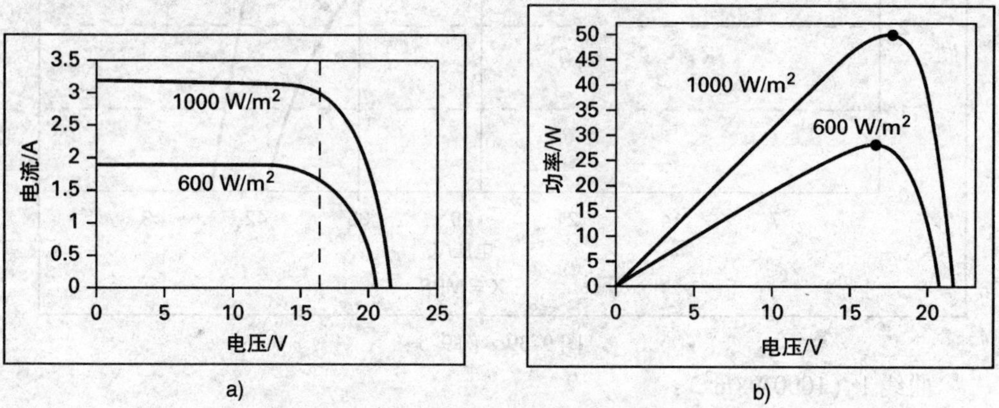

图 9-40 工作点随电池充电而改变

MPP 跟踪器采用非常精细复杂的算法来将负载调整到 MPP。如果光伏电池/组件的特征量是恒定不变的，则位于最大功率点的阻抗 R（或 Z）可被估算为 $R=V/I$，预期结果良好——然而，特征量却是动态变化的。电池的输出阻抗受到很多变量的影响，例如温度的变化，器件老化导致的漏电阻（R_{SH}），电池之间的线路电阻，以及电池受到的遮挡状况等。因此，可以采用算法来预测这些“动态”条件。通过公式 $R=V/I$ 计算得到的电源内阻通常会低于搜索算法计算得到的电池单体/组件的动态电阻。

9.16 DC－DC 变换器

MPPT 可以通过阻抗匹配得到，也可通过 DC－DC 电压变换得到。DC－DC 变换器是 MPP 跟踪器或逆变器中的一项集成功能。DC－DC 变换器将一个直流电压变为另一个直流电压。这类变换器可以大体分为两类：分别为降压变换器和升压变换器。**降压变换器**将高电压“斩切”成低电压。例如，一个电源正在为 12V 电池组充电，电源输出为 24V，15A（360W）。如果 DC－DC 变换器将电池的充电电压“斩切”到15V，24A（功率同样为360W），此时充电电流将增加60%。如果电源和变换器之间的电缆较长，则大电流（24A）将造成较高的压降。增大的电流会使充电更加迅速，但是增加的压降却不是我们所期望的。

例 9-6

如图9-41所示，光伏阵列和DC－DC变换器之间的电缆单程长度为175ft（往返350ft），电缆采用10号绞合铜缆，光伏阵列输出为DC117V，15A。

阵列与变换器之间的压降为

$$V_{压降}=I_{阵列}\times R_{电缆}\times L$$

式中，$I_{阵列}$ 是阵列工作电流（A）；$R_{电缆}$ 为每1000ft长度电缆的电阻（Ω/1000ft）；L 为往返的长度（ft）。本例中10号绞合铜缆的电阻为1.23Ω/1000ft。因此

$$V_{压降}=15\times 1.23/1000\times 350\text{V}=6.46\text{V}$$

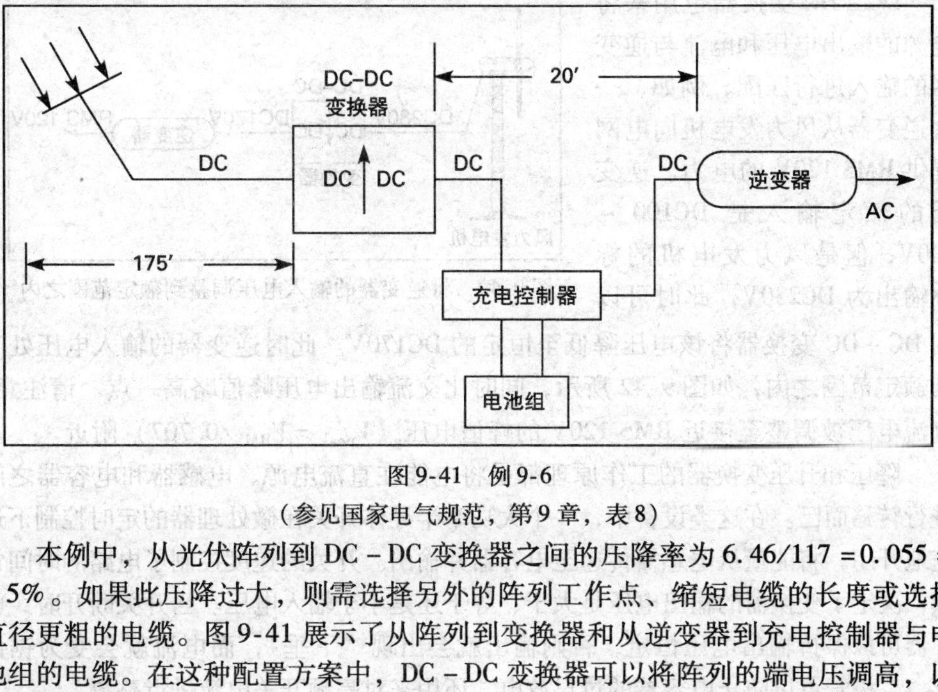

图9-41 例9-6

（参见国家电气规范，第9章，表8）

本例中，从光伏阵列到DC－DC变换器之间的压降率为6.46/117＝0.055＝5.5%。如果此压降过大，则需选择另外的阵列工作点、缩短电缆的长度或选择直径更粗的电缆。图9-41展示了从阵列到变换器和从逆变器到充电控制器与电池组的电缆。在这种配置方案中，DC－DC变换器可以将阵列的端电压调高，以此来降低充电电流，这会使阵列的工作点沿着 $I-V$ 曲线移动，越过曲线的转弯处，因此降低了阵列的电流，同时降低了阵列与充电控制器之间的电缆压降。

在例9-6中，**升压变换器**将较低的输入电压变换为较高的电压。在前面的例子中（见图9-37），因为组件温度的升高，原来的最大功率点从17.5V，5.8A（$P=17.5\times 5.8\text{W}=101.5\text{W}$）被转移到13V，5.8A（$P=13\times 5.8\text{W}=75.4\text{W}$）。如果一个电池组被光伏阵列和带有MPPT的充电控制器充电，而在阵列和电池组之间安装有温度传感器和DC－DC升压变换器，则升压变换器在MPPT的控制下

能够对阵列的端电压进行调整，从而将工作点调回 17.5V，因此实现了从阵列到电池组的最大功率传输（101.5W）。在这种情况下，温度带来的压降就不再是什么问题了。

如果组件的温度升高，就必须对系统的运行进行管理，以确保组件的工作温度不至于超过限度。组件的升温如果失去控制，就会损坏阵列。可以通过将阵列的工作点进行前后转移来管理温度，实现对功率和温度的控制。如果工作点越过了 $I-V$ 曲线的转弯处，则电流和温度都会下降。

MPPT 对于并网交互系统是有益的。MPP 跟踪器能够优化功率，而电网能够接收那些超出本地需求之外的所有电力。对于没有电网作后备的独立系统，当发电量超过需求时，就需要一些备用负载对过剩的电力进行“卸荷”。这些备用负载扮演了功率调节器的角色，用于维持最大功率输出。卸荷负载可以是低压热水器，电阻加热器和降温风扇等等。

DC - DC 变换器也用来将电源的输出电压和电流与逆变器的输入进行匹配。例如，一台逆变器从风力发电机向电网提供 RMS 120V 的电力。逆变器的额定输入是 DC100 ~ 200V，但是风力发电机的标称输出为 DC230V，此时可以用 DC - DC 变换器将该电压降低至恒定的 DC170V。此时逆变器的输入电压处于其额定范围之内，如图 9-42 所示，同时比交流输出电压峰值略高一点。请注意，直流电压被调整至接近 RMS 120V 的峰值电压（$V_{peak}=V_{RMS}/0.707$）附近。

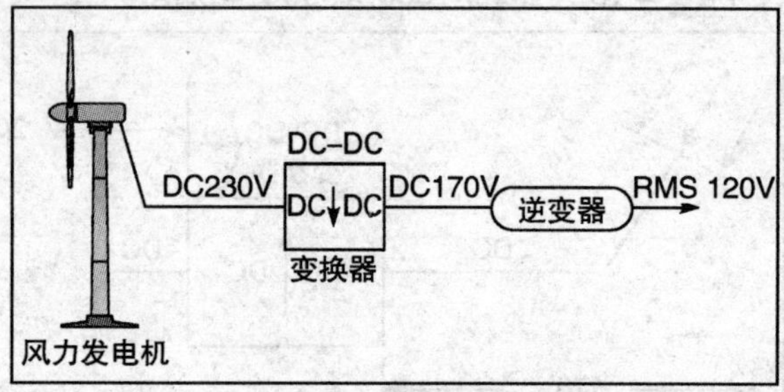

图 9-42 将逆变器的输入电压调整到额定范围之内

降压和升压变换器的工作原理都是将电能在直流电源、电感器和电容器之间进行转移而已。在这类设备中，一个大功率半导体开关在微处理器的定时控制下迅速地开闭，将能量从电感器传递至电容器并输出。开关的速度控制了电路的时间常数，决定了变换器的输出电压是大于、等于还是小于输入电压。当开关断开时，电容器可以保持输出电压恒定，否则输出就会出现“下垂”，而电流就会变为锯齿形。二极管可以防止电容器的过早放电，还用来对高频开关电流进行整流。

图 9-43 和图 9-44 中的等效电路展示了这些半导体设备内部的工作过程。

大多数逆变器和充电控制器都有 MPPT 功能。如果能够使光伏系统的效率提升几个百分点，则这项功能对系统成本带来的增加还是很划算的。

例 9-7

本例要求用一个光伏阵列为一个 24V 电池组充电。设计者有两个选择，一是用标称 24V480W 的阵列，二是用标称 48V960W 的阵列（见图 9-45）。设计者

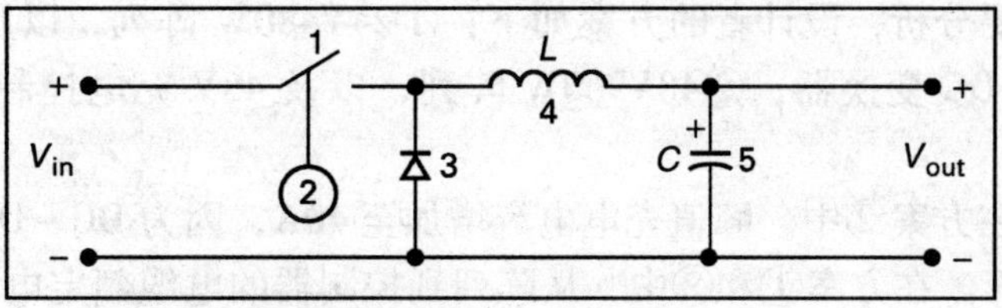

图9-43　降压变换器的等效电路

1—高压半导体开关　2—微处理器定时模块　3—换向二极管（控制电容放电）　4—电感器　5—电容器

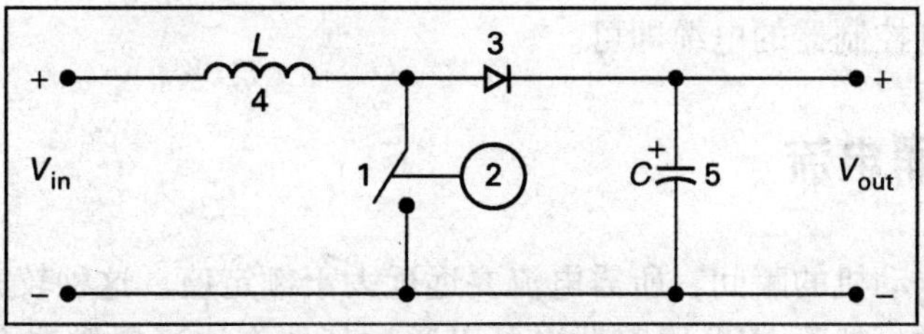

图9-44　升压变换器的等效电路

1—高压半导体开关　2—微处理器定时模块　3—换向二极管（控制电容放电）　4—电感器　5—电容器

被告知需考虑未来扩容的需求。

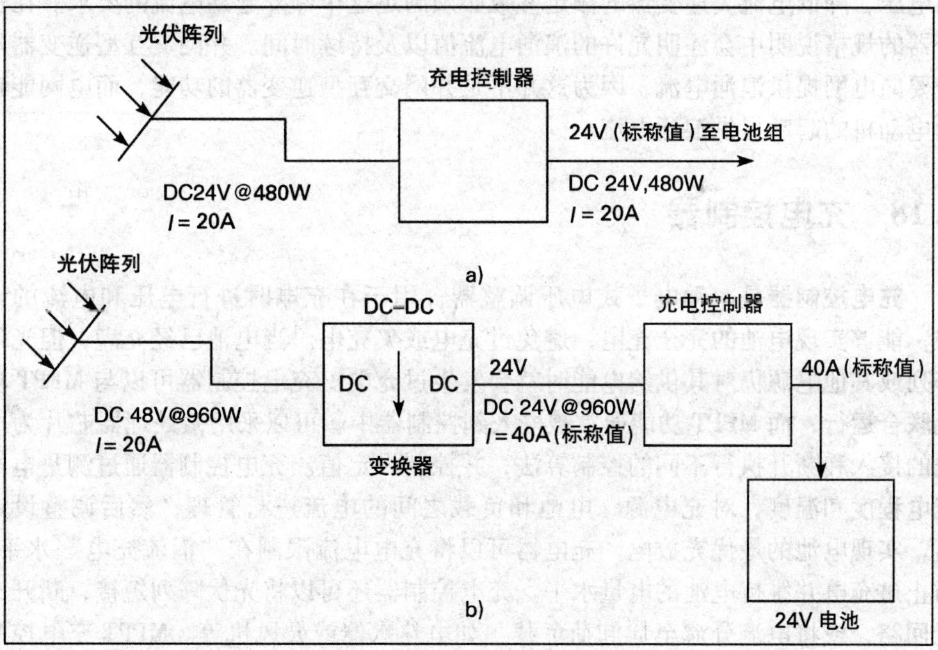

图9-45　例9-7

a）24V480W阵列，以及24V充电控制器，无DC-DC变换器　b）48V960W阵列，以及48V充电控制器，有DC-DC降压变换器通过简要分析，设计者的方案如下：①24V480W 阵列，以及 24V 充电控制器，无 DC－DC 变换器；②48V960W 阵列，以及 48V 充电控制器，有DC－DC降压变换器。

注意，在方案②中，峰值充电电流增加至 40A，因为 DC－DC 变换器将电压降至标称 24V。在方案①和②中，从阵列到控制器的电缆额定电流是 20A。设计者推荐方案②，因为充电电流升高了，而且将日后系统扩展对电缆的影响降到了最小。在系统扩容后的布线时，只需将 DC－DC 变换器靠近充电控制器，更换从变换器至充电控制器的电缆即可。

9.17 浪涌电流

在起动电动机的瞬间，所需电流要远远大于额定值。这种较大的**浪涌电流**可由电池来提供，然而 MPP 跟踪器也可以通过其他方法来提供这个较大的起动电流。光伏阵列可能运行在高电压和低电流的状态下，此时如果将电压降低，电流就会升高，以同样的功率生成额外的起动电流。当电动机达到额定转速后，再升高电压，降低电流。逆变器的额定参数必须满足这个额外起动电流的要求。在逆变器的规格说明中会注明允许的浪涌电流值以及持续时间。并网交互型逆变器不需要向电网提供浪涌电流，因为这并不是并网交互型逆变器的功能，而电网能够为电动机的起动提供浪涌电流。

9.18 充电控制器

充电控制器是一种电子式电压调整器，用于在充电时进行电压和电流的调控，能够实现电池的完全充电，避免过充电或欠充电。当电池已经充满，但光伏阵列或其他电源仍对其供给电能时就会发生过充电。充电控制器可以与 MPPT 功能联合运行，而 MPPT 功能通常被嵌入到控制器中。可以采用微处理器芯片为电池的接入和断开执行不同的控制算法，并控制设定值。充电控制器通过测量电池充电程度和温度，对充电源、电池和负载之间的电流进行管理，然后调整设定值，实现电池的最优充放电。充电器可以将充电电流限制在“涓流充电”水平，防止过充电并维持电池的电量水平。充电控制器还可以将光伏阵列短接，断开充电回路，或将电流分流至“卸荷负载”如电热水器或鼓风机等。MPPT 充电控制器可以从光伏阵列（或其他电源）输入高于电池组所需的电压，从而减少了电流，缩小了电线规格。然后充电控制器再对充电电压进行调整。

在图 9-46 中，一个光伏阵列为充电控制器供电，后者控制电池的充电，并为逆变器供电。

图 9-47 所示为充电控制器的基本原理。

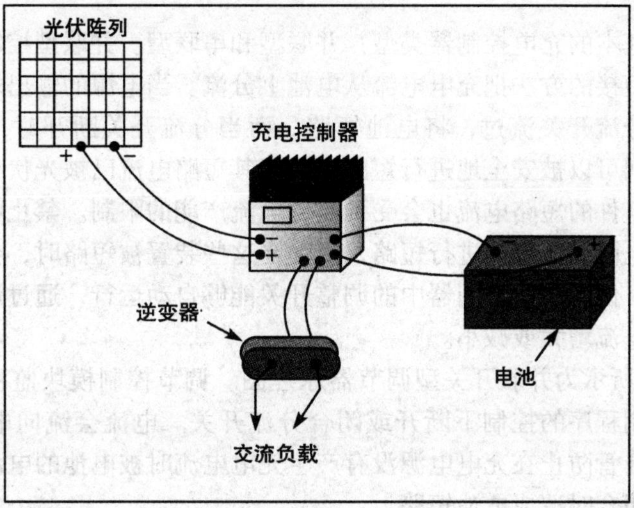

图 9-46　充电控制器的应用

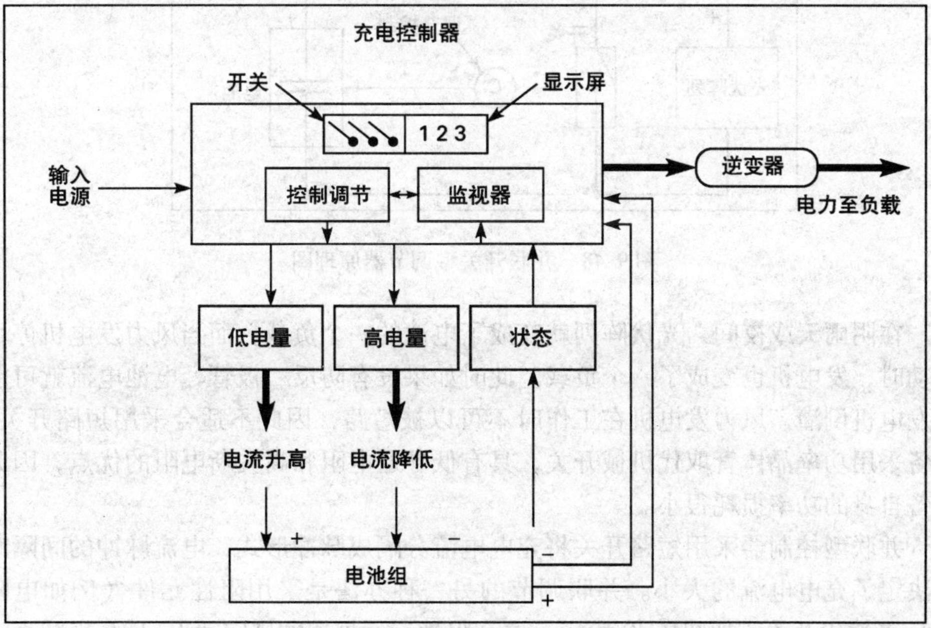

图 9-47　充电控制器的基本原理

并联型控制器

有两种基本的充电控制器类型：并联型和串联型。**并联型控制器**通过将充电电源的输出短接的方法把充电电流从电池上分流。当电源的输出端被短接后，电流从相应的分流开关流过，将电池短路。而当分流开关断开时，电流会流过电池。光伏阵列可以被安全地进行短路，因为其短路电流已被光伏组件限定了。这意味着光伏组件的短路电流也会受到组件电流产能的限制。**禁止**将其他类型的电源如电池或电网发电机等进行短路，因为当这些装置被短路时，会产生达到危险值的电流量。位于并联控制器中的调整开关能够自动运行，通过调节器模块的工作，使充电电流增大或减小。

图 9-48 所示为并联开关型调节器原理图。调节控制模块监视并检测电池的电量，在控制程序的控制下断开或闭合分流开关。电流会流向电池或被开关分流。防反二极管防止在充电电源没有产生充电电流时被电池的电流倒灌，同时也防止在开关闭合时造成电池短路。

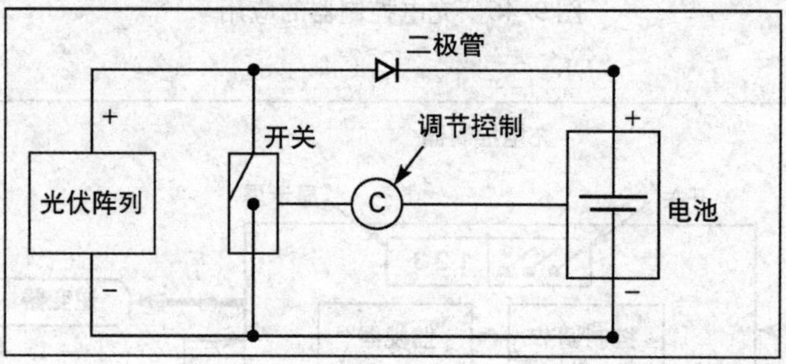

图 9-48 并联开关型调节器原理图

在阴雨天或夜间，光伏阵列就变成了电池的一个负载，而当风力发电机停止转动时，发电机也变成了一个负载。此时如果没有防反二极管，电池电流就可能向发电机倒灌。风力发电机在工作时不可以被短路，因此不适合采用短路开关。设备采用功率晶体管取代机械开关，具有低导通电阻和高关断电阻的优点，因此设备自身的功率损耗很小。

并联型控制器采用短路开关将充电电流分隔成脉冲形式，电流脉冲的间隔时间决定了充电电流的大小。并联调节的另一种办法是采用阻性元件（例如电阻器）来替代开关，如图 9-49 所示。这个阻性元件根据欧姆定律 $I = V/R$ 来减小或增大电流。如果 R 很小，则光伏阵列流入电池的电流就很小，而并联支路的（分流）电流（I_S）约等于阵列的电流（I_a）。如果 R 较大，则光伏阵列流入电池的电流就较大，而并联支路的电流（I_S）约等于零。通过以较小的增量来增加或降低电阻值，就能够以一种平滑线性的方式实现充电电流（I_C）的控制。这种类型的调节器被称作并联线性调节器。线性调节器的效率比开关式调节器要低，因为阻性元件消耗了大量电能，开关式调节器产生的脉冲可能导致音频设备中的噪声，线性调节器则不会带来这些副作用。在某些应用场合，因为线性调节器的充电电流更平滑稳定，可以实现电池的快速充电。当并联器件的电阻增大时，并联支路的电流减少，而充电电流增加（$I_C = I_a - I_S$）。

图 9-50 展示了并联支路电阻和充电电流之间的线性关系。

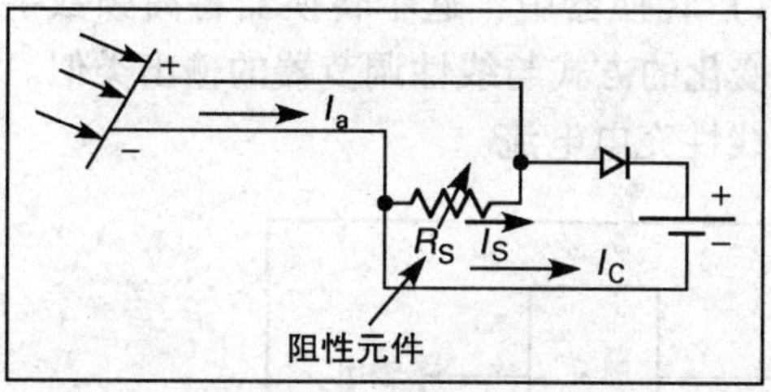

图 9-49　并联线性调节器

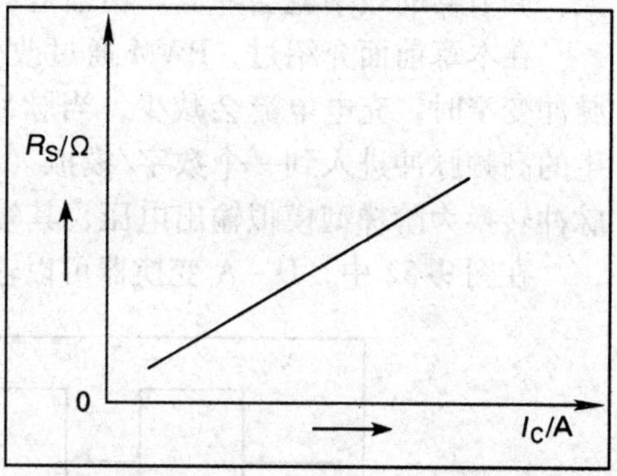

图 9-50　并联支路电阻与充电电流的关系

串联型控制器

串联型控制器在充电电源和电池之间串联了一个调节开关（见图 9-51）。开关算法依照一定的次序控制开关的通断，这一点与并联型调节器类似。当开关将电源断开后，充电电流中断。当电池接近充满时，调节控制模块检测电池的电量水平，调节开关通断的周期。与并联型调节器类似，串联型控制器也可以用阻性元件代替开关，根据欧姆定律通过改变电阻值来减少或增加充电电流。当电源电

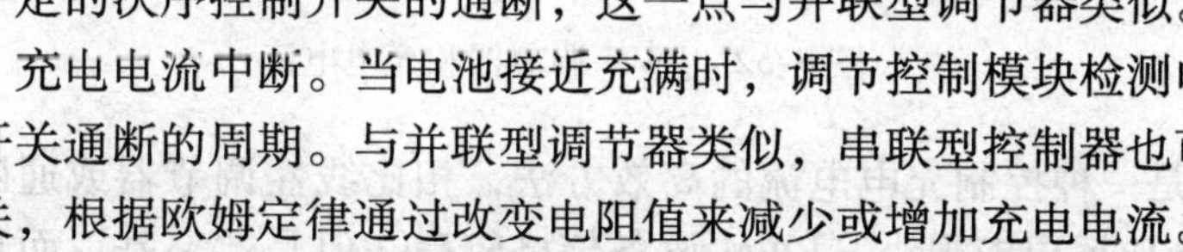

图 9-51　串联型充电控制器

压较低时，调节开关断开，防止电流从电池回流到充电电源。当充电电源恢复后，开关将电路重新接通。由于串联开关可以防止电流回流倒灌，所以不需要防反二极管。

9.19 利用PWM控制器产生充电电流

线性调节器通常用于小电流场合。当电流较大时，串联器件上的压降也会增大，调节器的效率就会降低。功率是 V 与 I 之积，此时调节器的发热量也较大。

在本章前面介绍过，PWM 通过改变电流或电压的脉冲宽度来控制幅值。当脉冲变窄时，充电电流会减少，当脉冲变宽时，充电电流会增加。PWM 模块产生的高频脉冲进入到一个数字/模拟（D/A）转换器中，这个转换器将高频数字脉冲转换为阶梯型模拟输出电压，其幅值变化的方式与线性调节器的输出类似。

在图 9-52 中，D－A 变换器可以输出线性充电电流。

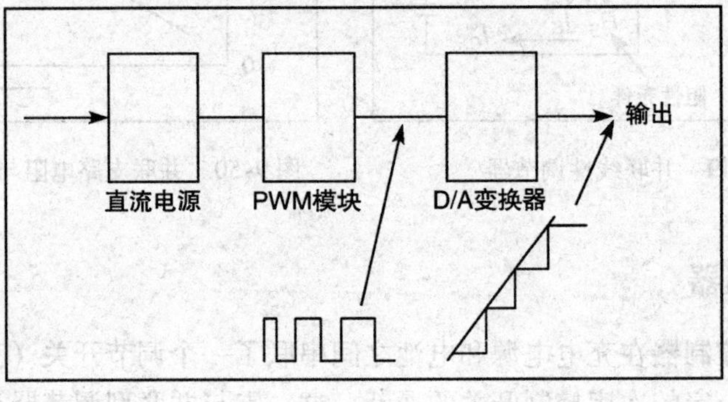

图 9-52 PWM 调节器和充电电流

PWM 是一种控制充电电流的高效方法，相比线性调节器或通断开关式调节器，其自身功率损失很小。PWM 设备价格较高，但是效率高，而且能够以比通断式调节器更加渐进的方式调控电流。

现在已经介绍了三种调节充电电流的方法，分别为：①分流开关的通断产生一系列电流脉冲，用来对电池充电。这种方法提供的充电电流是非线性的电流脉冲；②采用线性器件取代分流开关，通过电阻的变化，使充电电流平滑线性地减小或增大；③采用 PWM 调节充电电流，PWM 模块产生的高频脉冲进入数/模（D/A）转换器，然后这些数字输入量被转换为“阶梯状”电流输出波形，与线性调节器非常类似。PWM 电流调节比线性器件调节的效率更高（功率损耗少），比脉冲分流开关式调节器的输出电流更平稳。

9.20　电池的记忆

铅酸电池有一种被称为记忆的特性。当电池因故未能充满电，而只是部分充电时，在后面的充放电循环中将会变得越来越难以充满电。电池的放电周期将会变短，产生早期容量损失。有些类型的电池可以通过“过充电”以确保所有单体都能够均衡充电，以此来控制记忆现象的发生，这种方法被称为均衡充电。有些充电控制器具有均衡充电模式，在实施均衡充电之前，应确认正在使用的电池和应用场合符合均衡充电的要求。不应将不同类型的电池混用，因为它们的充放电循环也许不一样。有些电池不存在记忆特性，因此应该根据电池的类型选择充电控制器。

9.21　控制器的选择及特性

通用控制器有很多类型可供选择。例如，具有 MPPT 功能、整流功能或 DC－DC 变换功能的充电控制器等。逆变器也可以具有 DC－DC 变换、MPPT、PWM 和变压器功能，能够提供不同的负载电压。这些功能可由软件来控制，具体软件可以存储在不同的存储介质中。这些信息应当在规格参数或操作说明书中注明。

例如，风力机可能面对变化的风速。装备交流发电机的风力机对变化的电压进行处理，然后输出恒定的电压。在常见的配置中，系统首先使用整流器来将交流电转变为较为恒定的直流电。然后，将这种直流电变换为稳定的低压直流电，再被充电控制器加以调节，用于为电池充电，或被逆变为高质量交流电供给本地负载。在某些应用场合，关键负载会被隔离开来，采用电网或发电机作为备份供电。这些系统的配置方式需要相应的充电控制器和逆变器来满足设计要求。在本章的前部介绍了不同的应用场合。图 9-53 展示的交互并网系统采用风力发电机作为电源并带有后备电池。

设计者可以根据需要选择控制器的特性，例如指示灯、开关、断路器、熔体和其他控制功能。对于充电控制器，应当考虑下列功能：

1）低压断路（LVD）功能，当继续放电会损坏电池时，立即将负载断开。

2）高压断路（HVD）功能，该功能是充电调节中的一项功能（参见并联和串联调节原理）。

3）温度传感器，用于监控环境温度，自动调整充电设定值。

4）RS232 接口，用于同 PC 通信。

5）MPPT 和 DC－DC 变换器。

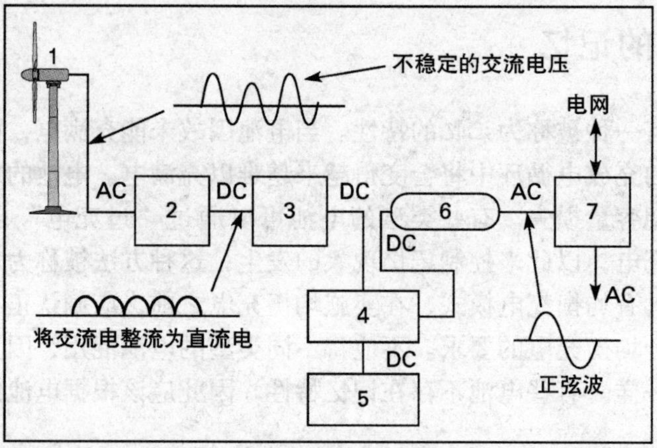

图 9-53 风力发电系统

1—风力机/交流发电机 2—全波整流器 3—降压 DC-DC 变换器 4—充电控制器 5—电池组 6—逆变器 7—交流配电箱（其中第 2、3、4 和 6 项通常安装在电源配电柜（PC）中）

当选择充电控制器时，应注意以下参数：

1）最大直流负载电流（安培数）。

2）直流负载电压（伏特数）。

3）最大直流输入电流（安培数）。

4）温度范围（摄氏度或华氏度）。

5）设定值控制。

9.22 电源配电柜

电源配电柜中的许多单项功能已经在本章前面讨论过了，包括 MPP 跟踪器，DC-DC 变换器，逆变器，充电控制器，电池充电器，温度传感装置以及变压器。一个电源配电柜（见图 9-54 和图 9-55）通常被预先装配好，带有快捷接线端子，以便进行快速安装。它还具有其他优点，例如所有功能已经预先测试完毕，作为独立单元的兼容性好等。

正如本章所述，控制器和逆变器具有很多特性。如果设计者能够详尽地理解掌握控制器的特性和应用，就能在工作中游刃有余。设计者应当考虑功能、效率、可靠性和成本。逆变器和控制器的规格参数包括额定直流功率、电压和电流，交流功率、电压和电流，浪涌电流，温度以及标准认证等。能否正确选择系统部件是决定设计成败以及实现设计方案的关键所在。

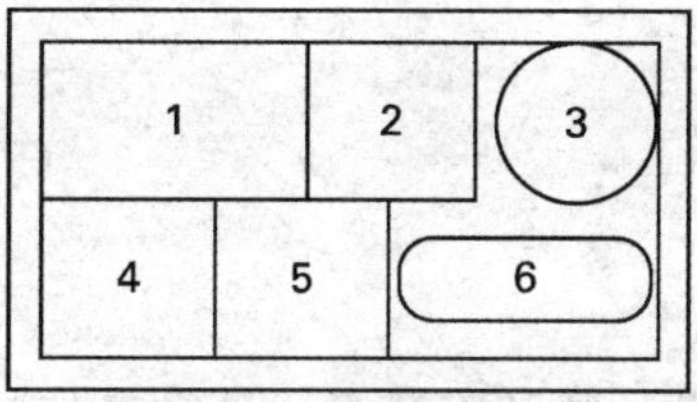

图9-54　电源配电柜
1—DC - DC变换器　2—电池充电器　3—变压器
4—MPPT　5—充电控制器　6—逆变器

图9-55　电源配电柜

9.23　光伏组件的可靠性

当建立了一套光伏系统之后，用户期望得到质量保证，想知道这套系统的无故障工作时间能有多久，即用户需要知道产品的可靠性如何。可靠性指一个系统或部件在一段时间内发生故障的概率，这种故障会对系统的性能产生直接和显著的影响（例如，逆变器突然停止将直流电变换为交流电）。为了提高产品/部件的质量和可靠性，质量与可靠性工程师应当知道产品为什么失效以及如何失效，其对于故障的测试和分析被用来改进产品的质量和提高可靠性。

通过合格性试验、加速寿命试验和现场历史数据可以得到光伏组件的寿命期可靠性。加速寿命试验能够加快温度、湿度、阳光强度、机械负载和其他因素的周期，从而用较短时间来模拟较长时间的环境条件。这个试验的结果可以用来预测产品的可靠性。光伏组件合格性试验来自于实验室和加速寿命试验，被国际电化学委员会（IEC）设定为标准，参见IEC 61215晶体硅和IEC 61646薄膜组件。

许多质量保证实际上是基于产品的耐久性而非可靠性的。耐久性用来衡量产品/部件在经历一段时间后的老化情况和工作表现。在这里，产品性能的丧失是一种渐进过程，而非突发的灾难性事件。许多制造商的典型质保是基于 20（或 25）年后仍能够维持 80% 的初始额定性能。

9.24 逆变器和控制器的标准

当前并没有为逆变器和控制器制定专用可靠性试验标准。现在有许多安全和效率标准，其中一些标准强调的事项是逆变器和控制器的合格认证所需要考虑的，但这些并不是可靠性标准。下面列出了一些安全和效率标准：

UL 1741

IEC 60146，61683，61730，62109

IEEE 1262，1547，1547 - 1

NEC 690

9.25 成功的筹划

训练有素和经验丰富的可再生能源系统设计师和安装者，遵循最佳的信息、规范、认证和标准，就能够提供安全、耐用、可靠和性能良好的能源系统。图 9-56 反映出了一个出色的项目带来的满意和自豪。

图 9-56 落日余晖下的光伏面板

复 习 题

1. 太阳辐射强度和电池温度中的哪一项对光伏电池电压带来的影响较大？
2. 太阳辐射强度和电池温度中的哪一项对光伏电池电流带来的影响较大？
3. $I-V$ 曲线代表了什么？
4. 在 $I-V$ 曲线中，当 I 和 V 之积最大时，该工作点被称做什么？
5. 为实现从电源到负载的最大功率传输，需要满足哪些要求？

6. 什么样的控制器可用于跟踪和维持 MPP?

7. 列出用于标准测试条件（STC）的参考条件。

8. 当把可再生能源系统连接至电网时，有一个参数至关重要，能够决定一些电动机（以及时钟）的速度，这个参数是什么?

9. 铅酸电池是一次电源还是二次电源?

10. 当电源向电动机供电时，或电源向阻性负载供电时，哪个条件能够提高功率因数?

11. 逆变器的首要功能是什么?

12. 如果一个60Hz 的方波包含了基本波形和四种谐波，那么这些谐波的频率是多少?

13. 在 PWM 正弦波逆变器的末级，经常采用哪种方法去除谐波?

14. 如果通过交互式逆变器为电网输电，那么在电网电力中断期间，不希望出现哪种情况?

15. 若光伏系统的输入为95V，16A，效率如图9-57所示，计算输出功率。

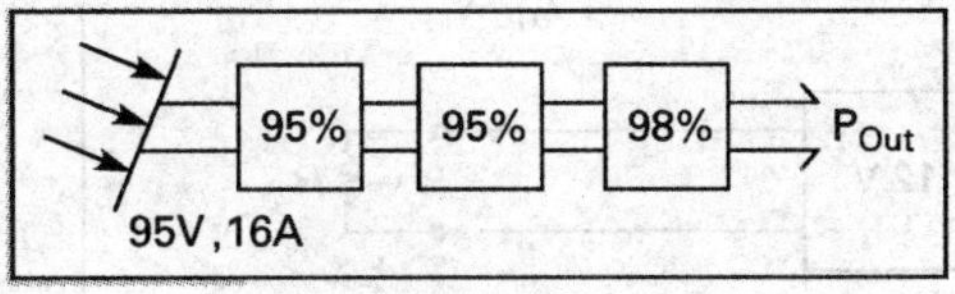

图9-57　复习题15

16. 一台逆变器的额定参数如下：

直流输入电压：235～350V。

交流输出电压：240～208V。

持续功率：5000W。

计算：

（1）最大持续输入直流电流 I_{DC}。

（2）最大持续输出交流电流 I_{AC}。

17. 一台逆变器在输入为195～550V 时的额定持续功率为4500W。在额定功率下，最大和最小输入电流分别是多少?

18. 在图9-58 中，A 点的 I_{MP}、V_{MP} 和 P_{MP} 分别是多少? V_{OC} 的值是多少?

19. 由于环境温度的上升，图9-58 中的工作点从 A 转移到 B。在工作点 B 的功率是多少? 解释一种能够获取最大可用功率的方法。

20. 图9-59a 所示是一个12V 光伏组件。将其输出端短接至电流表，测得短路电流为16A。计算电源的内阻 R_S。

21. 在图9-59b 中，将短路电流表替换为负载 R_L。负载电阻值是多少时可实现最大功率传输?

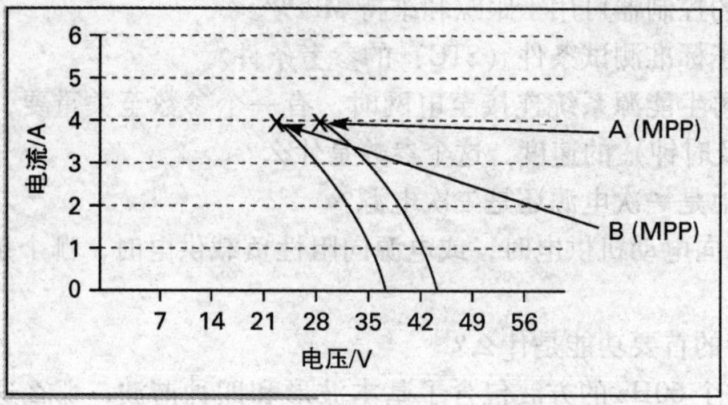

图 9-58 复习题 18 和 19

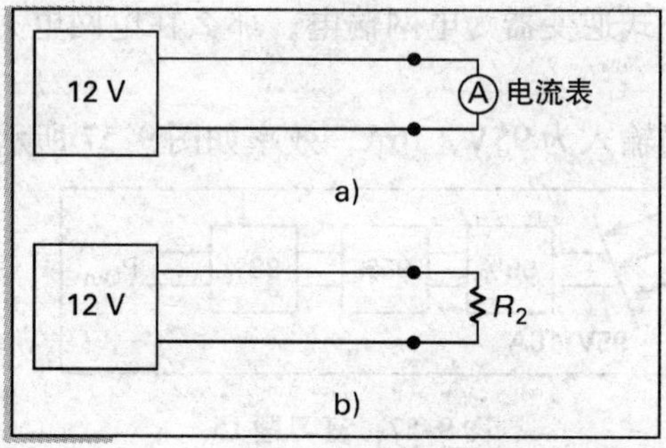

图 9-59 复习题 20 和 21

22. 并联充电控制器采用什么方法来将电池的充电电流分流？请解释其原理。

23. 串联充电控制器采用什么方法来控制电池的充电电流？请解释其原理。

24. 一个额定值为 850W，85V 的光伏阵列为一个充电控制器供电（见图 9-60）。充电控制器再为一个含有 6 块 12V 电池的电池组充电，每个电池的额定容量为 350Ah，充电电压为 14.4V。计算

（1）从阵列到控制器的电流 I_A。

（2）从控制器到电池组的电流 I_B。

（3）到每块电池的平均可用电流。

（4）如果电池以 $C/40$ 速率充电，供给电池组的平均电流是多少？

25. 一个光伏阵列为一个充电控制器提供 70V，16A 的电源。电池组向逆变器提供 24V，45A 的电源。从阵列到充电控制器的单程距离为 75ft，从电池组到逆变器的单程距离为 25ft。所有线路所用的电缆型号和规格相同。电缆电阻为 0.764Ω/1000ft。从阵列到充电控制器的允许压降为 2.5%，从电池组到逆变器的

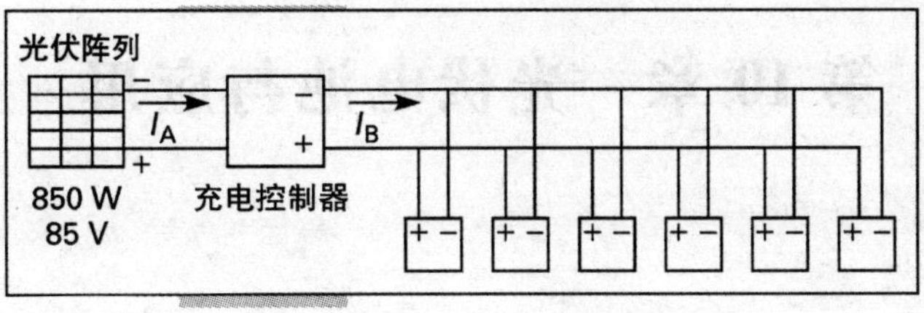

图 9-60　复习题 24

允许压降为 2.0%。各压降值分别是多少，是否符合规格要求？（见图 9-61）

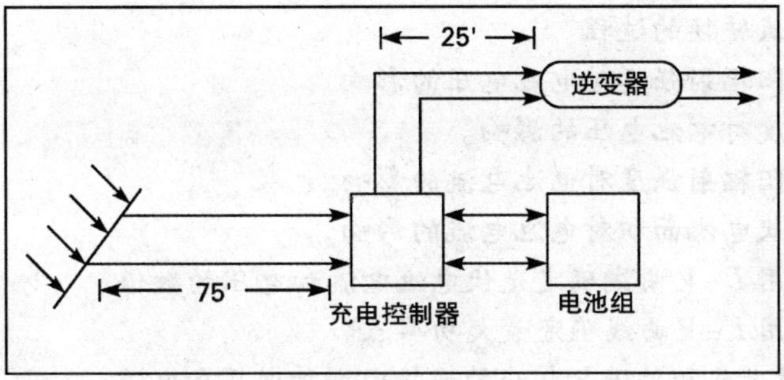

图 9-61　复习题 25

26. 解释产品可靠性的定义。

第 10 章　光伏电池与应用

目标

学习完本章后，读者应达到下列目标：

1）理解光伏电池的工作原理和特性。
2）理解对半导体材料进行掺杂的原因。
3）理解光伏转换的过程。
4）理解太阳辐射强度对电池电压的影响。
5）理解温度对电池电压的影响。
6）理解太阳辐射强度对电池电流的影响。
7）理解光伏电池面积对电池电流的影响。
8）能够利用 $I-V$ 曲线确定光伏电池电流和电压的数值。
9）能够利用 $I-V$ 曲线确定最大功率点。
10）能够对光伏组件进行相应的连接以增加电压和电流。
11）理解硅材料的电学和热学性质。
12）能够应用温度系数来确定电压、电流和功率的变化。
13）能够解读光伏电池与组件的规格参数。
14）能够确定独立型光伏系统的内联规模和组件数量。
15）理解恒流源和恒压源的特性。
16）理解防反二极管和旁路二极管的应用原理。
17）能够讨论电池材料，包括单晶硅、多晶硅和非晶硅。
18）能够计算系统的功率效率。
19）能够对与现场评估相关的因素进行讨论。
20）能够对太阳能组件的测试进行讨论。
21）能够对太阳能组件的认证进行讨论。

引言

我们在第 9 章介绍了逆变器、最大功率点跟踪器和充电控制器的功能和工作原理。本章将讨论光伏（PV）电池的理论和工作原理，它们是光伏系统的电源装置。

目前，交流发电机仍是电力的主要来源，紧接其后的就是化学电池，此外另一个重要的电力来源是光伏电池（或称太阳电池）。光伏电池直接将光能转化为电能。光伏电池由半导体材料制成，纯净的半导体材料既不是电的良导体也不是绝缘体，但是可以通过“掺杂”来提高导电性。光伏电池单体是小巧的薄片状器件，仅能输出少量的功率。可以将这些单体组装成组件和阵列从而得到较大的功率。光伏系统可分为含后备电池的“独立型”及与电网连接的“交互型”。

10.1　光伏电池

光伏电池采用半导体材料制成，常用的两种半导体材料是硅和锗。硅和锗都是电的不良导体，因为它们没有足够的自由电子来维系持续的电流。为了提高其导电性从而获得更大的电流，人们采取了“掺杂”的办法，即将杂质加入纯净的晶体来增强其导电性。硅的热稳定性比锗更好，因此常用于光伏电池。

10.2　掺杂

纯净晶体状态的硅原子在其价带（外层电子带）上有4个电子。为了提高导电性，可以将含有多于或少于4个价电子的原子掺杂到硅晶体中。这种**掺杂**过程产生了一种新的半导体材料。如果将含有3个价电子的原子掺杂到硅晶体中，就形成了**P型**或正型材料。在P型材料中，有一些原子的价电子数量少于基础硅材料，即缺乏电子。如果将含有5个价电子的原子掺杂到硅晶体中，就形成了**N型**或负型材料。在N型材料中有富余的电子。

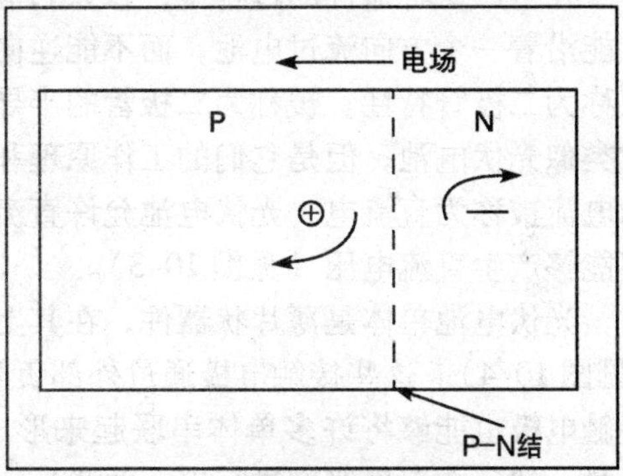

图10-1　PN结器件的剖面结构

在掺杂之后，就得到了N型和P型两种不同的材料。在特制的炉子内对这两种材料进行进一步的处理，就得到了PN结器件。图10-1所示即为这种PN结器件的剖面结构。P型材料缺乏电子，N型材料富余电子。

10.3　半导体理论

通过掺杂能够得到比纯净硅更大的电子流。如上所述，掺杂后的硅材料被称为P型硅或N型硅。磷气体常被用来制作N型材料。磷在其价电子带有5个电子，将少量磷原子渗入硅材料中，这些多余的电子就会自由移动，使得材料的自由电子增加。常用硼来制作P型材料。硼在其价电子带有3个电子，通过掺杂，可使少量硼原子渗入到硅材料中。P型材料中电子的缺乏会形成带正电荷的空穴，这些空穴会吸引电子。当电子离开原子的价电子层时也会形成空穴，这时其他电子会流过来填补这些空穴（见图10-2）。在P型材料中，空穴的移动方向与电子相反。只有在半导体中才有空穴移动这一概念。在外电路中，没有流动的空穴，只有流动的电子。

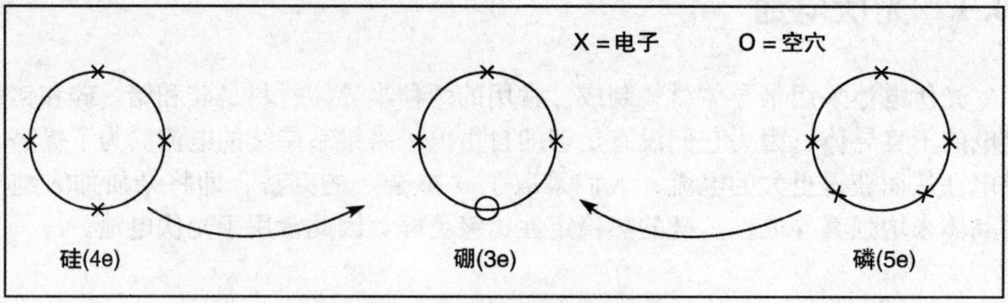

图10-2 电子在原子间的运动

掺杂操作在无尘环境中进行。将纯硅材料放进炉子中，将硼或磷气体（取决于材料类型，P或N）渗入硅晶体，制得两种材料。在专用炉子中进行进一步处理，生成PN结，从而制得光伏电池。在生成PN结的过程中，结的两端便形成了**电场**。

在生产这种器件的过程中，掺杂过程至关重要。PN结两端的电场使得电流只能沿着一个方向流过电池，而不能逆向流动。这种半导体器件具有的独特性质被称为二极管特性。被称为**二极管**的半导体器件有着很多用途。二极管的制造方式类似光伏电池，但是它们的工作原理和应用场合有所不同。仅向一个方向流动的电流被称为直流电。光伏电池允许直流电单向通过，在电池单体的两个端子之间能够产生直流电压（见图10-3）。

光伏电池单体是薄片状器件，在其上下表面连接有导电接触电极和印制电路（见图10-4）。这些接触电极通过外部负载将电池的上下表面连接在一起。同时，接触电极也能够将许多单体串联起来形成组件（单体可以被并联，但通常先被串联，然后在组件级别进行串、并联）。

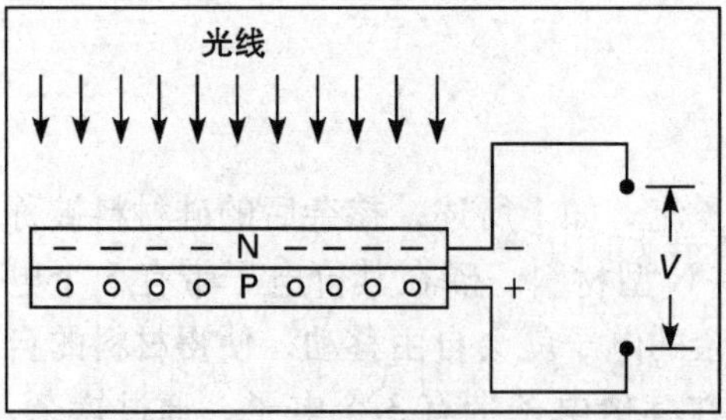

图10-3 在电池单体的两端产生直流电压

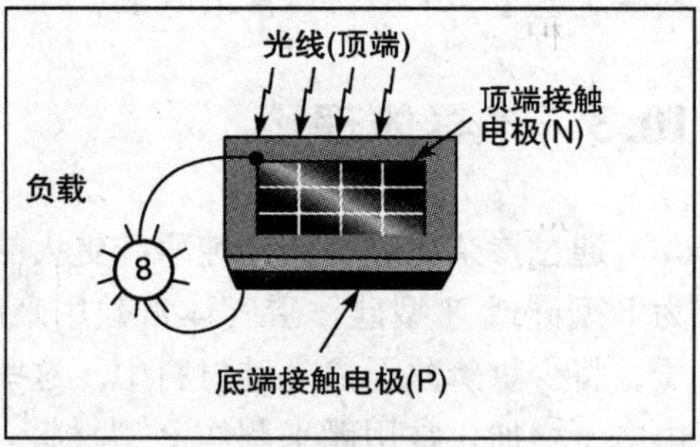

图10-4 电池单体的接触电极

10.4　光伏作用

太阳电池在技术上被称为光伏电池。其中“光”代表光线，“伏”代表电力，“光伏”就是光线产生的电力。光伏电池对来自太阳的光辐射很敏感，而太阳光辐射含有光子能。光子是能量包，当被电池吸收后，这些能量使得半导体材料中电子的运动性增加。电场将自由电子从 P 型材料中排斥到 N 型材料中，并且不允许自由电子回到 P 型材料，同时，空穴向 P 型材料的表面移动。这个过程在 PN 结两端产生了电势差（直流电压）。当外电路被连通后，电子就从 N 型材料经过负载返回到 P 型材料。带正电荷的空穴有助于提高硅材料的导电性，但是空穴并不会运动到外电路中。在图 10-3 中，光伏电池就像化学电池一样有着正负极端子。

上述过程常被称为“光伏效应”或“光伏作用”。这个效应可以被总结为：当材料吸收了光子能后，该材料中的电子运动就会产生电压（见图 10-5）。当阳光辐射停止照射电池表面后，电压的生成也会停止。

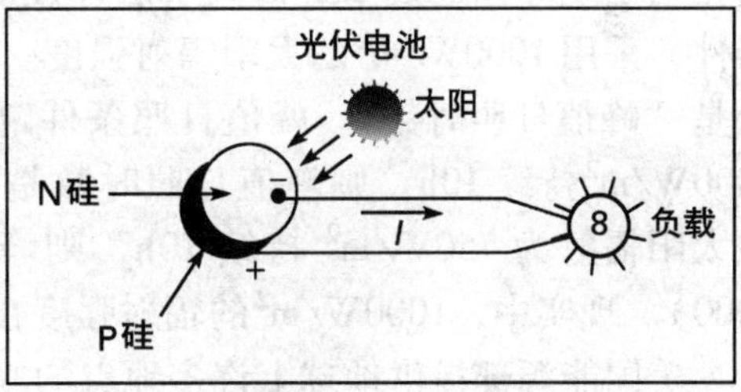

图 10-5　光伏作用

只要阳光照射在电池上，光伏作用就会持续发生。影响光伏电池寿命的主要因素是外部损伤以及表面接触电极的老化。

10.5　太阳辐射波谱

照射在光伏电池上的阳光以波的形式传输（想象一下海浪的情形），阳光由电磁能量组成。“电磁”一词意味着阳光能量由电能量和磁能量组成。电磁能量有很多种类型，而光能是其中的一种。太阳辐射波谱（见图 10-6）包含了从紫外线（不可见）到可见光，直至红外线（不可见）的能量波段。这些波段还可以用波的长度即波长来描述。波长的度量单位为纳米（nm），1nm 等于 1×10^{-9}m，或 0.000000001m。1nm 还等于 3.281×10^{-9}ft，或 0.000000003281ft。可见光的波长范围大约从 400～700nm。可以被晶体硅太阳电池吸收的光线覆盖了可见光的波谱，并延伸到近红外范围，其波长从 400～1100nm。最强烈的太阳辐射能量位于大约 550nm 处。太阳辐射常常被大气层所散射、反射或吸收，灰尘、水汽、二氧化碳和许多大气污染物都会降低太阳辐射强度。

当太阳位于头顶正上方时，太阳辐射穿越的大气层最短，因为此时太阳距当

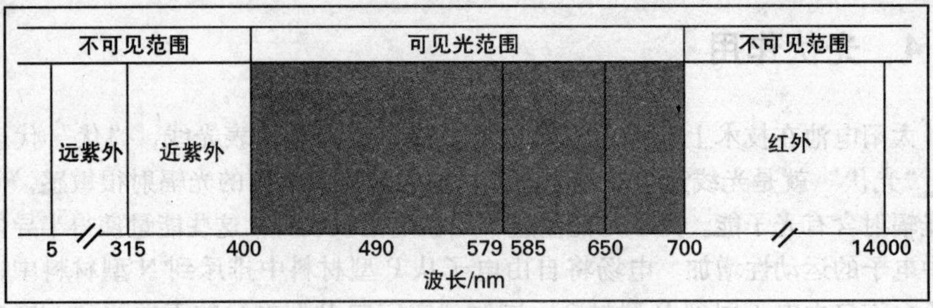

图 10-6　太阳辐射波谱

地最近。到达地表的太阳辐射强度是其在大气层外的约 75%。在夏季，当太阳位于正上方时，在海平面高度的太阳辐射强度的峰值大约为 1000W/m²。在光伏组件的测试中，测试标准为阳光透过一定质量的空气之后的等效光谱，该空气质量相当于地球赤道处 1.5 倍大气层厚度。该标准被称为 AM1.5。为了测试光伏器件，采用 1000W/m² 的太阳辐射强度。在衡量太阳辐射能量时，一个常用的概念是“峰值日照时数”。峰值日照条件定义为 1000W/m²。如果平均太阳辐射为 1000W/m² 持续 10h，则峰值日照时数是 10h（1000W/m² ×10h/1000）。如果平均太阳辐射为 750W/m² 持续 10h，则峰值日照时数为 7.5h（750W/m² ×10h/1000）。现实中，1000W/m² 的辐射强度在一天中仅能持续几个小时。

美国能源部提供地球上许多地点的峰值日照时数图。为了确定某个应用场合的光伏系统规模，可以认真参考其峰值日照时数。

10.6　电池电压和电流

太阳电池产生的电压首先取决于制作电池的材料以及电池的温度。电池的尺寸（表面积）和太阳辐射强度（W/m²）对输出电压的影响不大。电池的电流与其尺寸和太阳辐射强度成正比。电池表面的辐射强度（W/m²）越大，产生的电流就越大。

总结：

电池单体电压：电池的表面积对其影响不大，太阳辐射强度（W/m²）在大约 200W/m² 以下时对其有影响，超过之后影响就不大了。电压基本上恒定在 0.50~0.60V。电池材料和电池温度是影响电压的主要因素。对于晶体硅电池，温度与电压成反比。当电池温度降低时（变冷），电压会升高。

电池单体电流：电池的电流与其表面积（m²）和太阳辐射强度（W/m²）成正比。温度对电流的影响不大。

设计人员必须小心谨慎，充分了解产品的规格参数。晶体硅的特性如上所述，但是薄膜器件的温度特性与此不同（**请务必阅读电池和组件的规格说明书**）。

图10-7中列出了表面积分别为$1m^2$，$\frac{1}{2}m^2$和$\frac{1}{4}m^2$的光伏组件在$1000W/m^2$光照下的特性。第一个组件的I_{SC}（短路电流）为6A，第二个组件的I_{SC}（短路电流）为3A，第三个组件的I_{SC}（短路电流）为1.5A。每个组件的电池单体数量相同，并采用同样的材料制成。此例表明电流与表面积成正比。

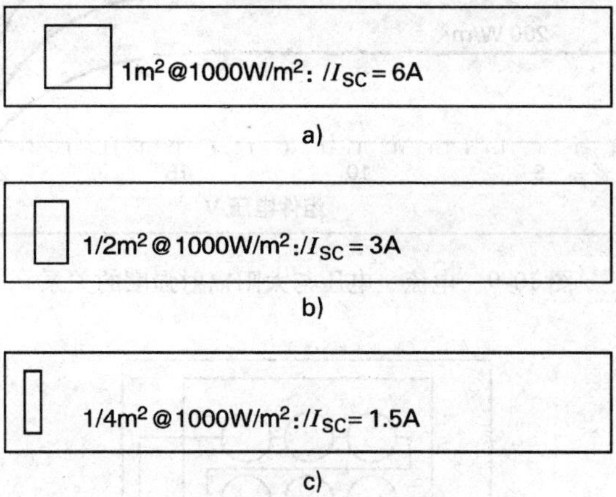

图10-7　电池的电流与其表面积成正比

a）$1m^2$　b）$\frac{1}{2}m^2$　c）$\frac{1}{4}m^2$

当电池的上表面暴露在光线下时，被PN结吸收的光子把能量转移到材料的电子中。有些电子成为自由电子，产生了外电路中的电流。图10-8所示为光伏电池的符号。

光伏电池单体的输出电压和电流很小，因此必须将多个单体连接起来，封装为一个组件。在测试条件下，晶体硅电池的开路电压（V_{OC}）约为0.5V。图10-9是一个组件的$I-V$曲线，它是太阳辐射强度的函数。该组件由多个单体串联而成，其短路电流（$V_{OC}=0$时）约为0.51～2.6A。组件的电流与入射的太阳辐射强度成正比，因此输出功率（$P=V\times I$）与太阳辐射强度成正比。

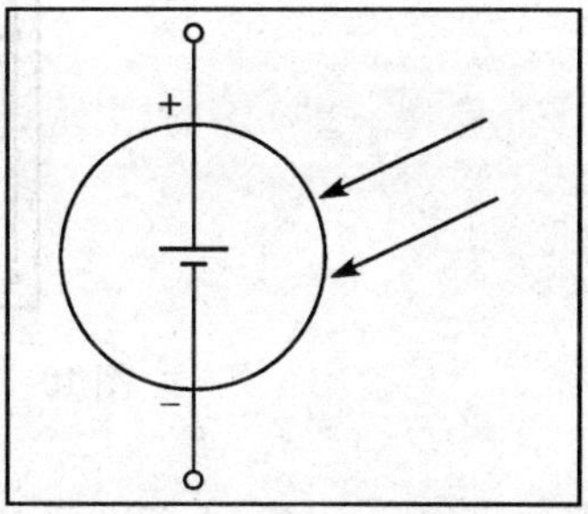

图10-8　光伏电池的符号

电池单体串联能够增加光伏组件电压，单体并联可以增加组件电流。通常组件中的单体都是串联的，然后再进行串联、并联或串-并联（见图10-10）。光伏电池单体和组件的串、并联遵循和化学电池相同的电压和电流规则。

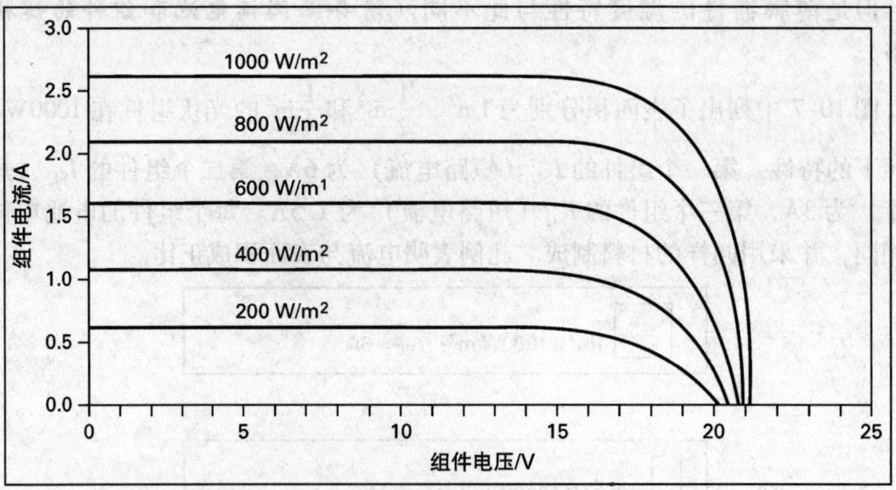

图 10-9 电流、电压与太阳辐射强度的关系

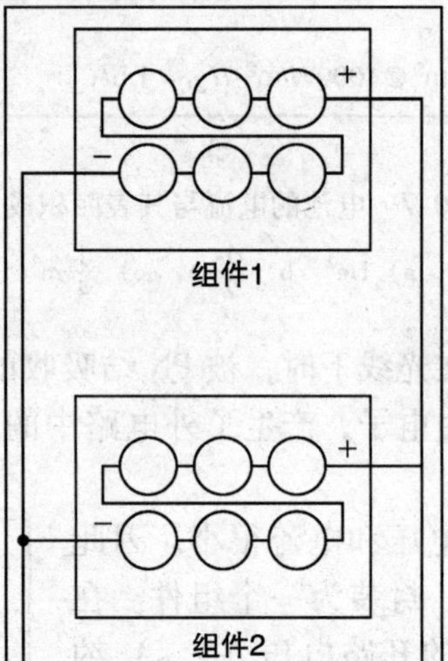

图 10-10 光伏电池单体串联，组件并联

10.7 *I*－*V* 曲线

I*－*V 曲线（伏安曲线）是电流和电压在电路工作时的特征曲线。制造商在标准测试条件（STC）下获得的 *I*－*V* 曲线中选取一些重要参数，标识在电池和

组件的铭牌上。电池单体和组件的性能可由下列参数表征：

（1）电池开路电压（V_{OC}）：$I-V$ 曲线上的最大电压（见图10-11）。电池的输出为开路状态或无穷大电阻。在 $I-V$ 曲线的 V_{OC} 点的电流和功率为零。

（2）电池短路电流（I_{SC}）：$I-V$ 曲线上的最大电流（见图10-12）。电池的输出为短路状态或零电阻负载。在 $I-V$ 曲线的 I_{SC} 点的电压和功率为零。

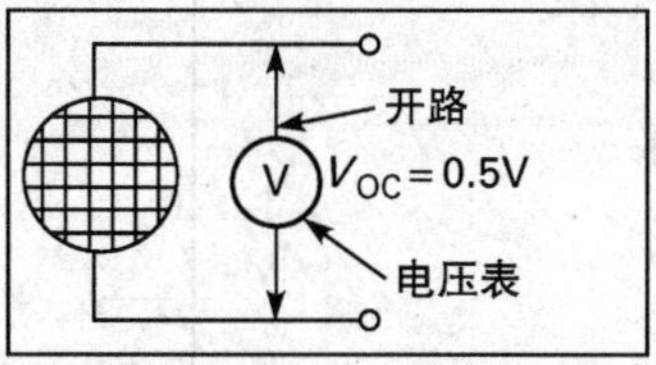

图10-11　开路电压（V_{OC}）

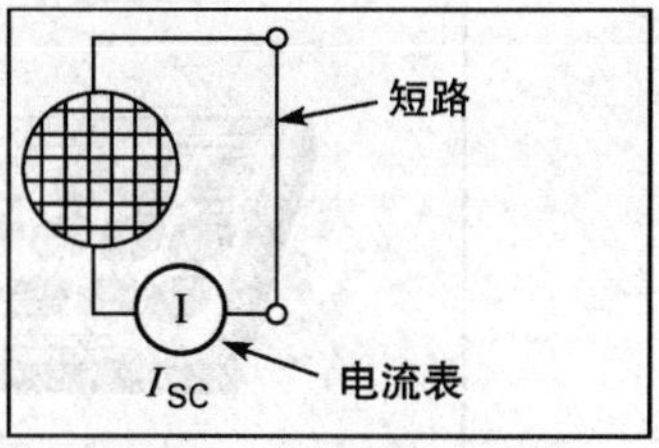

图10-12　短路电流（I_{SC}）

（3）电池最大功率电压（V_{MP}）：在最大功率点的电压。

（4）电池最大功率电流（I_{MP}）：在最大功率点的电流。

（5）最大功率点（MPP）：在 $I-V$ 曲线上，器件向负载输出最大功率的点。最大功率为 I_{MP} 与 V_{MP} 之积（$I_{MP}\times V_{MP}$），位于 $I-V$ 曲线的转弯处。

图10-13是在不同的太阳辐射强度下的 $I-V$ 曲线族，图10-13中标出了曲线上的一些重要节点。

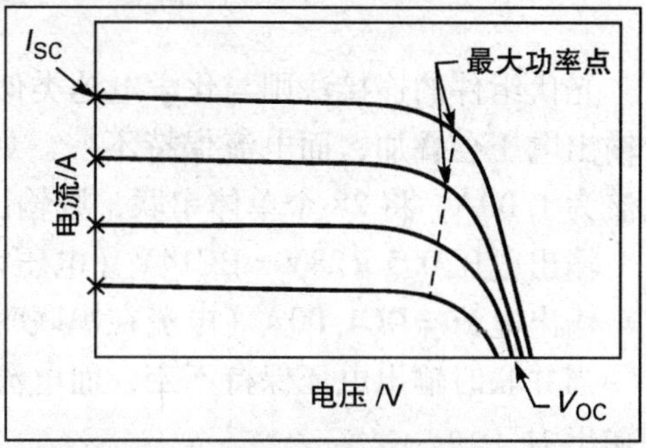

图10-13　$I-V$ 曲线（伏安曲线）

当光伏电池工作于最大功率点（MPP）时，可以向负载输出最大的可用功率。在固定的光照条件下，电池的输出电流大致恒定。因此在实际运行中，曲线上的该点是有效负载电阻和系统设计的函数。如果将一个光伏组件直接与化学电池相连，则化学电池的电压就决定了工作点。如果将组件与照明系统相连，照明灯具的电阻就决定了工作点。要想在MPP上运行，就需要将负载调整到组件的MPP上。MPP跟踪器和其他电子控制器能够通过调整使负载获得最大的可用功率。逆变器和电池充电控制器就具有这些功能（见第9章）。

10.8　单体和组件通过连接增加电压和电流

可以将光伏电池单体串联以增加电压。在光伏面板上，采用这种连接方式的电池单体构成了**组件**。将组件串联或串-并联就构成了**阵列**（也称为面板）（见图10-14）。

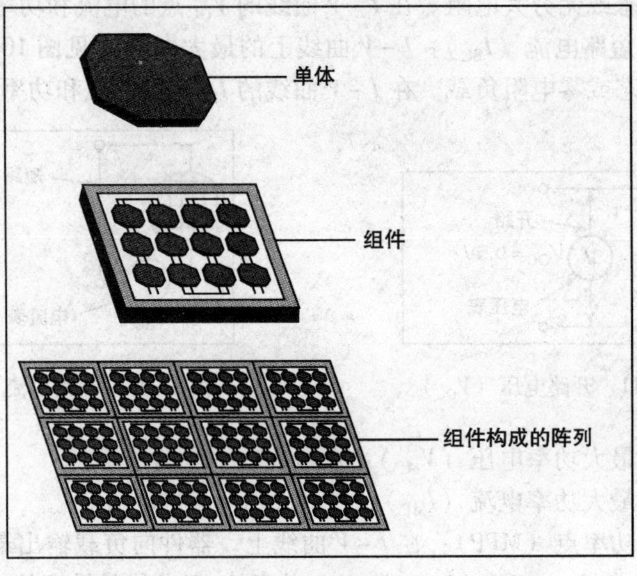

图10-14　构建光伏阵列

光伏组件的连接法则与化学电池类似，它们都是有极性的直流装置。当串联时输出电压会叠加，而电流保持不变。如果一个单体的输出电压是0.5V，输出电流为1.00A，将28个单体串联，则输出为

输出电压0.5×28V=DC14V（电压串联叠加）

输出电流=DC1.00A（电流在串联时不变）

当并联时输出电压保持不变，而电流会叠加。如果将28个同样的单体并联，则输出为

输出电压=DC0.5V（电压并联不变）

输出电流=1.00×28A=DC28A（电流并联叠加）

光伏电池具有正极端（+）和负极端（-），当电池串联时，电池1的负极与电池2的正极相连，电池2的负极与电池3的正极相连，如此继续下去。当连接完最后一个电池后，电池1的正极和最后一个电池的负极就是组件的电极。当电池并联时，所有电池的负极连接到一起，所有电池的正极也连接到一起。组件和阵列的连接方式与此相同。可以将组件进行串联、并联或串-并联以获得所需的功率（见图10-15、图10-16和图10-17）（如前所述，一个电池组件中的单体通常是串联的。有些生产商将同样的组件串联起来，再进行并联，获得了具有更高电压和更大电流的组件）。

在光伏系统的描述中，经常会将一些术语如组件、阵列和面板等混用。在产品目录中销售的组件已经进行了适当的连接以便输出一定的功率。

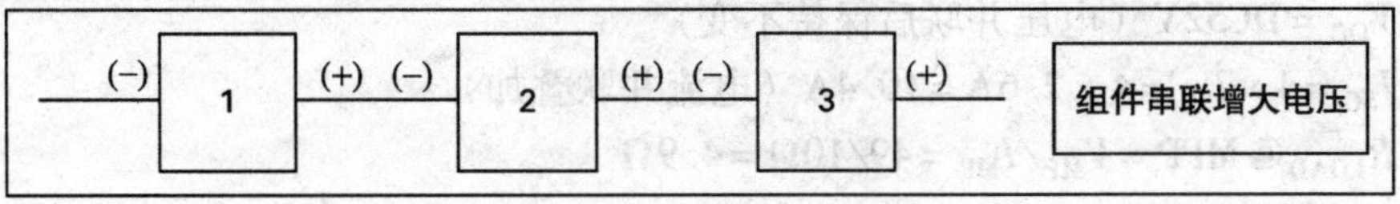

图 10-15　组件的串联

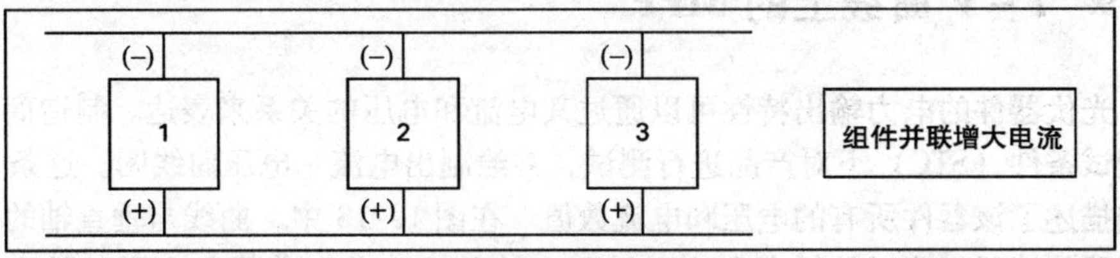

图 10-16　组件的并联

例 10-1

光伏组件的输出为 14V，1.12A。需要并联多少个组件才能提供 14V，8A 的电力为电池组充电？为电池组供电的总功率（W）是多少？

输出电压 = DC14V 每个组件

输出电流 = DC1.12A 每个组件

如果 8 个组件并联，则 $I = 8 \times 1.12\text{A} = 8.96\text{A}$。该阵列将能够为电池充电提供 14V8.96A 的电力。当充满电后，充电控制器能够限制电流。可用功率计算如下

功率 = 电压 × 电流 = 14 × 8.96W = 125.5W

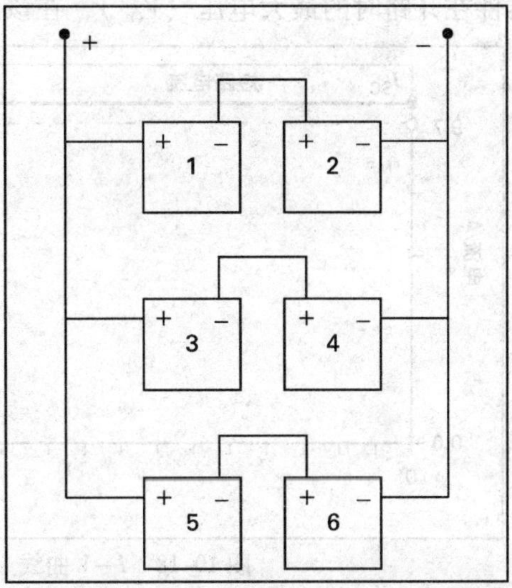

图 10-17　组件的串 - 并联

例 10-2

有一组光伏单体串联成组串。该组串包含 100 个单体，每个单体开路电压为 $0.52V_{OC}$。若 MPP = $49V_{DC}$，2.5A，计算组串的 V_{OC} 和负载（R_L）的最大功率。

$V_{OC} = 100 \times 0.52\text{V} = \text{DC}52\text{V}$（电压叠加）

$R_L = V_{MP}/I_{MP} = 49/2.5\Omega = 19.6\Omega$

$P_{MPP} = V_{MP} \times I_{MP} = 49 \times 2.5\text{W} = 122.5\text{W}$

例 10-3

有四个组件并联为负载供电。若每个组件的 V_{OC} 为 DC52V，I_{SC} 为 2.6A，则

总输出的 V_{OC}和 I_{SC}是多少？如果该阵列的 MPP 为 49V，10A，则需要多大的负载才能运行在 MPP 上？

V_{OC} = DC52V（电压并联后保持不变）

$I_{SC} = 4 \times I_{SC} = 4 \times 2.6A = 10.4A$（电流并联叠加）

R_{LOAD}@ MPP = $V_{MP}/I_{MP} = 49/10\Omega = 4.9\Omega$

10.9 I－V 曲线上的 MPP

光伏器件的电力输出特性可以通过其电流和电压的关系来表达。制造商在标准测试条件（STC）下对产品进行测试，并绘制出电流－电压曲线图。这条 I－V 曲线描述了该器件所有的电压和电流数值。在图 10-18 中，曲线与垂直轴的交点就是器件端子短路时的最大电流（I_{SC}），在该点 $V=0$。曲线与水平轴的交点为器件在开路时的最大电压（V_{OC}），在该点 $I=0$。MPP 位于 I－V 曲线的转弯处。

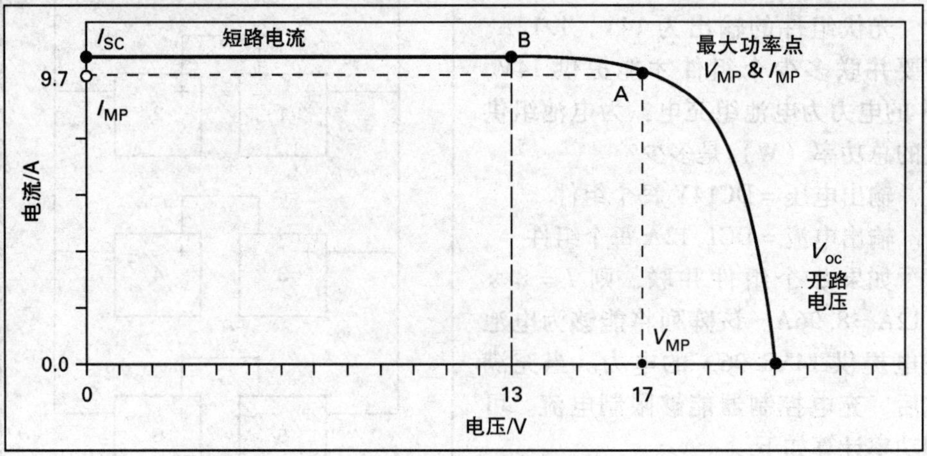

图 10-18　I－V 曲线上的最大功率点（MPP）

在 I－V 曲线上的每一点都对应一定的电流和电压值，而器件的输出功率（P）就是由该工作点的 $I \times V$ 决定的。在图 10-18 中，如果器件在 A 点工作，则电流（I）约为 9.7A，电压（V）约为 17V。因此

$P = I \times V = 9.7 \times 17W = 164.9W$

如果器件在 B 点工作，则电流（I）约为 9.8A，电压（V）约为 13V。因此

$P = I \times V = 9.8 \times 13W = 127.4W$（是 A 点的 77.2%）

请注意，曲线在经过“转弯”处之前几乎是水平的，而电流在经过转弯处之后急剧下降，直至在 V_{OC}处达到零。电压沿着曲线变化，在 I_{SC}处为零，在 V_{OC}处达到最大值。A 点位于曲线的转弯处，是器件最大功率的工作点，即 A 点是该器件的 MPP。

为了让组件或阵列输出最大可用功率，令其工作在 MPP 就显得非常重要。可以用 MPP 跟踪器来跟踪并保持向负载输出最大功率。当太阳辐射强度或温度改变了 MPP 时，MPP 跟踪器会在组件的输出端进行相应的调整，改变负载并跟踪新的 MPP。例如，若 MPP 跟踪器将 B 点的电压升高至 17V，就可以使器件在最大可用功率下运行。使用控制器来调整 MPP 会消耗光伏组件的一些电流，用于驱动控制器的内部电路，但是所消耗的电流与获得的增益相比微不足道。

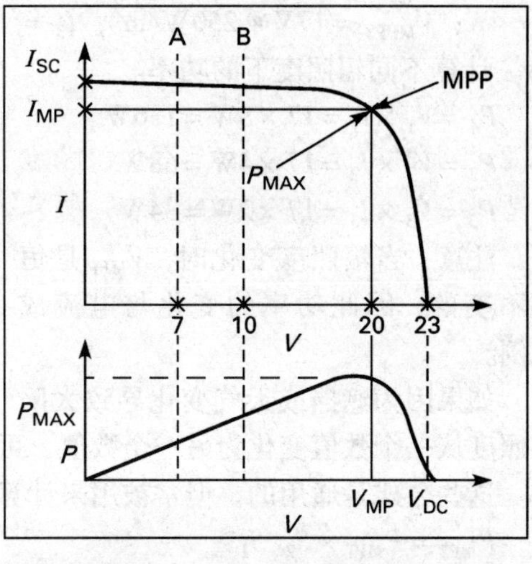

图 10-19　$I-V$ 曲线及相关的功率曲线

当把负载连接至光伏组件后，输出电压会沿着 $I-V$ 曲线移动，功率也将有所变化。可以用公式 $P=V\times I$ 来计算沿着 $I-V$ 曲线的功率曲线，功率曲线的峰值会出现在 MPP 处。图 10-19 展示了功率随电压变化的曲线。

例 10-4

在图 10-20 的 $I-V$ 曲线中展示了 A 点、B 点和 MPP 的电压和电流。计算每个点的功率和负载电阻（R_L）。

P@ A $=V\times I=7\times 9.9\text{W}=69.3\text{W}$

P@ B $=V\times I=10\times 9.7\text{W}=97\text{W}$

P@ MPP $=V\times I=21\times 9.4\text{W}=197.4\text{W}$

R_L@ A $=V/I=7/9.9\Omega=0.7\Omega$

R_L@ B $=V/I=10/9.7\Omega=1.03\Omega$

R_L@ MPP $=V/I=21/9.4\Omega=2.23\Omega$

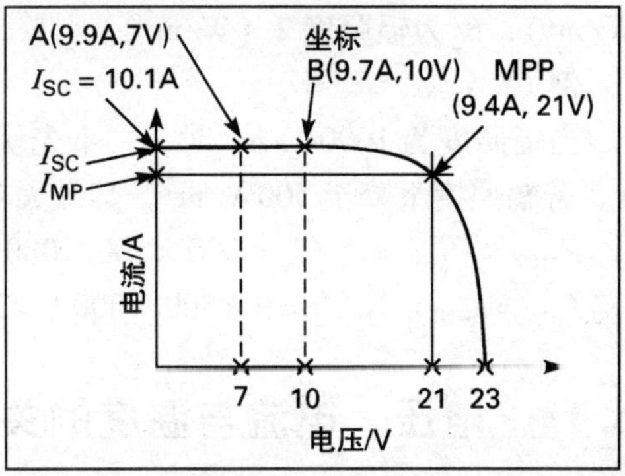

图 10-20　例 10-4

$I-V$ 曲线决定了实现最大功率传输所需的负载（R_L）。

10.10　太阳辐射强度（辐照度）的变化对电流和电压的影响

图 10-21 展示了当太阳辐射强度（W/m^2）变化时光伏组件的 $I-V$ 曲线。可以看到，组件的电流发生了变化，但是电压几乎保持不变。

例 10-5

在图 10-21 中，$V_{MPP1}=17\text{V}$@ 1000W/m^2，$I_1=8\text{A}$；$V_{MPP2}=17\text{V}$@ 500W/m^2，

$I_2 = 4A$；$V_{MPP3} = 17V@250W/m^2$，$I_3 = 2A$。计算不同辐照度下的功率。

$P_1 = V_1 \times I_1 = 17 \times 8W = 136W$

$P_2 = V_2 \times I_2 = 17 \times 4W = 68W$

$P_3 = V_3 \times I_3 = 17 \times 2W = 34W$

注意，当辐照度变化时，V_{MPP}是恒定不变的，因此功率的变化与电流成比例。

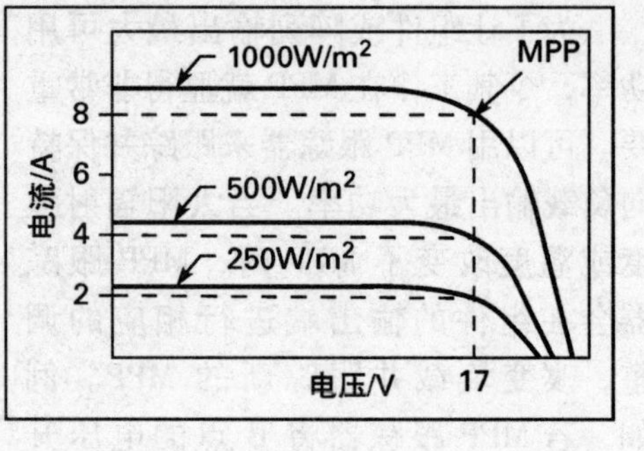

图 10-21　太阳辐照度对电流和电压的影响

如果因为遮挡或天气变化导致太阳辐照度从一个数值变化为另一个数值，可以利用下面的两个公式来计算电流和功率。这些公式是通用的，但常被用来计算当 $I-V$ 曲线变化时的 I_{SC} 和 P_{MPP}：

$P_{MP2} = P_{MP1} \times S_2/S_1$

和

$I_{SC2} = I_{SC1} \times S_2/S_1$

式中：P_{MP1}为辐照度 1 时的功率（W）；P_{MP2}为辐照度 2 时的功率（W），I_{SC1}为辐照度 1 时的电流（A）；I_{SC2}为辐照度 2 时的电流（A）；S_1为辐照度 1（W/m^2）；S_2为辐照度 2（W/m^2）。

例 10-6

当辐照度为 $1000W/m^2$ 时，一个光伏组件的最大功率为 200W，短路电流为 6A。若辐照度下降至 $500W/m^2$，其最大功率和短路电流是多少？

$P_{MP2} = P_{MP1} \times S_2/S_1 = 200 \times 500/1000W = 100W$

$I_{SC2} = I_{SC1} \times S_2/S_1 = 6 \times 500/1000A = 3A$

10.11　电压、电流与温度的关系

图 10-22 展示了温度变化对光伏单体或组件电压的影响。当温度降低（变冷）时，器件的电压升高，而当温度升高（变热）时，器件的电压降低。此处的温度是在标准测试条件（STC）下测得的光伏单体或组件的表面温度。（这种电压－温度的关系只是晶体硅电池的特征，并非适用于所有的光伏电池类型。）在安装组件时，设计师和安装人员应当考虑降温的需要。当电池的温度升高时，其功率也

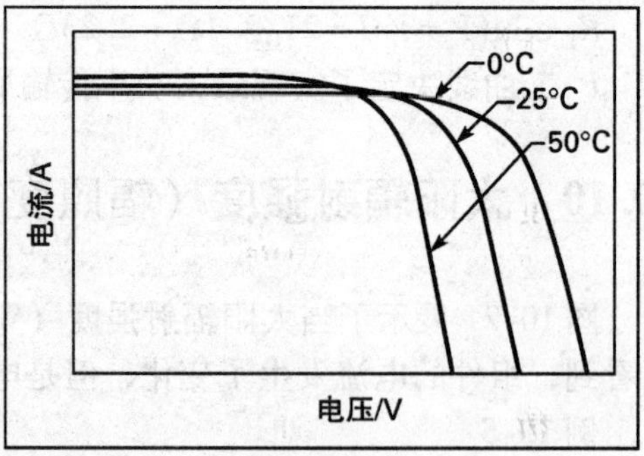

图 10-22　电压、电流与温度的关系

会和电压同比例下降，因为正如我们观察所见，电流随温度升高而增大的幅度非常小，不足以补偿电压下降造成的功率损失。

10.12　电学和热学特性

从制造商处可以得到光伏器件的电学和热学特性。也可以从设备铭牌上或制造商的产品目录上找到这些参数。2008 国家电气规范第 690.7 节定义了在环境温度下晶体硅组件的最大电压的修正系数。如果没有制造商的数据，可以参考表 10-1。下面是制造商参数的实例。

表 10-1　电学和热学特性

电池种类	单晶硅
内部连接形式	48 - 125 × 125mm 单体串联
最大系统电压	DC600V
串联熔体额定电流	8A
电压温度系数（V_{OC}）	-0.34%/℃
电流温度系数（I_{SC}）	0.09%/℃
功率温度系数（P_{MAX}）	-0.37%/℃
标准测试温度	25℃

10.13　温度系数

制造商将温度对器件的影响以温度系数标示，即 V/℃，或%/℃。温度系数是由于电池温度的变化导致的器件电压、电流或功率的变化率。温度的上升或下降都会引起变化。负（-）温度系数表明测得的数值随着温度的升高而减少，随着温度的降低而增大；相反，正（+）温度系数表明测得的数值随着温度的升高而增大，随着温度的降低而减少。

电压温度系数和功率温度系数通常为负，电流温度系数通常为正。除非另有注明，标准参考温度都是 25℃（77°F）。此例适用与晶体硅电池。该方法也适用于其他类型的电池，但是温度系数可能会有所不同，变化的趋势也可能不一样。因为温度的变化对电池电流的影响不大，因此电流温度系数可能不会被列出来。

电池温度是环境温度、太阳辐射强度、风速、电池的封装以及组件安装方式的函数。制造商会标识出组件的温度系数。电池单体的电压、电流和功率的温度系数可以转化为组件的温度系数。组件电压温度系数（$C_{V-组件}$）可根据单体的温度系数（$C_{V-单体}$）通过下式计算得到：

$$C_{V-组件} = C_{V-单体} \times N$$

式中：N为串联单体的数量。组件电流温度系数（$C_{I-组件}$）为

$$C_{I-组件}=C_{I-单体}\times N_P\times A_C$$

式中：N_P为并联组串的数量；A_C为一个组串的面积（cm^2）。

例 10-7

计算一个光伏组件的温度系数。该组件包含 54 个电池单体，由两个组串并联而成，每个组串有 27 个单体。$C_{V-单体}=-0.00235V/℃$，$C_{I-单体}=0.0000026A/℃$，$A_C=156cm^2$。

$$C_{V-组件}=C_{V-单体}\times N=-0.00235\times 27=-0.06345V/℃$$

$$C_{I-组件}=C_{I-单体}\times N_P\times A_C=0.0000026\times 2\times 156=0.00081A/℃$$

例 10-8

在光伏产品的规格中，也会将温度变化系数表示为%/℃。这个百分比即单位温度变化系数。将百分比转变为小数，再乘以参考（额定）值，就得到了单位变化量。单位温度变化系数适用于电压、电流和功率，但是温度对电流的影响不大，因此也许不会在规格参数中列出。本例中，将系数%/℃转化为单位变化量/℃时要用到组件的规格参数：V_{OC}（组件）=21V@STC 25℃，单体电压温度系数（$C_{V-单体}$）=−0.369%/℃，单体功率温度系数（$C_{P-单体}$）=−0.480%/℃，最大功率为 87W。现在通过单体电压温度系数来计算组件的单位变化量：

$$C_{V-组件}=V_{REF}\times C_{V-单体}/100=21\times -0.369/100V/℃=-0.077V/℃$$

式中：V_{REF}为组件的额定V_{OC}。

$$C_{P-组件}=P_{REF}\times C_{P-单体}/100=87\times -0.480/100W/℃=-0.4176W/℃$$

式中：P_{REF}为最大功率。

这样，就通过单位温度变化系数将单体的系数转化为组件的系数。

10.14 计算温度变化后的 V_{OC} 和 P_{MPP}

采用以下步骤计算温度变化后组件的电压和功率：

1）计算单位温度变化系数$C_{V-组件}$或$C_{P-组件}$。

2）采用上面的参数，用下列公式计算温度变化后组件的参数：

新温度下的V或$P=V_{REF}$或P_{REF}+单位温度变化系数×温度变化量

例 10-9

制造商的规格参数如下：

- 晶体硅电池单体
- 单体电压温度系数@25℃ = −0.369%/℃
- V_{OC}@25℃ =44.6V（组件）
- 单体功率温度系数@25℃ = −0.480%/℃
- MPP 功率@25℃ =250W（组件）

计算 V_{OC} 和 P_{MPP}@ −20℃。

（1）温度变化量。

25℃ −（−20℃）= −45℃

（2）电压单位变化量。

$C_{V-组件} = V_{REF} \times C_{V-单体}/100 = 44.6 \times -0.369/100V/℃ = -0.164V/℃$

（3）功率单位变化量。

$C_{P-组件} = P_{REF} \times C_{P-单体}/100 = 250 \times -0.480/100W/℃ = -1.2W/℃$

（4）V_{OC}@ −20℃ = V_{REF} + 单位变化量 × 温度变化量 = 44.6 +（−0.164 × −45）=（44.6 + 7.38）V = 51.98V。

（5）P_{MPP}@ −20℃ = P_{REF} + 单位变化量 × 温度变化量 = 250 +（−1.2 × −45）=（250 + 54）W = 304W。

温度对器件电流的影响不大，在本例中不予考虑。如果组件进行串联，则在新温度下的电压会叠加。组件的功率也会叠加。为确保上述计算的精度，应在光伏单体/组件的表面进行温度测量。

10.15　标准测试条件

制造商在标准测试条件（STC）下对单体和组件进行测试。这些测试用来表征单体/组件的输出量，利用测试结果绘制出 $I-V$ 曲线。常用的 STC 为：

（1）太阳辐射强度（辐照度）为 1000W/m^2。

（2）单体温度为 25℃。

（3）大气质量为 AM1.5（参见本书附录）。

根据 UL 认证要求，测试结果应被标注在组件的铭牌上。一个典型的铭牌如图 10-23 所示。

电池种类	单晶硅	组件ABC	
内部联接方式	48–125 × 125 mm 单体串联	25℃额定值（单体）	
最大系统电压	DC600V	辐照度1000W/m^2	
串联熔体丝额定电流	8A	AM1.5	
电压温度系数（V_{OC}）	−0.34%/℃	最大功率 V_{MP}	95W 17.0V
电流温度系数（I_{SC}）	0.09%/℃	V_{OC} I_{MP}	21.4V 5.55A
功率温度系数（P_{MAX}）	−0.37%/℃	I_{SC} 外形尺寸（in.）	5.95A 58 × 21.5 × 1.4
标准测试温度	25℃	重量（lb）	19

图 10-23　光伏组件铭牌

然而现场环境很少与 STC 完全一致，为此，制造商开发出 PC 软件来将 STC 与现场的特定条件相关联。图 10-24 所示为光伏阵列为一个气象站供电。

图 10-24 光伏阵列为一个气象站供电

10.16 测试光伏阵列与绘制 *I*－*V* 曲线

参照图 10-25，采用下列步骤对光伏阵列进行测试并绘制 *I*－*V* 曲线。

（1）断开开关。

（2）调整 $R=0\Omega$（短路）。

（3）闭合开关。

（4）测量 *E* 和 *I* 并记录；这就是 I_{SC}，此时 *E* 等于 0V。

（5）将 *R* 逐步升高，直至 *E* 升至 2.5V。

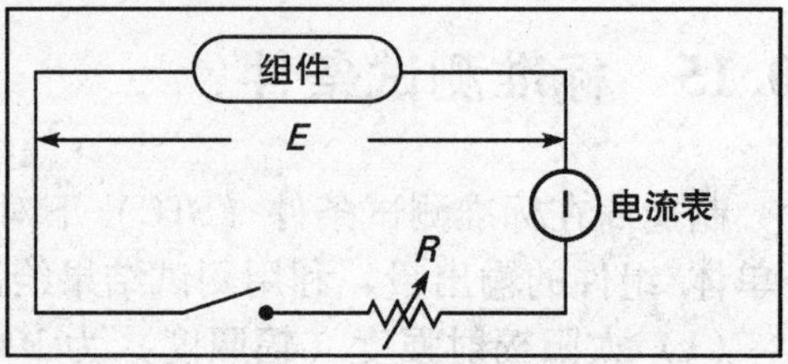

图 10-25 测试电路

（6）测量 *I*，记录 *E* 和 *I*。

（7）继续调整 *R*，将 *E* 以 2.5V 的间隔升高。

（8）在每一个 2.5V 间隔测量 *I*，记录 *E* 和 *I*。

（9）继续这些步骤直至 *I* 降至约 1A。

（10）断开开关。

（11）测量 *I* 和 *E*，并进行记录。此时的读数为 V_{OC}（$I=0A$）。

（12）将记录的 *I* 和 *E* 绘制下来，这就是 *I*－*V* 曲线。

注：切勿在带电压的情况下测量电阻 *R*。

例 10-10

对组件/阵列现场测量的结果进行记录并绘制曲线，如图 10-26 所示。

有些软件可将光伏系统的现场性能参照 STC 进行评估，光伏系统的设计者和安装人员应熟悉相关软件（有些是免费的）。实际的系统性能会与工厂测试条件下的结果存在差异（偏低）。许多变量会对系统的效率产生影响。系统的效率是每一个独立部件或过程的效率的乘积，这些因素包括部件、软件、连线、部件

开关	I(安培)	E(伏特)	欧姆值
闭合	15.5	0	(R = 0 欧姆值)
	15.4	2.5	
	15.2	5.0	
	15.1	7.5	
	15.0	10.0	
	14.5	12.5	增大 R
	12.5	15.0	
	8.0	17.5	
	2.0	20.0	
	1.0	21.0	
断开	0	22.5	(R = 开路)

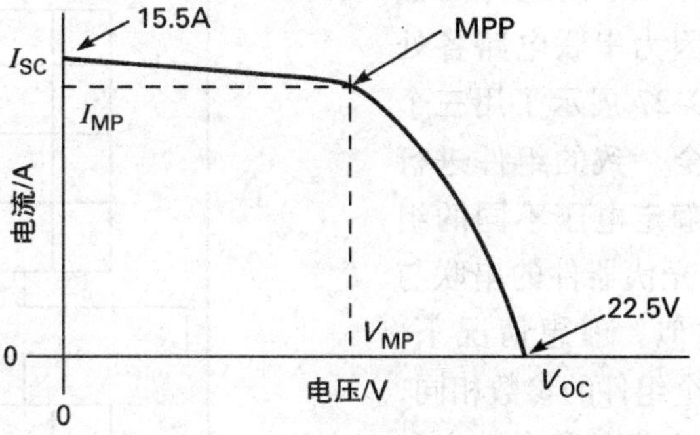

图 10-26　一个现场系统的 $I-V$ 曲线

的组装、遮挡情况等等。例如，如果 个系统的每个部分/过程的效率为 99%，共有 5 个独立的部分/过程，则系统的总体效率为 95%（0.99 × 0.99 × 0.99 × 0.99 × 0.99 = 0.95）。如果一个系统的每个部分/过程的效率为 95%，共有 5 个独立的部分/过程，则系统的总体效率将会降至 77%（参见本章后部关于系统效率的讨论）。

10.17　转换效率

组件在最终安装之前通常需要在现场进行测试。转换效率是指照射在光伏电池单体/组件上的太阳能转化为电能的百分比。有许多因素会降低转换效率。有些因素与单体的效率和对不同波长的光线的吸收率有关，这些因素是现场安装人员难以控制的。但有些因素，例如组件之间的连接、面板受到的遮挡、清洁度和反射情况等，是能够在现场进行控制的条件。

首先必须对面板接收的能量进行测量（W/m^2）并记录。然后将组件的负载电阻从短路状态逐渐增大到开路状态，在此过程中对电压和电流进行测量，并用这些测量值来绘制 $I-V$ 曲线。最大功率点位于曲线的转弯处。能量转换效率是转化后的电功率与入射功率的百分比。该比例为

$$效率(\%)=[P_M/(E\times A_C)]\times 100$$

式中，P_M为在最大功率点处的功率（W）；E 为输入辐照度（W/m^2）；A_C为采集器的有效表面积。

例如，若辐照度为 $850W/m^2$，$A_C=1m^2$，$P_M=150W$，则效率为

$$效率(\%)=(P_M/(E\times A_C))\times 100=(150/(850\times 1))\times 100=17.6\%$$

10.18　串联组件的 $I-V$ 曲线

当组件被串联时，不同组件的额定电流应当相等（因为串联电路各处的电流相等）。图 10-27 展示了用三个额定电流和电压完全一致的组件进行串联的情形（但是额定电压不同的组件也可进行串联）。光伏器件的串联与化学电池的串联类似。理想情况下，最终的 I_{SC}应当与每个组件的参数相同，总的 V_{OC}等于所有独立组件的参数之和（电压串联累加），但是由于组件之间的微小差别、线路压降和不同组件的温度差异，其 V_{OC} 和 I_{SC} 还是会和理论值有所不同。

在实际应用中，如果串联在一起的不同组件的额定电流存在显著差异，由于小电流组件对大电流组件扮演了负载的角色，就可能会发生过热的现象。额定电流最小的组件决定了总的输出电流。

在图 10-28 中，三条曲线代表了三个串联组件的 $I-V$ 曲线。然而在实际应用中，只绘制最终输出参数的曲线。

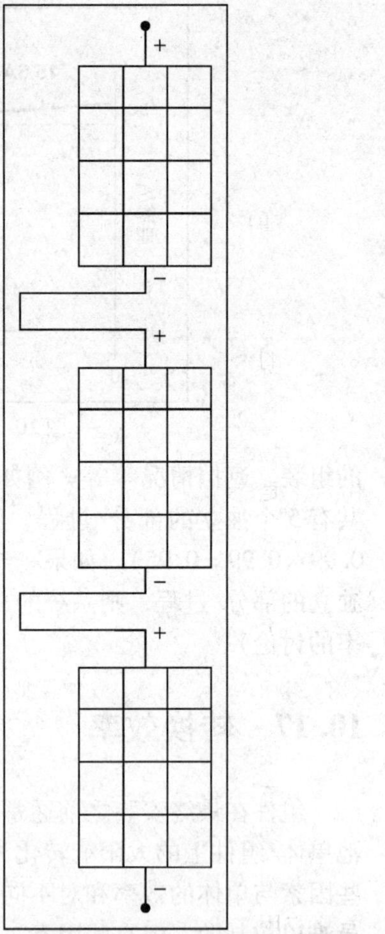

图 10-27　组件的串联

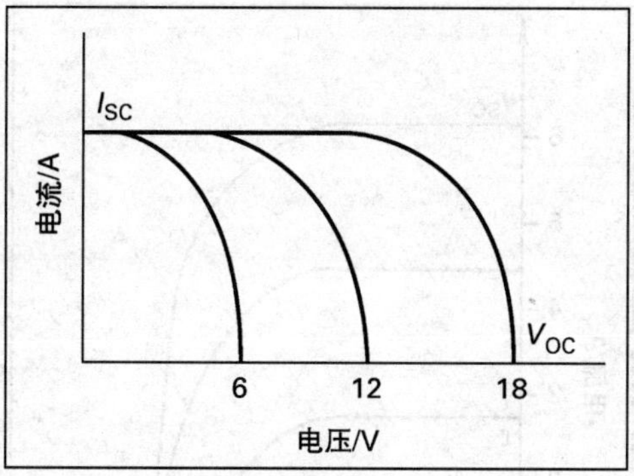

图 10-28　串联组件的 $I-V$ 曲线

10.19　并联组件的 $I-V$ 曲线

当组件并联时，不同组件的额定电压应相等（因为并联电路各支路的电压相等）。图 10-29 展示了用三个额定电流和电压完全一致的组件进行并联的情形（但是额定电流不同的组件也可进行并联）。光伏器件的并联与化学电池的并联类似。理想情况下，总的 V_{OC} 应当与每个组件的参数相同。并联电路各支路的电流要相加，因此总电流应等于各组件电流之和。但是由于和前面相似的原因，其结果很可能有所不同。

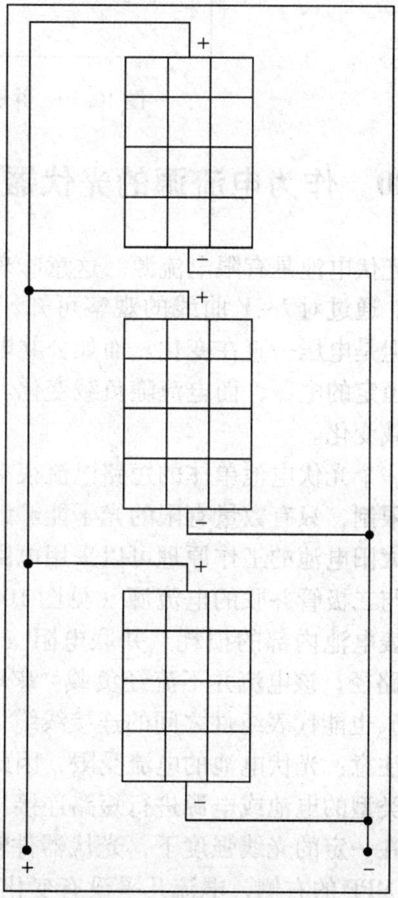

图 10-29　组件的并联

在实际的应用中，如果并联器件的电压不同，则最终的 V_{OC} 将会被拖向器件中的最低电压。正常情况下，V_{OC} 不会被完全拖至最低值，而是取决于各个组件的输出值，最终的 V_{OC} 可能比三个组件的平均值略低。

在图 10-30 中，三条曲线代表了三个并联组件的 $I-V$ 曲线。然而在实际应用中，只绘制最终输出参数的曲线。

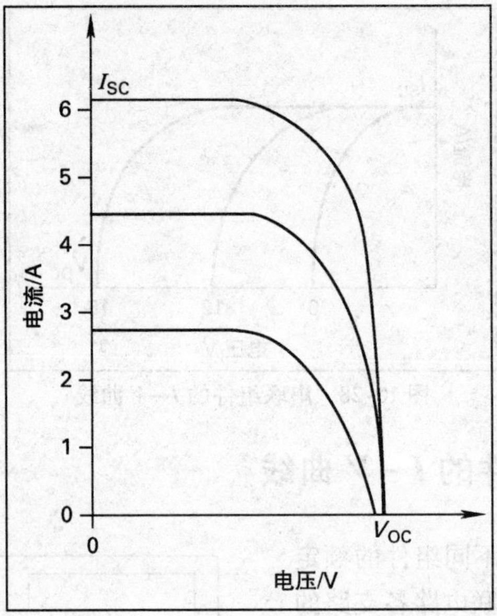

图 10-30 并联组件的 $I-V$ 曲线

10.20 作为电流源的光伏器件

光伏电池是有限电流源。这意味着它们在工作范围内提供（大致）恒定的电流。通过对 $I-V$ 曲线的观察可知，电池的电流从 I_{SC} 到曲线转弯处的变化很小，但是电压一直在变化。而如公共电网那样的电源则是固定电压源，公共电网提供恒定的电压，而电流随负载变化。光伏电池能够提供恒定的电流，而电压则随负载变化。

一个光伏电池单体的短路电流很有限，因为光子解放电子的能力受到电池效率的限制，只有数量有限的光子能够解放电子。

太阳电池的工作原理可以采用电路等效模型进行研究。该模型的基本形式是一个与二极管并联的电流源（见图 10-31）。采用一个并联电阻和一个串联电阻来代表电池内部的损耗。并联电阻（R_{SH}）代表电流从电池顶端到底端的“泄漏”路径，该电流并不流经负载。串联电阻（R_S）代表接触电阻和电池线路电阻。R_S也能代表组件之间的连接线缆。负载电阻 R_L与内阻 R_S是分离的。

注意：光伏电池的电流受限，因此可以安全地进行短路连接。但是，严禁将其他类型的电池或电源进行短路连接！

在一定的光线强度下，光伏器件输出的电流近似恒定，从 I_{SC}点直到电压移动到 MPP 的右侧，电流几乎没有变化。在上述电路中将负载短路将产生短路电流，而输出电压则取决于负载。通过对负载的调整，可以持续绘制电压的变化情

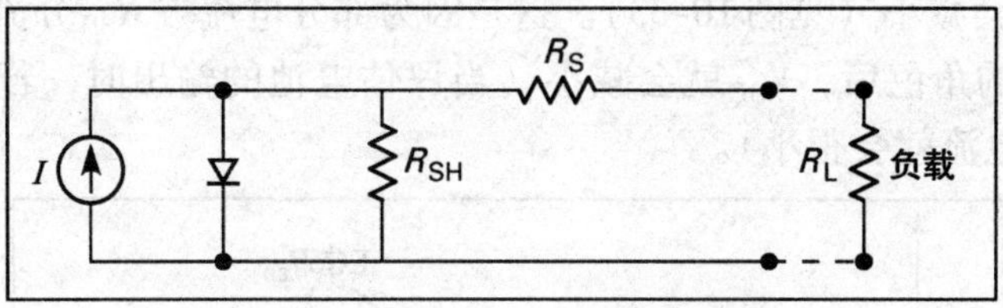

图 10-31 光伏电池的电流源等效电路

况，直至到达开路点。等效电路表明输出电流和电压受到 R_{SH} 和 R_S 的影响。如果 R_S 增加，则负载电压和功率都会下降。随着 R_{SH} 变得越来越小，负载电流会减小，因为一部分电流被这条并联支路分流了。随着电池的老化，R_{SH} 会减少，导致更多的内部"泄漏"电流。R_{SH} 和 R_S 的变化会改变 $I-V$ 曲线，当对安装好的组件/阵列进行仔细检查和测试时，能够发现这种现象。

必须尽可能降低组件端子和负载之间连线的串联电阻。应遵循下列正确的安装经验：

1）尽可能缩短线缆长度。

2）保持连线的接触良好。

3）使用适当规格的导线。

请注意，随着 R_S 的增大，MPP 会下降（见图 10-32）。同样，当一个光伏单体/组件向一个恒定电压负载（如化学电池）供电时，随着 R_S 的增大，电流会减小（$I=V_{电池}/R_S$，化学电池控制了端子电压）。我们还能看到，随着 R_{SH} 的减小，

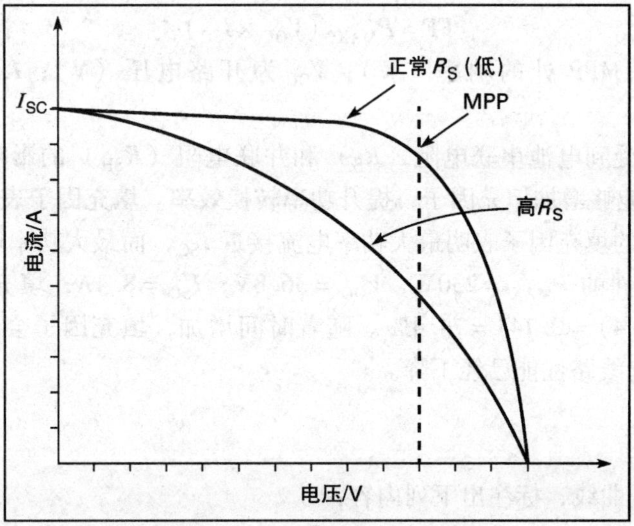

图 10-32 R_S 增大时的 $I-V$ 曲线

MPP 处的电流会减小（见图 10-33）。这是因为部分电流被 R_{SH} 分流了。当 R_{SH} 扮演了短路导线的角色后，V_{OC} 就会减小（当评估电池的输出时，若 R_{SH} 很大，则经 R_{SH} 分流的电流就会很小）。

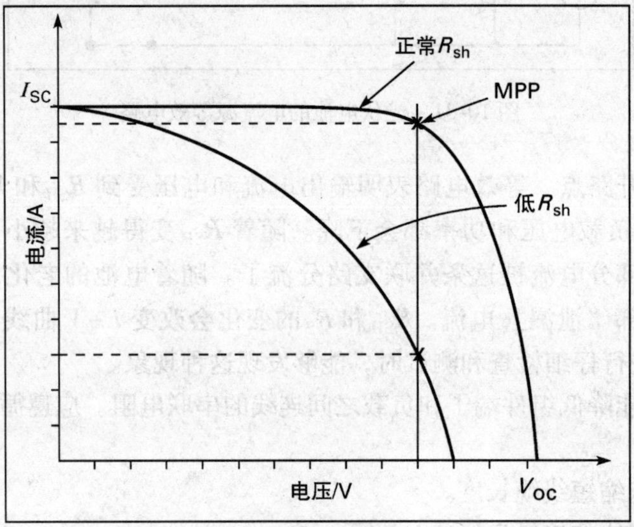

图 10-33 R_{SH} 减小时的 $I-V$ 曲线

10.21 填充因子

填充因子是最大功率与开路电压和短路电流之积的比值。

$$FF = P_{MAX}/(V_{OC} \times I_{SC})$$

式中，P_{MAX} 为 MPP 处的功率（W）；V_{OC} 为开路电压（V）；I_{SC} 为短路电流（A）。

填充因子受到电池串联电阻（R_S）和并联电阻（R_{SH}）的影响。较小的 R_S 和较大的 R_{SH} 能够增加填充因子，提升功率转换效率。填充因子表明了光伏器件的性能。较高的填充因子表明最大功率电流接近 I_{SC}，而最大功率电压接近 V_{OC}。例如，一个器件的 $P_{MAX}=230W$，$V_{OC}=36.8V$，$I_{SC}=8.4A$，填充因子为 $FF=230/(36.8\times8.4)=0.744=74.4\%$。随着时间增加，填充因子会降低，这表明电池和/或系统线路性能已经下降。

探索

画出 $I-V$ 曲线，标注出下列内容：

1）通过搜索互联网或参考典型电池或组件的参数，标注出 $I-V$ 曲线上的各点参数（类似图 10-19）。

2）利用公式 $P = V \times I$ 和 $R = V/I$，绘制 $I-V$ 曲线和功率曲线，计算在 $I-V$ 曲线上四个点的负载电阻（R_L）（包括 MPP）。此时假定 $R_S = 0$。

3）如果 R_S 在 MPP 增加至 $\frac{1}{2}R_L$，则 MPP 的电压是多少？

10.22　防反二极管

防反二极管能够防止一个光伏组件变成其他组件的负载。防反二极管安装在并联的组件串或单体串之间，如图 10-34 所示。通常条件下，二极管 D_1 和 D_2 均为正向偏压，处于导通状态，允许电流流向负载。但是如果因为组件 B 受到遮挡而无法输出电能时，二极管 D_2 就会因为没有正向偏压而截止，于是电流被阻断，无法从组件 A 流向组件 B。因为此时 D_1 还有正向偏压，组件 A 能够继续向负载输出电流。当组件 B 受到的遮挡消失后，开始重新输出电能。如果没有防反二极管，光伏系统输出至负载的功率就会降低，因为被遮挡的组件 B 会消耗电能而不是提供电能。

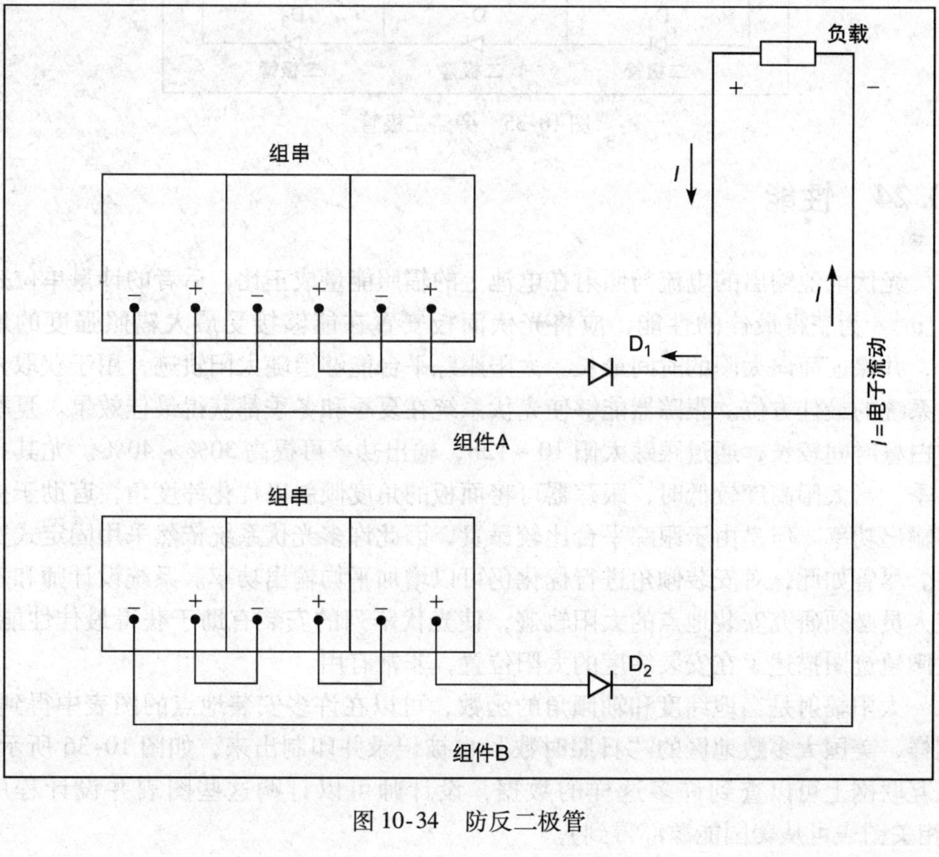

图 10-34　防反二极管

即便只有少数光伏电池单体被遮挡，系统功率也会下降。系统的设计者和安装人员必须在选址安装时考虑这一点。如果存在遮挡的现象，则必须增加组件以满足向负载供电的需求。某些组件已内置防反二极管，如果没有，在组建系统时应安装这些元件。

10.23 旁路二极管

旁路二极管安装在单体和组件的组串内。当组串内的某个单体或组件受到遮挡而停止输出电流时，该器件的内阻就会比没有受到遮挡的器件内阻大。在图10-35中，D_2位于受遮挡的组串中，出现正向偏压，其内阻比受遮挡的器件内阻要小。因为电流会从较小电阻的路径流过，所以D_2将受到遮挡的器件“旁路”了。二极管的阳极接到组件的低电位端，而阴极连接到组件的高电位端。

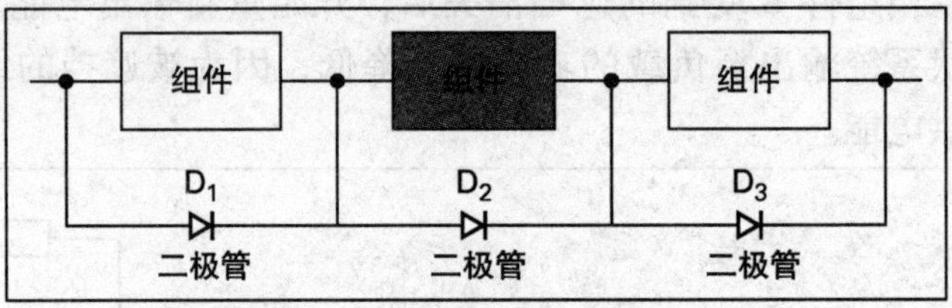

图 10-35 旁路二极管

10.24 性能

光伏电池输出的电流与照射在电池上的辐照能量成正比，后者的计量单位是W/m^2。为获得最佳的性能，应将光伏面板安置在能够接受最大辐照强度的地点，并保证面向太阳的时间最长。太阳跟踪平台能够追随太阳轨迹，用于获取光伏系统的最佳方位。跟踪器能够使光伏系统在夏季和冬季都获得最佳效果。夏季的白昼时间较长，通过跟踪太阳10~12h，输出功率可提高30%~40%。尤其在冬季，当太阳高度较低时，跟踪器可将面板的角度倾斜以优化纬度角，有助于提高输出功率。但是由于跟踪平台比较昂贵，因此许多光伏系统依然采用固定式安装。尽管如此，对安装倾角进行优化仍可以增加平均输出功率。系统设计师和安装人员必须研究安装地点的太阳轨迹，使光伏阵列的安装有助于获得最佳性能。太阳轨迹图描述了在安装纬度的太阳位置，非常有用。

太阳辐射是当地纬度和轴倾角的函数，可以在许多安装地点的图表中得到。同样，美国大多数地区的“日照时数”也被记录并印制出来，如图10-36所示。从互联网上可以查到许多这样的数据，设计师可以订购这些图表并设计程序（相关图表可从美国能源部得到）。

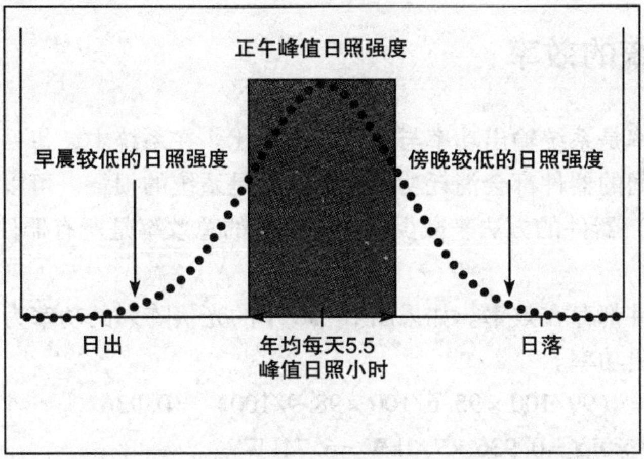

图10-36　平均日照时数（加利福尼亚南部——美国能源部）

系统设计师和安装人员还应考虑下列因素：

1）组件与组件之间和组件与负载之间的连线应尽可能短，并保持良好接触。

2）对于晶体硅电池，电池的电压与电池的温度成反比，当温度升高时电压会降低。因此必须对光伏组件的安置与装配进行优化，避免光伏阵列产生高温。

光伏单体和组件的制造商提供的规格说明书指出了不同的太阳辐射值造成的升温和不同的安装方式对温度的影响。设备和元件制造商印制了组件的性能曲线和规格参数，如图10-37所示。

电学/热学参数	
单体类型	单晶硅
内部连接方式	72–125×125 mm 单体串联
最大系统电压	DC600V
串联熔体丝额定电流	12A
额定工作温度	49℃
电压温度系数（V_{OC}）	−0.34%/℃
电流温度系数（I_{SC}）	0.09%/℃
功率温度系数（P_{MAX}）	−0.37%/℃

图10-37　组件的性能和规格参数

10.25 系统的效率

系统的效率是系统输出功率与输入功率之比。在系统中，每一个处于能量源和最终负载之间的器件都会消耗功率，被认为是系统的损耗。可以通过选用低功耗（即高效率）器件的方法来减少损耗。系统的总效率是所有器件效率的乘积。

例 10-11

每一个器件都存在效率。如果图 10-38 中的光伏阵列的功率为 7.2kW，计算整个系统的输出功率。

系统效率 =（99/100 ×95.6/100 ×98.9/100） =0.936

P_{out} = 效率 × P_{in} = 0.936 × 7.2kW = 6.74kW

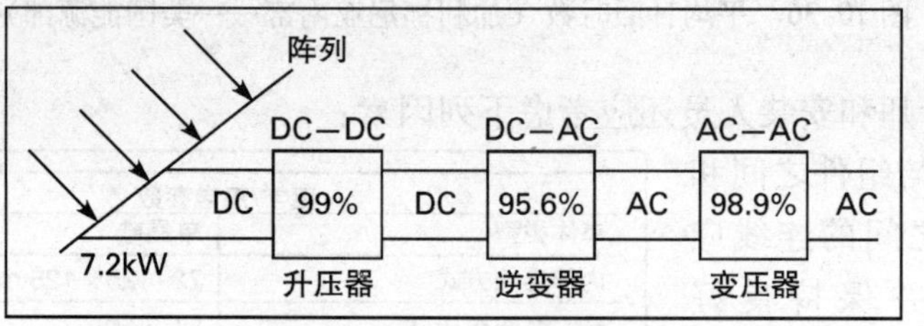

图 10-38 例 10-11

思考：如果一个系统含有 5 个器件，每个器件的效率为 95%，系统的效率是多少？输出功率 P_{out} 是多少？

在系统设计时必须考虑效率。通常，应通过选择系统的输入功率（来自光伏阵列或风力发电机）以满足负载的需求。在本例中，如果负载需要 7.2kW，而各部件的效率无法提高，则必须要提高输入功率。一个好的系统设计师应在项目的前期就将系统供给与需求的关系考虑周全。

10.26 电池材料和制造工艺

以上介绍了光伏电池的电学特性、温度特性、单体/组件的连接和性能。光伏电池在材料和制造工艺方面也分为很多种类。产品的成本和效率是材料处理和制造工艺的函数。目前生产的光伏电池包括单晶硅电池、多晶硅电池、带硅电池、非晶硅电池和其他类型。粗制硅通常被制成“大块”方形产品，以便贮存和运输。这些原料被运往光伏电池制造商处进行再加工。

（1）单晶硅（C－Si）可以“生长”成圆形的单晶硅棒，然后被切割成薄薄的硅片。采用这种材料制成的光伏电池的效率约为 15%～17%。

（2）多晶硅（Poly－Si）先被铸成块状，当材料冷却后，形成许多晶体。多晶硅电池的生产成本较低，但效率仅有 12%～14%。

（3）带硅由熔融硅经过平行板提拉而成，然后被切割成平整的薄片用于生产电池。这种工艺节省了制造成本，电池效率约为 12%～13%。

（4）非晶（薄膜）硅（a－Si）是一种用硅制成的非晶材料，能够在基片（例如玻璃、塑料）上沉积成薄膜。然后用激光在基片上刻出电池单体，再将这些单体用类似制造集成电路的方法连接起来。这种在基片上制造出完整光伏组件的成本比将独立的单体连接成组件的成本要低。采用薄膜技术生产的光伏电池效率为 5%～8%，比晶体硅电池的效率要低。

通过晶体电池制造工艺可将材料切割成大约 180～240μm 厚的薄片。在切割之前，将材料进行 P 型掺杂并清洗干净。将 P 型掺杂薄片放入扩散炉中，通入磷气体，在材料的上表面形成一个 N 型层，这个工艺生成了一层 PN 结。在材料的上表面镀上一层增透膜以增强光线的吸收，在上表面和下表面用金属胶黏接上导电电极。上表面是负极，下表面为正极。经过清洗和测试之后，将单体组装成组件。图 10-39 展示了将光伏单体组装成组件的生产装配线。

图 10-39　电池组装工艺

10.27　组件安装

为了获得光伏系统的最佳性能表现，组件/面板和阵列的选址和安装至关重要，这里既要考虑到技术问题，也要考虑成本。可以采用地面安装和屋顶安装，如图 10-40、图 10-41 和图 10-42 所示。

图 10-40　地面安装

图 10-41 屋顶安装

图 10-42 将面板安装在屋顶

10.28 光伏组件的规模选择

当设计光伏系统时，对于每个部分的尺寸和规模都需要认真考虑。需要确定光伏组件的数量、化学电池（如果用作后备电源）的数量，以及系统运行模式是并网、独立还是混合型等。必须计算系统的功率需求（kW·h 和 A·h）。在第 8 章讲述电池时，介绍了一种确定电池组规模的方法，现在介绍确定光伏组件数量的步骤。

下列步骤用来确定一个带后备电池的独立光伏系统的组件数量：

1）确定每天的 A·h 数，可通过负载规模或电费账单进行计算。

2）考虑到电池的效率，将第 1 步的结果乘以 1.2（按 80% 效率计）。

3）将第 2 步的结果除以每天峰值日照时数，就得到了所需的总安培数。

4）将第 3 步的结果除以选定组件的峰值电流。

5）第 4 步的结果就是并联的组件数（如果不是整数，就进位成整数）。

6）选择直流系统的电压，将这个电压除以选定的组件电压（见注）。这就是在一个组串中的组件数量，决定了为电池充电的电压。

7）将第 6 步的结果乘以第 5 步的结果，就得到了所需的组件总数。

注：例如，如果系统电压为 DC48V，组件电压为 DC24V，则 48/24 = 2，需要 2 个组件串联。

例 10-12

为一个带后备电池的独立光伏系统确定组件的规模，系统的需求如下：

1）总 A·h/天：648（参见第 8 章电池规模设计和附录中的美国能源部表格）。

2）峰值日照时数：5h（来自美国能源部表格）。

3）峰值电流：11.4A（型号 XYZ）。

4）组件峰值功率电压：18.3V。

5）系统电压：24V（参考电池规模设计）。

按照以下的步骤确定组件的规模：

1）648A·h/天。

2）648×1.2=784A·h/天。

3）784/5=157A。

4）157/11.4=13.7 个组件。

5）进位取整=14 个并联组件。

6）24/18.3=1.3；取整至 2 个串联组件。

7）2×14=28 系统组件总数。

配置方案为：每个组串含 2 个组件，共 14 个组串并联，如图 10-43 所示。

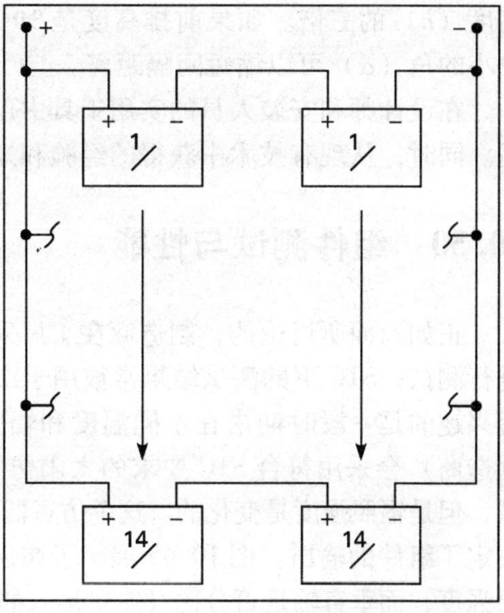

图 10-43　例 10-12

10.29　场地评估

太阳辐射和峰值日照时数仅仅是系统获得最佳性能所需考虑的部分因素。如果安装不当，系统的输出功率（$V\times I$）也会受到很大影响。在安装光伏系统时必须考虑场地条件，包括在峰值日照时间内使面板接受最大光照的最佳方位，能够最大限度减少面板遮挡的位置和方向，能够实现最佳冷却效果的安装布局，最有利于维护保养的位置和安装方式等。在屋顶和地面安装系统都是可行的，还要考虑其他一些因素如布线方式，以减少压降和线缆尺寸。所有这些因素都必须在开展光伏系统安装工作之前予以认真考虑。

有些电池/组件较其他的类型更易受到遮挡的影响。例如，晶体硅组件比薄膜组件更易受到遮挡的影响，因为一个薄膜电池单体的结构能够覆盖组件的全长，因此，发生同样的输出衰减就需要更大的遮挡面积。

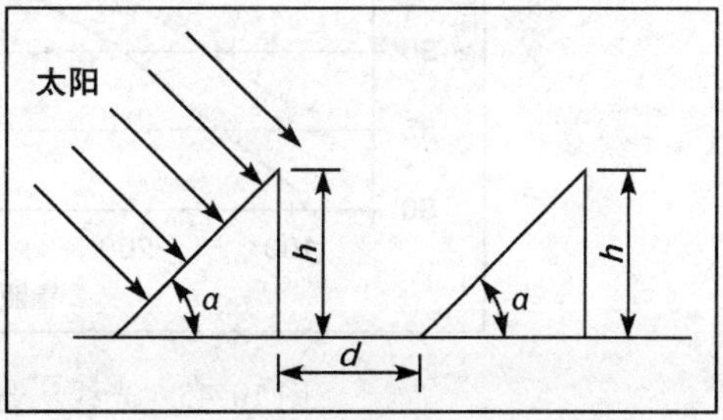

图 10-44　面板的遮挡

图 10-44 展示了面板的方位与遮挡的关系。排列的间隔距离不当会导

致面板的相互遮挡。根据经验法则，相邻两列的最小间隔（d）应为前一列面板高度（h）的三倍。如果前排高度是 3ft，则最小间隔距离应为 9ft 以减少遮挡。较小的角（α）可以缩短间隔距离。

在设计师和安装人员的实用工具中包含各类图表和设计程序，应予以充分运用。同时，从现有技术中获得的经验和知识也有助于现场安装的成功。

10.30 组件测试与性能

正如前面所讨论的，制造商在工厂采用 STC（标准测试条件）对组件/面板进行测试，STC 下的测试结果常被用于市场销售和标注性能的依据。但用户真正感兴趣的是一段时期内在不同温度和辐照条件下的功率输出。有些实验室（和制造商）会采用符合 STC 要求的太阳仿真器来模拟不同的光线强度进行性能测试，但是辐照强度是变化的。这个仿真器辐照强度的变化范围为 100 ~ 1000W/m^2，决定了组件的输出。图 10-45 展示了在这些测试条件下组件的性能。水平轴是辐照强度，而垂直轴是百分比（%）形式的转换效率（效率是基于组件在 1000W/m^2 时的输出功率，例如，若一个组件在 STC 下的效率为 15%，输出功率为 150W，如果在辐照强度 500W/m^{2}时的输出功率为 75W，则其性能比例是 100%）。曲线 1、2 和 3 展示了三个组件从弱光到强光时的性能。这种效率对光线强度的依赖关系表明了组件在从弱光变化到强光时的性能。曲线 1 在不同的光线水平下的性能最好。为了使组件协调工作，需要对环境条件进行控制。光伏面板的用户通常希望产品在弱光和强光下都有较高的性能。

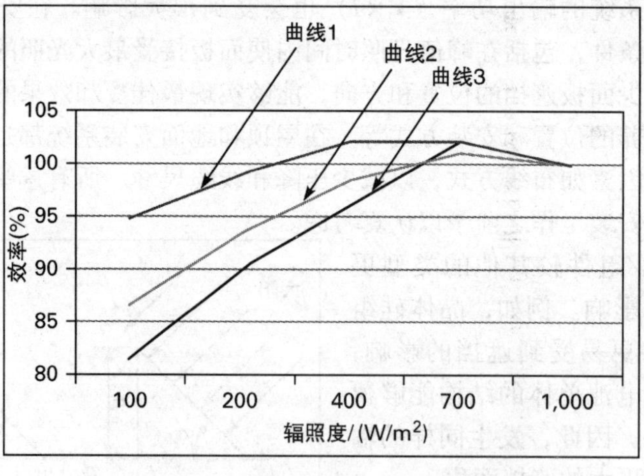

图 10-45 光线从弱到强时的性能表现

温度系数、弱光性能和STC下的功率是决定一个组件工作性能的三项基本参数。这三个变量对组件/面板的影响可以通过在试验场地经过一段时间的测试来进行评估。建立试验场的目的是为了测量光线、温度、湿度和组件的功率。各种传感器可以采集光线、温度和湿度数据，以及组件的输出数据，用于不同类型（且来自不同制造商）的电池单体和面板的测试。利用测试结果绘制一段时间内（例如至少一年或一个冷热周期）的输出功率转换率，并进行组件的性能对比。这些结果可以被用来比较组件在不同环境条件下的性能表现，它们常被用来评估产品的长期质量和可靠性。

10.31　面板认证

在美国，UL（美国保险商实验室）对光伏面板的安全性进行认证。UL为光伏面板设立了安全标准和测试要求，这些也是对大多数电气产品的要求。UL1703是光伏面板的一个重要标准，包括建造要求和试验要求，以评估面板引发电击或火灾的风险。

UL1703也被许多国家用于向美国市场输出产品时的标准。其他国家也可以获得UL1703的认证。目前美国之外有三个实验室被许可进行测试，分别为：加拿大标准协会（CSA），德国TUV莱茵的PTL、LLC（TUV）以及英国天祥（Intertek）（ETL）。

UL认证适用于在美国市场销售的产品，但不是所有国家都采用的标准。还有一家标准组织是国际电工委员会（IEC），其标准也被许多国家采用。

复　习　题

1. 光伏器件串联的目的是什么？
2. 光伏器件并联的目的是什么？
3. 为什么要将光伏器件进行串-并联？
4. 有四个光伏组件，每个输出为5A，48V。请将这四个组件连接起来以获得10A，96V的输出。
5. 一个光伏组件的表面积为$0.75m^2$，入射光线强度为$1000W/m^2$。如果表面积在$1m^2$时的短路电流I_{SC}为8.5A，则表面积为$0.75m^2$时的I_{SC}是多少？
6. 在辐照度为$750W/m^2$时，一个组件的最大功率为500W，I_{SC}为6A。当辐照度增加至$1000W/m^2$时，其最大功率和I_{SC}是多少？
7. 一个组件在MPP处运行，$I_{MP}=12.5A$，$V_{MP}=20V$。其最大功率是多少？
8. 如果光伏单体的R_{SH}减少，则对V_{OC}、I_{MP}和MPP会产生怎样的影响？
9. 如果光伏单体的R_S增加，则对V_{OC}、I_{MP}和MPP会产生怎样的影响？

10. 在一般情况下，光伏单体的电压是在冬季高还是夏季高？

11. 在一般情况下，光伏单体的平均电流是在冬季高还是夏季高？

12. 一个组件在25℃时的 MPP 电压为16V，电压温度系数是 -0.48%/℃。当温度升至45℃时，计算 MPP 电压。

13. 一个组件在25℃时的 MPP 电压为16V，电压温度系数是 -0.48%/℃。当温度降至 -20℃时，计算 MPP 电压。

14. 如果将24V，7.5A 的光伏组件连接起来输出72V，100A 的电力，需要多少组件？画出配置图。

15. 一个组件在27.2V 时的额定最大功率为205W。计算电流（I）和获得最大传输功率时的负载电阻。

16. 为一个带后备电池的独立光伏系统确定组件的规模，画出带连线的系统配置图，并选择电线的型号和规格。该阵列距电池组200ft，允许压降为2.5%。怎样才能降低从阵列到充电控制器的电流，从阵列到充电控制器的实际电流值是多少，怎样实现这一方案？（对于电线规格和电阻，可以参考2008 国家电气规范，第310条，表310-16，表310-17 和表310-18，以及第9章表8）系统的要求和选择的组件如下：

总 A·h/天 =840

峰值日照时数 =5h

峰值电流（选定的组件） =11.48A

峰值功率电压（选定的组件） =18.3V

选定的组件电压 = DC48V

第 11 章　风力机功率测量与机械结构

目标

学习完本章后，读者应达到下列目标：

1）理解影响和控制风能的关键因素。

2）能够利用上述因素计算风力机的可用功率。

3）能够利用风力机风轮的扫掠面积和风速估算年度可用能量。

4）能够估算作为塔高函数的风速增加值。

5）理解贝兹法则和风力机风轮可用风能的极限。

6）理解影响系统效率的因素。

7）能够利用扫掠面积法估算年度发电量。

8）能够利用功率曲线估算年度发电量。

9）理解水平轴和垂直轴风力机的相关机械术语。

10）能够对风力机的速度控制和制动进行讨论。

引言

空气是有质量的！当空气运动并冲击到风力涡轮机的风轮浆面上时，就会对风轮施加一个转动力，风轮将这个机械能传递给发电机，发电机将机械能转化为电能。我们一般将运动的空气称为风。

本章将讨论影响风能的主要因素，以及如何利用这些因素来计算可用的风能。风速和风轮叶片的内接面积是用来估算风力机年度产出可用能量的关键变量。

本章中的例子将说明如何利用图表和功率曲线来计算风速、功率和发电量。风速既是发电的关键因素，也会对风力机的机械结构造成破坏。本章将讨论抵御过快风速的方法。

风是一种可再生能源，如同太阳能、水力、地热和燃料电池一样。为了使可再生能源系统达到较高的实用性，必须提升其效率及费效比。通过良好的设计、组装和维护，风力发电系统已经可以应对这些挑战，但是还应更上一层楼。

本章对风力发电应用方面的一些关键因素也将进行讨论和介绍。风力机的相关实物图如图 11-1 ~ 图 11-3 所示。

图 11-1　早期的风车

图 11-2　现代风力机

图 11-3　水平轴风力机

11.1　风力涡轮机的基本设计方案

并不是流过某一点的所有风能都可以得到利用。根据贝兹法则，一台理想的风力机仅能在某一点利用不超过 59.3% 的风能。这意味着即便风力机的效率是 100%，也仅能利用 59.3% 的风能。

有两种常见的风力机设计方案，即水平轴风力机和垂直轴风力机。**水平轴风力机（HAWT）**将发电机安装在塔架的顶部，而**垂直轴风力机（VAWT）**将发电机安装在靠近地面的塔架底部。

大多数风力机安装在塔架上，利用与轮毂和轴相连的叶片捕获风能。当叶片捕获风能时，会使轴旋转，进而转动直流或交流发电机的转子以发出电能。在这个过程中，风力机先将风能转化为机械能，然后转化为电能。如果把风力机放置在高高的塔架上，因为风速会变得更大，风力机输出功率也会随之提高。风力机的尺寸各异，其输出功率可从不足 1kW 直至数兆瓦。许多公司和实验室按照三种额定输出功率对风力机进行分类：小型风力机，功率为 1kW ~ 100kW；中型风力机，功率为 100kW ~ 1MW；电网级风力机，功率大于 1MW。还有一种划分方法，即居民型风力机功率从 400W ~ 50kW；工业级风力机功率从 50kW ~ 250kW；电网级风力机功率大于 950kW。请注意它们的范围既有重复也有空白，所以仅仅作为概略参考而已。

不同风轮叶片的尺寸全长可从小于 10ft 直到大于 200ft。如果从叶片的尖端到轮毂的长度为 20ft，则风轮直径为 2 × 20ft，即 40ft。

下一节将讨论诸如风速、功率密度和能量密度等因素对风力机输出功率的影响。

11.2　风速

风速是决定风力机可用风能的关键因素。空气具有势能，当其流动时，势能就会转化为动能。风的能量（E）取决于函数 $E=\frac{1}{2}m\times v^2$，式中 m 是质量；v 是风速。风速越高，风能就越大。正如在第 2 章中介绍的，功率（P）是在单位时间（t）内的能量（E），即

$$P=\text{能量}/\text{时间}=E/t=\frac{1}{2}mv^2/\mathrm{t}$$

在一个计算风功率的更有用的公式中，将质量进行替换表达，于是有 $P=\frac{1}{2}$

$\rho \times A \times v^3$，式中：ρ 是空气密度；A 是旋转叶片的内接面积；v^3 是风速的 3 次方。空气密度（ρ）很容易从空气密度表中查得，面积（A）可以通过测量或计算得到，速度（v）可以测得或从风力图表中查得。请注意，风功率与风速的 3 次方成正比。如果风速加倍而密度和面积不变，风功率会增加至 8 倍。例如，若风速从 1m/s 增至 2m/s，则功率增加系数为 $2^3=8$。公式 $P=\frac{1}{2}\rho A v^3$ 在分析风力机时的重要性就如同欧姆定律对于电路分析的重要性一样。

位于或接近海平面高度且温度为 59°F（15℃）时，空气的密度（ρ）为 0.07651lb/ft³ 或 1.225kg/m³，这些都被视为“标准条件”。在标准条件下，如果风轮叶片的扫掠面积恒定，风力机功率（P）即受到风速 3 次方的控制。很明显，风速对于风力机的功率有巨大的影响。

如果风速在风力机的设计范围之内较强且稳定，就可以发出可观的电力。但是请记住，尽管密度比水低很多，但空气还是流体。我们都明白水的力量有多大。海啸和洪水能够推倒房屋，冲毁整个城镇。和洪水一样，当地的气象条件对风速产生了至关重要的影响。当风速超过设备的设计极限后，必须在发电机或塔架结构被风力损坏之前关闭风力机。

陆地的物理特性对风速和湍流产生了显著影响。如果你有机会将风力机安装在山脚下或山脊上，请选择将其安装在山脊或略低于山脊线的位置，以避开盛行风的方向。在这些位置的风速通常比山丘底部的风速要大。

在靠近房屋、树木的地方，如果以与其相似的高度安装风力机，会降低风轮叶片可用的风力数量和质量。在图 11-4 中可以看到，当风吹过山丘时，山顶上的廓线比较密集，表明在山脊上和迎风侧的风力较强。然而有一个不利因素是，在盛行风的顶部和迎风侧有较强的湍流，但可以用足够高的塔架来克服这个问题。升高塔架就可以将风轮叶片抬升到由于建筑或山丘阻挡而形成的湍流之上（见图 11-5）。

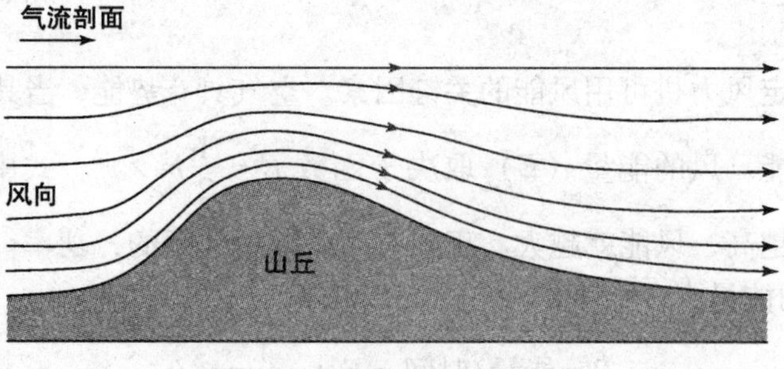

图 11-4 吹过山丘的风廓线

湍流是由于风在其流动路径上受到阻挡而产生的方向和速度的快速变化。这

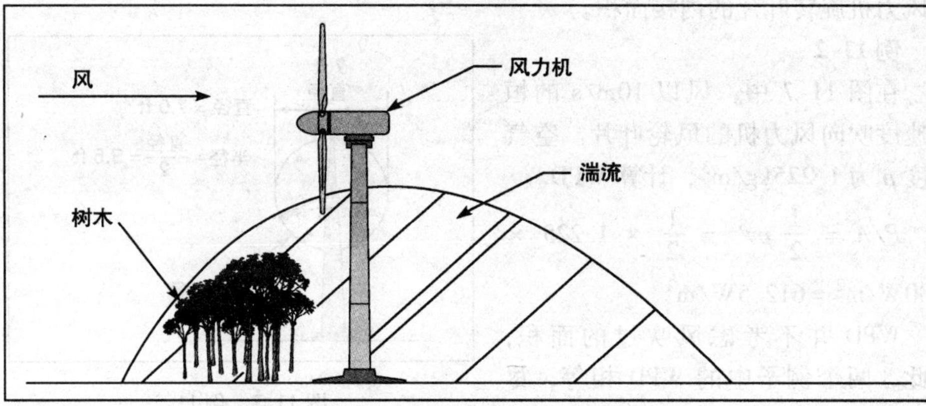

图 11-5　在湍流之上的风力机

些障碍物可能是建筑物、树木或凹凸的地面。为风力机选择安装地点时，必须考虑这些因素。

11.3　风能密度

当为风力机的建造地点进行可用功率评估时，应进行某些与风速和空气密度相关的测量。这些测量结果被称为**风能密度（WPD）**，表达为单位面积的功率，即 $\mathrm{WPD} = P/A = \frac{1}{2}\rho v^3/\mathrm{m}^2$。其中空气密度 ρ 是单位体积空气的质量，是湿度、温度和压力的函数。速度 v 是风速，面积 A 是风吹拂或冲击的表面积。功率 P 的度量单位是 W，P/A 的单位是 $\mathrm{W/m^2}$。

例 11-1

风以 10m/s 的恒定速度吹过一个圆柱形区域，如图 11-6 所示。密度 ρ 为 $1.225\mathrm{kg/m^3}$（标准条件）。计算风能密度（WPD）。

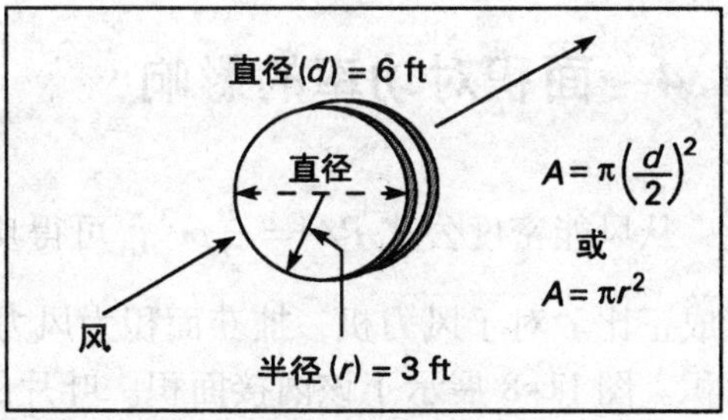

图 11-6　例 11-1

WPD 是功率和面积的比值，即 $\mathrm{WPD} = P/A = \frac{1}{2}\rho v^3$。

$$P/A = \frac{1}{2} \times 1.225\mathrm{kg/m^3} \times (10\mathrm{m/s})^3 = \frac{1}{2} \times 1.225 \times 1000\mathrm{W/m^2} = 612.5\mathrm{W/m^2}$$

请注意，在计算 WPD 时，不用考虑圆柱形的前表面的面积。P/A 的计量单位是 $\mathrm{W/m^2}$。（注：圆柱形的前表面是一个圆形，面积为 $A = \pi r^2$，该面积同时也是风力机旋转叶片的内接面积。)

例 11-2

在图 11-7 中，风以 10m/s 的恒定速度吹向风力机的风轮叶片。空气密度 ρ 为 1.225kg/m^3，计算 WPD。

$$P/A = \frac{1}{2}\rho v^3 = \frac{1}{2} \times 1.225 \times 1000\text{W/m}^2 = 612.5\text{W/m}^2$$

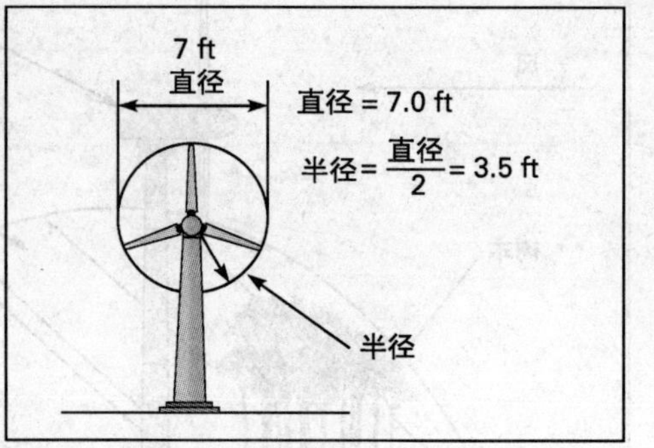

图 11-7 例 11-2

WPD 并不考虑风吹过的面积，因此，两个例子中的 WPD 相等，尽管此例中风力机扫掠面积的直径大于前例圆柱形的前表面积（然而，我们后面将看到较大面积产生的功率较大）。由于功率密度（P/A）是基于单位面积的，所以反映了一种有趣的关系。如果制造商采用的面积计量单位是 m^2，P/A 为 50W/m^2，功率可通过 $50\text{W/m}^2 \times A$ 来计算。面积 A 是指任何风力机扫掠的面积，都可用 P/A 公式来计算风能密度。

注：在海拔高度为 0m，温度为 15℃（59°F）时的空气密度值（ρ）：1.225kg/m^3 或 0.076lb/ft^3。

在海拔高度为 0m，温度为 15℃（59°F）时的功率密度（P/A）：在公式 $P/A=\frac{1}{2}\rho v^3$ 中，可将 $\frac{1}{2}\rho$ 替换得到如下公式：

$P/A = 0.6125v^3$ 单位：v 是 m/s，A 是 m^2，P 是 W。

$P/A = 0.0550v^3$ 单位：v 是 mph，A 是 m^2，P 是 W。

$P/A = 0.0051v^3$ 单位：v 是 mph，A 是 ft^2，P 是 W。

11.4 面积对功率的影响

从风能密度公式 $P/A = \frac{1}{2}\rho v^3$，可得功率公式 $P = \frac{1}{2}\rho A v^3$。功率与风的捕获面积成正比。对于风力机，捕获面积为风力机叶片的扫掠面积，或旋转叶片的内接面积。图 11-8 展示了该内接面积。叶片的扫掠面积是一个圆形区域，面积为 $A=\pi r^2$，其中 r 是圆的半径。

例 11-3

在图 11-8 中，如果叶片从一个尖端到另一个尖端的直径是 7m（23ft），计算扫掠面积。

$$A = \pi r^2,\ r = \frac{1}{2} \times 直径 = \frac{1}{2} \times 7\text{m} = 3.5\text{m}$$

$A = 3.14 \times 3.5^2 m^2 = 38.46 m^2$

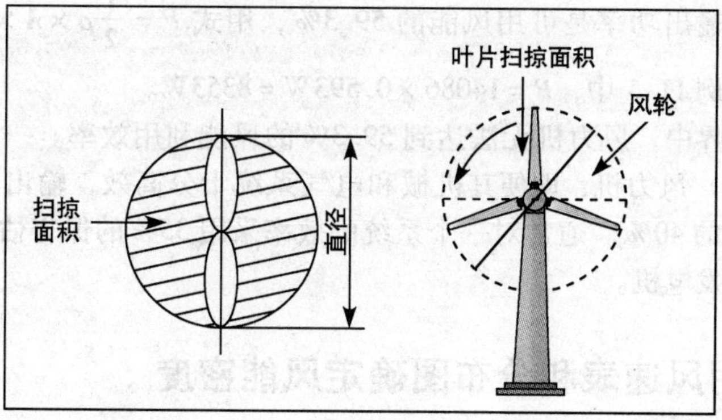

图 11-8　扫掠面积

例 11-4

在例 11-3 中，若空气密度为海拔 0m 和温度 15℃ 时的密度值，风速为 6.69m/s（15mph），计算可用风功率（P）。

$A = 38.46 m^2$（来自例 11-3）

风能密度为 $P/A = \frac{1}{2}\rho v^3$。因此功率为 $P = \frac{1}{2}\rho v^3 A$。

$P = \frac{1}{2} \times 1.225 \times 6.69^3 \times 38.46 W = \frac{1}{2} \times 1.225 \times 299 \times 38.46 W = 7043 W$

例 11-5

如果例 11-4 中的扫掠面积加倍，而其他条件不变，计算其可用风功率。

新的面积为 $A = 2 \times 38.46 m^2 = 76.92 m^2$。

$P = \frac{1}{2}\rho v^3 A = \frac{1}{2} \times 1.225 \times 6.69^3 \times 76.92 W = \frac{1}{2} \times 1.225 \times 299 \times 76.92 W = 14086 W$

请注意，当扫掠面积加倍时，可用风功率也加倍。

探索

在例 11-5 中，叶片的直径是多少？

11.5　贝兹法则

本书采用了“可用风功率”的表述方式来描述可用风能。风力机并不能捕获所有的可用风能。德国科学家阿尔伯特 · 贝兹通过研究，发现风能转化为电力的极限是59.3%。如果一台风力机的设计效率为100%，即在没有任何损耗的情况下，其最大输出功率是可用风能的59.3%，用式 $P=\frac{1}{2}\rho\times A\times v^3\times 0.593$ 表达。因此，在例11-5中，$P=14086\times 0.593\text{W}=8353\text{W}$。

在现实世界中，风力机无法达到59.3%的风能利用效率。一台设计良好的住宅用（小型）风力机，即便其机械和电气系统十分高效，输出功率也很难超过可用风功率的40%。通常对一个系统的效率采用35%的保守估计，该系统包含机械部件和发电机。

11.6 采用风速表和分布图确定风能密度

风速每时每刻都在变化之中。因此，为了计算年均风能密度，就需要对一年中的密度和风速进行多次测量计算。如果每天进行48次测量，则每年的测量次数为17520（48×365）次。这需要用计算机程序来计算每个数据点的WPD，然后除以数据点的个数。其公式为

$$P/A=\sum_{i=1}^{n}\left(\frac{1}{2}\rho v_n^3\right)\times 1/n$$

式中，n 是测量的次数（17520）。这个方法给出了某个测量点的年均风能密度。如果进行了12次风速测量，即获得了 v_1 到 v_{12} 的测量值，则 $n=12$，平均 P/A 是

$$P/A=\sum_{i=1}^{12}\left(\frac{1}{2}\rho v_1^3+\frac{1}{2}\rho v_2^3+\cdots+\frac{1}{2}\rho v_{12}^3\right)\times 1/12$$

但是如何在没有测量值的情况下确定平均风能密度？气象学者已经为世界上大多数地区进行了风速分布的计算机建模。这些世界各地的分布数据已被汇入表格，还被绘制成图形。图11-9就是一个典型的风速分布图。这是在一段时间内（通常为一年）的风速分布图，其横轴为风速，纵轴为发生中等和平均风速的概率。

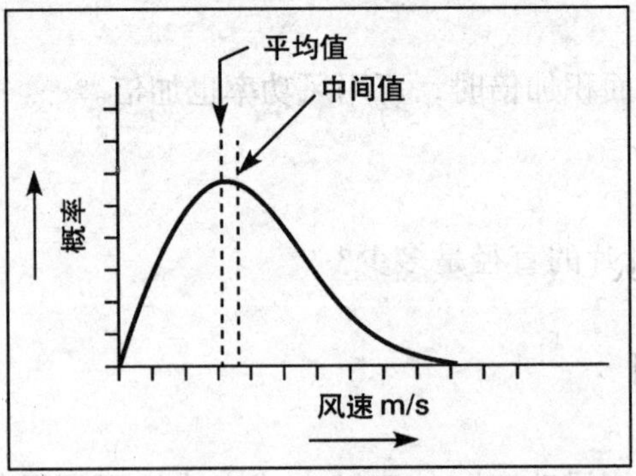

图11-9 风速分布图

这些图形（曲线）都有一个参数，被称为**能量模式因子（EPF）**。EPF 随着曲线的形状而变化。如果将测量点绘制出来，且风速分布用符合“瑞利”分布的曲线表示，如图 11-9 所示，则 EPF 为 1.9。瑞利分布是一种统计分布，常用于对日均风速建模。因为风速并不遵循线性关系（阵风就是非线性的），所以当采用平均风速而实际的分布数据无法获得时，就会应用 EPF。

EPF 是如何影响年均风能密度的？风能密度的表达式可变成 $P/A=\frac{1}{2}\times\rho\times v^3\times \mathrm{EPF}$。如果一个地区有出版的瑞利分布图，则年均风速可从该图中得到。北美的许多地区和欧洲部分地区的年均风速可用瑞利分布来表达。当地的气象台很可能有重要地点的年均风速数据，还可能有风能密度数据。可以将这些数据（年均风速和 ρ）插入 P/A 表达式中，其中 EPF 为 1.9。

例 11-6

假定图 11-9 中的瑞利分布适用于某个地点。该地点空气密度为 1.225kg/m³，平均风速为 5.5m/s，EPF 为 1.9。计算 P/A。

$$P/A=\frac{1}{2}\times\rho\times v^3\times \mathrm{EPF}=\frac{1}{2}\times 1.225\times 5.5^3\times 1.9\mathrm{W/m^2}=193.6\mathrm{W/m^2}$$

当采用 EPF = 1.9 时，应确保该地点的风速分布是用瑞利分布来表示。如果用其他分布来表示该点的风速分布，则 EPF 可能会大于或小于 1.9。

探索

平均风速随地点的不同而有所变化，瑞利分布曲线也可随地点的变化而移动。但如果移动后的分布仍用瑞利分布来表示，就能采用系数 1.9 确定 WPD。若一个地点的平均风速为 5.5m/s，ρ 为标准密度，而分布不是瑞利分布。计算 WPD（P/A）。该点的 EPF 为 2.4。

例 11-7

在例 11-6 中，P/A 为 193.6W/m²。运用贝兹法则计算最大可用功率密度。

$$P/A=193.6\times 0.593\mathrm{W/m^2}=114.8\mathrm{W/m^2}$$

注：美国地区风速和风能密度信息的一个很好的来源是“美国风能资源地图集”。它是由巴特尔太平洋西部实验室为美国能源部提供的。该资料采用地图和表格的形式列出了风速和风能密度参数。图表中的平均风速基于瑞利分布，同时采用了 1/7 幂定律从一个高度的风速确定新高度的风速。我们可以采用该地图和表格为小型、中型和大型风力机列出风能密度的等级范围，这个等级就是风速的函数。采用的测量高度分别为 10m、30m 和 50m。在选定风力机安装地点之前，请务必进行测量以确认该地点的数据。这些地图和表格可从 http://rredc.nrel.gov/wind/pubs/atlas/或 www.nrel.gov/wind/wind-map.html 获得。图 11-10 展示了从“美国风能资源地图集”获得的表格类型。功率等于功率密度乘

以面积，或 $P = P/A \times$ 扫掠面积。

风能等级						
小型风力机						
	在10m（33ft）高度的风速和功率			在30m（100ft）高度的风速和功率		
等级	功率密度 /(W/m²)	风速 /(m/s)	风速 /(mph)	功率密度 /(W/m²)	风速 /(m/s)	风速 /(mph)
	50	3.5	7.8	80	4.1	9.2
1						
	100	4.4	9.9	160	5.1	11.4
2						
	150	5.1	11.5	240	5.9	11.5
3						
	200	5.5	12.3	320	6.5	14.6
4						
	250	6.0	13.4	400	7.0	15.7
5						
	300	6.3	14.3	480	7.4	16.6
6						
	400	7.0	15.7	640	8.2	18.4
7						
	1000	9.5	21.3	1600	11.1	24.9
8						
	1200	10.1	22.6	1920	11.8	26.4

图 11-10　风能密度等级

11.7　1/7 幂定律

当我们评估风力机的安装位置时，常常会想到这个问题：“如果把塔架再升高 10m，风速会怎样?”事实上，风速是塔架高度的函数，可以计算如下：

$$v_{\mathrm{N}} = (H_{\mathrm{N}}/H_{\mathrm{O}})^{1/7} \times v_{\mathrm{O}}$$

式中，v_{N}为新的风速；v_{O}为原来的风速；H_{N}为新的高度；H_{O}为原来的高度。指数1/7被称为风切变指数。1/7 幂定律被用来从原有高度的风速推导新高度的风速。

例 11-8

一台风力机起初被安装在 10m（33ft）高的塔架上，之后又被安装在 25m（82ft）高的塔架上。在 10m 高处的平均风速为 4.4m/s。在新高度的风速大约是多少?（利用 1/7 幂定律计算。）

$$v_{\mathrm{O}} = 4.4\mathrm{m/s},\ H_{\mathrm{O}} = 10\mathrm{m},\ H_{\mathrm{N}} = 25\mathrm{m}$$

$$v_{\mathrm{N}} = (H_{\mathrm{N}}/H_{\mathrm{O}})^{0.1428} \times v_{\mathrm{O}}$$

$$v_{\mathrm{N}} = (25/10)^{0.1428} \times 4.4 = 1.14 \times 4.4\mathrm{m/s} = 5.01\mathrm{m/s}（增加了 14\%）$$

什么时候应用 1/7 幂定律呢？如果在新的高度下没有风速的测量数据时，可以用 1/7 幂定律作为估算工具，当然也可以参考出版的风速表（尽管许多风速表中的数据也是利用 1/7 幂定律来估算得到的）。

11.8　功率曲线

风力机产生的功率是风速的函数，可以用功率曲线来表达（见图 11-11）。中小型的风力机在典型切入风速为 3.5~4.0m/s（7.5~9mph）时就可以输出电力了，当达到约 16~18m/s（35~40mph）的切出风速时则会停机。切出风速即制动风速，也被称为收拢风速。

如前所述，风速是变化的。因此，风力机的发电功率在一年之中也是变化的。当风速超过了发电机的规格参数或设计能力时，就会导致损坏和断电。风力机制造商给出的额定输出功率位于功率曲线的转弯处和最大功率之前的一点，在该点附近，当风速增加时输出功率能够基本保持不变。功率曲线可用于风电系统的控制。在大多数大中型风力机中，利用存储在计算机中的数据表格对曲线上的某些点进行监控，并对风力机的方向进行调整以增加可用风力。例如，在风速为 6m/s（13.5mph）时的额定功率为 25kW，如果输出功率开始下降，计算机控制程序就会调整叶片的桨距角或风轮方向来捕获更多的风力、增加风轮的旋转速度，进而增大发电机的输出功率（这里还涉及其他一些因素，因为发电机的电压和频率也是风速的函数，这些内容将在下一章进行讨论）。

当利用功率曲线计算发电量（kW·h）时，将功率（W）乘以一个月或一年的小时数即可，当然我们要已知达到某个风速的小时数。例如，对于图 11-11a，如果在一个月中风速达到 12mph 的时间为 240h，则这段时间的发电量为 5.5kW×240h=1320kW·h；如果平均风速达到 10mph 的时间为 240h，则这段时间的发电量为 3.0kW×240h=720kW·h。如果平均风速达到 14mph 的时间为 240h，则这段时间的发电量为 7.4kW×240h=1776kW·h。该月的平均输出为 1320+720+1776=3816kW·h。为了提高精度，可将时间段（720h/月）分成若干个风速和时间采样段，这些计算结果将被录入电子数据表格。

风力机制造商为每个型号的产品都印制了功率曲线。曲线中注明了切入、切出、额定和峰值功率。当对功率曲线不太清楚时，应向制造商进行询问。当采用功率曲线对风力机进行比对时，应注意不同的变量对输出功率可能产生的影响，确保在同等的条件下对机器进行评估。例如，若风速相同，则环境条件相同；扫掠面积相当时，切入和切出风速相同。提醒一句：一台发电机的额定输出功率也许很高，但是如果风力机不能捕获足够的风能，那么发电机的功率就没有任何意义，反而会在系统评估时为人们带来困惑。

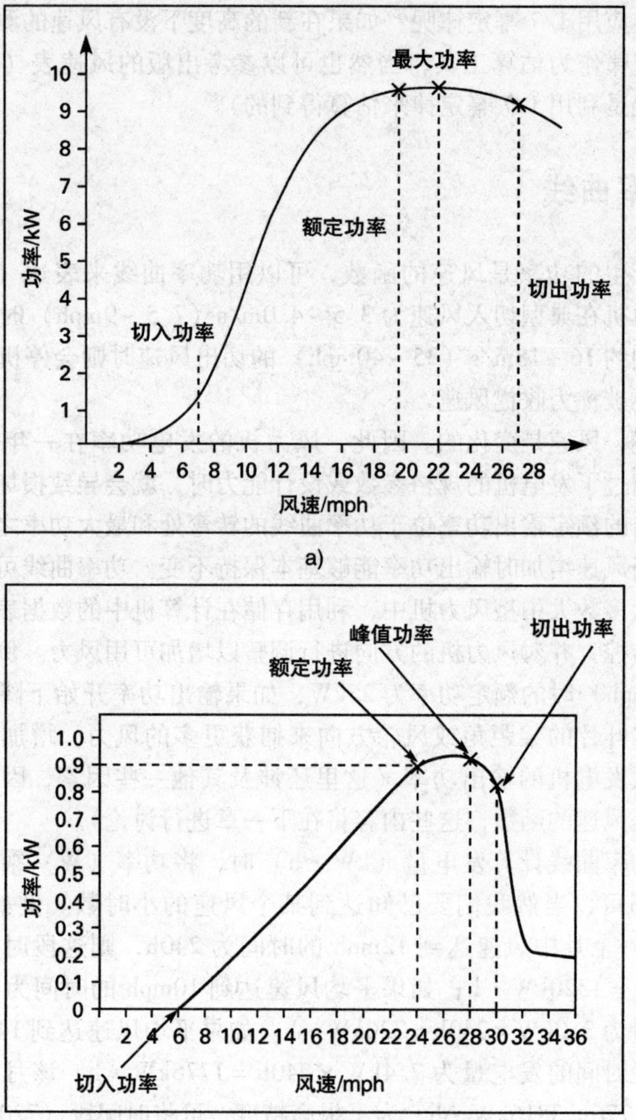

图 11-11 功率曲线

探索

型号为 XY8000 的风力机的功率曲线如图 11-11b 所示。如果平均风速从 14mph 增至 20mph，则功率增加的百分比大致是多少？在曲线上找出最大功率输出值，利用曲线计算 720h 的总发电量，期间风速为 10mph/240h，12mph/240h，14mph/240h。

11.9　年发电量

我们已经详细讨论了影响风力机的关键因素，它们是风速（v），扫掠面积（A）以及风能密度（P/A）。在用风能密度 $P/A = \frac{1}{2}\rho \times v^3$ 来计算功率（W）时，将该式乘以扫掠面积 A，即 $P = \frac{1}{2}\rho \times v^3 \times A$，$P$ 的单位是 W。

正如前面讨论的，电力公司出售的是能量而不是功率。在第 2 章中，电能量的定义是瓦特乘以小时。如果功率为 3600W，并使用了 100h，则传递的（或消耗的）电能为 3600×100 = 360000Wh，或 360kW · h。

为了计算一年传递的（或消耗的）电能，要将瓦特数乘以 8760h（24×365 = 8760）。**年发电量（AEO）**是一些风力机制造商用来衡量输出功率的性能指标，其表达式为 AEO = P（kW）×h/y（y 表示年）。如果 3600W 乘以 8760h，则 AEO = 3600W×8760h/1000 = 31536kW · h/y，或 31.536MW · h/y。

11.10　效率

机器的功率效率是其输出功率与输入功率之比，如果比值为 1，则机器的效率为 100%（输出等于输入），但这是永远不可能的，因为在真实的机器中总存在损耗。贝兹法则指出，最多仅有 59.3% 的可用能量能够被风力机捕获。风力机系统还存在其他降低效率的因素。一套设计良好的传动系统的效率约为 90%，发电机的效率约为 93%（满负荷时）。因此，系统总效率为贝兹极限×传动系统的效率×发电机效率，即效率 = 0.59×0.90×0.93 = 0.496（49.6%）。这表明风力机的输出值仅为理想输入值的 49.6%（注意，系统的总效率是各串联子系统的效率之积，在第 10 章中有详细的讨论）。

例 11-9

某个系统的风能密度 $P/A = 400\text{W/m}^2$，叶片的半径为 1.5m，系统的效率为 38%，计算 AEO。

计算扫掠面积：

$$A = \pi r^2 = 3.14 \times 1.5^2\text{m}^2 = 7.06\text{m}^2$$

计算功率：

$$P = P/A \times A = 400\text{W/m}^2 \times 7.06\text{m}^2 = 2824\text{W}$$

计算 AEO：

AEO = (P×h/y)/1000（译者注：h/y 为每年的小时数）

$$AEO = (2824 \times 8760)/1000 = 24738\text{kW} \cdot \text{h/y}$$

当效率为38%时，AEO为

$$AEO = 24738\text{kW} \cdot \text{h} \times 0.38 = 9400\text{kW} \cdot \text{h/y} = 9.400\text{MW} \cdot \text{h/y}$$

如果发电机的输出不能满足年需求量，可采取如下措施：换用具有更大扫掠面积（叶片更长）的风力机；提升塔架的高度以增加风速；提升风力机效率（这可能较为困难）；如果是并网系统，使用更多的电网电力；采用混合系统（风电加太阳能）。

11.11 容量系数

性能和生产率的一项重要指标是**容量系数**，等于实际输出电能除以额定输出电能。

容量系数=实际输出电能/额定输出电能

一台风力机在开始发电前需要达到某个最低风速。如果达不到，则输出功率为零。同样，在风力机运行时，可能在某些时刻达到最大输出功率，而在其他时刻则处于最大值和零之间。容量系数是一段时间内风力机生产率的指标。该指标表明了满足输入范围的最小和最大风速，以及输出功率为零的时长。这些通常在考虑切入和切出风速时会用到。

例 11-10

一台风力机的额定（铭牌）发电量为10000kW·h/y，而实际发电量为8000kW·h/y。其容量系数是多少？

容量系数=实际输出/额定输出=8000kW·h/10000kW·h=0.8（80%）

影响AEO的因素包括

1）维修造成的停机时间。

2）风速低于切入值。

3）风速高于切出值。

4）因为不需要风力机发电而关闭机器。

11.12 风力机的机械构造简介

风力机是一种将机械能转化为电能的机器，20世纪50年代的水泵风车如图11-12所示。在图11-13中，叶片捕获风能，风力产生力矩，驱动叶片旋转。叶片垂直安装在水平风轮轴上。这种结构被称为水平轴风力机（HAWT）。叶片与轮毂连接，轮毂连接到转轴上，转轴与轮毂一同旋转。转轴可以直接与发电机相连或通过齿轮箱与发电机相连。齿轮箱与发电机安装在机舱中，可以从支撑塔架进入到机舱中。一些大型风力机采用偏航电动机和风传感器来对风力机定向，这些电动机也位于机舱中。对于小型风力机，机舱和尾部通过管子或尾梁相连，形成机械结构支撑和接线通道。大多数小型风力机和一些中型风力机利用尾翼来使风轮正对风向，如图 11-13 所示。在大型风力机上，通过偏航电动机而非尾翼的控制，机舱可以绕垂直的塔架轴转动采用尾梁的风力机如图 11-14 所示。

图 11-12　20 世纪 50 年代的水泵风车

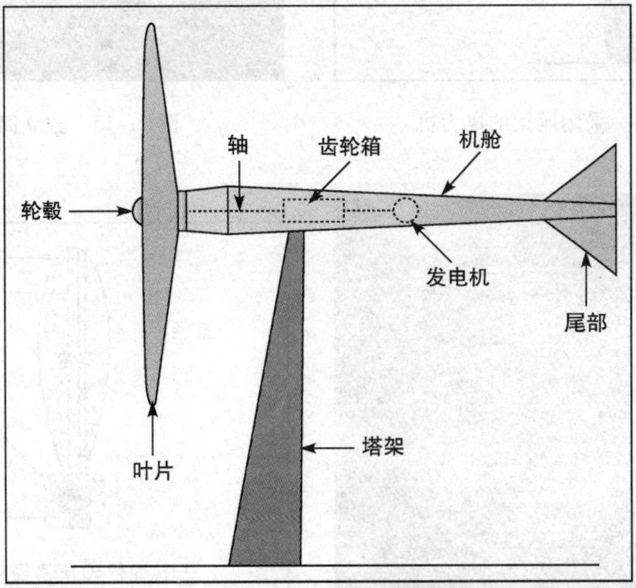

图 11-13　水平轴风力机的结构

塔架用于在地面上支撑风力机，可分为三种基本类型，分别为：独立式、拉索固定式和折叠式。独立式塔架（见图 11-15 和图 11-16）由筒型钢材或格构式钢材建成。拉索式塔架通常由钢管建造，固定在地面基座上，并通过以一定角度与地基相连的钢索来加固，这些钢索被称为拉索。折叠式塔架通常采用管型设计，与地基铰接。可折叠特性使其可以降低高度，以便从地面对塔架和发电机进行维护。

风力机的叶片既可以像图 11-13 中的那样安装在水平轴上，也可以安装于垂直轴上，如图 11-17 所示。当安装在垂直轴上时，被称为垂直轴风力机（VAWT）。图 11-17 中所示的垂直轴风力机被称为达里厄风力机。

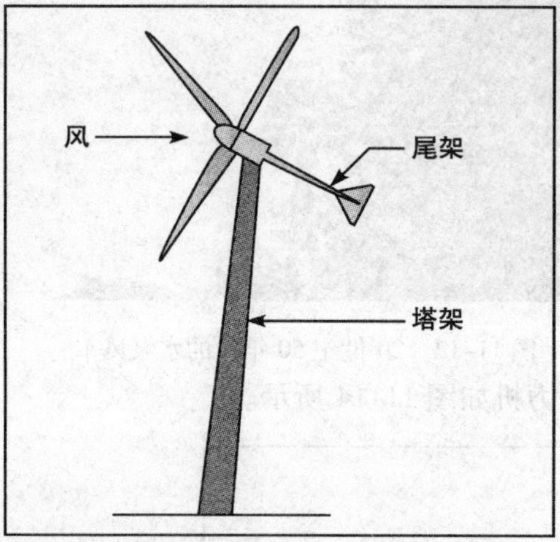

图 11-14 采用尾梁的风力机

图 11-15 独立筒形塔架

图 11-16 独立格构式塔架

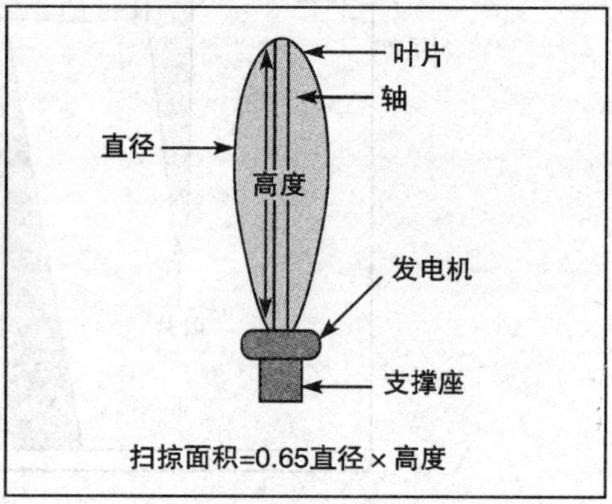

图 11-17 垂直轴风力机

水平轴风机的叶片和发电机安置在接近塔架顶端的位置上，将叶片迎着风向，这可以减少风流过塔架和发电机时造成的湍流对叶片的影响。许多小型的风力机带有尾舵，可以带动机器水平转动，确保叶片对准风向。大型风力机采用传感器来跟踪风向，并通过偏航（伺服）电动机使机器对准正确的方向。

垂直轴发电机有一根垂直轴。叶片的安装与轴向一致，发电机安装在叶片下方靠近轴的底部和地面的地方。因为发电机的安装位置靠近地面，所以维修保养方便。但水平轴风力机更常见，因为目前其生产率更高一些。

11.13　超速控制

风力机在设计上必须考虑速度控制，以防止系统运行于高于额定速度时造成机械损坏，并能够控制发电机的输出功率。当系统以高于额定速度运行时，就会启动制动措施以保持在安全速度。制动方法包括机械制动和电子制动。

机械制动的方法之一是叶片收拢，它能够改变风轮叶片的动力学特性。通过将叶片的薄边而不是宽边对准风向，叶片的桨距角得到调整，从而改变了动力学特性。

如果叶片和发电机在正对风向时绕垂直轴旋转 90°，则风向就会与叶片平行，叶片也就不会旋转。绕垂直轴的转动过程被称为“偏航”。风轮速度的降低在影响输出功率的同时也防止了高风速对风力机和塔架机械结构的破坏，这是另一种超速控制的方法。

我们还可以通过快速改变电气负载的方法进行制动。如果发动机迅速断开原来的电气负载，连接（切换）到大功率电阻器上，就会产生更大的电流，从而使发电机的转动变得困难，使得转速降低。这种速度控制方式被称为“动态制动”。可以同时运用动态制动和叶片收拢的方法来降低风轮转速。

在许多小型风力机中，操作人员利用手动制动器（想象一下汽车的紧急制动）在维修保养或高风速下进行制动。

11.14　齿轮箱

如果风力机的风轮轴不直接与发电机连接，就会用到齿轮箱。齿轮箱将高转矩低转速的风轮运动转变为低转矩高转速的发电机转子运动。同样，也可以进行相反方向的转换。由风轮叶片驱动的轴与齿轮箱相连（见图 11-18），通过不同直径和齿数的齿轮最终驱动发电机轴。通过改变齿轮比能够控制发电机的转速。大多数大型风力机都采用了齿轮箱。大型发电场的风力机的叶片质量大、转速低，而齿轮箱能够提高发电机的转速，增大输出功率。发电机的输出电压和频

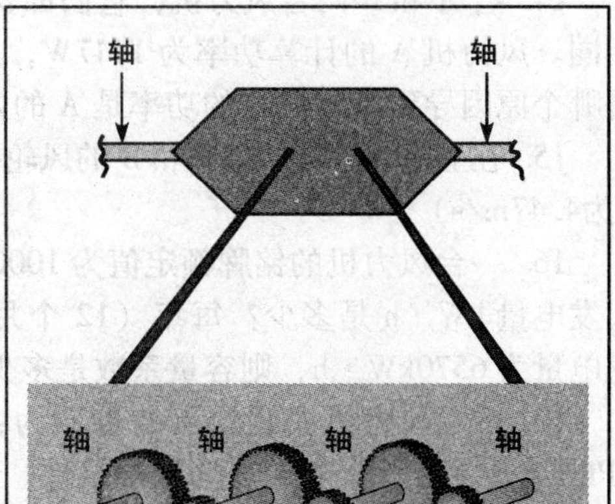

图 11-18　齿轮箱

率可以通过改变转速进行控制。

在小型风力机中，风轮轴一般直接与发电机相连，因为其叶片的转速比大型风力机的大质量叶片转速高很多，发电机输出的交流电压和频率也会较高，需要进行进一步的调整控制。例如，可以先将交流电整流为直流电，再经过逆变器调整后输出高质量交流电。一些小型风力机直接与直流发电机相连，再将输出电能通过逆变器转化为交流电。

复 习 题

1. 什么是风？

2. 电功率和电能量的区别是什么？

3. 风力机将机械能转变为何种形式的能量？

4. 解释为什么风速比扫掠面积对功率的影响更大。

5. 当风力机安装在靠近建筑物且与建筑物同等高度的位置时，其生产率会提高还是降低？

6. 当空气密度增加时，风功率会提高还是降低？

7. 当空气密度增加时，会对风力机产生何种机械方面的影响？

8. 若塔架高度增加，会对风速产生何种影响？

9. 若塔架高度增加，会对扫掠面积产生何种影响？

10. 解释贝兹极限的含义。

11. 当水平轴风力机发生偏航运动时，会发生何种机械现象和电气现象？

12. 当ρ为1.225kg/m^3，v为8.47m/s时，计算风能密度。

13. 在上题中，若风轮直径为4.5m，计算风功率。

14. 有A和B两台风力机，它们都安装于同样的地点，风速和空气密度全都相同。风力机A的计算功率为1247W，风力机B的计算功率为2494W。最可能是哪个原因导致风力机B的功率是A的两倍？

15. 在上题中，风力机A和B的风轮扫掠面积分别是多少？（ρ为1.225kg/m^3，v为4.47m/s）

16. 一台风力机的铭牌额定值为1000W@11m/s。每月（30日×24h/日）最大发电量kW·h是多少？每年（12个月）发电量kW·h是多少？如果实际年发电量为6570kW·h，则容量系数是多少？

17. 一台风力机安装地点的参数为：$P/A=62\text{W/m}^2$，扫掠面积为18.5m^2，EPF=1.9（瑞利分布），ρ为标准条件。计算功率（P）和风速（v）。

18. 一台风力机安装在60ft高的塔架上，平均风速为15mph。要将风速提高25%，需要多高的塔架？

19. 利用图11-11a（功率曲线），若平均风速以20mph持续240h，12mph持续480h，则720h的发电量大约是多少？

第 12 章　风力机与发电

目标

学习完本章后，读者应达到下列目标：

1）理解三相电的优点。

2）理解交流发电机的基本设计原理。

3）能够计算三相 Y 形联结电路和三角形联结电路的电压、电流和功率。

4）理解感应电动机的工作原理。

5）能够计算同步转速。

6）能够解释产生旋转磁场的要素。

7）能够解释同步感应发电机和异步感应发电机的区别。

8）能够解释为何风力机要在同步转速之上驱动感应发电机。

9）能够解释三相感应电动机和三相异步感应发电机在工作原理上的区别。

11）能够解释风力机轴向力矩和转子转速的关系。

12）能够解释为什么转速的小幅增加就能带来风力机输出的显著增长。

13）能够讨论当风力机运行在同步转速之上时力矩和电功率之间的关系。

14）能够计算转差率。

15）能够解释在风力机领域异步感应发电机和同步发电机的各自优点。

16）能够解释笼型感应发电机的优点。

17）能够描述绕线转子感应发电机。

18）能够描述双馈感应发电机（DFIG）。

19）能够解释在风力机上应用 DFIG 的优点。

引言

在当今世界，最常见的两种机器就是电动机和发电机，它们都属于机械电子设备。当把一台电动机和电源相连后，电动机就会转动一根机械轴来做功（例如让轴驱动一根钻头来钻孔）。因此，电动机将电能转化为机械能。

发电机看上去像一台电动机，其构造也确实和电动机相似。事实上，电动机可以被用作发电机。但它们的功能是不一样的，电动机将电能转化为机械能。而发电机的轴被一台机械装置（例如风力机的风轮或汽油发动机等）驱动，当轴旋转时，与轴相连的导线线圈就会切割磁场，产生感应电压和电流。当电流通过负载时就会做功（例如点亮一盏电灯）。因此，发电机将机械能转化为电能。

风力机主要由两个系统组成：即机械系统和电气系统。风驱动机械系统，最后风能被发电机转化为电能。

本章介绍了各种用于风力发电的发电机的工作原理和应用，重点讲述了异步交流感应发电机。本章的内容将风速、机械能和发电机紧密地联系在一起。

12.1 电动机的基本原理

正如在第6章中讨论的，当电流通过导线时，会在导线周围产生磁场，如图12-1所示。如果这根导线处于磁铁产生的另一个磁场中，就会受到转动力的作用，如图12-2所示。

图12-1 载流导线周围的磁场

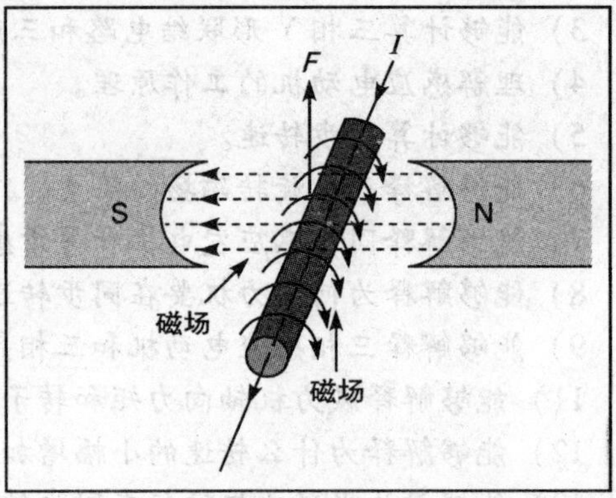

图12-2 作用在导线上的转动力

12.2 基本交流电动机

电动机主要由定子和转子两个部件组成。定子是固定不动的部件，通常由成对的电磁铁构成，安装在电动机的铁壳之内。许多类型电动机的定子都有着相似的结构。转子是旋转的部件，其结构根据电动机工作原理的不同而各异。在本例中，图12-3展示了一台恒速交流电动机的基本原理。定子由缠绕在铁心上的线圈组成，其作用原理类似电磁铁。转子则是一块永磁铁。

在图12-3中，电磁铁通交流电，产生磁场。假设电磁铁的第1极在开始的瞬间为N极而第2极为S极（见图12-3a）。N极1排斥转子永磁铁的N极，而S极2吸引转子的N极，使转子顺时针转动。电流能够建立强大的磁场。电磁铁的S极吸引永磁铁的N极，电磁铁的N极又吸引转子的S极（见图12-3b），直到转子呈水平状态（旋转180°）。在180°时，交流电（见图12-4）改变极性，通过线圈的电流改变了方向，导致电磁铁的第1极和第2极改变了极性（见图12-3c）。转子的N极受到电磁铁N极（第2极）的排斥，同时受到电磁铁S极

（第 1 极）的吸引。图 12-3d 所示完成了转子 360°的旋转，而正弦波交流电又开始改变极性，重复刚才的过程。定子的极性与单相交流电同步变换，而永磁铁转子则被变化的磁极所驱动。

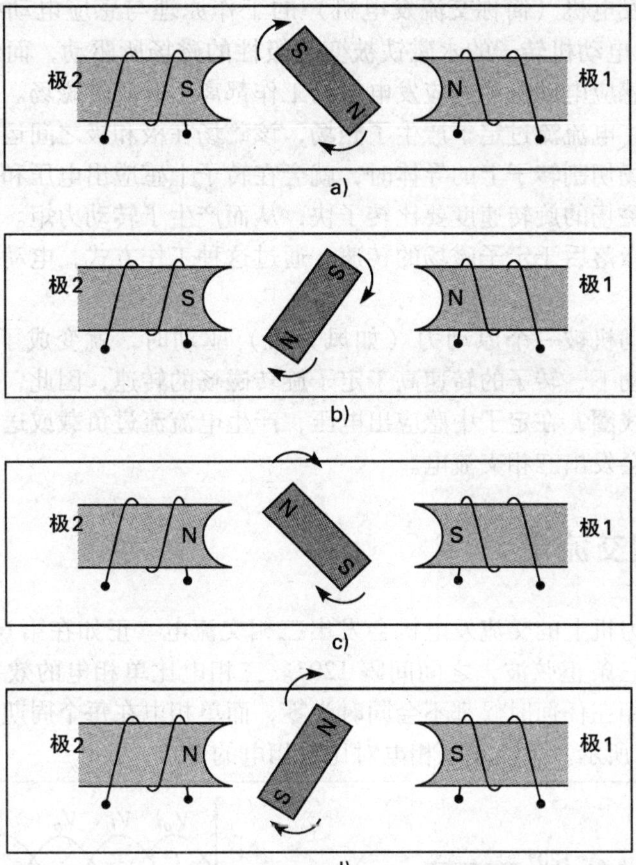

图 12-3　交流电动机的基本原理

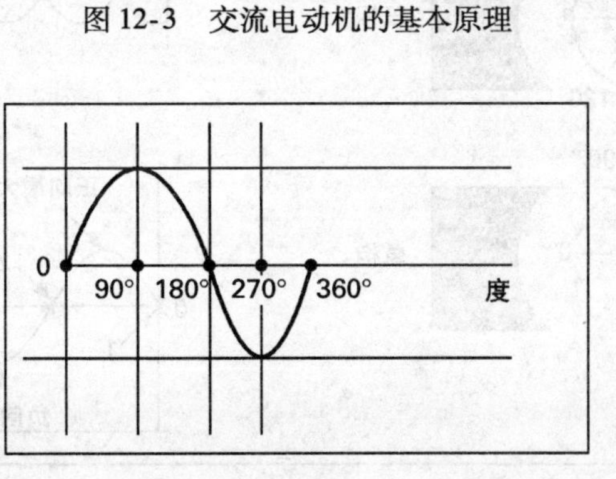

图 12-4　施加于电磁铁的正弦波励磁电压

12.3 交流感应发电机

交流感应发电机（简称交流发电机）的工作原理与感应电动机相似，但是在图 12-3 中，电动机转子的永磁铁被变化极性的磁场所驱动，而发电机的原理则与此不同。感应电动机和感应发电机的工作都离不开旋转磁场。在感应电动机的正常工作中，电流流过定子产生了磁场，该磁场在极和极之间运动或转动。当旋转的定子磁场切割转子上的导体时，就会在转子上感应出电压和电流，也产生了磁场。定子磁场的旋转速度要比转子快，从而产生了转动力矩。转子被逐渐加速，但转速略微落后于定子磁场的转速。通过这种工作方式，电动机就可以驱动机械负载。

当感应电动机被一个原动力（如风力机）驱动时，就变成了感应发电机。在原动力的驱动下，转子的转速高于定子旋转磁场的转速，因此，现在转子磁场将会切割定子线圈，在定子中感应出电压，产生电流流过负载或送往电网。大多数感应发电机会发出三相交流电。

12.4 三相交流电

大多数风力机上的交流发电机会发出三相交流电。正如在第 6 章中介绍的，三相电压包含三条正弦波，之间间隔 120°。三相电比单相电的效率更高，因为三相电的三个相在任何时候都不会同时为零，而单相电在每个周期内有三次变为零，如图 12-5 所示。下面是三相电对比单相电的优点：

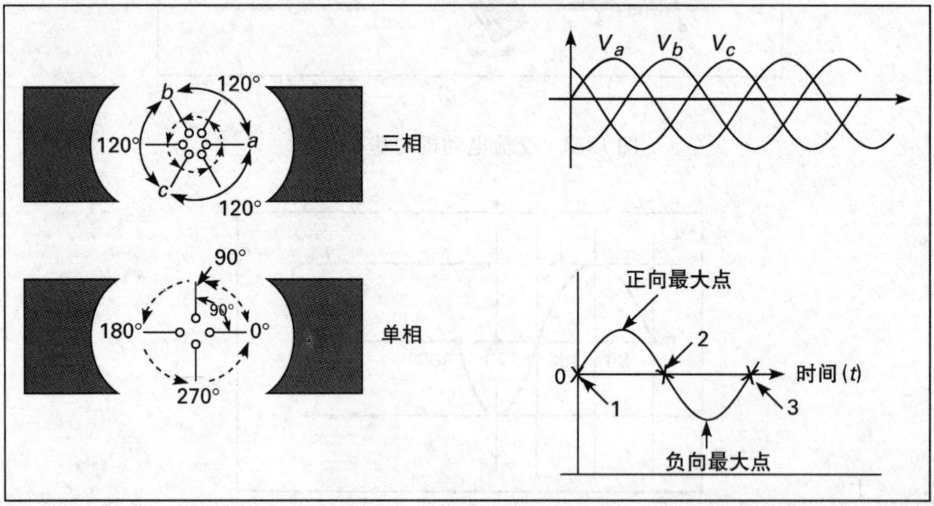

图 12-5 三相电与单相电

1）对于外形体积相近的变压器，三相变压器的额定值要比单相变压器高出约 50%。

2）同样马力的三相电动机比单相电动机的运行更加平顺。

3）三相电的效率更高，因为三相电在任何时候都不会变成零。

4）三相电机的定子和转子线圈可以变得更小，因为产生同样功率所流过的电流较小。

在图 12-5 中，单相电在点 1、2、3 处为零。请注意，三相电永远不会变成零，因为三个相的波形不会同时变为零。

12.5　三相发电机

在风力机上应用的三相发电机主要分为三种类型：

1）笼型转子感应发电机。

2）绕线转子感应发电机。

3）同步（恒速）发电机。

这三种发电机的定子类型相同，都是将励磁绕组盘绕在铁心支架上。这些绕组的工作原理类似电磁铁。三相交流励磁电流进入各组定子线圈，建立旋转的定子磁场，即旋转磁场。旋转磁场在转子中感应出电流，从而在转子周围也产生了磁场。当发电机与电网相连时，定子从电网接受励磁电流，也向电网输出电力。图 12-6 和图 12-7 分别展示了三相定子和转子以及一台感应电机的定子实物。旋转磁场的概念可以用来解释感应电动机和感应发电机的工作原理。感应发电机基本上就是一台被风（或其他原动力）驱动，能够输出电力的感应电动机。

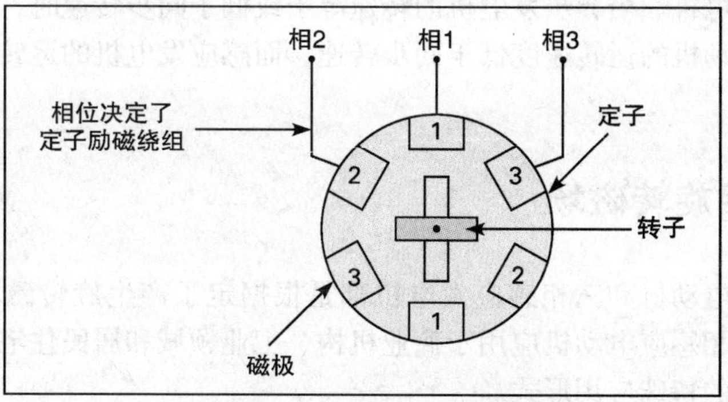

图 12-6　三相定子和转子

定子磁场的转速被称为**同步转速**，计算如下：

同步转速（r/min）=（120 × 输入励磁电压的频率）/每相定子的极数或 $S=$

(120 ×f)/每相的极数。

(注：每个磁铁都有两个极，一个 N 极和一个 S 极。因此，如果每个相有两个磁铁，则每相有 4 个极。)

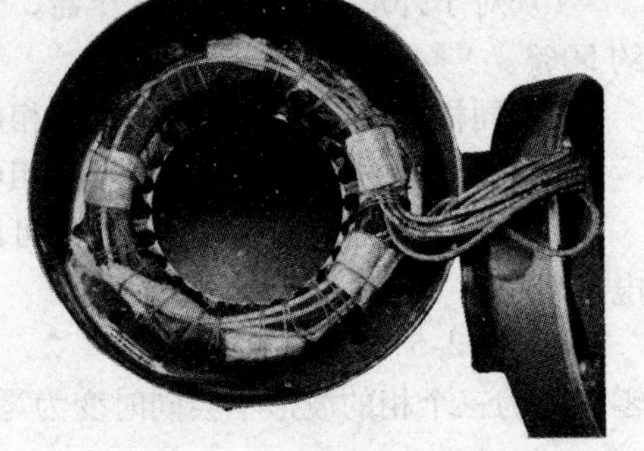

图 12-7 感应电机的定子

例 12-1

$f=60\text{Hz}$，且每相极数 =6（每相有 3 个磁铁，每个磁铁有 1 个 N 极和 1 个 S 极）。同步转速是多少？

$S=120\times f/\text{每相极数}=120\times 60\div 6\text{r/min}=1200\text{r/min}$

例 12-2

$f=50\text{Hz}$，且每相极数 =6。同步转速是多少？

$S=120\times 50\div 6\text{r/min}=1000\text{r/min}$

例 12-3

当频率为 60Hz 时，如果同步转速为 900r/min，每相需要有几个极？

每相的极数 $=120\times f/S=120\times 60\text{Hz}\div 900\text{r/min}=8$ 个极，或每相有 4 个磁铁。

注意同步转速是由励磁频率和每相的极数决定。在空载时，电动机的转速接近同步转速。但是带上负载之后，转子的转速总是会比同步转速低一些，这个转速差称为转差。当感应电动机运行于同步转速时，输出力矩为零。当作为发电机运行时，外力驱动转子以比同步转速高的转速运行，这个转速差即为转差。转差就是同步转速和转子速度之差。当一台感应电机的运转速度高于同步转速时，就被称为异步发电机。当异步发电机的转速等于或低于同步转速时，就不会有输出功率。感应电动机的运转速度低于同步转速，而感应发电机的运转速度高于同步转速。

12.6 三相旋转磁场

三相感应电动机和三相感应发电机都是根据定子产生旋转磁场的原理而工作。三相和单相感应电动机应用于商业机构、工业领域和居民住宅。感应发电机是感应电动机的特殊应用形式。

定子产生旋转磁场的原因有三个：

(1) 三相电压的每个相都以固定的间隔变换极性；

(2) 三相电压的各相之差为 120°；

(3) 定子磁场绕组缠绕在具有特殊顺序的极片上，以保证 120°的相差关系。

图 12-8，图 12-9 和图 12-10 展示了一个 6 极（每相 1 个 N 极和 1 个 S 极）定子和旋转磁场的顺序。相 1 是极 1A 到 1B 的绕组，相 2 是极 2A 到 2B 的绕组，相 3 是极 3A 到 3B 的绕组。三相波形的相位为 L1、L2 和 L3，间隔 120°，如图 12-11 所示。

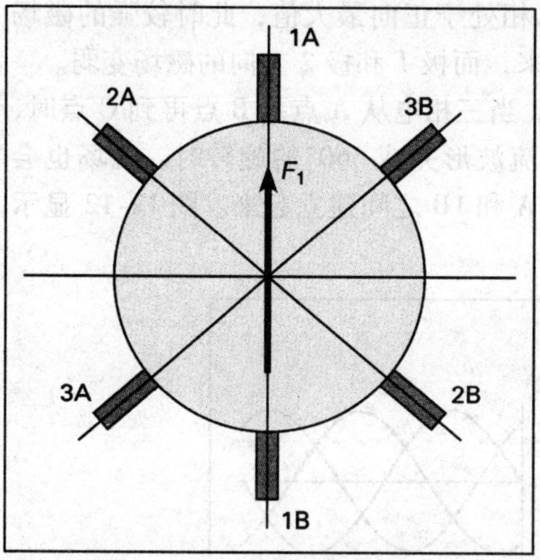

图 12-8　旋转磁场在相 1 方向

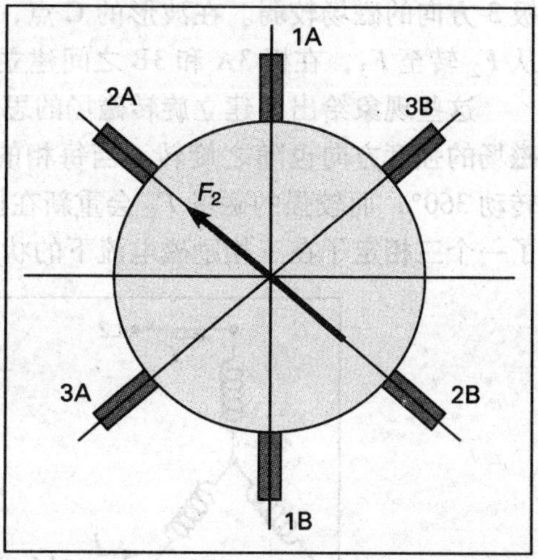

图 12-9　旋转磁场在相 2 方向

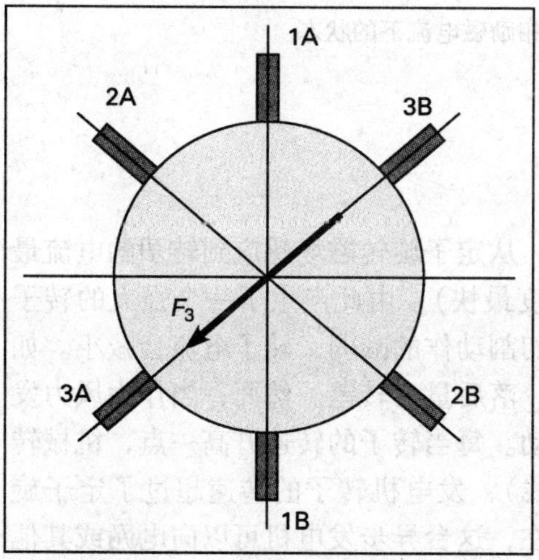

图 12-10　旋转磁场在相 3 方向

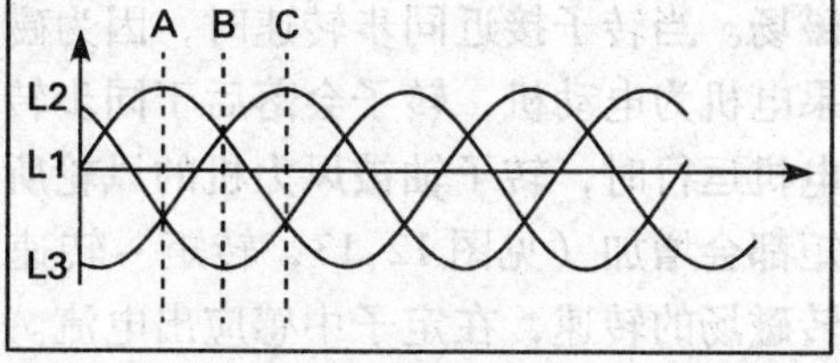

图 12-11　三相波形产生了旋转磁场

下面解释旋转磁场的次序：为了描述磁场绕定子的转动，在这些插图中标明了磁极之间的场强 F。在三条正弦波的点 A、B 和 C 处的垂直虚线表明了该时刻的电压幅值。当某一相的电压幅值增加时，对应两极之间的 F 随之增大，而其他各极的场强则减小。

在波形的 A 点，L1 相处于正向最大值，此时较强的磁场 F_1 在极 1A 和 1B 之间建立起来，而极 2 和极 3 方向的磁场较弱。在波形的 B 点，L2 相处于负向最大值，此时较强的磁场从 F_1 转至 F_2，在极 2A 和 2B 之间建立起来，而极 1 和极 3 方向的磁场较弱。在波形的 C 点，L3 相处于正向最大值，此时较强的磁场从 F_2 转至 F_3，在极 3A 和 3B 之间建立起来，而极 1 和极 2 方向的磁场变弱。

这些现象给出了建立旋转磁场的思路。当三相电从 A 点到 B 点再到 C 点时，磁场的强度方向也随之旋转。当每相的交流波形完成 360°的旋转时，磁场也会转动 360°，而较强的磁场 F_1 会重新在极 1A 和 1B 之间建立起来。图 12-12 显示了一个三相定子在三相励磁电流下的状态。

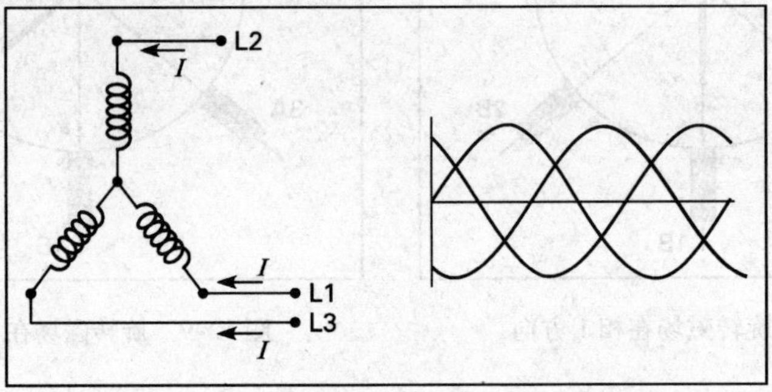

图 12-12　三相定子在三相励磁电流下的状态

12.7　异步感应发电机

当感应发电机的转子刚刚开始旋转时，从定子旋转磁场感应到转子的电流最大（译者注：因为此刻磁场切割转子的速度最快），由此产生了一个强大的转子磁场。当转子接近同步转速时，因为磁场切割动作的减弱，转子电流会减小。如果电机为电动机，转子会落后于同步转速，落后量为转差。然而，当作为风力发电机运行时，转子轴被风力机的风轮所驱动。每当转子的转速升高一点，机械转矩都会增加（见图 12-13，转矩－转速曲线），发电机转子的转速超过了定子旋转磁场的转速，在定子中感应出电流。现在，这台异步发电机可以向电网或其他负载输出电流。

这是一条十分重要的原理。作用在发电机转子上的机械能通过转矩被转化为电能，从定子送往负载。

当异步发电机的转速高于同步转速 2% ~3% 时，能够产生最大的输出功率（注：在某些应用中，感应发电机先像感应电动机一样起动，然后才被连接到外

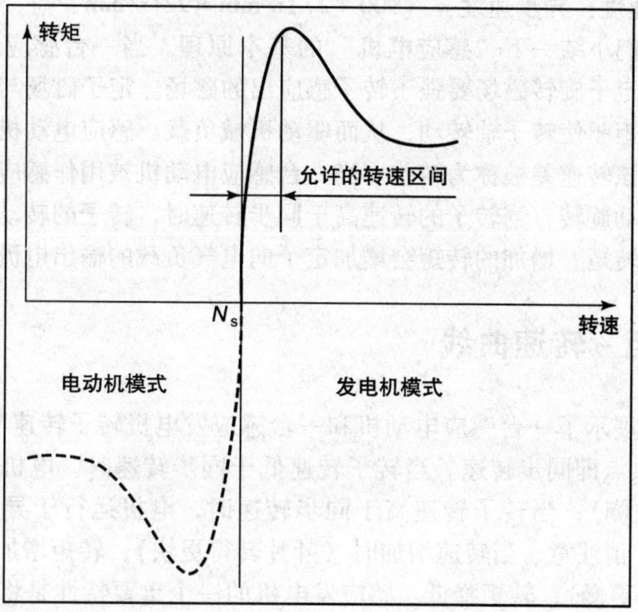

图 12-13　转矩与转速曲线

部驱动力上）。

12.8　转差

转子低于或高于同步转速的数值被称为转差。**转差**是转子转速与定子旋转磁场共同决定的同步转速之差，即

转差 = 同步转速 − 转子转速

如果同步转速为 1800r/min，转子转速为 1746r/min，则

$$s = (1800 - 1746)\ \text{r/min} = 54\text{r/min}$$

转差率 = 转差/同步转速 × 100%，即

转差率 = 54/1800 = 3%

如果一台异步发电机的转差率为负 3%，同步转速为 1800r/min，则转子的转速为 1800 + 54 = 1854r/min。高于同步转速的转差被称为负转差。

例 12-4

一台每相 8 极的感应电动机转差率为 3%，工作频率为 60Hz，被用作异步发电机时，转子的转速是多少？

同步转速：$s = 120 \times f/$每相的极数 = (120 × 60/8) r/min = 900r/min

1）转差：转差 = 900 × 0.03r/min = 27r/min

2）异步速度：异步速度 =（900 + 27）r/min = 927r/min

现在让我们小结一下“感应电机”的基本原理。当一台感应电机被用作感应电动机时，定子旋转磁场要强于转子感应出的磁场。定子磁场与转子磁场相互作用产生的力矩驱使转子轴转动，从而驱动机械负载。感应电动机的转子转速低于同步转速，该转速差被称为转差。当一台感应电动机被用作感应发电机时，转子轴被风力驱动旋转，当转子的转速高于同步转速时，转子的转动变得困难，此时需要更大的转矩。增加的转矩会增加定子向电气负载的输出电流。

12.9 转矩 – 转速曲线

图 12-13 展示了一台感应电动机和一台感应发电机转子转速与转矩的关系。水平轴上的 N_S点即同步转速。当转子转速低于同步转速时，电机运行于电动机状态（N_S点左侧）；当转子转速高于同步转速时，电机运行于异步发电机状态（N_S点右侧）。请注意，当转速增加时（叶片转得更快），转矩增加，当转速降低时（叶片转得更慢），转矩降低。感应发电机的一个重要特性是将转矩转化为电能。这种转化过程为：风吹动叶片产生机械旋转力，旋转力转化为转矩，再转化为电能。转矩 – 转速曲线表明随着转速的微小增加，转矩将会有显著增加。也可以将这一点理解为转子转矩控制了转子转速。

转速的范围受到转子转矩的控制。当风速增大时，转子转矩显著增加，但是转子转速的增加极为有限。

与此同时，转矩的增加也增大了输出功率。在转矩 – 转速曲线上有一点，称为**脱出转矩**或**临界转矩**，当超出了这一点之后，转矩会随着转速增加而降低。必须通过减慢叶片的转动来将转速控制在该点之内。此时如果无法控制输出功率，则应将风力机下线并脱离系统。

当转子转速降至同步转速之下时，异步发电机就变成了电动机，必须从电网脱离（也有例外情况，在后面介绍双馈感应电机时会进行讨论）。

大多数异步发电机处于并网运行状态，从电网获得励磁电流从而产生旋转磁场，因此电网控制了同步转速频率。当并网运行时，电网控制了发电机输出电力的频率和相位。图 12-14 展示了并网的情形。但是当电网停电时，须将风力机下线。如果有励磁电流，异步发电机也可以独立运行，这种励磁电流通常由电容器提供。

许多小型感应电动机的输入为单相交流电。为了产生旋转磁场，要通过起动绕组和运行磁场绕组，将起动电流和运行电流的相位强行改变，就像输入的是两相电一样。这些电机被称为分相感应电动机。而图 12-15 中的电容器被用于使起动电流超前于运行电流。这些电动机常被用于住宅或小型商用场合，很少用于风力发电机。

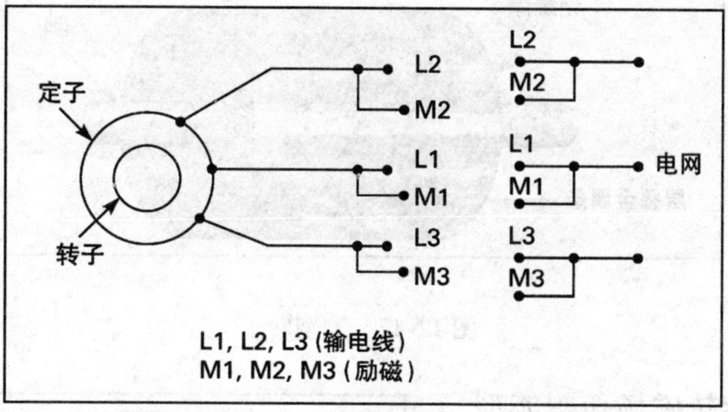

图 12-14　并网运行

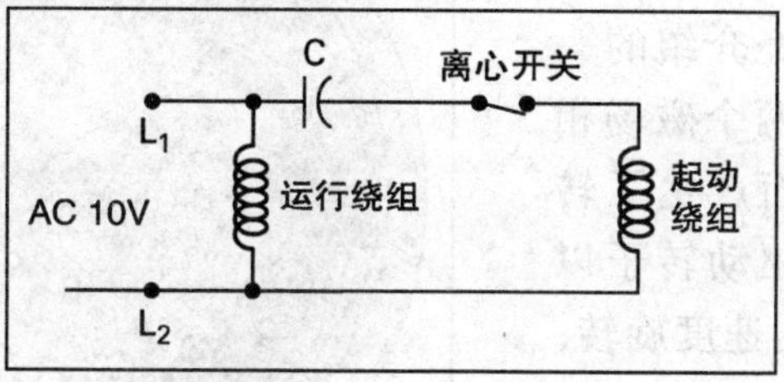

图 12-15　分相励磁绕组

12.10　笼型感应转子

前面讲过，不同类型的感应发电机的定子结构是相似的，但转子却随应用场合的不同而异。笼型感应转子（见图 12-16 和图 12-17）的名称源于其结构类似宠物松鼠的健身器。这种转子的结构很简单，由被绝缘体分隔开的金属条组成，并由末端的圆环连接起来。金属条由铝或铜材料制成，转子中没有线圈。笼型转子应用于绝大多数轻型或中型负荷的交流电动机中，主要原因是其具有简单的结构和较高的可靠性。笼型转子电机也被用于异步发电机。

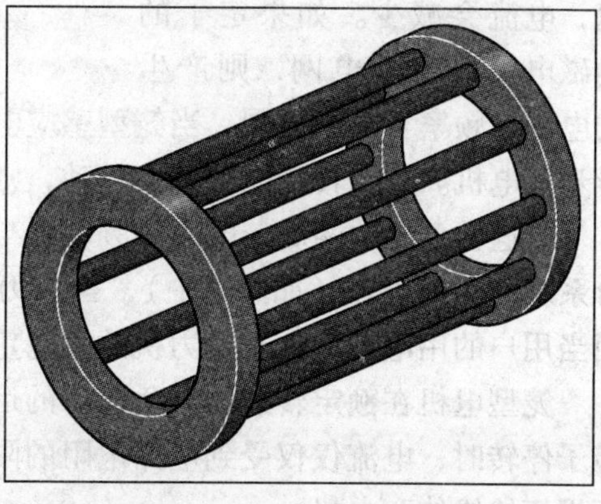

图 12-16　笼型转子的基本结构

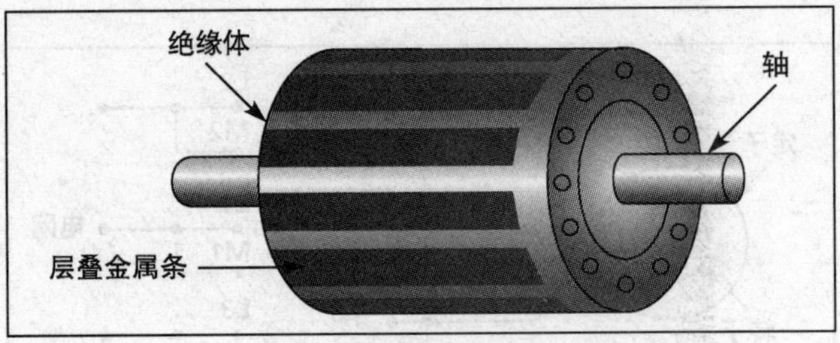

图 12-17　笼型转子

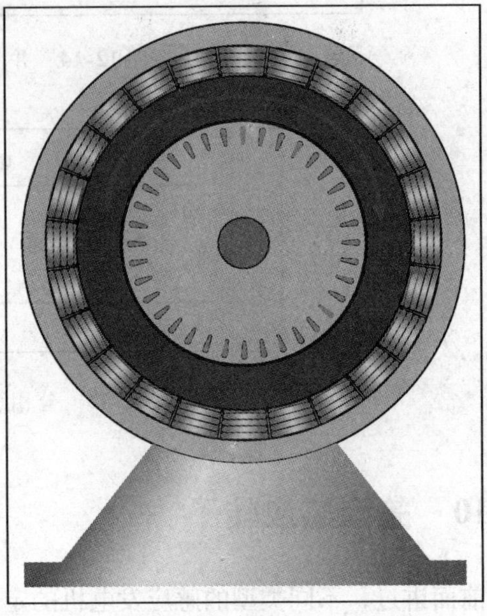

图 12-18　旋转磁场将电压感应到转子中

定子的旋转磁场切割笼型转子条，在金属条上感应出电压和电流，并产生了旋转磁场，这个过程和前面曾经介绍的一样（见图 12-18）。两个磁场相互吸引和排斥，从而产生了转矩。风力机的叶片驱动转子以高于定子同步转速的速度旋转，从而使转子磁场切割定子。在这种情形下，转子将电压感应到定子中，增大了定子电流并将其输出至电网。当转子建立磁场之初，定子的励磁电流很大，但是随着转子接近工作转速，电流会减少。如果定子的励磁电流来自于电网，则产生的电压与频率与电网相同。当笼型感应电动机的转速高于同步转速时，就被称为异步发电机。如果转子能够自由转动，则会作为电动机来运行。

当这种系统并网后，电压和频率将与电网一致，不需要其他管理设备。在混合系统的应用场合（如家庭中），当风力机的发电量有富余时，会输送给电网，而当用户的用电需求大于风力机的发电量时，则由电网为负载供电。

笼型电机在额定转速和满负荷下的运行效率较高。如果发生堵转情形，即当转子停转时，电流仅仅受到电路电阻的限制，在一定的条件下就会急剧发热，从而损坏绝缘体和电机。

12.11 有功功率与无功功率

正如在第7章中介绍的，有功功率即为阻性功率，如果所有的功率都是阻性的，则功率因数等于1。无功功率是感性或容性负载消耗的功率，此时电压和电流异相。无功功率的存在使得功率因数小于1。尽管电表只对有功功率进行计量，但电力公司还得输出无功功率。在某些情况下，无功功率的用户必须缴纳额外的费用，或者对无功功率进行调整以校正功率因数。

感应发电机输出有功功率和无功功率，如果需要的话，可以在输出端连接一个三相电容器组来控制无功功率。在起动时，笼型电机需要很大的励磁电流。转子的金属条是强感性负载，此时发电机的功率因数很低。随着转子速度接近同步转速，转子电流受到电阻的限制要大于受到电感的限制，因此电流和电压的相位越来越接近，功率因数可以提高至85%～90%。

12.12 绕线转子感应电动机

绕线转子感应电动机的定子线圈与笼型电动机的定子相同，转子则有所不同，其示意图见图12-19。笼型转子没有线圈，而绕线转子（见图12-20）由转子绕组和与之相连的集电环和电刷构成。与电刷相连的外部电路可以是电阻器或外电源（见图12-21）。这些外部电路可以实现一定程度的转速控制。定子旋转磁场在转子线圈中感应出电压和电流，产生旋转磁场。如果转子电路变为开路，或电阻值变大，转子的电流将减小，转子磁场强度就会降低，进而停止转动。充足的电流将产生强大的转子磁场，与定子磁场相互作用产生力矩，使得转子旋转。

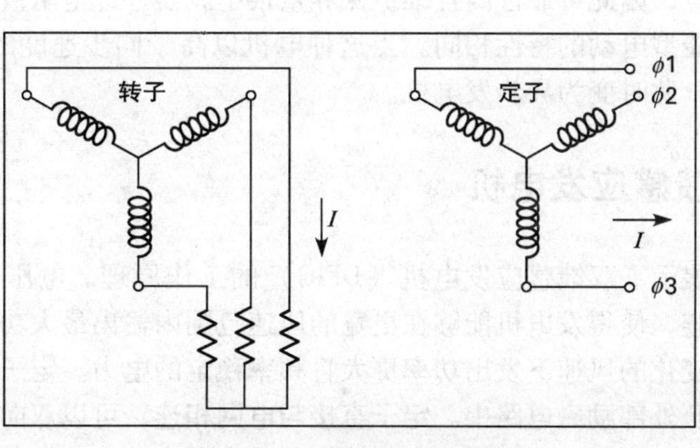

图12-19 绕线转子示意图

图 12-20　绕线转子感应电动机的转子

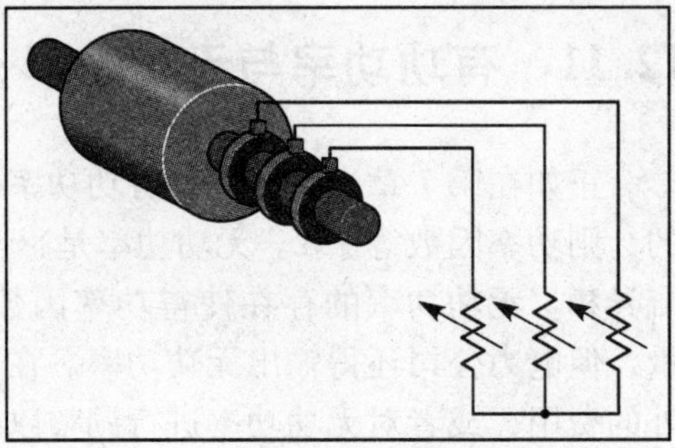

图 12-21　与外部电阻器相连的转子

12.13　三相绕线转子异步感应发电机

在这类电机中，绕线转子的三组线圈的安装间隔为 120°，线圈与集电环相连。电刷压在集电环上，与外部电阻器相连，这些电阻的作用是降低起动时的转子电流，此时定子旋转磁场刚刚在转子上感应出电压。随着转子磁场的增强，定子磁场和转子磁场相互作用，产生了转矩。随着转子接近同步转速，转子中的励磁电流减少。如果是一台电动机，则转子转速低于同步转速。如果是一台发电机，则随着原动力转矩和速度的增加，转子的转速将高于同步转速（参见之前关于异步感应发电机的讨论）。增加的转子转矩被转化为电能，从定子流向负载。电压和频率被电网锁定同步。

与笼型发电机相比，绕线转子发电机具有很多优点。其起动时的励磁电流较小，因为电阻器可以调节电流并有一定的转子速度控制功能。但是笼型转子具有结构简单的特点，因此可靠性高且维护保养量很小。当外部电阻被短接后，绕线转子电动机与笼型电动的特性相同。当这种电机以高于同步速度的速度运行时，能够产生电力，此时变为异步发电机。

12.14　双馈感应发电机

图 12-22 展示了双馈感应发电机（DFIG）的工作原理。电压变换器通过集电环与转子相连，使得发电机能够在更宽的风速范围内输出最大功率。双馈感应发电机能够在变化的风速下发出功率更大且频率稳定的电力。定子和转子都有励磁绕组，连接至外部励磁电路中。定子直接与电网相连，可以双向工作。转子与滑环和电子电压变换器相连。定子直接向电网输出电力，但是转子将变化的交流电压输出至变换器，这些变化的交流电先被转换为直流电，再被逆变回交流电，

然后以兼容的形式输出至电网。在这种配置形式下，转子受到独立控制。该电机设计有电子控制器来进行双向控制，既可控制馈自（吸收）电网的电力，也可控制向电网馈送（输出）的电力。

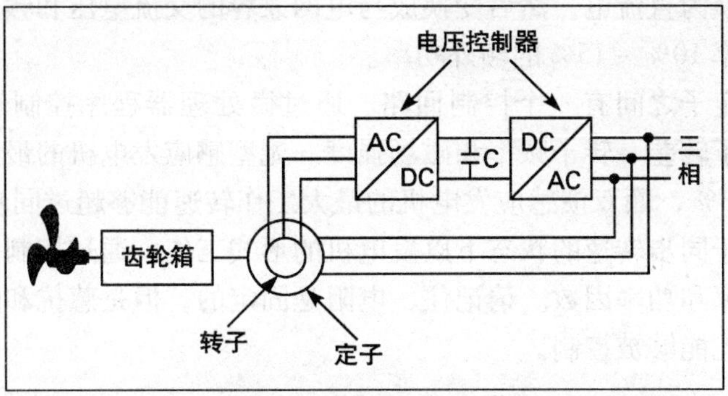

图 12-22　双馈感应发电机

请记住，如果转子速度降至同步转速之下，发电机就不能发电了。双馈感应发电机能够对转子电压和频率进行控制。如果将与转子频率相同但相位差为180°的电流送入转子中，且该电流大于转子电流，则转子将会减速，减速值是这个感应频率的函数。例如，如果电流的频率是2Hz，转子的极数为6，则每分钟转速为

$$\text{RPM} = (f \times 120)\text{每相的极数} = (2 \times 120/6)\text{r/min} = 40\text{r/min}$$

注：以上讨论的频率为转子频率，与电网频率不同。当转子静止时，定子的旋转磁场会以接近同步转速的速度切割转子，感应的电压和电流的频率是转速的函数。当转子的转速增加时，转子转速与同步转速之差就是转差，而转子电流和电压的频率就是转差的函数，计算如下：

$$\text{转子频率} = (\text{每相极数} \times \text{转差})/120$$

频率单位是Hz，转差单位是r/min。

这种方法将同步转速降低了40r/min，因此，尽管风力机的机械转速在下降，但转差所需的转速也在下降，这使得机器在风速降低时仍可以向电网供电（记住，转差是同步转速和转子转速的函数，因此，如果同步转速降低，转差也将降低）。

探索

一台感应发电机每相有6个极，工作频率为60Hz，转子转速为1224r/min。计算同步转速和转子频率。如果转子频率加倍，转差是多少？

如图12-22所示，电压控制模块可以使转子从电网吸收电力或向电网送出电

力。当风力机工作在切出速度时，就必须通过控制叶片来减速，或将风力机关闭。而双馈感应发电机通过控制器改变转差需求，在此时仍能够捕获部分能量，并将这些能量送往电网。在高风速下，发电机的电压和频率增加，这个较高的电压被控制器变换为直流电，然后变换成与电网兼容的交流电压和频率，从而提供了约为定子功率10% ~15%的额外功率。

在转子和定子之间有一个控制回路。通过微处理器程序控制转子电流的增减，从而控制了转差、转子频率和磁场强度。笼型感应发电机的最大工作转速超过同步转速约3%，而双馈感应发电机的最大工作转速能够超过同步转速约8%。它还可以在低于同步转速的状态下以发电机的形式工作。通过控制这些参数，就能控制无功功率和功率因数。请记住，电阻是固定的，但是感抗和阻抗会随着频率而变化，因此能够被控制。

12.15 带有叶片转速和桨距控制的双馈感应发电机

在第11章介绍过，风力机的功率为 $P=\frac{1}{2}\rho\pi r^2v^3$，或 $P=\frac{1}{2}\rho Av^3$。这个公式是根据第12章的动能原理推导出来的，可被修改为包含效率的形式，而效率是叶尖速度和叶片桨距的函数：

$$P=\frac{1}{2}\rho Av^3C_{\mathrm{p}}$$

式中，C_{p}是功率系数，为叶尖速度比和叶片桨距的函数。叶尖速度比是叶尖速度和风速的比值，即

叶尖速度比 = 叶尖速度/风速

叶尖速度的计算如下

叶尖速度(mph) = 0.71 × 叶尖至轮毂的距离(ft) × 轴转速(r/min)

或

叶尖速度(ft/sec) = 0.104 × 叶尖至轮毂的距离(ft) × 轴转速(r/min)

叶片桨距角会影响叶尖速度比，如图12-26所示。对于水平轴风力机，可以通过将叶片绕其纵轴转动来改变桨距角，这也会改变功率系数。

例12-5

在图12-23中，计算叶尖速度和叶尖速度比，轴转速为60r/min，风速为14mph，风轮半径为25ft。

叶尖速度 = 0.71 × 叶尖至轮毂的距离(ft) × 轴转速(r/min)

= 0.701 × 25 × 60 = 106.5mph

叶尖速度比 = 叶尖速度/风速 = 106.5/14 = 7.6

叶尖速度是风速的7.6倍

在图12-24中，双馈感应发电机得到进一步优化，增加了一个速度－桨距控制器和一条反馈回路，能够从风中获取更多的能量。但是请记住，最多只有59%的可用风能可以被风力机捕获。图12-25为某型风力机功率系数和叶尖速度比的关系曲线。请注意，图12-25中的最大功率系数约为0.5，此时的叶尖速度比约为7.5，即叶尖速度是风速的7.5倍（速度的单位是m/s或mph）。当叶尖速度比超过了风轮叶片的最大功率设计点时，作用在叶片上的力会造成叶片形变，降低功率系数，直到叶片无法捕获风能。

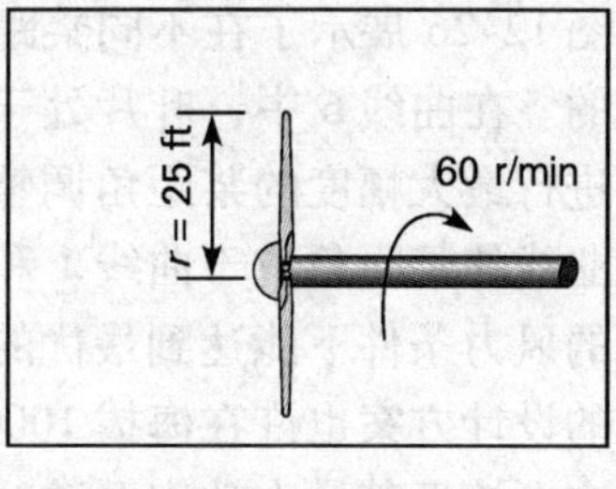

图12-23　例12-5

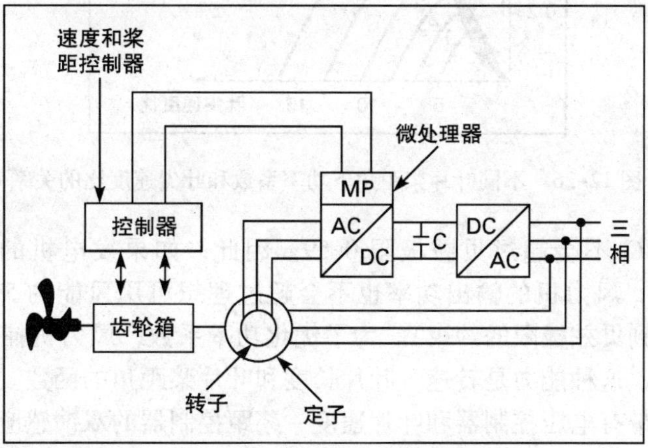

图12-24　带有速度－桨距控制的双馈感应发电机

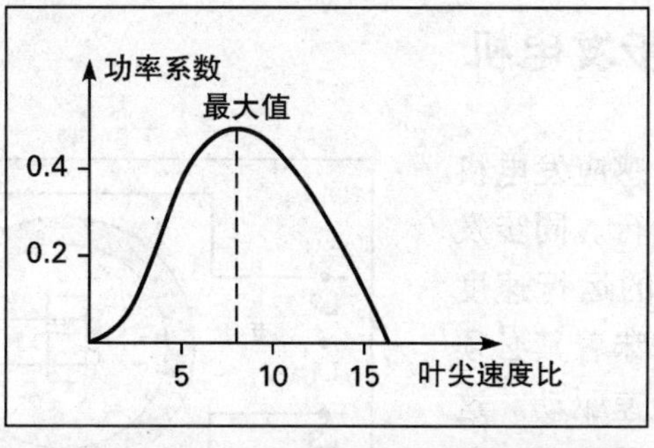

图12-25　功率系数和叶尖速度比的关系

图 12-26 展示了在不同桨距角下，功率系数是如何作为叶尖速度比的函数而变化的。在曲线 6 中，叶片处于标准位置，风直接吹在叶片正面。在曲线 1 中，叶片进行最大幅度的桨距角调整，风吹在其窄边上，叶片仅能捕获最少的风能。其他曲线的桨距角位于曲线 1 和曲线 6 之间。通过不同的设计，风力机的叶片在特定的风力条件下能达到最优的功率系数。请注意风力条件的影响，例如近海风力机的设计方案也许在海拔 1000ft 的地区并不是最优的。为得到最大的功率，风力机应在接近其最大功率系数时工作。

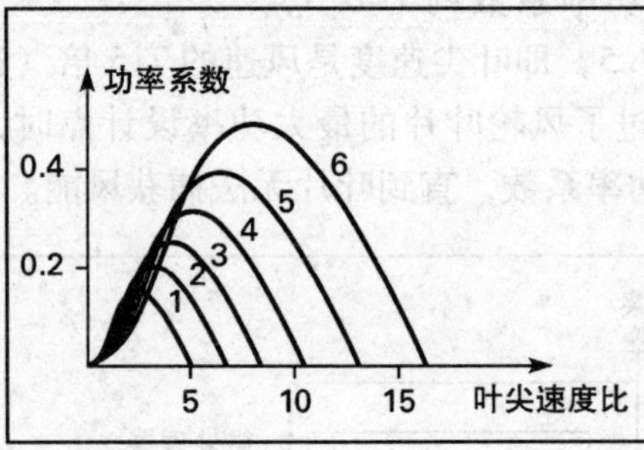

图 12-26 不同叶片桨距角下功率系数和叶尖速度比的关系

功率系数 C_P 不会超过贝兹极限 0.59。因此，如果发电机的效率为 100%（实际达不到），风力机的输出功率也不会超过理想可用风能的 59%（请记住，捕获的风能受到贝兹极限的约束）。为了优化功率系数，风力机捕获风能的能力必须得到优化，这种能力是转速、叶片长度和叶片桨距角的函数。

很明显，带有电压控制器和叶片速度－桨距控制器的双馈感应发电机增加了系统的复杂度，使风电系统的造价升高。当设计和采购系统时，必须将成本的增加与输出电力的增加进行权衡考虑。

12.16 三相同步发电机

笼型与绕线转子感应发电机都在同步转速之上运行。同步发电机（见图12-27）的运行速度等于同步转速，这意味着其必须被原动力以恒定的转速驱动。这种发电机不需要对定子励磁，但是需要使用电磁铁（或永磁铁）对转子进行励磁。定子装有线

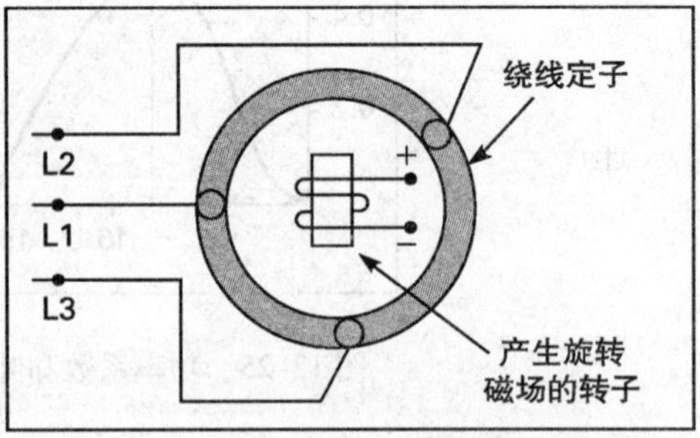

图 12-27 三相同步发电机

圈，向外输出电力。外部直流电源可以通过滑环和电刷对转子进行励磁，但是更常见的是将直流发电机嵌入到转子之中，从而省却了滑环和电刷，减轻了维修保养工作。流过转子电磁铁的直流电产生了恒定的磁场，当转子旋转时，转子磁场切割定子线圈，在定子中感应出电压和电流。当转子达到同步速度时，直流转子电流将转子锁定在同步速度上。

同步发电机通常用于大型发电厂，其原动力来自于蒸气或水力的驱动。这些原动力可以使发动机运行在固定的转速上。但是当风力作为原动力时就会产生一个问题，即风的速度是变化的。当转子被原动力驱动时，定子感应出正弦波电压，但是随着转子速度的变化，定子的电压和频率也会发生变化，如图12-28所示。同步发电机用于对电压和频率变化要求不高的场合。但在并网发电时，除非使用了整流器和电源调节逆变器，否则不会采用同步发电机。

近年来，强力永磁铁技术发展迅速，在某些应用场合，永磁铁转子已经替代了电磁铁。制造商已经研发了一些采用永磁铁的小型风力机（通常小于20kW），其发电机直接与风轮轴相连。发电机的输出频率和幅值都会变化，如图12-28所示。此时需要将交流输出进行整流，然后送入逆变器，将直流电转换为高质量的正弦波交流电，再送入电网。

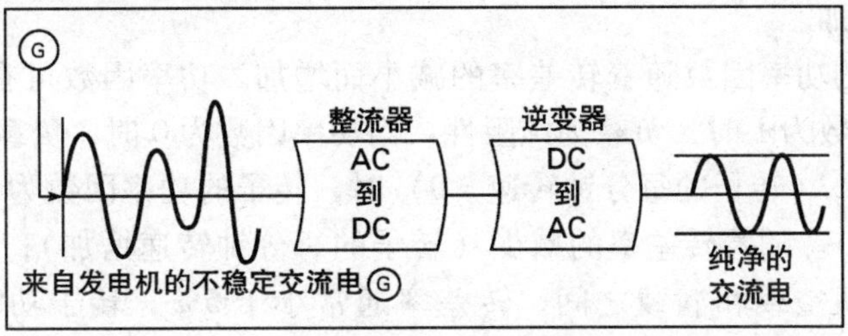

图12-28 风力机输出交流电的整理变换过程

12.17 关于感应式电动机和发电机的更多讨论

前面介绍的三相感应式发电机与三相电动机的基本构造相同。对电动机的透彻了解使我们能够更好地理解异步发电机，后者其实就是一台运行于同步转速加上转差速度的电动机。

所有三相感应式电动机（异步发电机）的定子都具有相同的结构，即由线圈组成，能够产生旋转磁场。外电源（通常为电网）向定子施加励磁电流。（这一点与同步电动机/发电机不同，前面已有论述。）

转子有两种常见类型，分别为：笼型转子和绕线式转子。当感应式电动机通电后，流过定子的电流产生旋转磁场，在转子中感应出电压和电流，生成转子旋转磁场；两个磁场相互作用产生转矩，于是转子开始转动。转子的转动速度总是低于定子旋转磁场的转速（即同步转速）；转子转速与同步转速之差被称为转差。电动机具有正转差（转子转速低于同步速度），而异步发电机具有负转差（原动力驱动转子以高于同步转速的速度旋转）。

转差对感应式电动机/发电机的运转特性产生了影响。当电机堵转（转子不动）时，转差率为100%。当电动机转速提升但没有负载时，转差率通常会小于2%。在电机满负荷运行时，转差率会升高，但通常小于5%（这些参数为笼型电机的数据）。绕线转子电机的转子特性与外电阻短接时的笼型电机转子相似。

转差率对转子产生了许多影响，可以总结如下：

1）转子电压与转差率成正比，当转差率增大时，感应电压升高。

2）感应电压的频率与转差率成正比，当转差率增大时，感应电压的频率升高。

3）转子的感抗与转差率成正比，当转差率增大时，感抗 X_L 也升高（$X_L = 2\pi fL$）。

4）在转差率为100%时，转子的电流最大，随着转差率的减小，转子的电流下降。在空载时，转差率较低，电流也较小。随着负载的增加，转差率增加，转子电流也增加。

5）转子的功率因数随着转差率的减小而增加。功率因数可在0~1之间变化。当功率因数为1时，负载为纯阻性，当功率因数为0时，负载为纯抗性。当转差率为100%（转子的每分钟转速=0）时，转子的功率因数为0.1~0.2（转子的感性很强）。随着转差率的减少（转子的每分钟转速增加），功率因数增加(0.9)。在电机空载和满载之间，转差率通常小于5%，转子功率因数通常在0.9~0.95之间变化。在满载运行时，功率因数最高。

请记住，这些都是估计值，用于说明转差率和转子电流对于转子特性产生的显著影响。正如在本章的前面部分讨论的，双馈感应发电机通过向转子注入电流来控制转子的功率因数，因而能够影响转差率并控制功率因数。

定子的功率因数基本上是定子电阻、电感和线路频率的函数，在满载运行时有所提高。在满载时，功率因数通常在0.8~0.85之间。

12.18 发电机的频率

发电机的输出频率由两个因素决定，转子的转速和定子的极数，其公式为 $f = \mathrm{RPM} \times$ 每相的极数/120。当电机组装完成后，极数就是固定的。因此，通过改变转子的转速（RPM）就能够控制频率。

例 12-6

计算交流感应发电机的输出频率，该发电机每相有 4 个极，转速为1800r/min（见图 12-29）。

$$f = RPM \times 每相极数/120$$

$$f = 1800 \times 4/120\text{Hz} = 60\text{Hz}$$

60Hz		50Hz	
RPM	每相的极数	RPM	每相的极数
3600	2	3000	2
1800	4	1500	4
1200	6	1000	6
900	8	750	8

图 12-29　频率为 60Hz 和 50Hz 时的转速

12.19　发电机的输出电压和电流

输出电压取决于三个因素分别为：①定子或转子线圈的匝数；②转子的转速；③磁场的强度。定子或转子线圈的匝数可以在电机制造阶段进行改变，当电机制造完成后就固定下来了。如果转子的转速发生变化，频率也将发生变化。改变电压而不引起频率变化的常见方法是控制转了电流，进而改变磁场强度和电压。图 12-30 和图 12-31 展示了如何通过改变磁场绕组来改变电压和电流。

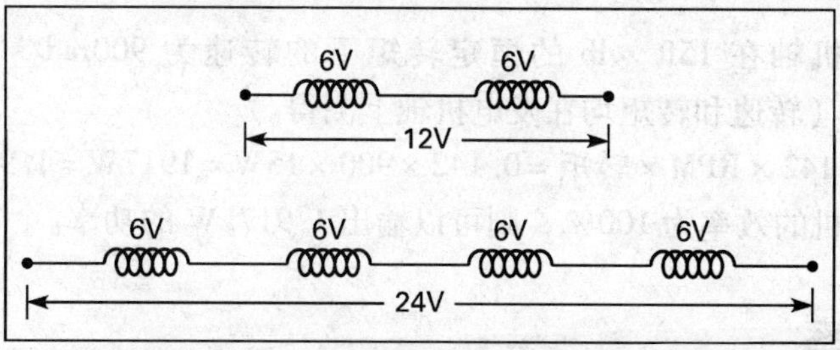

图 12-30　通过增加励磁绕组的匝数来升高电压

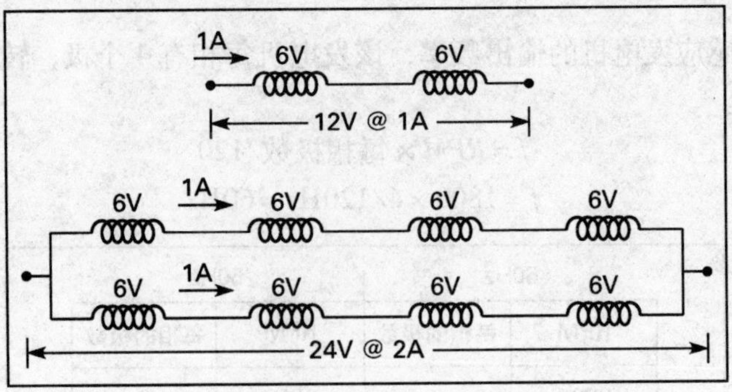

图 12-31 通过增加励磁绕组的路数来增加电流

12.20 机械功率

在第 11 章中，风力机的理想功率为 $P=\frac{1}{2}\rho Av^3$。在海平面高度和 59℉时，功率（W）为

$$P=0.6125Av^3$$

式中，v 的单位为 m/s；A 的单位为 m^2。本式还可写为 $P=0.6125Av^3\times0.59$，即符合贝兹极限的最大功率。

为了更方便地计算瓦特数，可以利用轴的转矩和转速进行功率计算。计算公式为 $P_{瓦特}=0.142\times RPM\times$转矩，式中转矩单位为 ft · lb（英尺－磅）。在公制系统中，$P=0.105\times RPM\times$转矩，式中转矩单位为 N · m（牛顿 · 米）。（注：当转矩单位为 N · m 时，转速的单位常采用弧度，0.105rad/s 为 1r/min。在实际应用中，r/min 是更方便易用的轴转速单位。）

例 12-7

一根发电机轴在 15ft · lb 的恒定转矩下的转速为 900rad/s。该轴的功率（W）是多少？（转速和转矩均在发电机轴上测得。）

$$P=0.142\times RPM\times转矩=0.142\times900\times15W=1917W=1.917kW$$

如果发电机的效率为 100%，则可以输出 1.917kW 的功率。

12.21 效率

系统的效率是输出功率与输入功率的比值，即效率 $=P_{out}/P_{in}$。系统的每一部分都存在效率，总效率为每部分效率之积，表达式为总效率 = 效率 1 × 效率

2×效率3×……（参见第11章）。

例12-8

经测试，一台风力机的功率转化效率如图12-32所示。计算系统效率。

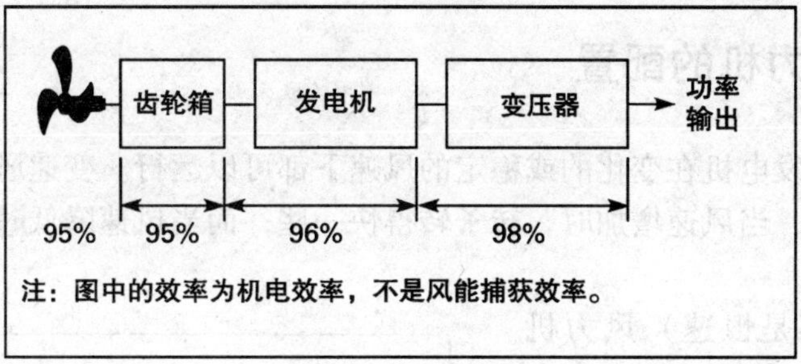

图12-32 例12-8

系统效率为(0.95×0.95×0.96×0.98)×100=0.88×100%=88%。如果从风中捕获的功率为15kW，则系统的输出功率为15kW×0.88=13.2kW。

12.22 发电机的并联

可以将发电机并联起来以向负载输出更大的电流（见图12-33）。在并联之后，必须对交流发电机、电网和负载之间的电气条件进行调整。以下是并联发电机的要点：

（1）所有发电机的输出电压必须相同。

（2）所有发电机的相位顺序必须相同。

1）所有发电机的L1相必须同时达到最正点和最负点。

2）所有发电机的L2相必须同时达到最正点和最负点。

3）所有发电机的L3相必须同时达到最正点和最负点。

（3）所有发电机的频率必须相同。

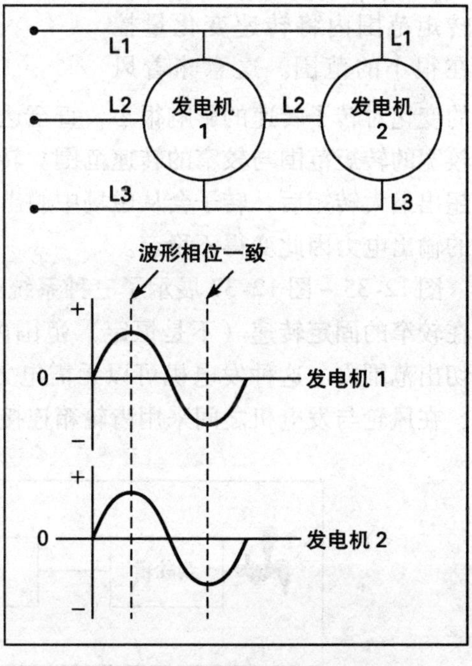

图12-33 发电机的并联

控制器和微处理器将这些需求进行处理，从而将发电机与电网同步。当发电机并网时，应采用符合电网认证的逆变器将发电机输出的幅值、相位和频率与电网参数进行同步。

12.23 风力机的配置

风力交流发电机在变化的或稳定的风速下都可以运行。变速风力机的转子转速取决于风速，当风速增加时，转子转得快一些，而当风速降低时，转子转得慢一些。

定速（不是恒速）风力机采用控制器使转子以较为稳定的速度转动。笼型电机有自主控制转速的特性。异步感应发电机的一个重要特点是它们可以在风速增加时以近似固定的转速运行（参考图 12-34 中的转矩 - 转速曲线）。

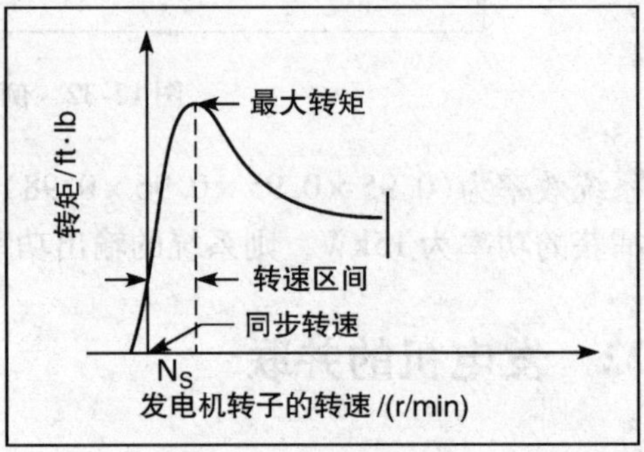

图 12-34 转矩 - 转速曲线

异步发电机能够在很大的轴转矩范围内将转速变化量控制在很小的范围。这意味着风速的变化对转子转速的影响很小，直至达到切入或切出风速。图 12-34 展示了这种较宽的转矩范围与较窄的转速范围。转矩是将机械能转化为电能的关键因素。当超出最大转矩后，转子会从磁场中脱出，转矩急剧降低，致使转子失控，发电机的输出电力因此变得不稳定。

图 12-35 ~ 图 12-37 展示了三种系统配置方案。在图 12-35 中，一个笼型转子在较窄的固定转速（不是恒定）范围内运行。发电区间基本位于风速的切入和切出范围内。这种发电机可以无需电力调节设备而与电网相连。在某些应用中，在风轮与发电机之间采用齿轮箱连接，以实现更佳的转速匹配。

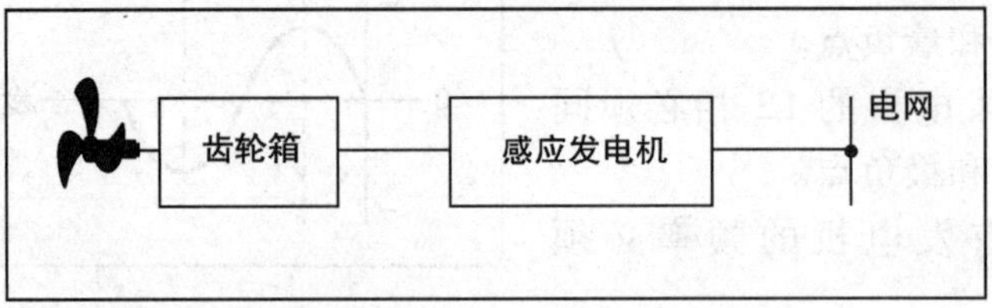

图 12-35 定速风力机

图 12-36 显示了一台双馈异步发电机的配置方案，该设备采用了控制回路对转子电流和转差进行控制，可以在很宽的风速范围内运行。双馈异步发电机能够对高速风和低速风的能量都进行捕获，并利用转子能量来增加定子的输出能量，从而实现发电效益的优化。这类风力机可以无需电力调节设备进行并网，但是需要背靠背电压变换器。该方案使发电区间的切入和切出风速范围变得更宽。

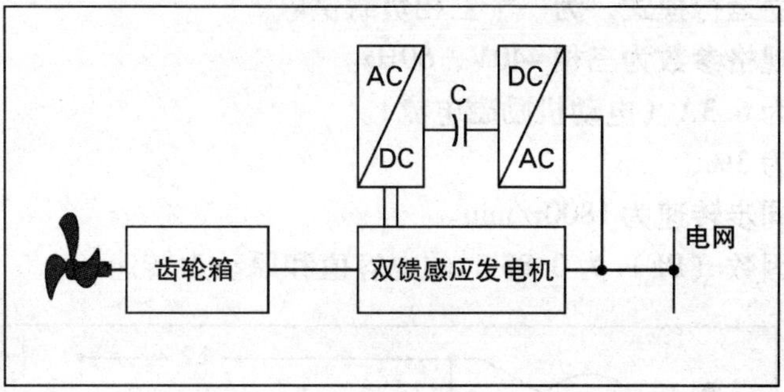

图 12-36 双馈异步发电机的配置方案

在图 12-37 中，发电机直接与风轮相连，在变化的风速范围内运行，但是其输出电力需要经电压整流和 DC/AC 逆变器来转变为用户所需的交流正弦波。其发电区间位于切入和切出风速范围内。

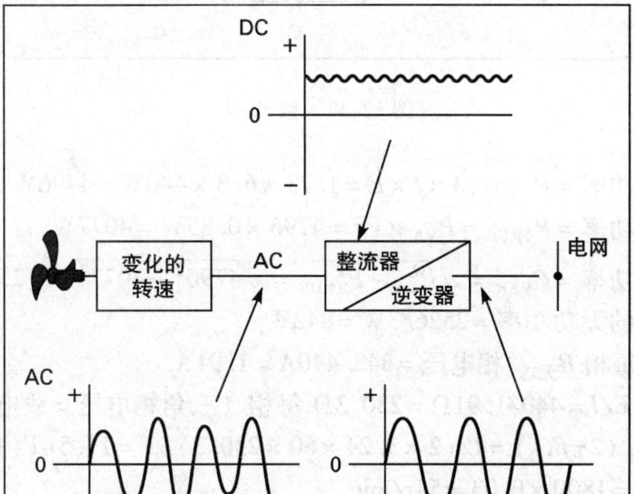

图 12-37 变速风力机

图 12-37 中的齿轮箱将叶片较低的转速进行提升，以匹配发电机较高的转速需求。

例 12-9

在图 12-38 中，一台三相感应电动机被用作异步感应发电机，通过电容器组产生无功（容性）励磁电流，功率因数为 0.85。电容器组采用三角形联结方式。发电机采用独立运行模式，为一个三相负载供电。

电动机的规格参数为三相 440V，60Hz。

满载电流为 6.3A（电动机励磁电流）。

满载转差为 3%。

电动机的同步转速为 1800r/min。

计算功率因数（PF）为 0.85 时的电容值和原动力转速。

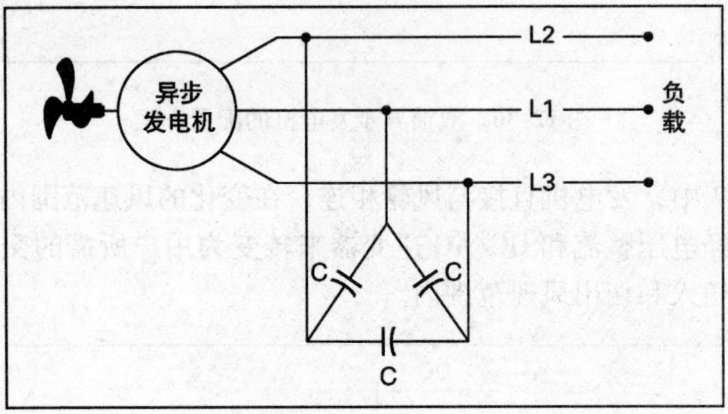

图 12-38 例 12-9

（1）视在功率 $=P_{\mathrm{VA}}=\sqrt{3}\times I\times E=1.73\times 6.3\times 440\mathrm{W}=4796\mathrm{W}$

（2）有功功率 $=P_{\mathrm{TRUE}}=P_{\mathrm{VA}}\times\mathrm{PF}=4796\times 0.85\mathrm{W}=4077\mathrm{W}$

（3）无功功率 $=P_{\mathrm{VAR}}=\sqrt{P_{\mathrm{VA}}^2-P_{\mathrm{TRUE}}^2}=\sqrt{4796^2-4077^2}\mathrm{W}=2526\mathrm{W}$

（4）每相的无功功率 $=2526/3\mathrm{W}=842\mathrm{W}$

（5）$I_{\mathrm{C}}=$ 每相 $P_{\text{无功}}/$相电压 $=842/440\mathrm{A}=1.91\mathrm{A}$

（6）$X_{\mathrm{C}}=E/I=440/1.91\Omega=230.3\Omega$ 每相（三角相电压 = 线电压 = 440V）

（7）$C=1/(2\pi fX_{\mathrm{C}})=1/(2\times 3.24\times 60\times 230.3)\mu\mathrm{F}=11.5\mu\mathrm{F}$（每相）

（8）转差 $=1800\times 0.03=54\mathrm{r/min}$

（9）所需原动力转速 = 1800 + 转差 $=(1800+54)\mathrm{r/min}=1854\mathrm{r/min}$

当这台电动机被原动力驱动并连接至负载后，就可以自己产生励磁电流。

12.24 三相交流电压、电流和功率的计算

至此，三相感应发电机及其应用已经介绍完毕。下面将介绍并举例说明计算发电机和系统负载的三相电压、电流和功率的方法。

三相电路的连接方式有Y形（星形）和△形（三角形）两种。图12-39为Y形联结，此时在一个绕组两端的测得的电压被称为**相电压**（$E_{相}$），而两条线路之间的电压被称为**线电压**（$E_{线}$）。流过一个绕组的电流被称为**相电流**（$I_{相}$），在线路上测得的电流被称为**线电流**（$I_{线}$）。

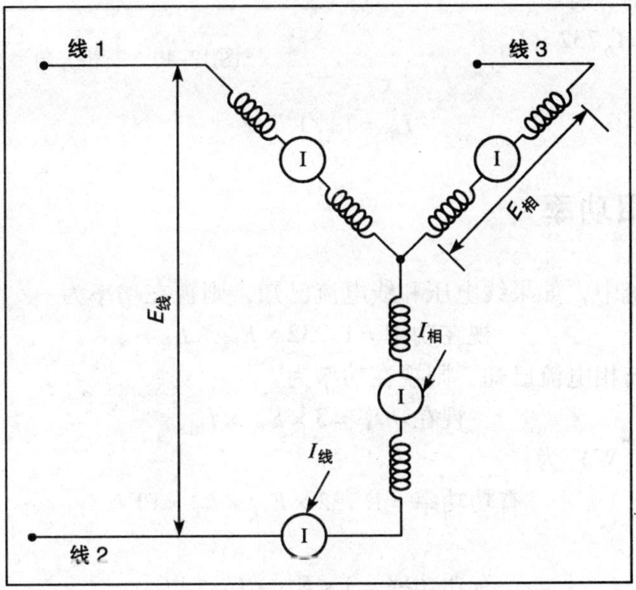

图12-39 三相Y形联结

图12-40为三角形联结，与Y形联结类似，在一相两端的测得的电压被称为相电压（$E_{相}$），而两条线路之间的电压被称为线电压（$E_{线}$）。流过一个绕组的电流被称为相电流（$I_{相}$），在线路上测得的电流被称为线电流（$I_{线}$）。请注意，在每一种配置中，都可测得三个线电压和三个相电压，以及三个线电流与三个相电流。

在图12-39所示的Y形联结中，线电压为

$$E_{线}=1.732\times E_{相}$$

以及

$$E_{相}=E_{线}/1.732$$

在 Y 形联结中，线电流与相电流相等：

$$I_{线} = I_{相}$$

在图 12-40 的三角形联结中，线电压与相电压相等，即

$$E_{线} = E_{相}$$

电压表在三角形联结的两条线路之间测得的电压与在以一相两端测得的电压相等。在△联结中，线电流被两条相电流分割，有

$$I_{线} = 1.732 \times I_{相}$$

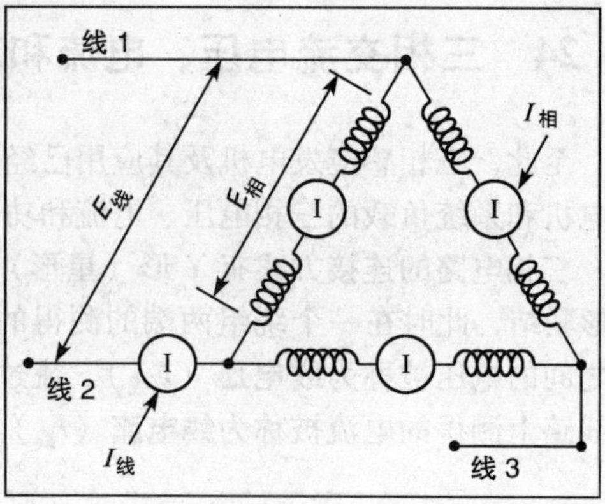

图 12-40　三相三角形联结

以及

$$I_{相} = I_{线}/1.732$$

12.25　三相功率

在三相系统中，如果线电压和线电流已知，则视在功率为

$$视在功率 = 1.732 \times E_{线} \times I_{线}$$

若相电压与相电流已知，则视在功率为

$$视在功率 = 3 \times E_{相} \times I_{相}$$

有功功率（W）为

$$有功功率 = 1.732 \times E_{线} \times I_{线} \times PF$$

或

$$有功功率 = 3 \times E_{相} \times I_{相} \times PF$$

无功功率（VAR）为

$$无用功率 = 1.732 \times E_{线无功} \times I_{线无功}$$

无功功率是电路中的电感器和电容器带来的结果。

例 12-10

在图 12-41 中，一台三相 Y 形联结的发电机与三相三角形负载相连。发电机的输出为 E_{line} = AC240V，而三角形负载每相的电阻为 12Ω。计算 $E_{线负载}$、$E_{相负载}$、$I_{相负载}$、$I_{线负载}$、$I_{相发电机}$、$I_{线发电机}$、视在功率，有功功率以及无功功率。

（1）$E_{线负载} = E_{线发电机} = 240V$（发电机的线电压施加在负载的一个相上）

（2）$E_{相负载} = E_{线负载} = 240V$

（3）$I_{相负载} = E_{相负载}/R_L = 240/12A = 20A$（流经三角形每相的电流为 20A）

（4）$I_{线负载} = 1.732 \times I_{相负载} = 1.732 \times I_{相} = 1.732 \times 20A = 34.64A$（每线为

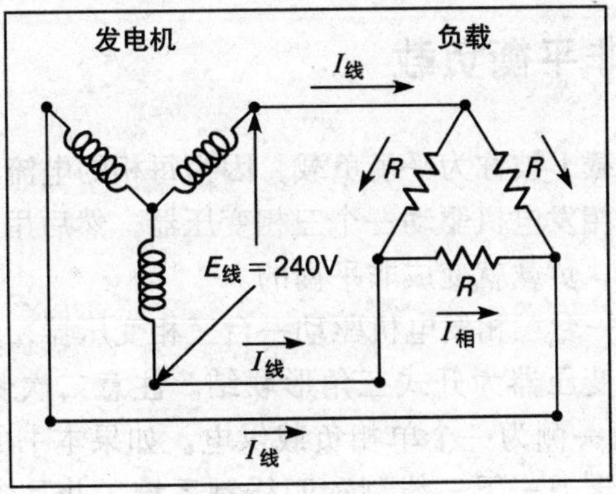

图 12-41　例 12-10

34.64A）

（5）$I_{线发电机}=I_{线负载}=34.64A$

（6）$I_{相发电机}=I_{线发电机}=34.64A$（每相为 34.64A）

（7）$P_{VA}=1.732\times E_{线}\times I_{线}=1.732\times 240\times 34.64W=14399W$

（8）$P_{有功}=P_{VA}\times PF$；因负载为纯阻性，故 PF = 1

$P_{有功}=14399\times 1W=14399W$

（9）$P_{VAR}=0$，因为负载为纯阻性。

注释

1. 如果负载为 Y 形联结，则采用 Y 形联结的计算方法来计算各相和各线的电压和电流。

2. 一台发电机通常要带动数个并联负载，必须向所有的负载提供电流。发电机的线电流即为各个负载电流之和（$I_{发电机}=I_{负载1}+I_{负载2}+\cdots\cdots$）。

3. 负载可以是无功的（容性和感性的）。此时的无功电流要增加，如前面章节所讨论的那样。

4. 数值 1.732 用于三相电路的计算，这是因为各电压和电流的相位间隔 120°，并以矢量合成的方式叠加。

探索

一台 Y 形联结的发电机为两个并联负载供电。负载 1 为三角形联结，负载 2 为 Y 形联结。$E_{线发电机}$为 AC480V。负载 1 为阻性，且每相的 $R=10\Omega$，负载 2 也为阻性，且每相的 $R=12\Omega$。画出电路图，计算负载 1 和负载 2 的 $E_{线}$、$E_{相}$、$I_{线}$、以及 $I_{线发电机}$、$P_{有功}$、P_{VA}和 P_{VAR}。

12.26 平衡与非平衡负载

图 12-41 中的负载 1 被称为平衡负载，因为每相的电流相等。然而，更为常见的做法是用一台三相发电机驱动一个三相变压器，然后用变压器为三相和单相负载同时供电。此时，负载就变成非平衡的。

在图 12-42 中，一台三相发电机驱动一台三相变压器，然后变压器为三相和单相负载同时供电。变压器为开式三角形联结。注意二次侧的一相为中心抽头（CT），中心抽头的每一侧为一个单相负载供电。如果本书的读者需要进行三相变压器的连接，建议学习一下三线制和四线制系统，并且参考国家电气规范第 450 条和接地操作的有关内容。

上述例子仅涉及较小的电压和功率，但其原理同样适用于大功率系统。

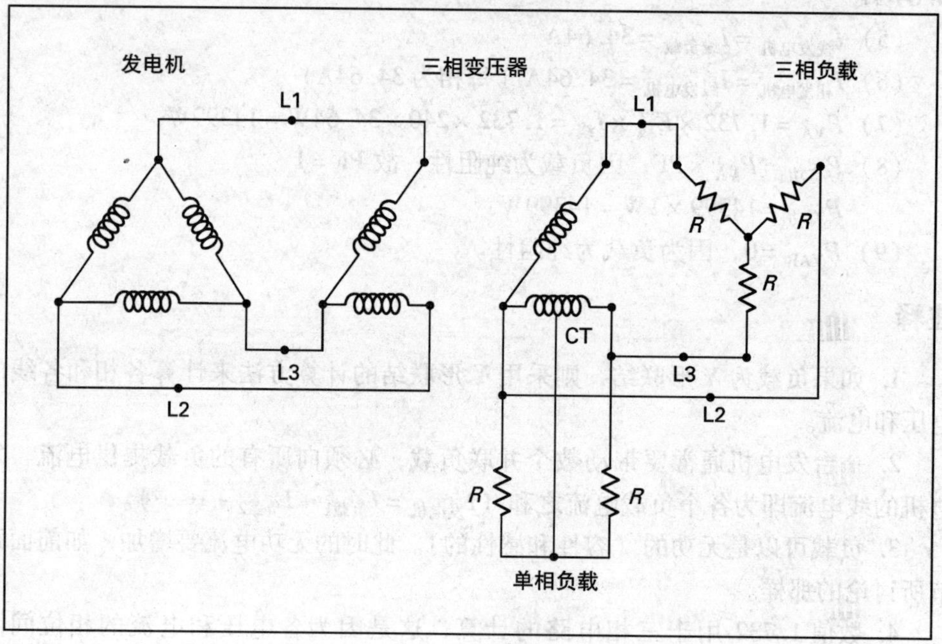

图 12-42 非平衡负载

12.27 电力传输

输电网（见图 12-43）是发电站、传输线路和变电站的组成的网络。电力在电网中常以三相交流电的形式进行传输。图 12-44 所示是一台电力变压器，用于升高电压，同时成比例地减少电流，所以变压器的输入和输出端的功率近乎相等。高压直流（HVDC）输电能够提高输电效率，该技术在一些远距离输电线路中得到了应用。在大型发电厂，发电机的端电压超过了2.3kV，而输电级的电压一般从110kV~700kV，也有一些小负荷输电线采用60kV电压。33kV及以下的电压通常是变电站采用的配电电压（见图12-45）。

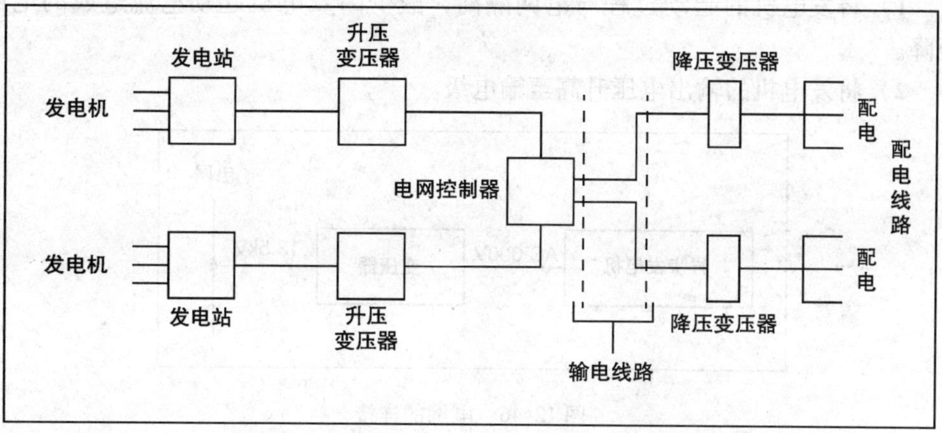

图12-43　输电网

图12-44　电力变压器

图12-45　变电站

电力传输的关键因素是根据需求发电。除了个别情况外，电能通常不能够被大量贮存。建设电网的成本高昂，需要不断采用创新设计来控制供求关系，以保持电网的平衡。

远距离输电线的电阻较大，据估计由电阻造成的能量损耗约占输电量的7%左右。更高的输电电压可以减少电流，从而降低线路损耗。例如，将电压提升2

倍就可以将电流降低2倍，此时功率保持不变，但线路损耗降低了4倍（功率损耗 $= I^2 \times R$）。

12.28 电网连接

许多风力机通过变压器与电网相连，如图12-46所示。变压器能够：

1）将发电机的起动过程与电网隔离，减少因发电机起动电流造成的电网压降。

2）将发电机的输出电压升高至输电级。

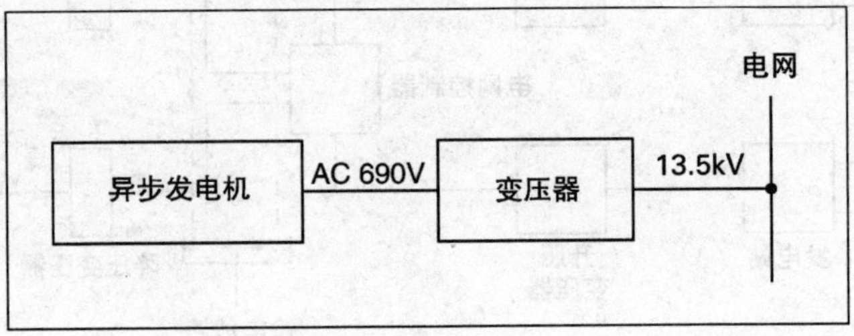

图12-46 电网的连接

12.29 风电场

一个**风电场**是许多风力机在风力发电系统内部的连接组合。典型的联网三相交流发电机的端电压高于690V。在变电站，这个电压被升高至电力传输线电压，然后用于本地供电或并入电网。如果并网的话，风力机的输出电力必须符合相关频率稳定性、相位和功率因数的标准，如同前面所介绍的那样。电网级别的风力机的容量大于4MW。在本书编写之时，美国已经开始筹建装机容量超过800MW的风电场了，每年可以提供超过20亿kW·h的电力。

电力公司还建设了一些分布式系统，采用“混合”配置形式。一个混合系统（见图12-47）由多个可再生能源系统组成，能够与电网交互运用。住宅和小型商用发电系统包含“小型”和“中型”两种规模。小型风力机的厂家功率参数范围从（3~75）kW。通常认为中型风力机的厂家功率参数范围从（100~1500）kW。

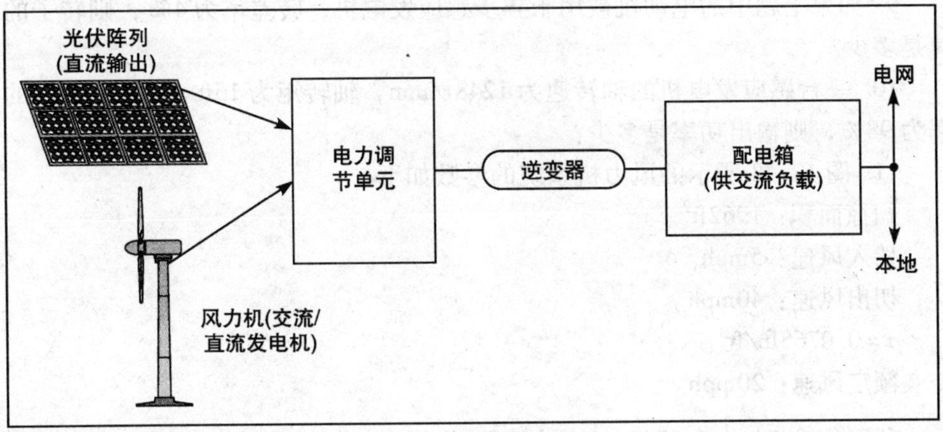

图 12-47　混合系统

12.30　风力机的额定功率

当研究、设计或采购风电系统时，发电机的额定 kW 或 kW · h 参数仅仅说明了部分问题。发电机的输出电能不可能超过其机械系统所捕获的能量。如果一台发电机的额定功率为 100kW，但是机械系统向发电机的输入仅为 75kW，后者就是功率的极限。另一方面，即便机械系统输入了 100kW，但发电机的效率不高，其输出的功率也会小于 100kW。一个风电系统的每个部件都必须高效运转才能使系统产出最大功率，这一点对所有可再生能源系统都是适用的，无论输入的能量属于哪种类型。

复　习　题

1. 感应式电动机和发电机是靠什么原理工作的？

2. 解释风力机使用的异步感应发电机和同步发电机在工作原理上的主要区别。

3. 对于感应发电机，当风速增加时，转子转矩也会增加。转子转矩是否与风速成正比？请解释你的答案。

4. 解释扫掠面积与风速在功率方面的关系。谁的影响更大？

5. 解释贝兹极限。

6. 当叶尖速度比增大时，会对功率产生何种影响？

7. 为什么当叶尖速度比超过最大额定功率后，功率系数（C_p）会下降？

8. 一台感应电动机的每相有两个电磁铁，频率为 60Hz，计算其同步转速。

9. 如果上题中的电动机被用于异步感应发电机，转差率为4%，则转子的转速是多少？

10. 一台感应发电机的轴转速为1248r/min，轴转矩为15ft · lb，发电机的效率为98%，则输出功率是多少？

11. 图12-48所示的风力机系统的参数如下：

扫掠面积：$1962ft^2$。

切入风速：5mph。

切出风速：40mph。

$\rho = 0.0765lb/ft^3$。

额定风速：20mph。

利用公式 $P=\frac{1}{2}0.0765Av^3$，计算风速为20mph时的 P_{out}，各部件的效率如图12-48所示。

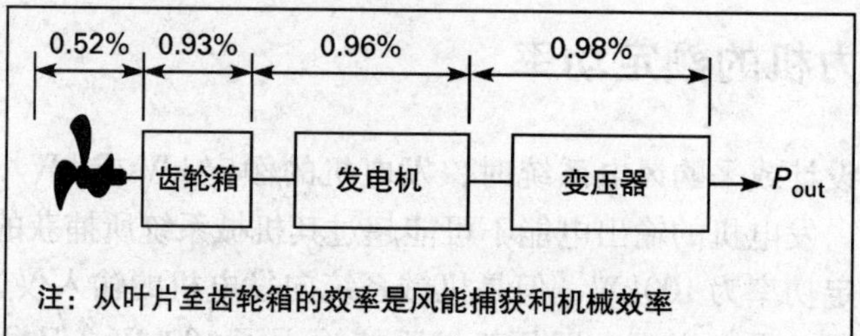

图12-48　复习题11和12

12. 对复习题11，绘制其功率曲线。可以参考图12-49获得典型功率曲线。在绘制时采用2mph的风速增量。利用公式 $P=\frac{1}{2}\rho Av^3C_p$（$C_p$为系统效率）进行计算。在图中注明切入和切出风速、额定功率和最大功率。假定最大功率风速为28mph，然后功率保持恒定直至切出风速。在切出风速之后，功率逐步下降至零。

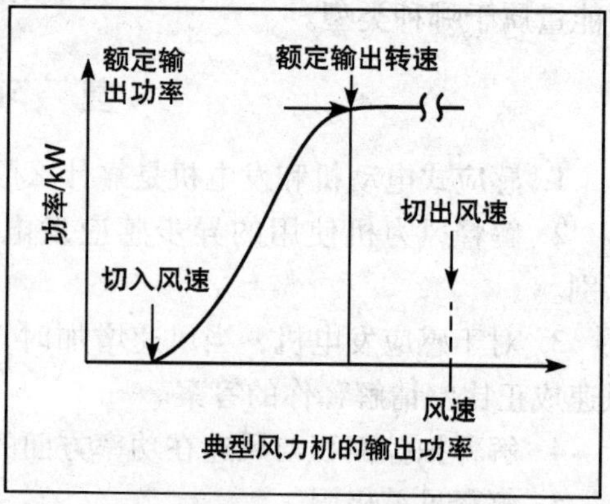

图12-49　复习题12

13. 一台Y形联结发电机（见图12-50）为两个三角形联结负载供电。发电机的 $E_{线}$ 为AC480V。负载1每相的电阻为10Ω，负载2每相的电阻为6Ω。计算负载1和负载2的 $I_{线}$，发电机的 $I_{线}$，功率因数，总功率 P，总视在功率和总无功功率。

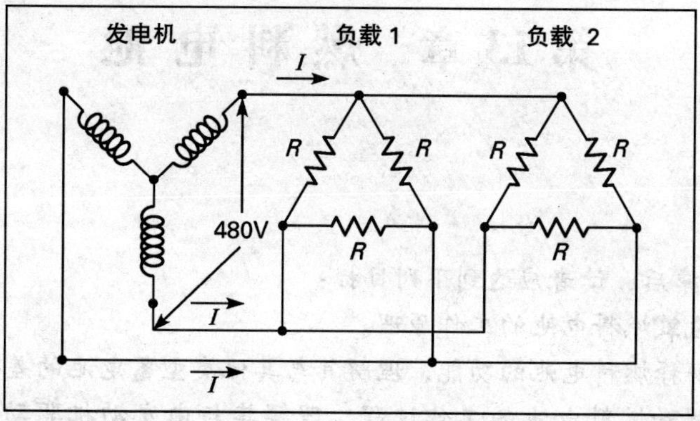

图 12-50　复习题 13

第13章 燃料电池

目标

学习完本章后，读者应达到下列目标：

1）理解氢氧燃料电池的工作原理。

2）能够解释燃料电池的功能，理解其与其他类型蓄电池的差异。

3）能够解释燃料电池的工作过程，理解其与由发动机驱动的发电机的差异。

4）理解燃料电池阳极发生的化学反应。

5）理解燃料电池阴极发生的化学反应。

6）能够解释电解液的功能。

7）能够解释燃料重整的原理。

8）能够解释燃料电池的极化曲线。

9）能够通过极化曲线理解电压损失现象。

10）能够解释为什么当负载电流增加时燃料电池的输出电压会降低。

11）理解燃料电池压力对输出电压的影响。

12）能够解释电池的工作温度对其应用的影响。

13）理解通过电池堆叠提高输出电压和电流的原理。

14）能够对不同类型燃料电池的优缺点进行比较。

引言

本章介绍了燃料电池的基本理论，即它们是什么，它们如何工作，以及如何应用它们。

化石燃料如煤炭、石油和天然气已被人们同温室效应联系在一起。这些燃料的直接燃烧会产生大量二氧化碳，引发酸雨和颗粒物污染。核能发电虽然能够近乎无限地提供能量，但因为安全问题、高昂的建造成本、保险责任和维护成本，以及核反应废料的贮存等问题，已经引发了人们的质疑。

化石燃料的储量是有限的，在世界上的分布并不均匀。另一方面，风能、太阳能、水能和其他一些能源是可再生和永续的，能够在国内生产，比直接燃烧化石燃料产生的污染少得多。燃料电池因为符合可再生能源的特点而被划入此类。

人们认为，最有前途的发电方式应该是利用各种可再生能源如太阳能、风能、水能，以及燃料电池。燃料电池的特殊之处在于，其燃料可以来自化石燃料如天然气、煤炭和石油，但是这些燃料能够被燃料电池以高效、清洁而非直接燃烧的方式转化为电能。

燃料电池通过燃料（例如氢气）与氧化剂（例如氧气）的化学反应来发电。这类系统的运行安静、清洁，不发生直接燃烧，适用于模块化分布式电力系统。燃料电池对减少我们对于含碳燃料的依赖提供了部分解决方案。

读者在学习本章时并不需要化学背景知识。尽管书中列出了一些基本的化学反应和公式，但采用了通俗的语言对这些反应进行了解释。

13.1 一些有用的术语

下面列出了一些讨论燃料电池时常用的术语：

1）催化剂：一种能够引发或加速化学反应但自身不发生变化的物质。

2）负离子：一种电子数超过其质子数的原子或分子，能够提供净负电荷。

3）正离子：一种电子数少于其质子数的原子或分子，能够提供净正电荷。

4）氧化剂：能够从另一种反应物中去除电子（自身获得电子）的物质，氧气就是一种氧化剂。

5）还原剂：在反应中失去电子的物质，氢气就是一种还原剂。

6）反应物：在化学反应中被消耗的物质。

7）重整：一种从化石燃料中制取氢的方法。

8）氢氧化（阳极）：氢在阳极失去电子的过程。

9）氧还原（阴极）：氧在阴极获得电子的过程。

13.2 什么是燃料电池？

燃料电池是将两种反应物的化学能直接转化为电能的电化学能源装置。反应物通常包括作为燃料的氢气和作为氧化剂的氧气。在一个电池单体中有两个电极，分别为：带有正电荷的阴极及带负电荷的阳极。这两个电极被电解质分隔开来。燃料在阳极被氧化，在化学反应中失去电子，带负电荷的电子通过阳极进入外电路，流向电气负载。这些自由电子流经负载，来到带正电的阴极。带正电荷的氢离子从阳极通过电解质到达阴极，与来自外电路的电子以及氧结合生成水。阴极和阳极为多孔材料，各自含有催化剂，能够加速化学反应过程。阳极是燃料和电解质在电池负端的一个界面。阴极是氧化剂和电解质在电池正端的一个界面。电解质就像一个屏障，阻止燃料和氧化剂的直接接触，从而使燃料无法直接燃烧，但能够为离子在电池内部的运动提供通道。燃料电池与机械式发电系统的对比如图 13-1 所示。

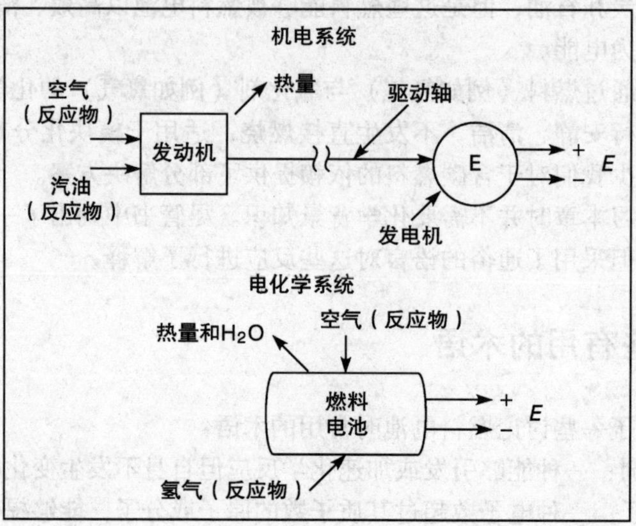

图 13-1　燃料电池与机械式发电系统的对比

燃料电池并不是化学电池。化学电池自带反应物，反应物贮存在电池中。对于燃料电池，化学原料通过化学反应产生电能，但这些原料来自电池外部。化学电池既是电能贮存装置，也是电化学转换装置。燃料电池不是电能贮存装置，而仅仅是能量转换装置。

燃料电池中的反应物，例如氢气和氧气，被不断地从外部供给电池。氢氧燃料电池产生的直流电压通常在 0.7 ~ 1.0V 之间，是负载电流和其他变量的函数。图 13-2 给出了基本燃料电池的系统结构。图中，如果反应物的成分为氢气（燃料）和氧气（氧化剂），则燃料电池可以产生电能、水和热量。如果将氢气和氧气不断地供给电池，就能维持化学反应过程。只要氢气和氧气能够保持供给，电池就能持续不断地产生电能。

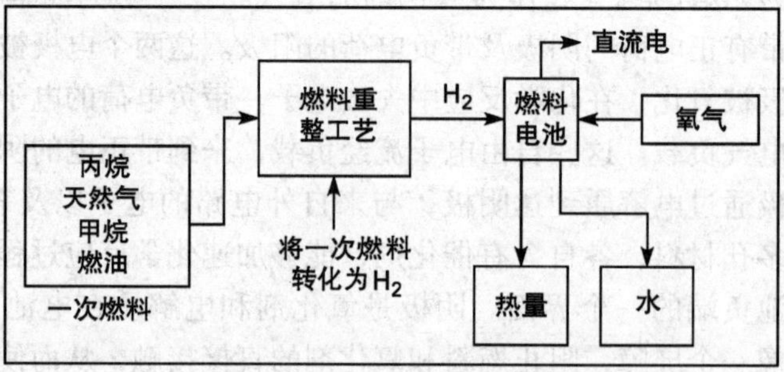

图 13-2　基本燃料电池系统结构

纯氢气并不是易于大量获得的燃料，因此人们采用重整工艺来制氢。在重整过程中，将一次燃料如天然气的分子结构打断，产生高纯度的氢气，再供给电池。图 13-3 展示了一个基本燃料电池的结构。当氢气进入电池后，就会与阳极接触，阳极采用多孔材料制成，表面涂覆有催化剂。催化剂加速氢气在阳极的氧化过程。阳极与电解质一同参与了这一化学过程。这种氧化反应释放出氢离子和电子。在电池的另一端，氧气进入电池并与阴极接触。阴极同样采用多孔材料制成，表面涂覆有催化剂，能够加速氧气在阴极的化学还原过程，使氧原子获得电子。阴极与电解质一同参与这一化学过程。

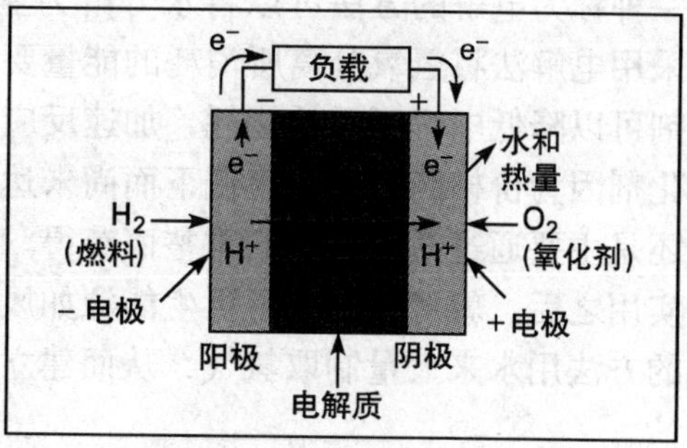

图 13-3　燃料电池的基本原理

阳极的反应释放出氢离子和自由电子。自由电子无法通过电解质，因此它们通过外电路流经负载进入阴极，正（氢）离子则通过电解质转移到阴极。在阴极的还原化学反应中，氢离子、电子和氧结合生成水（H_2O）。阳极的反应式为：$H_2 = 2H^+ + 2e^-$，阴极反应式为：$O_2 + 2H^+ + 2e^- = H_2O$。电池的反应生成 H_2O、电流和热量。因此，电池的化学过程产生了水、电流和热量。

由于燃料和氧化剂在电池内部是分离的，所以氢气和氧气之间的化学反应是受控过程。电解质发挥了三重作用，分别为：将氢气和氧气进行隔离；在阳极和阴极之间建立离子传输通道；为电极、催化剂和反应物（H_2 和 O_2）提供反应界面，使化学反应顺利进行。

电池的首要输出是用于产生电能的电子流，副产物是热量和水蒸气。热量可以被收集起来，部分用于氢重整过程，也可以用于空间加热或水的加热。水蒸气可以被收集起来用于饮用或工业用途。

燃料电池的工作温度和压力参数可参考内联单电池/电池堆的指标。标准电池温度和压力可参照在 1 个标准大气压（海平面高度）下的环境温度，通常为 25℃。

13.3 电解

氢元素在宇宙中的含量非常丰富，但在地球上极少以单质形态存在。因此，大多数燃料电池消耗的氢气来自于化石燃料的重整。但是，相比化石燃料重整法，能否通过将水（H_2O）分解成氢气和氧气的办法来制取高质量的氢气呢？

一种称为电解的方法可以将水分解为氢气和氧气，如图 13-4 所示。问题在于，采用电解法将氢氧分离所消耗的能量要高于氢气能够产出的能量。采用相应催化剂可以降低电解所需的能耗，加速反应过程。然而，能够将大量水分子打断的催化剂因为价格高昂和效率低下而尚未达到商业可行性的要求。因此，商用氢燃料还是主要通过对碳燃料的重整而获得。当电解水催化剂的性价比提高，变得成熟实用之后，就可以利用可再生能源如风能、太阳能或水能提供的电力，通过电解的方法用水来大量制取氢气，从而建立一个完整的可再生能源系统。

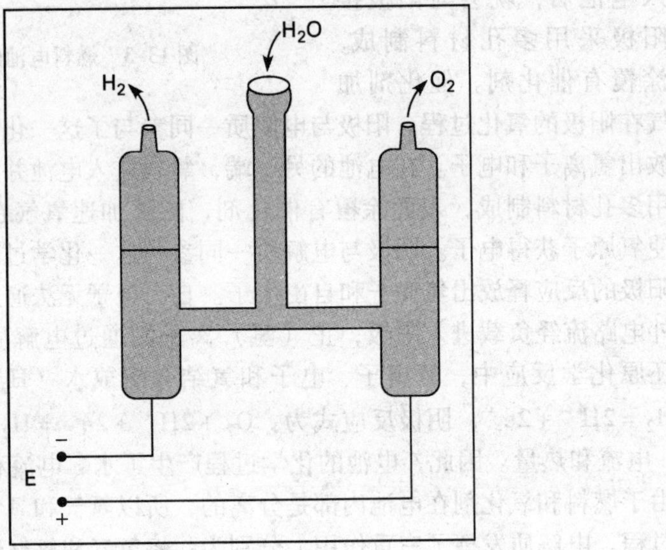

图 13-4　水的电解

13.4　燃料电池的工作原理

燃料电池被封装在一个容器中，负极和正极被电解质隔离开来，其结构类似化学电池。图 13-5为一个基本型的氢氧单电池结构，采用酸作为电解液。常见的酸性燃料电池采用磷酸作为电解液［注：对于燃料电池，阳极是负极（–）而阴极是正极（+）］。

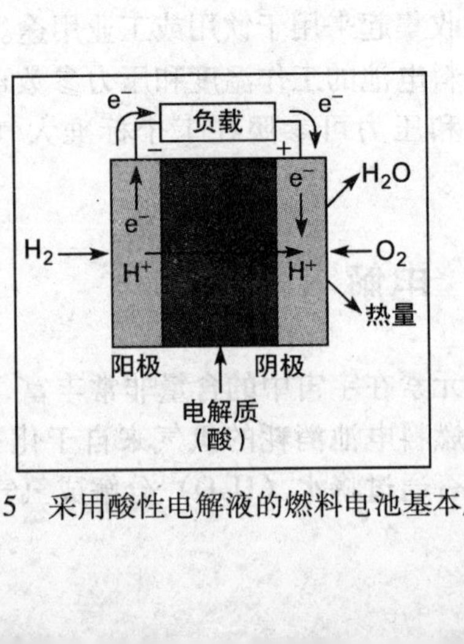

图 13-5　采用酸性电解液的燃料电池基本原理

将氢气和氧气通入电池壳体之中，氢气与催化剂在阳极发生反应。这种反应将氢气分解为自由电子和正离子。反应式为：$H_2=2H^++2e^-$。产生的电子无法穿过电解液，而被强制流向外电路和负载，再回到带正电的电池阴极。带正电的氢离子（H^+）则能够穿过电解液，在阴极与氧气和来自阳极的电子反应，结合后生成水。反应式为：$O_2+2H^++2e^-=H_2O$。这个化学过程在阳极和阴极之间产生了电势差，可以测得直流电压。电子仅可以沿着一个方向流动，即从负的阳极经过外电路到达正的阴极。完整的电池反应式为：$2H_2+O_2=2H_2O$ + 电能 + 热量。

注：为简化起见，本章中的某些化学反应式可能没有配平。请参考本书附录获取更多细节。

正如前面指出的，电解质把阳极和阴极的反应隔离开来，不允许电子通过，但允许离子通过。电解质具有一些重要功能，总结如下：

1）防止不同的反应物相互接触，确保电化学反应可控。

2）在阴极和阳极之间建立离子传输的导电通道。

3）作为化学反应的一部分，为电极、催化剂和反应物提供了界面。

4）作为电子的屏障，迫使电子流过外电路。

13.5 氢氧燃料电池的电气特性

氧气电极为阴极，与被称为阳极的氢气电极相比为正端。电池的电势差为 $E_{电池}=E_{阴极}-E_{阳极}$。实际电池电压在无负载时为开路电压（E_{OC}），大约为 1.05V。带负载电流的电池电压由于电池内部损耗而低于 E_{OC}。因此，当电池带负载时，电压 $E_L=E_{OC}-I\times R_{apparent}$。$R_{apparent}$ 是欧姆电阻的函数，会降低离子通过电解液的速度，减缓电极发生的化学反应。通常最大的损耗发生在阴极和离子穿过电解质的过程中。理想的燃料电池应没有损耗，电压约为 1.24V。

燃料电池内部的电压损耗被称为**过电势**或**过电压**，而导致这种过电势的原因被称为**电池极化**。请注意，在图 13-6a 中，大部分电压损耗位于阴极和电解液处，而电池的期望功率为 $P=V\times I$。

当电池的电流增加时，因为内部压降的增大，输出电压会降低。

以下是一些在讨论燃料电池压降时所用的术语：

1）开路电压：测得的空载电压；空载（开路）电压是电池的最大输出电压。

2）活化过电位：用于描述由于电化学反应变慢导致的电压损失。

3）欧姆过电位：在电池带有负载的情况下，由于电子的流速、离子在电解液中的流速、金属电极和接触导线等因素产生了类似电阻的效果，可用欧姆定律

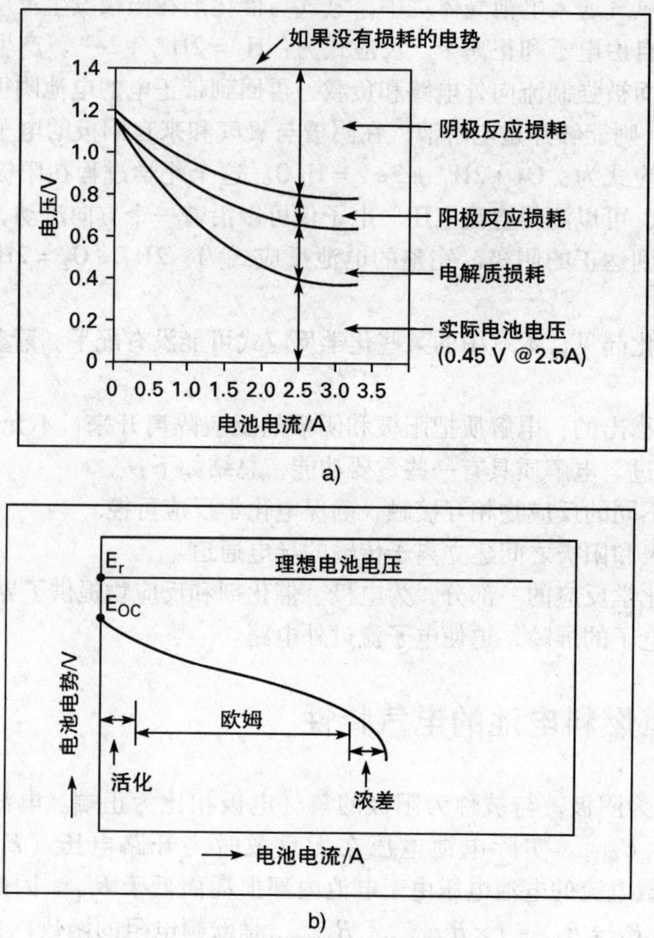

图 13-6 极化曲线及理想电压与实际的电压损耗

a）极化曲线 b）理想电压的和实际的电压损耗

来描述。

4）浓差过电位：用于描述由于电池表面浓度的变化带来的氧化剂的能量极限。

5）电池极化：由于电池内部损耗带来的压降。

6）可逆电位：电池的理论最大开路电压值。

如果反应物在电化学活化过程中没有内能损失，电池从阴极（+）到阳极（-）的理论最大开路电压值可以用可逆电位（V）来描述。但是实际的开路电压 E_{OC}（没有外电流时）会因为活化损耗而低于可逆电位。因此，可逆电压总是高于实际电压 E_{OC}。可逆电位有时被用作衡量燃料电池电化学效率的标志。在图

13-6a 中，在电池电流密度为零（没有电流）时，开路电压约为 1.1V，低于电池的可逆电压。当电流开始出现后，电池电压将因为阴极、阳极、电解液和电极损耗而持续下降。假如电池是完全可逆的，则该损耗为零（注：当电池不向负载提供电流，而反应物却持续供给电池时，电池内部会有热量和其他损耗）。在图 13-6b 中，活化电势损耗是非线性的而且很小；欧姆电势损耗是线性的，构成了压降损耗的主体，是电池负载电流的函数；电池表面的浓差过电位是非线性的，可以导致电池电压的迅速降低。请注意，理想电池电压是恒定的，由 E_r 表示。

13.6 燃料电池的基本电化学反应

本章将会介绍基于电解质的六种燃料电池的工作过程，这六种电解质为：酸（见图 13-5）、碱、质子交换膜、碳酸盐、固体氧化物和甲醇。

在基本的电池电化学反应中，燃料为氢气，阳极中的催化剂将氢气打破分解为氢离子和电子。离子通过电解质运动至阴极，电子无法通过电解质，所以经由外电路和负载流到阴极。在阴极，从阳极经由不同途径到来的电子和氢离子与氧气结合，在催化剂的作用下生成水，从而使整个电路闭合。

上面是多数燃料电池的通用反应过程，但熔融碳酸盐燃料电池却是个例外。在熔融碳酸盐燃料电池的阴极，氧气与来自阳极的电子和循环的二氧化碳进行反应，生成碳酸根负离子（CO_3^{2-}）。负碳酸根离子从阴极通过电解质运动至阳极，与正的氢离子结合，生成水和二氧化碳。二氧化碳再返回到阴极，同时电池释放出热量。请注意，在熔融碳酸盐燃料电池中，水是在阳极一侧生成的（见图 13-14）。

13.7 电池堆叠

一个电池的输出电压较低，因此，有必要将多个电池串联起来以获得系统所需的电压，这被称为**电池堆叠**，如图 13-7 所示。图 13-7a 是一个采用堆叠板的串联电堆，在这种堆叠方式中，将导电板像三明治一样插在电池之间，一个电池的阴极（+）与另一个电池的阳极（-）连接，直至达到所需的电压。可以将燃料和空气通过板子中预制的管路供给每块电池。图 13-7b 是没有采用堆叠板的串联电堆。在图 13-7c 中，电池被并联，从而增加了电堆的电流。电池/电堆的串联形式可以增加电压（串联电压叠加），而并联形式可以增加电流（并联电流叠加）。

一块电池的面积约为 $1m^2$，厚度约为 0.5cm。电堆将燃料和氧气通过组合结

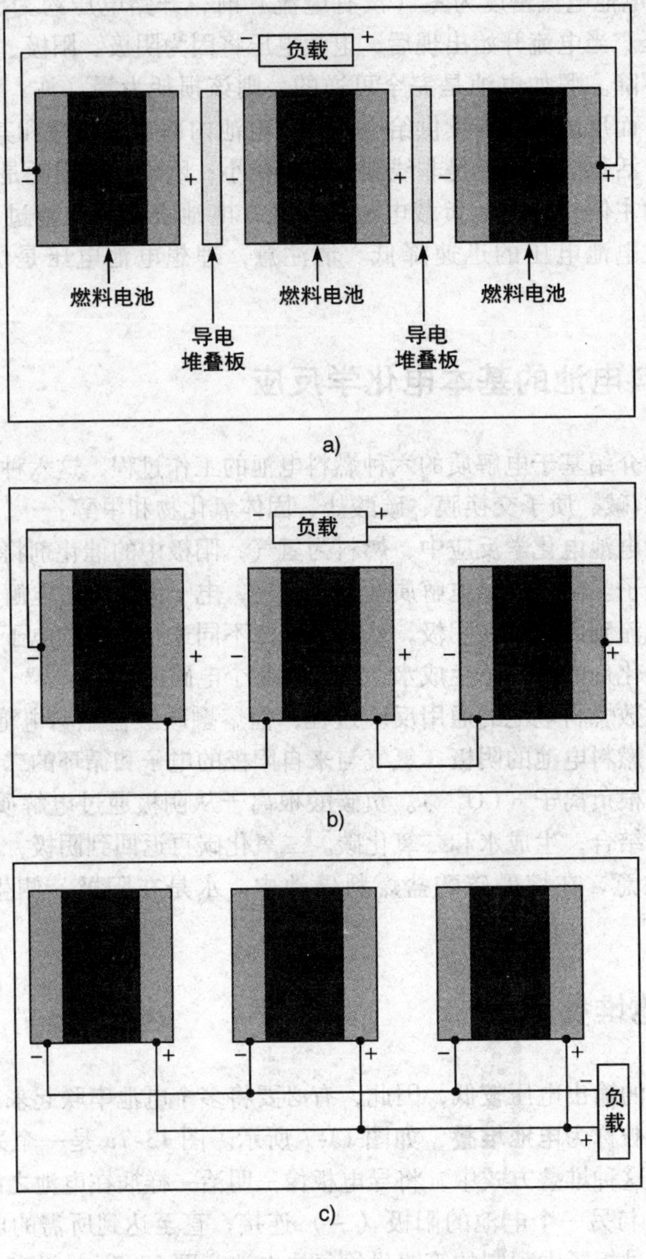

图 13-7　不同连接形式的电堆

a）采用堆叠极板的串联电堆　b）串联边线连接　c）并联

构供给所有的电池。电堆的输出功率受到温度、压力和其他变量的影响。电池反应生成了热量，在电堆中必须予以控制（冷却）。如果电池反应产生的热量能够在电池系统内部转移，并在系统内部进行气体重整时消耗掉，则会减轻很大一部分冷却负荷。在实际应用中，冷却负荷能够被减少40%~50%。

堆叠板的欧姆压降极低，但是需要在板中铣出细槽以便将反应物供给电池。边线连接结构更加简单，但是较高的导线电阻导致了较高的欧姆压降。因此堆叠板式结构更为常见。

探索

一个燃料电池堆含有100块燃料电池。每块电池的额定电压为0.65V。额定电流密度为$20mA/cm^2$。每块电池的活性面积为$625cm^2$。所有电池被串联。计算该系统的电堆电流、电堆电压和电堆功率。

13.8 燃料电池的优点

燃料电池具有很多优点，例如：

1）设计良好的燃料电池系统在满负荷和部分负荷状态下的能量转换效率都很高。例如，航天飞机使用的燃料电池将化学能转变为电能的效率接近70%，此外，燃料电池的副产品是水，可供所有乘员饮用。

2）高温燃料电池可用于热电联产。废热可用于空间加热和水加热，还可用于驱动蒸汽涡轮机，发出额外的电力。

3）高温燃料电池可在系统内部进行化石燃料重整以获得电池所需的氢燃料。

4）与直接燃烧化石燃料的发电机相比，燃料电池的空气污染物排放率很低。与化石燃料发电厂相比，燃料电池的单位发电量所排放的CO_2减少了50%。

5）燃料电池的重要优势在于其模块化和分布式发电能力。电池运行安静，各种设备在运行中对水的需求非常低，对水的需求基本上可以通过将电池副产物循环利用而得以满足。这使得系统可以被安装在居民区或偏远及缺水地域。

6）分布式发电是一种模块化和本地发电的概念。目前，电能通常是在一个中心站点产生，然后通过大功率电网输送至远处的配电站。一个燃料电池系统可以采用重整天然气得到的燃料为周边地区发电并制热，使其完全摆脱对主干电网的依赖。

但是，目前仍然有一些问题需要解决。例如，燃料电池并不是能源，而是一种能量转换装置，要依赖其他能源；电池常用的氢燃料仍不易获得；大功率电池在运行时的内部温度很高，零部件也较为昂贵。这些问题正在得到研究和解决。

13.9 燃料电池的类型

燃料电池的分类方法很多，通常与电池的工作温度、电池压力和采用的燃料种类有关。但是最常用的分类是基于电解质的类型。本章的后面部分将介绍最流行的燃料电池技术的工作特性，这些都与电解液的种类有关。除了直接甲醇燃料电池，其他燃料电池都采用氢气和氧气作为反应物。

碱性燃料电池

图 13-8 展示了**碱性燃料电池（AFC）**的工作原理，图中的碱性电池采用氢氧化钾（KOH）作为电解液。

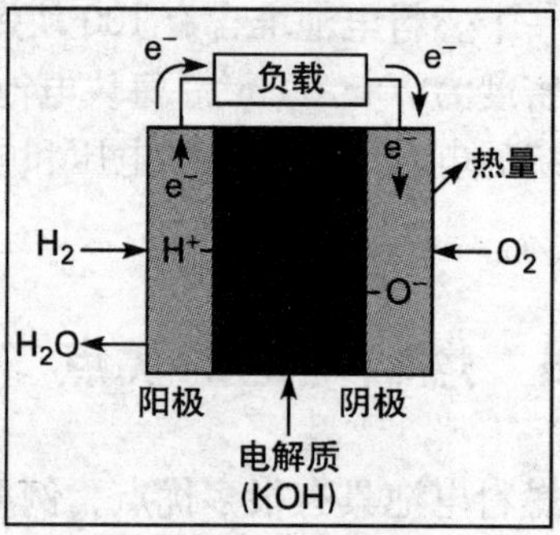

图 13-8 封闭式碱性燃料电池

碱性燃料电池是第一种在实验室之外得到成功应用的燃料电池。航天飞机采用碱性燃料电池发电并为机组成员提供饮用水。通常把电池堆叠起来，每个单元能够提供约 12kW 的电力。

碱性燃料电池的工作温度较低（约 90℃）。反应物是纯氢气和氧气。AFC 采用氢氧化钾（KOH）作为电解质，也可采用其他氢氧化物（如 NaOH）作为电解质。氢电极是阳极，氧电极是阴极。阳极、氢气和电解质的化学反应生成了自由电子和氢离子（H^+），和氢氧根离子（OH^-）结合之后生成了水（H_2O）、热量和流过外电路的自由电子。在阴极，从外电路归来的电子与氧气和水结合，产生了氢氧根离子和热量。整个电池的反应式为：$2H_2 + O_2 = 2H_2O$ + 电能 + 热量。在 80℃ 时，每个采用纯氢气、氧气和 30% 浓度 KOH 电解液的碱性电池的开路电压（E_{OC}）约为 1.23V。在电流密度为 100mA/cm² 时的工作电压约为 0.8V。

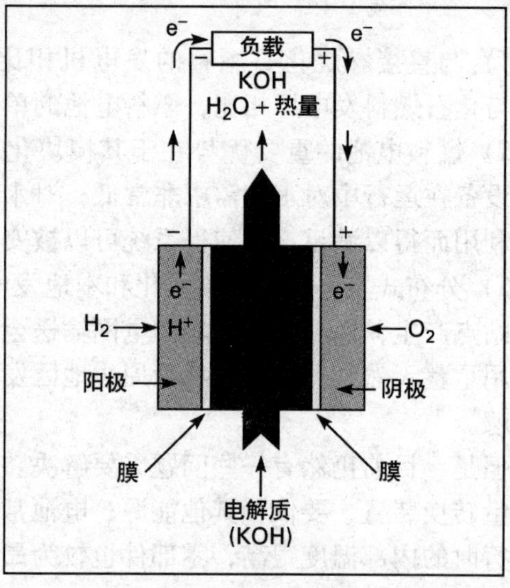

图 13-9 循环系统

二氧化碳（CO_2）对碱性电解液有毒。在图 13-7 中，电解液被盛装（静止）在阳极和阴极之间的容器中。图13-9给出了一种优化设计方案的循环系统，氢氧化钾电解液被泵入容器，然后携带着水和废热流出。可以在电池外部对电解液中的水进行处理，用于工业用途。这种循环系统有如下优点：①在循环过程中，可以将积累的碳酸盐类物质从电解液中清除掉，因此可以使用含有较高浓度CO_2的空气来替代纯氧气；②循环流动的电解液可以用作冷却液来控制电池的温度；③可以将电池中多余的水分去除掉，如果水分在电池中不断累积而没有被去除，电池反应就会受到影响。可以在电池外部用蒸发和冷凝的方法处理废水并将其用于工业用途。而当采用静态电池系统时，必须在空气进入电池之前将其中的二氧化碳去除掉。

随着AFC中电解液浓度的升高，电池的开路电压也会升高，如图13-10a所示。图13-10b显示了温度和电流密度对电池电压的影响。

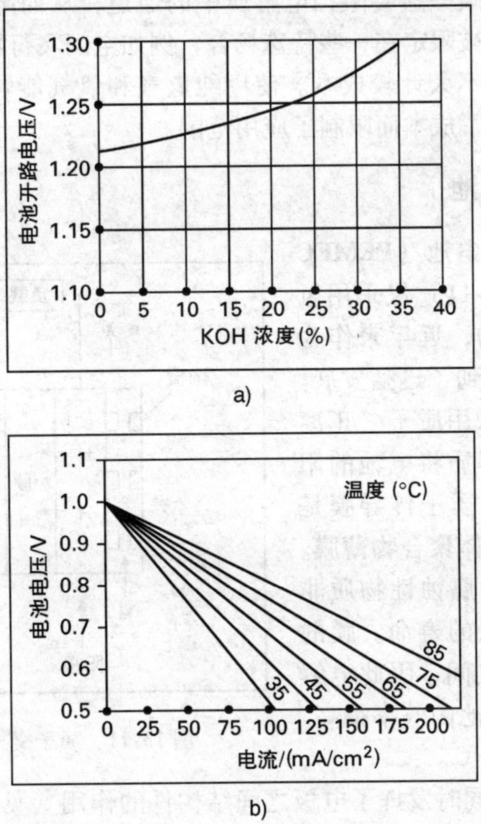

图13-10 电解液浓度、工作温度和电流密度对电池电压的影响

a）电解液浓度对电池开路电压的影响 b）工作温度和电流密度对电池电压的影响

碱性燃料电池同酸性电解质燃料电池的对比

以下是 AFC 的一些优点：

1）氧气还原（得到电子）的速度快。

2）电池电压高。

3）催化剂较为便宜，因为电解质的腐蚀性不是很强。

4）结构材料受到的腐蚀不十分严重。

然而，AFC 也有如下缺点：

1）CO_2形成的碳酸盐会破坏电解质。

2）在空气进入氧电极与电解质接触之前，必须将其中的CO_2去除。

AFC 的主要缺点是碱性电解液不能抵制CO_2。当使用空气作为反应物时，电池中会生成碳酸盐。碳酸盐会阻挡电解质中的通道，从而降低了电池的传输效率。碱性电池的应用被限定在一些特殊场合，例如空间飞行器，因为与商业应用相比，这类应用场合不太计较成本。使用纯氢气和氧气能够将CO_2敏感性最小化，但是却因为增加了成本而限制了应用范围。

质子交换膜燃料电池

质子交换膜燃料电池（PEMFC 或 PEM）（见图 13-11）仅采用氢气和氧气作为反应物，近年来作为零排放汽车的能源得到了迅猛发展。PEM 是氢氧电池，采用质子（正离子）传导膜作为电解质将电池的阳极和阴极分隔开来。质子传导膜是阳极和阴极之间的固体聚合物薄膜。由于此类电池含有的腐蚀性物质非常少，因而具有很长的寿命。膜的厚度在 50 ~ 200μm 之间，因此电解质的压降非常小，电池的效率很高。PEM 的工作温度为 80℃。

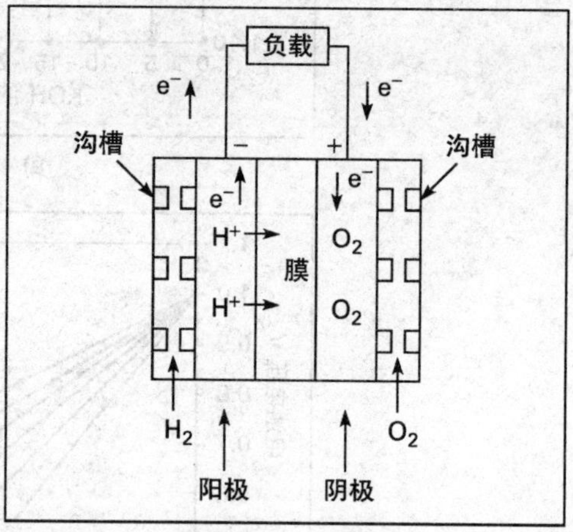

图 13-11　质子交换膜燃料电池

固体薄膜电解质同时发挥了电极之间结构件的作用（见图 13-12）。因为电解质不是液体，所以电池的方位不受限制，并且具有良好的结构完整性。在电池中，极板压在薄膜的两面，极板中的通道将反应物气体传送至阳极和阴极。正如前面提到的，电池的工作温度相当低，仅有 80℃左右，因此具有发电速度快的特点，能够满足快速启动的要求。另一个优点在汽车领域表现突出，即电池可以

使用含有微量 CO_2 的燃料和氧气作为反应物正常工作，尽管高水平的 CO_2 会降低电池效率。通常采用空气作为氧化剂，氢燃料则来自天然气的重整转化。PEM 电池的低温工作特性导致其废热流很少，因此限制了其在热电联产方面的应用。

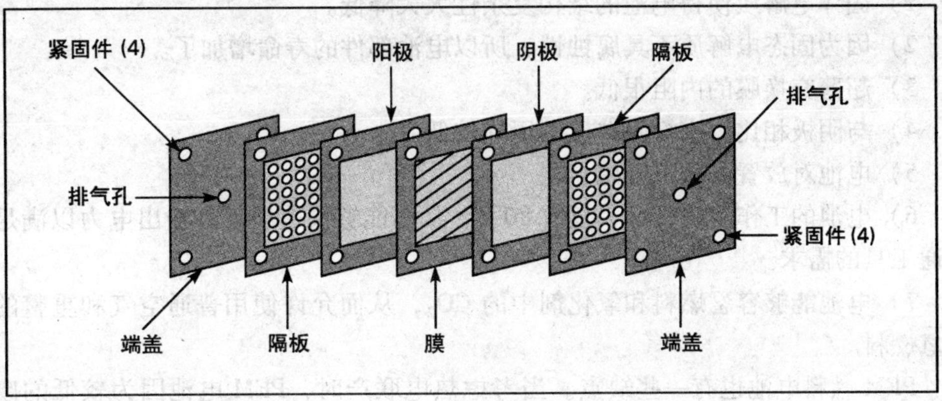

图 13-12　质子交换膜燃料电池的结构

工作原理

固体的质子交换膜被夹在两片电极之间。电极由碳材料制成，表面有铂合金催化剂层。氢燃料通往阳极，氧气或空气通往阴极。在阳极，氢气与催化剂反应生成正离子（质子）和电子（基本反应式为 $H_2 = 2H^+ + 2e^-$）。在阴极，氧气分子、电极催化剂、穿过电解质到来的正离子和经由外电路而来的电子发生反应。这个反应将氢离子、电子和氧气结合生成水。完整的电池反应为 $2H_2 + O_2 = 2H_2O$ + 电能 + 热量。有些燃料电池会生成水蒸气，而 PEM 电池生成液态水。由于电池中保持较高的含水量，使得膜具有良好的离子穿透性。PEM 燃料电池的开路电压 E_{OC} 约为 1.0V，该电压受到气体温度、气体压力和膜材料种类的影响。在图 13-13 中，我们看到最大的内部压降是由阴极反应造成的。质子交换膜造成的电压损耗仅为阴极反应的一半。阴极损耗的原因是电子获得速率较慢。

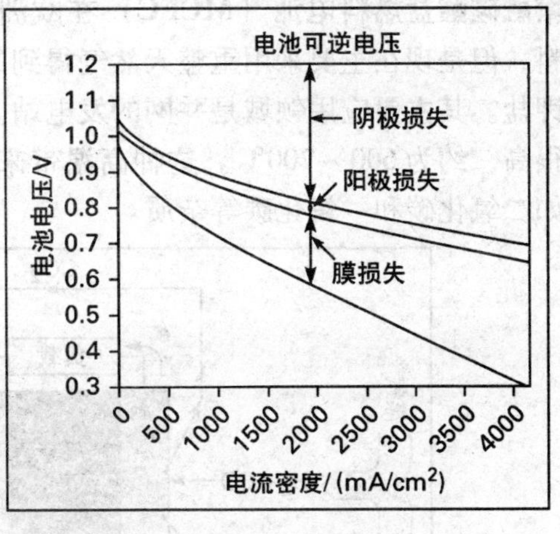

图 13-13　PEM 燃料电池的极化曲线

PEM 燃料电池的优点和缺点

PEM 燃料电池的优点如下：

1）固体电解质使得电池的结构复杂性大大降低。

2）因为固态电解质不具腐蚀性，所以电池部件的寿命增加了。

3）超薄交换膜的内阻很低。

4）与阴极相比，交换膜造成的压降较低。

5）电池对放置方位不敏感。

6）电池的工作温度较低，仅有 80℃，从而能够快速启动和输出电力以满足交通工具的需求。

7）电池能够容忍燃料和氧化剂中的 CO_2，从而允许使用普通空气和重整的碳氢燃料。

PEM 燃料电池也有一些缺点。当考虑热电联产时，PEM 电池因为较低的废热排放而受到了限制。同时，交换膜中的酸（固化的 SO_3^-）使得催化剂必须采用附着在碳电极骨架上的贵金属（如铂颗粒）。

熔融碳酸盐燃料电池

熔融碳酸盐燃料电池（MCFC）在欧洲研发时采用煤炭和煤炭气体作为主要燃料，但是现在主要采用重整天然气得到的氢气作为燃料，电解质为熔融态的碳酸钾盐。其主要应用领域是并网的发电站。如图 13-14 所示，这类电池的工作温度很高，约为 600～700℃。这种高温带来的好处是，电池的燃料流中允许存在诸如二氧化碳和一氧化碳等杂质。

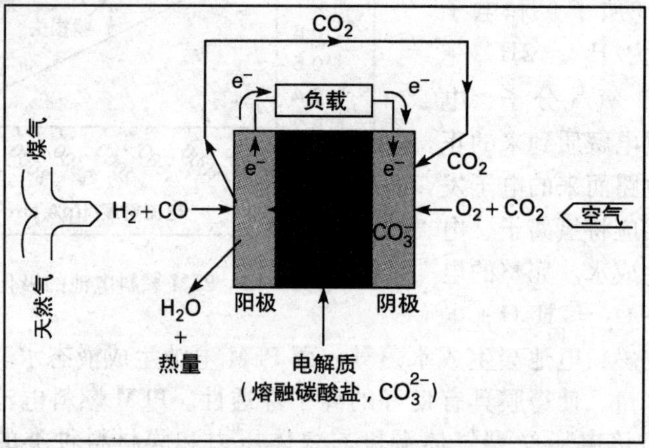

图 13-14 MCFC 的基本原理

工作原理

在阳极，由重整获得的氢气与碳离子结合，生成水、电子和二氧化碳。二氧化碳可经由外部收集循环到阴极，电子也经由外电路和负载运动到阴极。阴极使用二氧化碳和氧气作为氧化剂。请注意，水是在阳极而非阴极生成的。碳酸盐离子从阴极运动到阳极，与氢气反应生成水。完整的电池反应式为 $4H^{2+} + O_2 = 2H_2O$ + 电能 + 热量。

前面讲述的低温燃料电池需要在电池外部将碳氢燃料重整为氢气。转化后的气体还要进一步纯化为富氢气体供发电所用。MCFC 的高工作温度带来的优点是，它允许将重整过程集成在电池内部。与外部重整相比，内部重整较为简单，成本也较低，尽管外部重整生成的氢燃料质量更高。

图 13-15 显示了电流密度和标准大气压（海平面高度气压；1atm = 14.696psi 或 1.01325bar）对电池电压的影响。典型的工作状态为：工作温度维持在 650℃，电流密度为 160mA/cm²，标准大气压（1atm），电池电压约为 0.76V。请注意，在相同的电流密度和温度下，电池电压随着气压的升高而提高。气压增加至 10 倍（从 1atm 至 10atm），电池电压将增加约 100mV。

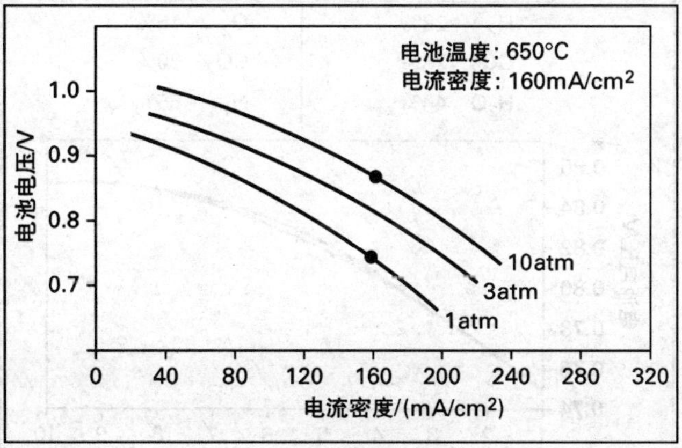

图 13-15 电流密度和大气压对 MCFC 电池电压的影响

紧邻阳极有一个催化剂室。在图 13-16 中，甲烷气体 CH_4 和（水）蒸气被泵入催化剂室。催化反应释放出氢气和一氧化碳供给阳极（$CH_4 + H_2O = H_2 + CO$）。二氧化碳和水从阳极室排出。氢气在阳极被氧化，释放出电子流向外电路。阳极和阴极之间用电解质隔离。在阴极通入空气（$O_2 + CO_2$）。氧气、二氧化碳和返回的电子在阴极发生反应，释放出碳酸根离子，使整个电路闭合。

燃料电池受到压力和气体成分的影响。电池工作压力的增加和气体成分的变

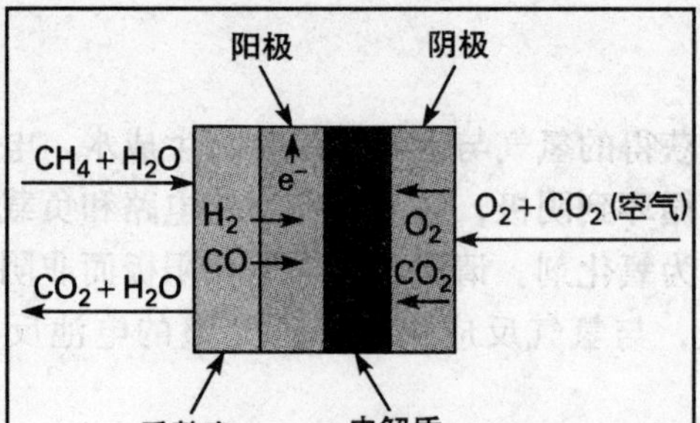

图 13-16　内部燃料重整

化可能会产生更高的电池电压，因为气体能量转化的效率更高了。对于 MCFC，图 13-15 和图 13-17 指出了影响效率的因素。改变气体成分，提高氢气和氧气的纯度可以从总体上提高功率输出。保持气体浓度不变，提高电池压力可以提高电池电压。在图 13-17 中，电池温度、电池电流密度和气体浓度保持不变，电池电压随气压的变化而变化。其他变量的变化也会改变曲线和燃料电池的性能。

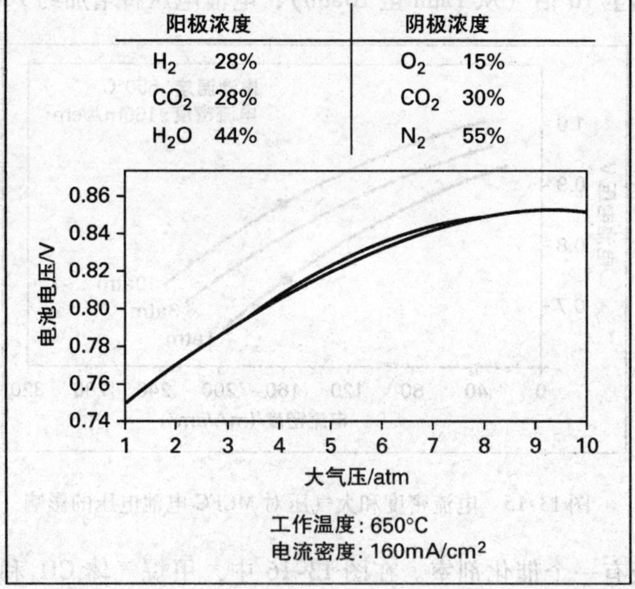

图 13-17　在一定的气体成分、温度和电流密度下，MCFC 电池压力对电池电压的影响

MCMF 的优点和缺点

MCMF 的优点有：

1）高温拓宽了电池的适用性，内部燃料重整降低了系统的复杂度。

2）电解质和电极对 CO_2和 CO 杂质的容忍度大大提高。

3）较高的废热温度增加了热电联产的效益。

主要缺点是电解液存在腐蚀作用，因此阴极材料被限定为氧化镍。然而，电池阳极可以采用多种材料，例如镍、钴和铜。

固体氧化物燃料电池

固体氧化物燃料电池（SOFC）的工作温度高达 800～1000℃。这类电池在研发时采用煤气作为主要燃料，类似于 MCFC，但工作温度更高。高温确保了阳极燃料在与水蒸气结合时能够迅速氧化。

SOFC 电池堆能够产生可观的电能供给电网和工业设施。电池单体的设计开路电压约为 0.9V，即便在较大的工作电流下，输出电压仍然可以保持在约 0.75V 的较高水平，这是因为固态电解质的压降很低。

电解质采用固体氧化物陶瓷，成分为掺钇氧化锆，被称为 YSZ 电解质。它经过了特殊设计，确保在高温下具有良好的导电性。根据不同的应用方式，电解质被设计为从阳极到阴极导通或从阴极到阳极导通。

电池反应生成的热量可用于煤的气化或将天然气重整为氢气。根据这类燃料电池的设计指标，燃料到电能的转化效率可达 70%。

因为反应温度很高，所以不需要价格高昂的贵金属催化剂电极来加速反应过程。同时，燃料和氧化剂能够容忍各种碳燃料杂质，使其不会对电极和电解质造成毒害。因此，相比于较低温度的 MCFC，SOFC 燃料的处理过程较为简化。

这种电池的主要缺点是需要能够在 1000℃下稳定工作的材料和部件，而这并非是一件容易的事情。

工作原理

图 13-18 展示了在 SOFC 中化学能到电能的基本转化过程。在阴极，氧气与来自外电路的电子反应，生成氧离子。氧离子从阴极穿过电解质到达阳极；在阳极，氢气与氧离子反应，生成水并释放出电子，电子再通过外电路和负载抵达阴极，完成整个循环。固体电解质较低的传输损耗，加上阳极和阴极较高的能量转化率，使 SOFC 具有较高的电池效率，可达 65%～70%。

采用氢燃料时，完整的电池反应式为 $O_2 + 2H_2 = 2H_2O$ + 电能 + 热量。请注意，H_2O 在 SOFC 的阳极形成。

在这类电池中，可以仅将一氧化碳送往阳极，而对于 MCFC，一氧化碳被用作二次燃料。通常情况下，煤气或重整天然气都可被用作燃料，它们包含了氢和一氧化碳。

SOFC 的优点和缺点

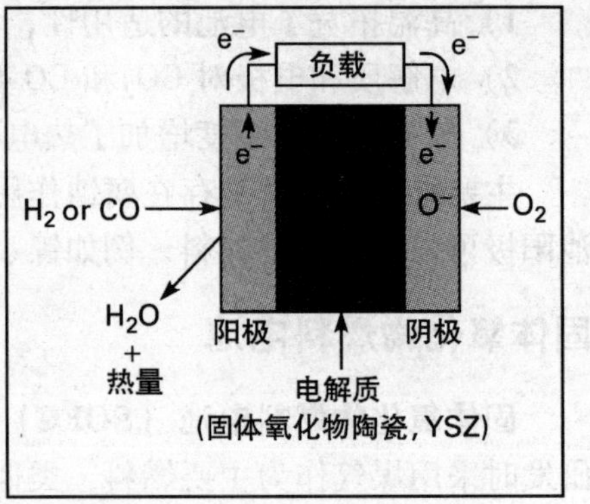

图 13-18 SOFC 的工作原理

与其他类型的电池相比，SOFC 有许多优点：

1）采用固态部件，设计简单。

2）高温确保了电极反应能够迅速发生，无需贵金属作为催化剂。

3）电解质的压降很低。

4）相比于 MCFC，因为 SOFC 具有更高的温度，其内部的燃料重整效率更高。

5）由于高温，SOFC 对于反应物中的杂质具有更高的容忍度。

6）电池能够提供高质量的废热用于热电联产。

7）因为高温，燃料到能量的转化效率较高。

SOFC 的缺点如下：

1）电池工作电压较低（单电池的电压约为 0.75V），电流密度较低。

2）目前只有为数不多的材料能够用于 SOFC，确保在高温下可靠工作。

3）固体氧化物电解质对因操作不当产生的裂纹很敏感。

4）为了保证固体氧化物电解质的有效运行，必须对热量进行严格控制。

甲醇燃料电池

如今大多数燃料电池采用氢气作为直接燃料，但是地球上天然的纯氢气（H_2）非常稀少。因此，人们通常采取石油和天然气重整的方法制取氢气。重整氢气中的主要成分是氢、二氧化碳和少量的一氧化碳。前面说过，对于碱性电池，必须从燃料中将二氧化碳去除，而对于酸性电解质电池，必须将一氧化碳从燃料中去除。

对于氢燃料，人们面临的一个主要问题是缺乏运输大量气体的装置。此外，与石油燃料相比，氢气单位体积的能量（能量密度）较低。车载储氢技术也面临着一定的困难。要解决这些问题，还需要进行大量的技术研发，例如：

1）压缩氢气（CH_2）。

2）金属氢化物吸附（MH）。

3）氢液化（LH_2）。

在正常环境温度（72℉）和 3700psi 的压力下，贮存 5kg 的压缩氢气需要大约 320L 体积的容器。如果将同样多的氢（5kg）以金属氢化物的形式贮存，则需要大约 300kg（约 660 磅）的材料。如果将氢气在 22°K（－423℉）或更低的温度和 0.5MPa（72.5psi）的压力下液化，则可以采用轻便和紧凑的容器。氢液化的主要缺点是在液化过程中需要消耗大量的电能，而在注入燃料时有大约8%的氢会因为蒸发的原因损失掉。液化氢的总能量损失为30%~35%。

在汽车和便携式应用领域，人们期望使用易于运输、贮存和转化为氢的燃料。甲醇，即CH_3OH或MeOH，就是一种符合上述要求的碳氢燃料。甲醇也被称为木醇或木精，可在空气中燃烧，生成水和二氧化碳。

利用现有设备或只需稍加改动，就可以对甲醇进行输送。同时，甲醇的能量密度高达5kW·h/L，相比之下液氢（LH_2）只有2.6kW·h/L。甲醇可由天然气、煤炭和生物质制得。生物质原料是可再生的，而加工过程所需的电力可以来自太阳能、风能、水能或燃料电池。甲醇主要用于防冻剂、化学溶剂和其他工业用途。

间接甲醇燃料电池的工作原理

甲醇可以被直接或间接供给燃料电池。当间接供给时，甲醇首先在系统之内通过重整过程被转化为氢气。图13-19为间接甲醇电池堆的框图，电池采用了PEM电解质（在前面讨论过）。

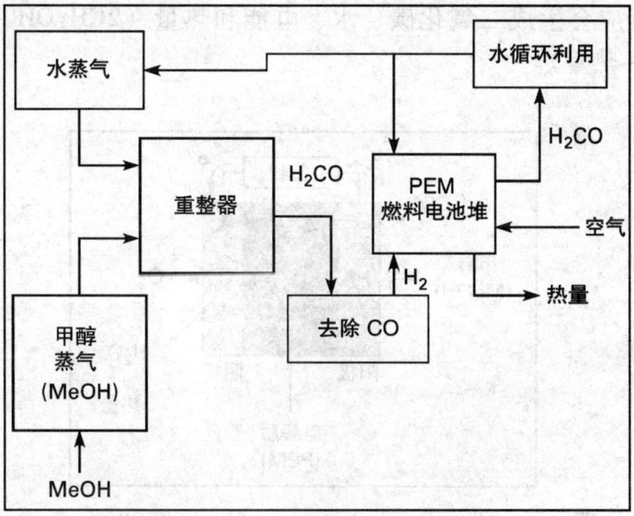

图13-19 间接甲醇燃料电堆系统

甲醇重整的温度约为300℃。应将一氧化碳从气流中去除，在氢燃料输入电堆之前还要进行加湿。电池的开路电压范围是0.85~1.05V。燃料转化效率比直接氢重整电池高35%~40%，但由于这种间接系统较为复杂，因此直接氢重整更为常见。

直接甲醇燃料电池的工作原理

当把甲醇直接供给燃料电池时，必须保证电解质在化学反应过程中不能中毒。例如，因为甲醇在阳极的反应会生成二氧化碳，而二氧化碳会破坏碱性电解质，所以不能使用碱性电解质，因而排除了碱性燃料电池。所以，在低温运行时，酸性电解质通常是最佳选择。在高温状态下，可以在固定应用场合直接将甲醇供给熔融碳酸盐燃料电池。MCFC 的工作温度高达650℃，在阳极室，甲醇可以很容易被重整为氢气。反应式为 $CH_3OH + H_2O = 3H_2 + CO_2$。重整反应需要水，这在阳极反应中就可以得到。阳极反应生成了水，二氧化碳和电子。

采用甲醇作为直接燃料的 PEM 电池

在 PEM 生产过程中混合有酸，因此基本上属于酸性电解质，即便是在较低的 PEM 工作温度下，也不会受到 CO_2 毒性的影响。图 13-20 展示了电池的反应原理。甲醇和水在阳极－酸性电解质界面发生反应，生成氢离子、电子和二氧化碳。氢离子穿过电解质膜到达阴极。在阴极，氧气、氢离子和从外电路到来的电子结合生成水。在阴极发生的反应同本章早前讨论的氢-PEM-氧燃料电池相同。完整的电池反应会生成二氧化碳、水、电能和热量（$2CH_3OH + 3O_2 = 2CO_2 + 4H_2O$ + 电能 + 热量）。

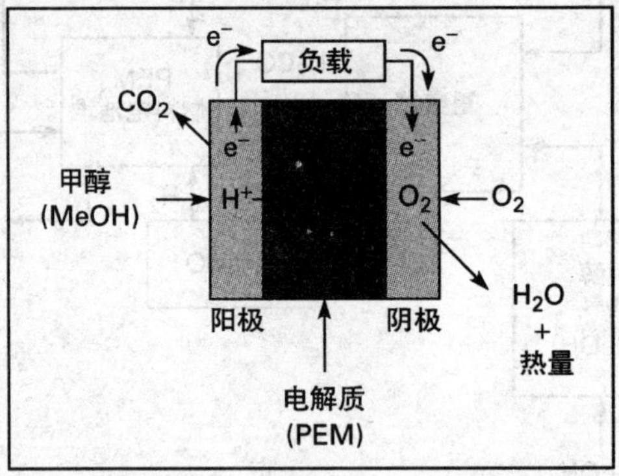

图 13-20 以 PEM 作为电解质的直接甲醇燃料电池

甲醇燃料电池的优点和缺点

甲醇燃料电池具有以下优点：

1）甲醇燃料能够像汽油一样方便地利用现有设施进行运输，因此甲醇燃料电池应用广泛，地位重要。

2）甲醇在常温常压下呈液态。

3）可以将甲醇直接供给燃料电池的阳极参与化学反应。

4）可以将甲醇供给系统内部的重整器来制取氢气，然后供给燃料电池。

5）PEM 燃料电池可以方便地使用甲醇燃料，适用于便携式设备和汽车。

甲醇燃料电池的缺点如下：

1）间接甲醇燃料电池体积大、结构复杂，通常被直接甲醇燃料电池所取代。

2）甲醇的副产品二氧化碳会破坏碱性电解质。

复　习　题

1. 燃料电池与铅酸电池的主要区别是什么，它们的主要相似之处又是什么？
2. 燃料电池中电极的功用是什么？
3. 燃料电池中电解质的功用是什么？
4. 燃料电池中催化剂的功用是什么？
5. 燃料电池的常用分类方法是什么？
6. 解释电池极化的含义。
7. 绘制电池极化曲线，并标注压降源。
8. 描述在氢氧燃料电池的阳极发生的氢气氧化反应的步骤。
9. 描述在氢氧燃料电池的阴极发生的氧气还原反应的步骤。
10. 解释为什么实际的燃料电池的燃料活化效率无法达到100%。
11. 在图 13-17 中，如果电池压力从 1atm 升高至 3atm，则电池电压会升多少？
12. 在图 13-15 中，如果电流密度从 $80mA/cm^2$ 升高至 $160mA/cm^2$，会对电池电压产生何种影响？
13. 直接燃料重整效率较高的燃料电池是 MCFC 还是 AFC，为什么？
14. 某个碱性燃料电池的电流密度为 $70mA/cm^2$。电池电压在 45℃时约为 0.75V。在电流密度为 $70mA/cm^2$，电池温度为 80℃时，计算电池电压（见图 13-10b）。
15. 碱性燃料电池的优点和缺点是什么？
16. 磷酸燃料电池的优点和缺点是什么？
17. 质子交换膜燃料电池的优点和缺点是什么？
18. 熔融碳酸盐燃料电池的优点和缺点是什么？
19. 固体氧化物燃料电池的优点和缺点是什么？
20. 对直接和间接甲醇燃料电池进行描述，对比其优点和缺点。

21. 一个燃料电池堆包含了 243 块串联的单电池。单电池的额定电压为 0.71V。电堆的额定功率为 1kW，将 18 个电堆并联组成一个燃料电池系统。计算系统的额定电压，额定电流和额定总功率。

22. 在上一题的燃料电池系统中，如果一台逆变器将系统的输出变换为交流电，则该系统有可能输出的交流 RMS 电压是多少，为什么？（提示：电堆电压与 RMS 中的何种峰值电压类似？）

附　录

单位

工程单位	符号	倍乘数
太（Tera）	T	1000000000000/ $\times 10^{12}$
吉（Giga）	G	1000000000/ $\times 10^{9}$
兆（Mega）	M	1000000/ $\times 10^{6}$
千（Kilo）	k	1000/ $\times 10^{3}$
基本单位		1
毫（Milli）	m	0.001/ $\times 10^{-3}$
微（Micro）	μ	0.000001/ $\times 10^{-6}$
纳（Nano）	n	0.000000001/ $\times 10^{-9}$
皮（Pico）	p	0.000000000001/ $\times 10^{-12}$

公制换算

长　度	速　度
1 厘米（cm）＝10 毫米（mm）	1 英里每时（mph）＝1.46666667 英尺每秒（fps）
1 英寸（in）＝2.54 厘米（cm）	1 英里每时（mph）＝1.609344 千米每时（km/h）
1 英尺（ft）＝0.3048 米（m）	1 英里每时（mph）＝0.447 米每秒（m/s）
1 英尺（ft）＝12 英寸（in）	1 米每秒（m/s）＝2.236 英里每时（mph）
1 码（yd）＝3 英尺（ft）	1 节（knot）＝1.150779448 英里每时（mph）
1 米（m）＝100 厘米（cm）	1 英尺每秒（ft/s）＝0.68181818 英里每时（mph）
1 米（m）＝3.200839695 英尺（ft）	1 千米每时（km/h）＝0.62137119 英里每时（mph）
1 浪（fur）＝660 英尺（ft）	温　度
1 千米（km）＝1000 米（m）	$T_{℉} = 9/5 \times T_{℃} + 32$
1 千米（km）＝0.62137110 英里（mi）	$T_{℃} = 5/9 \times (T_{℉} - 32)$

（续）

长　度	质　量
1英里（mi）=5280英尺（ft）	
1英里（mi）=1.609344千米（km）	1毫克（mg）=0.001克（g）
1海里（nmi）=1.852千米（km）	1克（g）=0.001千克（kg）
面积	1克（g）=0.035273962盎司（oz）
1平方英尺（sq. ft）=144平方英寸（sq. in）	1盎司（oz）=28.34952312克（g）
1平方英尺（sq. ft）=929.0304平方厘米（cm^2）	1盎司（oz）=0.0625磅（lb）
1平方码（sq. yd）=9平方英尺（sq. ft）	1磅（lb）=16盎司（oz）
1平方米（m^2）=10.7639104平方英尺（sq. ft）	1磅（lb）=0.45359237千克（kg）
1英亩（acre）=43560平方英尺（sq. ft）	1千克（kg）=1000克（g）
1公顷（ha）=10000平方米（m^2）	1千克（kg）=35.273962盎司（oz）
1公顷（ha）=2.4710538英亩（acre）	1千克（kg）=2.20462262磅（lb）
1平方千米（km^2）=100公顷（ha）	1英担（st）=14磅（lb）
1平方英里（sq. mi）=2.58998811平方千米（km^2）	1短吨（st）=2000磅（lb）
1平方英里（sq. mi）=640英亩（acre）	1公吨（t）=1000千克（kg）

国际标准大气压

以下是国际通用的标准大气压条件（海平面高度），用于定义风力机性能的参考条件：

海平面压力(p) = 29.92inHg
= 760mmHg
= 1013.25mb 或 hPa

海平面温度(T) = 59℉
= 15℃
= 288.15°K

空气密度(ρ) $=1.225\text{kg/m}^3$

$=0.07651\text{lb/ft}^3$

风能密度

以下是海平面高度的功率密度值(P/A)，其中 $T=15℃$ (59℉)，空气密度 $=1.225\text{kg/m}^3$，P 是功率，v 是风速，A 是面积。

$P/A=0.6125v^3$；P 的单位为 W，A 的单位为 m^2，v 的单位为 m/s。

$P/A=0.05472v^3$；P 的单位为 W，A 的单位为 m^2，v 的单位为 mph。

$P/A=0.00508v^3$；P 的单位为 W，A 的单位为 ft^2，v 的单位为 mph。

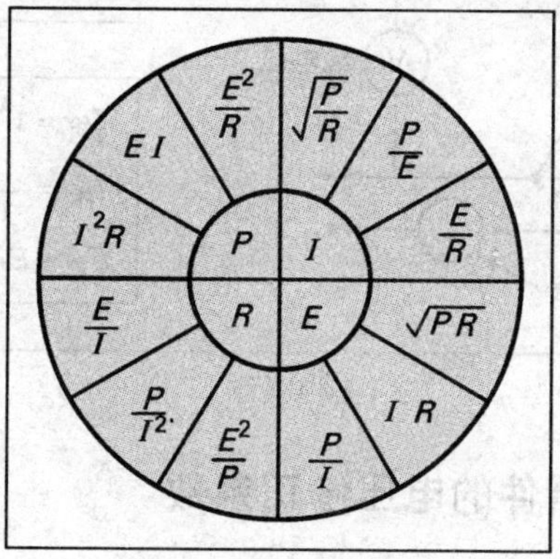

欧姆定律和功率公式

上表可分为 4 个区域，每个区域又包含了三个不同的公式。使用该图时，首先选择包含待计算量的区域，然后再选择合适的公式。例如，在 $I=6\text{A}$，$R=2\Omega$ 时计算 E，则选择公式 $E=I\times R$，有

$$E=I\times R=6\times2=12\text{V}$$

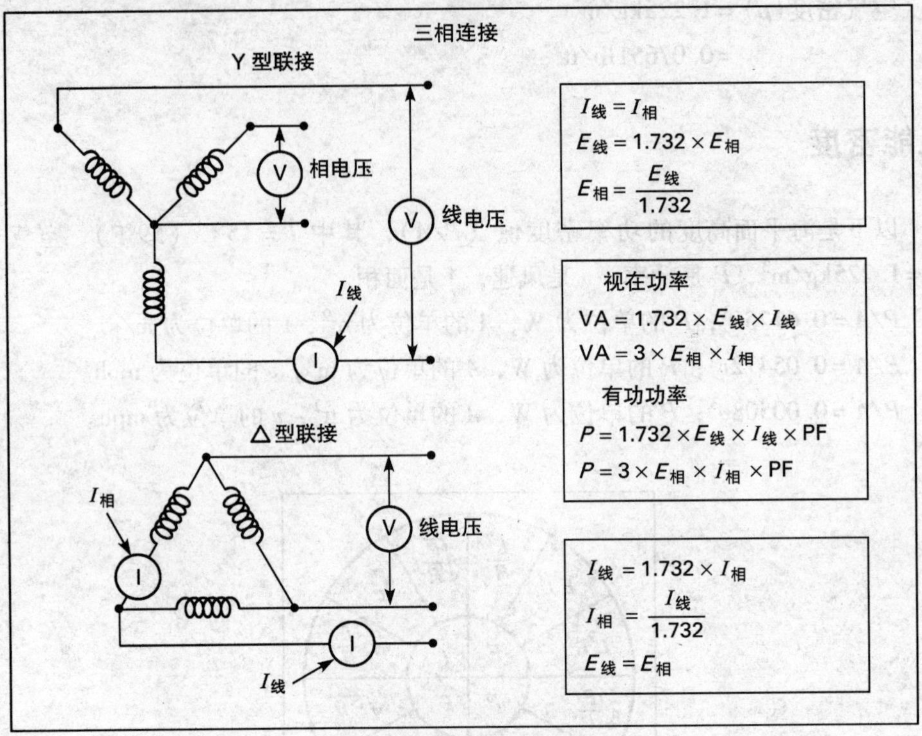

三相联结

单晶硅和多晶硅光伏器件的电压修正系数

硅组件：NEC©第 690 条，表 690.7，节 70－578（2008）

环境温度低于 25℃（77°F）的修正系数。（用下列适当的系数乘以额定开路电压。）

环境温度/℃	系数	环境温度/℉
24～20	1.02	76～68
19～15	1.04	67～59
14～10	1.06	58～50
9～5	1.08	49～41
4～0	1.10	40～32
－1～－5	1.12	31～23
－6～－10	1.14	22～14
－11～－15	1.16	13～5
－16～－20	1.18	4～－4
－21～－25	1.20	－5～－13
－26～－30	1.21	－14～－22
－31～－35	1.23	－23～－31

注：如果提供了光伏组件的开路电压温度系数，则应用该参数计算最大系统电压（参见 NEC 110.3－B），而不用表 690.7。

导体特性：NEC©表 8，节 70－681（2008）

尺寸（AWG 或 kcmil）	面积		导体							直流电阻，温度 75℃（167 ℉）					
			单股			总				铜				铝	
				直径		直径		面积		裸线		镀锡			
	mm²	圆 mil	数量	mm	in	mm	in	mm²	in²	Ω/km	Ω/kft	Ω/km	Ω/kft	Ω/km	Ω/kft
18	0.823	1620	1			1.02	0.040	0.823	0.001	25.5	7.77	26.5	8.08	42.0	12.8
18	0.823	1620	7	0.39	0.015	1.16	0.046	1.06	0.002	26.1	7.95	27.7	8.45	42.8	13.1
16	1.31	2580	1			1.29	0.051	1.31	0.002	16.0	4.89	16.7	5.08	26.4	8.05
16	1.31	2580	7	0.49	0.019	1.46	0.058	1.68	0.003	16.4	4.99	17.3	5.29	26.9	8.21
14	2.08	4110	1			1.63	0.064	2.08	0.003	10.1	3.07	10.4	3.19	16.6	5.06
14	2.08	4110	7	0.62	0.024	1.85	0.073	2.68	0.004	10.3	3.14	10.7	3.26	16.9	5.17
12	3.31	6530	1			2.05	0.081	3.31	0.005	6.34	1.93	6.57	2.01	10.45	3.18
12	3.31	6530	7	0.78	0.030	2.32	0.092	4.25	0.006	6.50	1.98	6.73	2.05	10.69	3.25
10	5.261	10380	1			2.588	0.102	5.26	0.008	3.984	1.21	4.148	1.26	6.561	2.00
10	5.261	10380	7	0.98	0.038	2.95	0.116	6.76	0.011	4.070	1.24	4.226	1.29	6.679	2.04
8	8.367	16510	1			3.264	0.128	8.37	0.013	2.506	0.764	2.579	0.786	4.125	1.26
8	8.367	16510	7	1.23	0.049	3.71	0.146	10.76	0.017	2.551	0.778	2.653	0.809	4.204	1.28
6	13.30	26240	7	1.56	0.061	4.67	0.184	17.09	0.027	1.608	0.491	1.671	0.510	2.652	0.808
4	21.15	41740	7	1.96	0.077	5.89	0.232	27.19	0.042	1.010	0.308	1.053	0.321	1.666	0.508
3	26.67	52620	7	2.20	0.087	6.60	0.260	34.28	0.053	0.802	0.245	0.833	0.254	1.320	0.403
2	33.62	66360	7	2.47	0.097	7.42	0.292	43.23	0.067	0.634	0.194	0.661	0.201	1.045	0.319
1	42.41	83690	19	1.69	0.066	8.43	0.332	55.80	0.087	0.505	0.154	0.524	0.160	0.829	0.253
1/0	53.49	105600	19	1.89	0.074	9.45	0.372	70.41	0.109	0.399	0.122	0.415	0.127	0.660	0.201
2/0	67.43	133100	19	2.13	0.084	10.62	0.418	88.74	0.137	0.3170	0.0967	0.329	0.101	0.523	0.159
3/0	85.01	167800	19	2.39	0.094	11.94	0.470	111.9	0.173	0.2512	0.0766	0.2610	0.0797	0.413	0.126
4/0	107.2	211600	19	2.68	0.106	13.41	0.528	141.1	0.219	0.1996	0.0608	0.2050	0.0626	0.328	0.100
250	127		37	2.09	0.082	14.61	0.575	168	0.260	0.1687	0.0515	0.1753	0.0535	0.2778	0.0847
300	152		37	2.29	0.090	16.00	0.630	201	0.312	0.1409	0.0429	0.1463	0.0446	0.2318	0.0707

（续）

尺寸（AWG 或 kcmil）	导体								直流电阻，温度 75℃（167 ℉）					
			单股			总					铜			铝
	面积			直径		直径		面积		裸线		镀锡		
	mm^2	圆 mil	数量	mm	in	mm	in	mm^2	in^2	Ω/km	Ω/kft	Ω/km	Ω/kft	Ω/km	Ω/kft
350	177	—	37	2.47	0.097	17.30	0.681	235	0.364	0.1205	0.0367	0.1252	0.0382	0.1984	0.0605
400	203		37	2.64	0.104	18.49	0.728	268	0.416	0.1053	0.0321	0.1084	0.0331	0.1737	0.0529
500	253	—	37	2.95	0.116	20.65	0.813	336	0.519	0.0845	0.0258	0.0869	0.0265	0.1391	0.0424
600	304	—	61	2.52	0.099	22.68	0.893	404	0.626	0.0704	0.0214	0.0732	0.0223	0.1159	0.0353
700	355		61	2.72	0.107	24.49	0.964	471	0.730	0.0603	0.0184	0.0622	0.0189	0.0994	0.0303
750	380	—	61	2.82	0.111	25.35	0.998	505	0.782	0.0563	0.0171	0.0579	0.0176	0.0927	0.0282
800	405	—	61	2.91	0.114	26.16	1.030	538	0.834	0.0528	0.0161	0.0544	0.0166	0.0868	0.0265
900	456		61	3.09	0.122	27.79	1.094	606	0.940	0.0470	0.0143	0.0481	0.0147	0.0770	0.0235
1000	507		61	3.25	0.128	29.26	1.152	673	1.042	0.0423	0.0129	0.0434	0.0132	0.0695	0.0212
1250	633	—	91	2.98	0.117	32.74	1.289	842	1.305	0.0338	0.0103	0.0347	0.0106	0.0554	0.0169
1500	760		91	3.26	0.128	35.86	1.412	1011	1.566	0.02814	0.00858	0.02814	0.00883	0.0464	0.0141
1750	887	—	127	2.98	0.117	38.76	1.526	1180	1.829	0.02410	0.00735	0.02410	0.00756	0.0397	0.0121
2000	1013	—	127	3.19	0.126	41.45	1.632	1349	2.092	0.02109	0.00643	0.02109	0.00662	0.0348	0.0106

注：1. 电阻值仅在给定的条件下适用。采用镀锡绞线或不同的绞线类型，尤其是温度的变化，都会改变电阻值。

2. 温度变化的电阻公式：$R_2 = R_1 [1 + \alpha (T_2 - 75)]$，式中：$\alpha_{铝} = 0.00323$，在 75℃时 $\alpha_{铝} = 0.00330$。

3. 紧压型和压缩型绞合导体的裸导体直径分别比上述参数小 9% 和 3%。实际紧压电缆直径参见表 5A。

4. IACS（国际退火铜标准）导体采用：裸铜 100%，铝 61%。

5. 对某些型号，列出的 Class B 绞线同样可靠。其总直径和面积是外接圆的参数。

信息标注：建造信息符合 NEMA WC/70 –2009 或 ANSI/UL 1581 2001。电阻值的计算符合（美）国家标准局标准手册 100，1966 年，以及手册 109，1972 年。

例子

参考 NEC 表 8，计算从电源到负载的导体电阻 R 和电压降 V_{drop}。导线为 10 号绝缘铜线，温度 75℃。从电源到负载的距离（L）为单向 600ft。负载额定值为 8A，220V/1Φ。

解

1. 从表 8 查得 Ω/kft = 1.26
2. R = （Ω/kft）×（2×L/1000）

   R = 1.26×（2×600/1000）= 1.512Ω
3. $V_{drop} = I_{MAX} \times R = 8 \times 1.512 = 12.1V$
4. $\% V_{drop} = 12.1/220 = 0.055 \times 100\% = 5.5\%$

注：2×L 是从电源到负载的往返距离。

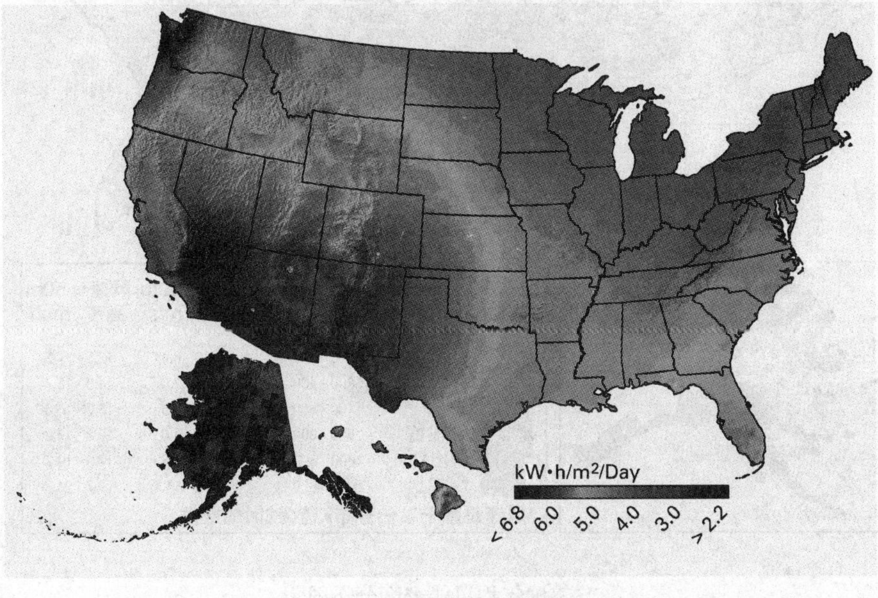

美国光伏太阳能资源分布图

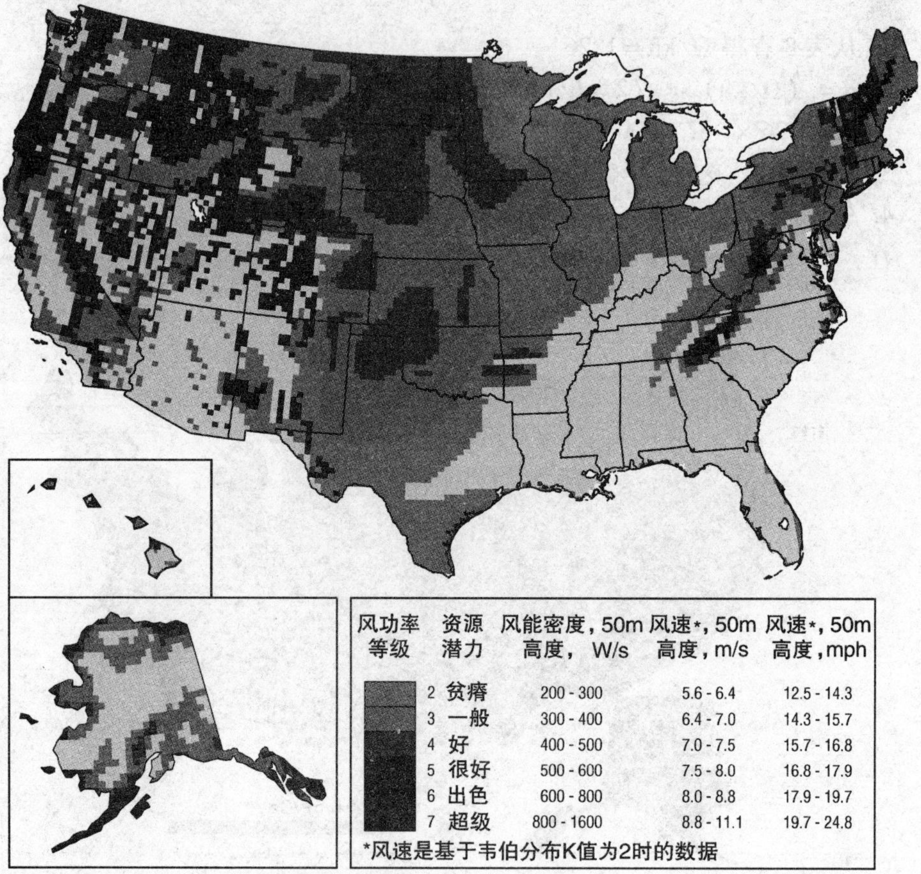

美国年均风能密度分布图

小型风电认证委员会

认证小型风力机

SMALL WIND CERTIFICATION COUNCIL

SWCC

CERTIFIED

SMALL WIND TURBINE

SWCC-10-12

制造商/型号

博力风能公司（Bergey Windpower Company）
Excel 10（240V，单相，60Hz）

额定年发电量

为估计年发电量，已知条件为年平均风速5m/s（11.2mph），瑞利风速分布，海平面空气密度和100%可利用性。实际发电量将根据安装地点的条件而有所变化。

13,800

kWh/年

额定噪声级

在95%的时间不超过该噪声级别。已知条件为年平均风速5m/s（11.2mph），瑞利风速分布，海平面空气密度和100%的可利用性，观察点距离风轮中心60m（约200ft）。

42.9

dB(A)

额定功率

为风力机输出功率。条件风速11m/s（24.6mph），标准海平面条件

8.9

kW

经认证符合AWEA标准9.1-2009

获得摘要报告以及SWCC认证，
请访问www.smallwindcertification.org

小型风力机认证标签图例

认证标准和测试机构（源）

（1）UL（美国保险商试验所）（美国）
（2）CSA（加拿大）
（3）ETL（ITS 天祥检测）
（4）IEC（国际电工委员会）
（5）TUV（TUV 莱茵 PTL，LLC）
OSHA（职业安全与卫生管理局）（美国负责实施安全与健康法规的机构）
NREL（国家可再生能源实验室）（美国）

选用的 NEC©条款（2008）

110 电气安装要求
200 电导体的使用和识别
210 分支电路
230 入户
240 过流保护
250 接地及连接
300 配线方法
310 一般配线之导体
338 进户线电缆：型号 SE 和 USE
340 地下馈电线和分支电路电缆：型号 UF
400 软线与电缆
445 发电机
450 变压器和变压器间
480 蓄电池
490 设备，600V 以上，标称
690 太阳能光伏系统
692 燃料电池
705 发电系统的互联
（注：条款 445 包含了发电机的安装，条款 690 针对光伏系统，条款 692 针对燃料电池。）

选用的标准和推荐实例（源）

UL 1703 平板光伏组件和面板的安全标准，连接和安装

UL 1741 分布式发电系统的安全标准（防孤岛保护，逆变器，控制器和转换器）

IEEE 1262 光伏（PV）组件验证合格的推荐实例

IEEE 1547 分布式电源接入电网系统标准

IEEE 是电气与电子工程师协会的缩写和标识，该协会是一家专业机构。UL 的列名标识表明该项目的例子已经按照 UL 安全标准通过测试。加拿大标准协会（CSA）标识在全美国得到接受和认可。

得到各家机构认证的项目通常会在产品标签上列出。还有大量的其他标准和推荐的实例。

计量

（1）净计量。一项电力计量政策，电表能够记录双向的电流。当用户使用公共电网的电力时，电表向一个方向转动，当用户向公共电网提供电力时，电表向反方向转动。当使用这个系统时，用户供给电网的电力从来自电网的电力中扣除，从而减免了用户的零售电价。

（2）双计量。一项电力计量政策，采用两块电表测量电力的使用情况。用一块电表测量电网向用户提供的电力，用户的发电量用另一块电表测量。该系统使电力公司以零售价格收取用户电费而以批发价格从用户购买电力。通常情况下，小型住宅系统采用净计量而大型系统采用双计量。

部分半导体器件的定义

（1）双极型晶体管：半导体材料内部采用空穴和电子来维系电流。

（2）PET：场效应晶体管。

（3）IGBT：绝缘栅双极型晶体管。

（4）MOSFET：金属氧化物半导体场效应晶体管。

（5）SCR：晶闸管整流器。

（6）Thyristor：晶闸管，一种属于 SCR 的半导体器件。

燃料电池

电池种类（电解质）	$\frac{1}{2}$电池反应	完整的电池反应
酸	（阳极）$H_2 = 2H^+ + 2e^-$	
	（阴极）$\frac{1}{2}O_2 + 2H^+ + 2e^- = H_2O$	$H_2 + \frac{1}{2}O_2 = H_2O$ + 电能 + 热量

（续）

电池种类（电解质）	$\frac{1}{2}$电池反应	完整的电池反应
碱	（阳极）$H_2+2OH^-=2H_2O+2e^-$	
	（阴极）$O_2+2H_2O+4e^-=4OH^-$	$2H_2+O_2=2H_2O$＋电能＋热量
PEM＊	（阳极）$H_2=2H^++2e^-$	
	（阴极）$\frac{1}{2}O_2+2H^++2e^-=H_2O$	$H_2+\frac{1}{2}O_2=H_2O$＋电能＋热量
熔融碳酸盐	（阳极）$H_2+CO_3^{-2}=H_2O+CO_2+2e^-$	
	（阴极）$O_2+2CO_2+4e^-=2CO_3^{-2}$	$2H_2+O_2=2H_2O$＋电能＋热量
固体氧化物	（阳极）$H_2+O^{2-}=H_2O+2e^-$	
	（阴极）$\frac{1}{2}O_2+2e^-=O^{2-}$	$\frac{1}{2}O_2+H_2=H_2O$＋电能＋热量
甲醇＊＊	（阳极）$CH_3OH+H_2O=6H^++6e^-+CO_2$	
	（阴极）$\frac{3}{2}O_2+6H^++6e^-=3H_2O$	$CH_3OH+\frac{3}{2}O_2=$ CO_2+2H_2O＋电能＋热量

注：＊酸被固定于质子交换膜内。

＊＊PEM 直接甲醇燃料电池。

电能的形式为电流。

术 语 表

均充电（absorption charging） 当电池电量达到80%～90%后，采用缓慢充电的方式将其充满的过程。

碱性燃料电池（alkaline fuel cell） 采用氢氧化钾（KOH）或其他氢氧化物作为电解质的燃料电池。其反应物为氢气和氧气，电池的工作温度较低。

交流电（alternating current） 电荷的运动方向进行周期性反转的电流。

电流表（ammeter） 用于测量电流的仪表。

安培（ampere） 电流的计量单位。

年发电量（annual energy output，AEO） 用于衡量风力机输出电能的指标。

阳极（anode） 定义为化学电池的正极，或燃料电池的负极。

视在功率（apparent power） 有功功率和无功功率之和，计量单位是伏安。

阵列（array） 由多个光伏组件连接组成。

原子（atoms） 构成所有物质的基本单位。

自持时间（autonomy） 一个充满电的电池系统在不需中途充电的情况下为系统负载供电的时间，其单位为日。

平均电流（average current） 当把交流电整流为直流电后对所得电流的描述。

平均电压（average voltage） 当把交流电整流为直流电后对所得电压的描述。

电池组（battery） 由若干电池单体连接组成，每个单体都会产生一定的电压。

防反二极管（blocking diodes） 用于防止一个光伏组件变成其他组件的负载。

升压变换器（boost converter） 可将较低的直流电压升至较高的直流电压。

极限转矩（breakdown torque） 为转矩－转速曲线上的一点，在该点之后，随着转速的增加，转矩会下降。亦被称为脱出转矩。

降压变换器（buck converter） 可将较高的直流电压降为较低的直流电压。

旁路二极管（bypass diodes） 安装于电池组串和电池组件串中，使电流可以绕过某个电池或组件。

电容量（capacitance） 电容器贮存电子的能力。

容抗（capacitive reactance） 在交流电路中，电容器阻挡电流的能力。

电容器（capacitor） 一种能够贮存电子的器件，由两片或更多导体片及其中间的绝缘体组成。

容量（capacity） 用于衡量电池放电的能力，常用单位为安时（A·h）。

容量因数（capacity factor） 是度量风力发电机性能和生产率的参数。

催化剂（catalyst） 能够引起或加速某个化学反应而自身并不发生改变的物质。

阴极（cathode） 定义为化学电池的负极或燃料电池的正极。

电池极化（cell polarization） 一种能够导致过电势或过电压的现象。

电池堆叠（cell stacking） 将多个电池进行串联组合，从而得到系统所需的电压。

充电控制器（charge controller） 一种电子调节设备，用于调整电压和电流，使电池能够完全充电而不发生过充或欠充。

电路（circuit） 一种电流的连续路径，电流沿电路可以从电源流向负载并回到电源。电路由电源、负载和导线等构成。

钳式电流表（clamp-on ammeter） 一种无须串联到电路中即可测量电流的电流表。

导体（conductors） 一类含有大量自由电子的材料，电流能够从中顺利通过。

常规电流理论（conventional flow theory） 认为电流从电路中最正的点流向最负的点。

库伦（coulomb） 可作为测量电子流的单位。

硅晶体（crystal） 硅原子彼此结合形成的一种结构，其中每个硅原子的价电子层都有 8 个电子。

周期（cycle） 在正弦波中从零到正峰值，再到负峰值，然后回到零的运动过程。

放电深度（depth of discharge，DOD） 电池已使用电量占电池满电量的百分比。

电介质（dielectric） 位于两个导体板之间的绝缘体。

介电常数（dielectric constant） 电容器的电介质建立电场能力的量度参数。

介电强度（dielectric strength） 绝缘材料在不发生击穿和引起极板短路的情况下，所能承受极板间电压的能力。

二极管（diode） 一种仅允许电流单向通过的半导体器件。

直流电（direct current） 仅能够单向流动的电荷流。

导向电子流（directed electron flow） 当把电池或发电机等器件放入电路中后，引导电子的运动而形成的电子流。

放电速率（discharge rate） 电池容量与放电时间的比值。

掺杂（doping） 制造新类型半导体材料的一种工艺。

接地（earth ground） 建立与大地连接的路径。同电路中的其他部分相比，接地点的电位为零。

效率（efficiency） 输出功率与输入功率的比值。

电流（electric current） 在材料中流动的自由电子。

电场（electrical field） 可在 PN 结两端形成。

电动势（electromotive force） 在导体中推动电流的电势场，也称为电压。

电子（electron） 一种带有负电荷的亚原子粒子。

电子流理论（electron flow theory） 认为电子形成的电流从负电位流向正电位。

元素（element） 一种元素仅由一种原子组成，具有相同的原子核电荷数。

能量模式因子（energy pattern factor EPF） 指影响风能密度的因子。

工程计数法（engineering notation） 采用国际单位制词头和符号，可表示极大或极小数值的方法。

均衡充电（equalization charge） 通过过充电产生排气，以确保所有电池得到均衡充电。

设备接地线（equipment ground wire） 仅在接地机架因设备故障发生短路时才带有电流。

法拉（farad） 电容量的计量单位。

填充因子（fill factor） 最大功率除以开路电压和短路电流之积得到的比值。

固定电阻器（fixed resistor） 具有固定电阻值且无法改变的电阻器。

浮充电（float charge） 用于将电池电量水平保持在接近 100% 的充电方式，也被称为涓流充电。

自由电子（free electron） 脱离原子的价电子层而获得自由的电子。

接地故障断路器（ground fault circuit interrupters，GFCI） 一种电气安全设备，防止人员在线路漏电时遭受电击，也称为漏电保护器或剩余电流断路器。

谐波（harmonics） 构成交流电压和电流波形的各种频率波形。

亨利（henry） 电感量的计量单位。

水平轴风力机（horizontal axis wind turbine，HAWT） 一种风力发电机，其发电机位于塔架顶端，风轮叶片绕水平轴旋转。

氢氧化（阳极）（hydrogen oxidation，anode） 氢在阳极释放出电子的反应。

液体密度计（hydrometer） 可用于测量铅酸电池电解液相对密度的设备。

阻抗（impedance） 交流电路中电流受到的总阻力。

电感（inductance） 电感器建立电场的能力。

感抗（inductive reactance） 交流电路中电感器对电流的阻力。

电感器（inductor） 由导线线圈构成的电子器件。

串联式电流表（in-line ammeter） 一种电流表，测量时直接串连接入电流路径，成为被测电路的一部分。

绝缘体（insulator） 一种含有极少量自由电子的材料，不允许电流通过。

逆变器（inverter） 将直流电转化为交流电的电气设备。

***I-V* 曲线（*I-V* curve）** 展现电流和电压工作特性的图形。

基尔霍夫电流定律（Kirchhoff's Current Law） 所有进入某节点的电流总和等于所有离开该节点的电流总和。

电荷法则（Law of Charges） 电荷同性相斥，异性相吸。

线换向控制（line-commutated control） H 桥的外部开关控制方式。

线电流（line current） 流过一条线路的电流值。

线电压（line voltage） 两条线路之间的电压值。

负载效应（loading effect） 当把电压表并联于被测负载两端时，会将少量原本应流过负载的电流分流。

最大功率点跟踪（maximum power point tracking，MPPT） 通过调整负载获得最大可用功率的技术。

最大功率传输定理（maximum power transfer theorem） 当负载电阻等于电源电阻时，电源可向负载输出最大功率。

组件（module） 将若干光伏电池单体安装于平板上形成的组合。

熔融碳酸盐燃料电池（molten carbonate fuel cells，MCFC） 通常采用来自天然气重整的氢气作为燃料，电解质为熔融态的碳酸钾，工作温度高。

万用表（multimeters） 可以测量电流、电压和电阻的仪表。

负离子（negative ion） 所含电子数多于质子数的原子或分子，带有净负电荷。

零线（neutral wire） 与大地相连的载流导线，也称为回线。

中子（neutron） 一种不带电荷的亚原子粒子。

正常充电（normal charging） 采用高充电倍率将电池迅速充至满电量80%～90%的充电方式。

N型（N-type） 负型材料。

原子核（nucleus） 位于原子的中心，由质子和中子组成。

欧姆（ohm） 电阻的计量单位。

欧姆定律（Ohm's Law） 反映电压、电流和电阻在电路中相互关联的比例关系。

欧姆表（ohmmeter） 在电路中测量电阻欧姆值的仪表。

开路（open circuit） 可指一种电气系统中常见的电路故障，其原因是元件因过热烧断，或接线端头因未能牢固连接而产生松脱。该故障可导致电流通路断开。

氧化剂（oxidant，oxidizing agent） 能够从另一种反应物中去除电子（自身获得电子）的物质。氧气就是一种氧化剂。

氧还原（阴极）（oxygen reduction，cathode） 氧气在阴极获得电子的过程。

并联电路（parallel circuit） 拥有多条支路可供电流流过的电路。

峰-峰值（peak to peak） 在对称正弦波中，相当于两倍峰值的测量值。

峰值（peak value） 从水平轴到波形的最大或最小值的幅值。

相电流（phase current） 流过电源设备一个绕组的电流。

相移（phase shift） 两条或更多的波形之间相对于参考点的位移。

相电压（phase voltage） 一个绕组两端的电压。

光子（photons） 构成不同颜色光线的各种能量包，也被称为量子。

极性（polarity） 由正负极之间电流的方向决定。

正离子（positive ion） 所含电子数少于质子数的原子或分子，带有净正电荷。

功率（power） 做功的速率或能量消耗的速率。

功率因数（power factor） 有功功率与视在功率的比值。

功率三角形（power triangle） 有功功率、无功功率和视在功率之间的关系，用直角三角形来表示。

一次侧线圈（primary coil） 指变压器中输入端的线圈。

互感原理（principle of mutual inductance） 指变压器的一次侧线圈将电压感应至二次侧线圈的效应。

质子（proton） 一种带有正电荷的亚原子粒子。

质子交换膜燃料电池（proton exchange membrane fuel cell，PEMFC 或 PEM） 一种燃料电池，其电解质为固态聚合物质子传导膜，而非液态电解质。

P 型材料（P-type） 正型材料。

脱出转矩（pull-out torque） 为转矩 – 转速曲线上的一点，在该点之后，随着转速的增加，转矩会下降，亦被称为极限转矩。

脉宽调制（pulse width modulation，PWM） 逆变器在生成正弦波的过程中可以使用该技术。

量子（quanta） 构成不同颜色光线的各种能量包，也被称为光子。

R – C 电路（R-C circuit） 由电阻器和电容器构成的电路。

反应物（reactant） 在化学反应中被消耗的物质。

无功功率（reactive power） 用于产生磁场的功率，能量先以场的形式被贮存起来，之后返回到电路中。

整流（rectification） 将交流电转换为直流电的过程。

还原剂（reducing agent） 在化学反应中失去电子的物质。氢气就是一种还原剂。

重整（reforming） 可用于从化石燃料中制取氢气。

电阻（resistance） 电流遇到的阻碍。

电阻器（resistors） 可用于控制电流或进行分压的一种电子元件。

回线（return） 与大地相连的载流导线，也称为零线。

***R-L* 电路（*R-L* circuit）** 由电阻器和电感器构成的电路。

方均根值（RMS）（root mean square） 交流波形的有效值。

二次侧线圈（secondary coil） 指变压器中的输出端线圈。

自换向控制（self-commutated control） 在逆变器模块中，采用微控制器来控制 H-桥的技术。

半导体（semiconductor） 一种自由电子比导体少而比绝缘体多的物质。

串联电路（series circuit） 一种仅有一条电流通道的电路。

串行控制器（series controller） 指一种充电控制器，在发电源和蓄电池之间采用串联调节开关进行充电控制。

壳层（shell） 指原子核周围的电子运动轨道层。

短路（short circuit） 当导线或电子器件的导体部分发生非正常接触时产生的现象。

分流控制器（shunt controller） 一种充电控制器，通过把流向电池的电流进行分流来调节充电电流，分流的方法包括将充电源的输出进行短路或减少与充电源并联的分流电阻。

正弦波（sine wave） 指电力公司提供的常见交流电的波形。

固体氧化物燃料电池（solid oxide fuel cell，SOFC） 一种燃料电池，其电解质是固体氧化物陶瓷材料，成分为掺钇氧化锆，被称为 YSZ 电解质。这种电池的工作温度很高。

相对密度（specific gravity） 可反映出电池电解液中的酸含量的参数。

标准测试条件（standard test condition，STC） 对太阳电池进行测试时，所应参考的辐照度、大气条件和电池温度等条件。

荷电状态（state of charge，SOC） 电池剩余电压与充满状态电压的百分比。

层化（stratification） 在铅酸蓄电池中电解液的分离现象。

硫酸盐化（sulfation） 在铅酸电池极板上硫酸铅的结晶化现象。

浪涌电流（surge current） 指电动机起动瞬间的大而短促的输入电流。

变压器（transformer） 用于升高或降低交流电压的一种电气设备。

输电网（transmission grid） 由发电站、输电线路和变电站组成的电力网络。

涓流充电（trickle charge） 用于将电池充电水平保持在接近 100% 的充电方式，也被称为浮充电。

有功功率（true power） 电路中阻性元件消耗的功率，计量单位是瓦特。

紊流（turbulence） 在风的路径上由于障碍物引起的风向和风速的急剧变化现象。

电网交互式逆变器（utility-interactive inverters） 符合电网高标准的并网型逆变器。

价电子（valence electrons） 位于距原子核最远的轨道上的电子。

价电子层（valence shell） 距原子核最远的电子轨道。

可变电阻器（variable resistor） 可以调整阻值的电阻器。

垂直轴风力机（vertical axis wind turbine，VAWT） 一种风力发电机，其发电机位于塔架底部附近，靠近地面，风轮叶片绕垂直轴旋转。

电压（voltage） 推动电流流过导体的动力。

压降（voltage drop） 推动电流流过某个电阻器所需的电压。

伏安（volt-amps） 视在功率的计量单位。

乏（volt-amps reactive，VAR） 无功功率的计量单位，无功功率由电容器和电感器产生。

电压表（voltmeter） 用于测量电压的仪表。

伏特（volts） 电压的计量单位。

额定功率（wattage rating） 表明了电器的最大允许功率，或电阻器在保证安全的条件下能够耗散的最大热量。

功率表（wattmeter） 用于测量负载中阻性器件消耗的功率。

瓦特（watts） 有功功率的计量单位。

风力发电场（wind farm） 由多台风力机连接组成的发电站。

风能密度（wind power density，WPD） 是与风速和空气密度相关的参数，反映了单位面积上的风功率。

Electrical Theory for Renewable Energy
Gary Goodstal 著；郑青阳，赵铭姝译

图书在版编目（CIP）数据

可再生能源的电气技术/（美）加里·古德斯塔尔（Gary Goodstal）著；郑青阳，赵铭姝译．—北京：机械工业出版社，2016.9
（国际制造业先进技术译丛）
书名原文：Electrical Theory for Renewable Energy
ISBN 978-7-111-54588-0

Ⅰ.①可…　Ⅱ.①加…②郑…③赵…　Ⅲ.①再生能源－电工技术　Ⅳ.①TK01

中国版本图书馆 CIP 数据核字（2016）第 194098 号

机械工业出版社（北京市百万庄大街 22 号　邮政编码 100037）
策划编辑：陈保华　责任编辑：陈保华　臧弋心
责任校对：刘雅娜　封面设计：鞠　杨
责任印制：李　飞
北京玥实印刷有限公司印刷
2016 年 10 月第 1 版第 1 次印刷
169mm×239mm · 21.25 印张 · 405 千字
0001—3000 册
标准书号：ISBN 978-7-111-54588-0
定价：99.00 元

凡购本书，如有缺页、倒页、脱页，由本社发行部调换

电话服务	网络服务
服务咨询热线：010-88379833	机 工 官 网：www.cmpbook.com
读者购书热线：010-88379649	机 工 官 博：weibo.com/cmp1952
	教育服务网：www.cmpedu.com
封面无防伪标均为盗版	金 书 网：www.golden-book.com

